U0395009

Routledge
Taylor & Francis Group

环 境 哲 学 译 丛

张岂之○主编

Modern Environmentalism:
An Introduction

现代环境主义导论

David Pepper

〔英〕戴维·佩珀 著 宋玉波 朱丹琼 译

格致出版社 上海人民出版社

献给艾伦、德雷克、乔治、约翰、朱迪、马丁以及彼得，

感谢他们的友好情谊

关于环境哲学的几点思考（代总序）

有一位哲人说过，如果苏格拉底生活在今天，他可能会是另一个苏格拉底，因为他将不得不思考与环境有关的哲学问题，从而有可能成为一名环境哲学家。我想，面对人类持续恶化的环境危机，今天的学者们都有必要关注有关环境哲学的问题，这是我们推卸不掉的一份社会责任。

大约在 20 世纪 90 年代中期，环境问题也进入了我的视野。恰好我校中国思想文化研究所谢阳举教授想在环境哲学方面做一点探索，他征询我的意见，我当即表示支持。我告诉他，这是一件很有意义的工作，对个人和研究所将来的学术发展都是有益的。到 2003 年，为便于开展合作研究工作，我和时任西北大学副校长朱恪孝同志鼓励他以西北大学中国思想文化研究所的力量为依托，成立了西北大学环境哲学与比较哲学研究中心，联合我校其他相关专业人士，加强有组织的研究工作，于是有了《环境哲学前沿》专刊的设想和行动。

2004 年，我们打算再进一步，拟完成一套"现代西方环境哲学译丛"（当时暂名），由我担任主编。阳举同志初步选择了 40 多种著作，到 2005 年，经过反复商量，最终确定如下几种，它们是：《环境正义论》《环境经济学思想史》《现代环境伦理》《现代环境主义导论》《绿色政治论》等。所选著作均为近年来在环境哲学领域具有广泛影响的英语世界的专著，兼顾了环境哲学多个分支方向。由于出版社的支持，较快顺利通过了立项。随后不久，我们就开始组织人员启动翻译。经过较长时间的准备，首批译稿 4 种付梓，我想到了许多，聊记于此，以代总序吧。

长期以来，我主要在中国思想史的科研和教学领域耕耘。中国思想史是古老的智慧长河,而环境哲学是一门于 20 世纪 70 年代在西方发达国家宣告诞生的新兴理论学科。两者存在密切的关系。例如,西方许多环境哲学家在分析环境危机的思想和文化原因、探寻环境哲学智慧与文化传统的关系时,都不约而同地转向中国古代思想文化。有的学者认为,和西方近代工业化社会主导性的价值与信念系统相比,中国历史承载着一种亲自然的文化精神,例如,深生态学哲学的创立者,挪威著名哲学家奈斯(Arne Naess)称自己从斯宾诺莎那里学到了整体性和自我完善的思维,学到了"最重要的事是成为一个完整的人",即"在自然之中生存"(being in nature)①,他认为这种"生存"是动态意义的"不断扩展自我"的自我实现的意思,是认同生态整体性大我或曰整体的"道"的过程。不过,他又解释说:"我称作'大我',中国人把它称为道。"②《天网》一书的作者、美国学者马歇尔(Peter Marshall)说,道家是生态形而上学首选的概念资源,"生态思维首次清晰的表达在大约公元前 6 世纪出现于古代中国","道家提供了最深奥的、雄辩的、空前详尽的自然哲学和生态感知的第一灵感"。③英国金斯顿大学的思想史学者克拉克,甚至把道家对环境哲学的影响与西方历史上几次重大的思想革命相比:"近年来中国人关于自然世界的思辨,在西方各种各样的思想领域已引起了某些严肃和富有成果的回应……最近,在有关自然、宇宙和人在其中地位的思维方式的变化方面,道家已发挥了相应的作用。"④

上述评论是卓有见地的,增强了我们努力拓展中国思想史研究和发掘其现代价值的信心,这也需要我们加深环境哲学的探索。这套丛书和

---

① Arne Naess, 1989, *Ecology*, *Community and Lifestyle*, translated and edited by David Rothenberg, Cambridge University Press, p.14.

② Bill Devall and George Sessions, 2001, *Deep Ecology*, Salt Lake City: Gibbs Smith, Inc., Peregrine Smith Books, p.76.

③ Peter Marshall, 1996, *Nature's Web*, Routledge, pp.9, 11—13, 125.

④ J.J.Clarke, 2000, *The Tao of the West*, London and New York: Routledge, p.63.

《环境哲学前沿》是我们所做的初步工作,也是我们应该做的。需要指出的是,20 世纪后期,我国有不少学者已经开始关注环境哲学、环境伦理学、环境美学、中西自然观和环境思想比较等研究,并且若干大学已经开展了与环境哲学或环境伦理学有关的教学活动。但是,应该承认,由于各种原因,我国环境哲学的研究、教学和普及,跟世界发达国家相比较,仍然存在一定差距。中国是一个负责任的发展中大国,需要肩荷起更多、更大的国际环境义务,为此,加强环境哲学研究、教学和实践行动是有必要的。这样的工作任重而道远,需要众人呼吁、共同努力。

环境哲学研究已开展多年了,学界目前对环境哲学的对象、任务和范畴还不能说已经形成了共识。我想辨析一下"环境哲学"的特点问题。我的粗浅看法是,如果从实质上看,那么环境哲学属于哲学范畴,也是一门概念科学。不过,它新在哪里呢? 有的学者认为,环境哲学属于自然哲学,或曰自然哲学的延伸。这样的看法有一定的道理,但是,也有模糊之处。我以为,环境哲学与自然哲学之间是不能画等号的,原因在于"自然"有多种含义,例如,狭义的自然指的是自然界或者自然事物;广义的自然指的是包括人类在内的一切存在物;在中国魏晋以前,它基本上指"自然而然"的意思。在古代和近代西方,自然哲学和自然科学两个术语大体上是通用的。这样的自然哲学范畴,因为对自然的好奇而产生,在认识上强调对象化、客观性以及认识主体的中立性,它的目的主要是为了获得客观知识,即自然或所谓必然规律。后来,自然哲学概念虽然有所扩展,但是,从根本上说,还是以自然对象为出发点的。由于这个特点,它逐渐和数学与形式化方法、实证与实验方法结合起来,被转化为理论自然科学,以经验知识和理论知识为内容。

环境哲学产生的背景迥然有别。环境哲学的产生,显然与自然环境危机的激化有关,它是出于关怀和忧患而产生的,它的目的不是为了描述种种环境危机现象,也不是为了对环境危机的现状进行科学的解释。我想,环境哲学有下列几个特点。

首先,它所讲的环境不是单纯的对象化环境或外部物质环境,即,不是过去意义上的自然环境或自然客体。准确地说,环境哲学的研究对象是伴随环境变化而产生的一些哲学问题,这些哲学问题涉及的是环境和人的关系,而不是单纯的物质环境。诸如此类的问题仅靠自然哲学是解决不了的。

其次,环境哲学需要对环境变化进行价值判断。在很大程度上,人与自然的关系直接影响到我们涉及的自然环境行为的选择、道德判断、环境保护或保存政策的决策等,这些问题的焦点,核心在于环境伦理的原则问题。这样说,丝毫不意味着否定自然哲学,其实环境哲学虽然不等于自然哲学,可是,它们也有联系,例如,当我们要判定何物应当受到道德对待时,就离不开有关生命、实体构成以及自然界更深广的复杂关系等方面的科学认识。

再次,根据前面两点,环境哲学不但不是自然哲学的延伸,而且也不是哲学史上古已有之的哲学传统,虽然哲学史上有很多环境哲学的概念资源。必须重视的是,对近代主流哲学而言,环境哲学诞生之初就面临各种争论,它包含很强烈的反思性和批判性特点,有人说它是对传统哲学的颠覆,有人说它应纳入后现代哲学,这些当然属于学术看法,可以继续争鸣。个人认为,环境哲学与哲学史既有连续性又有断裂性,应该辩证地看待此二者的关系。

最后,怎样理解环境哲学所言的"环境"? 我想,它实际上指的是自然(生态)环境、社会环境、人文环境的交叉重叠和互动关系,这样的"环境"概念比我们通常遇到的自然客体更复杂、更难分析和把握,不仅如此,过去我们的哲学把存在当成单纯的存在问题去解决,今天看来,存在及其环境是不可分离的,环境应当摆到与存在和变化同等重要的地位上加以探讨。生命和万物的存在有多种可能性,但是,必定有其相对最佳的状态,环境哲学的基本目的应该定在生命、人类可栖居的最佳环境状态上面,环境哲学尤其需要给人类文化创造与自然之间良性的动态平衡探索出路。我国古代老子说过"无为而无不为",我想这也是环境哲学努力的方向,相信环境哲学最终可以找到通过最少的人为而达到最大的成功,从而引导人类摆脱人和自然两败俱伤的危机。

诚然,要达到环境哲学的目标是非常艰难的。这里有必要谈谈这样一个问题,即,环境危机和自我的责任问题。

目前,对环境和后代的未来问题,社会上有两种极端的态度,一是乐观主义的态度,相信人类能够解决环境危机;二是悲观主义的态度,认为生存意味着消耗、破坏甚至毁灭,人类终究难逃自造的环境灾难的厄运。这两种态度都只看到了环境问题的某些侧面,不足以成为我们的信念。尤其是悲观主义态度,它认为个体是利己的、自我中心的动物,人类是自大的、人类中心主义的动物,而地球的资源和生存空间是有限的。悲观主义者预言,人类最终会因为资源匮乏而自相残杀,或者不得不回到独裁、智力下降和道德恶化的状况。有的悲观主义者认为,环境哲学家的行动是无法实现的理想主义冲动。

这种悲观主义态度,其根本的理由可以归结为自我中心主义,其预言是不足取的。因为它忽视了自我的动态和多元内涵。其实,自我既有利己的一面,也包含有群体意识的一面。任何一个自我都有社会性,自我的表现与其在社会中担当的角色有关,正如马克·萨戈夫(Mark Sagoff)所说的:"当个体表达他或她的个人偏好时,他或她可能说,'我要(想、偏爱)x'。如果个体要表达对于共同体、什么是正当或者最好的观点——政府应该做什么的时候,他或她可能说,'我们要(想、偏爱)x'。有关共同体利益或偏好形式的陈述,道出了主体间的协议——它们或对或错——但这里把共同体('我们'而不是'我')当作自己的逻辑主体。这是消费者偏好与公民偏好之间的逻辑区别所在。"①据此,他得出一个基本的区分,即,消费者和公民的区别,当自我扮演者消费者角色时,他或她关心个人的欲望和需求的满足,追求个体目标;当扮演公民角色时,他或她会暂时忽视自我利益而仅考虑公共利益和共同体的需要。每一个体都是多种角色的可能组合体。由此看来,面对全人类共同的环境危机问题,人类完全有能力且应该会做出正当的选择。

然而,这些不意味着现实中的每一个人都会如此选择和行动。实际上,现实中的个体面临着多重选择,面临着各种诱惑,所以,常常会陷入选择冲突的状态,这和其认知的不平衡有关。鉴于此,我们也需要加强环境哲学的普及和教育,使公民认识到并践履自己的公共道义,包括环境责任。

当然,理论上个人可以承担起公共责任,实际上却未必如此,二者的差距如何缩小? 仅靠个人努力还是有限的,还需要政府行为和社会力量切实发挥作用。

中国和世界一样正经历着生态和环境难题,尽管我国和世界各国都已将这一问题的解决列入国家基本国策和立法框架,我国绿色政治思想和环境立法都有很大的进展,政府也投入了相当的经济实力并制定了大量相关政策。不过,我国处在发展之中,环境保护和可持续社会目标的实现,与北欧、西欧、北美等地区发达国家,以及澳大利亚、新西兰等国家所达到的成绩比较(虽然这些国家的人民还远不满意),我们还应更加努力。究竟制约的关键因素是什么? 突破口在哪里?

我们初步研究了西方发达国家环境保护发展的历程和现状,通过各国环境保护战略实施的比较,注意到一个显著的不同:环保状况较好的国家和地区有个普遍现象,即环境社会学研究跟进绿色思潮和运动较紧,非

---

① Mark Sagoff, 1998, *The Economy of the Earth*: *Philosophy*, *Law*, *and the Environment*, Cambridge University Press, p.8.

政府环境保护组织(ENGO)异常发达。

其一是绿党的成立或政党党纲的绿色化,将环保意识与政治意识相融合。

其二,也是最主要的,就是非政府环境保护组织的推动。自 20 世纪 60 年代以来,非政府环保组织如雨后春笋,在全球开花。1976 年统计结果显示,全世界有 532 个非政府环保组织。1992 年光出席在巴西举行的地球峰会的 ENGO 就有 6 000 多个。联合国环境规划署支持的 ENGO 就有 7 000 多个。著名的国际非政府环保组织有:国际自然和自然资源保护联盟(IUCN)、世界自然保护基金会(WWF)、国际科学学会联合理事会(ICSU)、国际环境和发展研究所(IIED)、世界观察研究所(WWI)、世界资源研究所(WRI)、地球之友(FOE)、绿色和平组织(GREENPEACE)、热带森林行动网络,等等。分国家成立的 ENGO 更是数不胜数,如峰峦俱乐部、罗马俱乐部、奥杜邦协会、地球优先组织、美国荒野基金会、美国野生动物联盟、美国环保基金会,等等。

这些非政府组织(又名民间公益团体、非营利社会团体或草根组织)的作用不仅是响应政府,更重要的是推动公民普遍环境意识的成长和成熟,增进社会机构团体和领域之间的交流与合作,扩展环境危机的解决途径,促进政府、教育和社会新机制的建立。它们起到了政府无法替代的作用,可以说,如果没有非政府组织环境社会运动,就没有当前西方的环保成就。

目前,我国应该启动国际 NGO 特别是 ENGO 的系统研究,探索 NGO 的组织原理,试验合乎中国国情的 ENGO 模式,中心目的是最大限度地利用社会力量,健全中国 ENGO 体系,培训 ENGO 领导和管理人才,发展 ENGO 的运动,通过 ENGO 渠道补充和促进中国环境战略的实施。通过 ENGO 解决途径,还可望催生出新生的交往方式、社会机制和结构关系,通过环境信息的流动规律,又可以调适社会制度的漏洞,激活环境知识与理性向道德、制度和文化的转化能力,增强社会活力。从根本上说,这对于发展社会主义政治文明是个有力的媒介。

还要提到的是,西方的社会学理论研究和社会实践之间常常即时配合,对环境保护社会力量的动员起到了因势利导的作用,其经验也许有值得我们借鉴之处。我在这里简略地回顾一下。

20世纪60年代,西方爆发了生态革命,自此开始,在西方发达国家,社会科学和哲学界掀起了一个深入探讨环境恶化原因和重建社会科学范式的浪潮,其中社会学发挥了突出的作用,社会学关注环境运动前沿,快速地实现了向新的社会学的转型,新的社会学即环境社会学框架在探讨人类活动和生态恶化之间关系模式的方面,特别是对ENGO的研究,做出了显著的成绩。

1961年,邓肯(Otis Dudley Duncan)建立了第一个新社会科学范式,即POET模式。P代表人口,O代表社会组织,E代表自然环境,T代表技术。这个模式认为人类社会由上述四种要素组成,人类社会对自然环境的影响来自四者同时性的相互作用。[①]这个模式有缺点,它没有提供四要素关系的经验研究,也难以进行这方面的可行性实践,这是因为上述四种变量太泛了;它也缺乏对ENGO的原理和功能的分析。

第二个模式是IPAT模式,由埃里希(Paul Ehrlich)和霍尔德伦(Holdren)1971年在《科学》上发文提出,I指人类活动的影响,P指人口,A指流动,T指技术。这个模式认为,人类活动的影响I是由P-A-T三个变量导致的结果。[②]这个模式比POET进步,但有自然主义和技术还原主义的嫌疑,人口和技术被视为是外在于人类社会组织的,而技术是社会选择,因而必定是社会的产物。IPAT从根本上看是通过生态学镜头去看社

---

① Otis Dunley Duncan, 1961, "Social System to Ecosystem", *Sociological Inquiry*, 31: pp.140—149.

② Paul Ehrlich and John Holdren, 1971, "Impact of Population Growth", *Science*, 171: pp.1212—1217.

会,忽视了生态问题的社会起源,也忽视了人类组织多样性和创造性解决环境危机的潜力。

著名的美国环境社会学家邓拉普(Riley Dunlap)在 POET 和 IPAT 的基础上提出了一种目前流行的环境社会学范式,他充分考虑了社会实践和生态条件的相互依赖性,他认为工业社会中占统治地位的社会范式(dominant social paradigm,缩写为DSP)正在向新的生态范式(new ecological paradigm,缩写为 NEP)转换。DSP 意味着:"(1)坚信科学和技术的效验,(2)支持经济增长,(3)信仰物质丰富,(4)坚信未来的繁荣。"NEP 则意味着:"(1)维持自然平衡的重要性,(2)对于增长的限制的真实性,(3)控制人口的需要,(4)人类环境恶化的严重性,(5)控制工业增长的需要。"[1]

斯特恩(Paul C.Stern)把社会运动带进新社会理论模式的核心,其理论将人类—环境相互影响定义为三个范畴,下面是斯特恩的图表:

表 0.1　人类—环境相互影响

环境恶化的起源		环境恶化的影响		对生态恶化的应对
社会起因	驱动力	对自然环境的影响	对人类社会的影响	通过人类行动的反馈
社会制度 文化信念 个体人格特性	人口水准 技术实践 流动水准(消费和自然资源)	生物多样性损失 全球气候变化 大气污染 水污染 土壤/土地污染和恶化	生存空间受制约 废弃物储藏泛滥 供给损耗 生态体系功能损失 自然资源耗竭	政府行为 市场 变革 社会运动 移民 冲突

资料来源:Robert J. Brulle, 2000, *Agency*, *Democracy and Nature*: *The U.S. Environmental Movement from a Critical Theory Perspective*, MIT Press.

这是三种人类—环境作用的模型。第一种包括社会和人—生态两种

---

[1]　[美]查尔斯·哈珀著,肖晨阳等译:《环境与社会——环境问题中的人文视野》,天津人民出版社 1998 年版,第 396—397 页。

变量;第二种的焦点是环境恶化对人类社会的直接影响;第三种是显示环境恶化和人类行动之间的反馈关系,主要是人类对环境恶化的应答。这个模式比较详细地包含了多种变量的相关关系,可是它没有充分考虑当前的社会制度和运作对环境保护的积极作用。因此,还需要更进一步地把握生态恶化过程的社会因素的理解,更加注意人类社会行动对环境恶化的干预力量。

现代社会承接科层制度而来,常常显示出封闭、僵化和停滞的弊端。生态和谐社会的建设,需要摒弃官僚化和绝对市场体制,这就需要实现生态理性的社会化参与,这样才能保证生态理性知识和环境哲学认识顺利地转化为社会改革和建构的行动力量。种际、代际和国际环境正义目标的不断达成,需要各种层次的充分社会化的组织的合作。西方的社会学理论为环境社会运动开辟了空间和确立了方向。

随着中国环境保护社会化的发展,中国环境社会学不仅对环境保护事业,而且对新型和谐社会的建设,可望有更大的贡献。

2007年5月27日,适逢世界知名的美国环境保护运动先驱者之一蕾切尔·卡逊(Rachel Carson,1907—1964)诞辰100周年,她的《无声之春》(亦译《寂静的春天》,1962年首版)成了环境保护运动的经典著作。环顾周围的环境问题,我感慨颇多。希望这套丛书的出版,能够带来一些思想的碰撞,有益于我们认真落实以人为本的科学发展观,推动中国环境保护的万年基业起到促进作用。借此,我想呼吁,各界学者和社会人士都来关注环境哲学,专业人士更是义不容辞,希望他们在环境哲学思想的历史、环境哲学基础和环境哲学学科建设方面加强研究,最终产生出合乎中国国情的中国环境哲学成果。

参加该丛书翻译的主要是年轻的学者,他们付出了艰巨的劳动,译文有比较严格的审定,以便保证质量。稿中不足之处恳请读者朋友加以批评和指正。

　　最后,我们要感谢格致出版社的有关领导以及责任编辑们的大力支持,也要感谢译者们和西北大学有关领导的积极推动。

　　希望这套丛书后续部分的合作出版工作更加顺利。

张岂之

2007 年 5 月 27 日

于西北大学中国思想文化研究所

新版补记

中国目前正在努力建设生态文明社会,这是中华民族可持续发展的战略部署,也是中华民族伟大复兴的应有使命。

当然,建设生态文明社会是文明转型的挑战,任务之艰巨可想而知。但是生态文明与中国文化传统具有潜在的联系,所以建设生态文明社会也是中国历史的发展机缘。悠久的农业文明使得中华民族对天地人生的关系有深刻的体会和认识,中国哲学也因此富有生态智慧。特别是老子和道家文化,其中蕴含着促进中国生态文明建设的宝贵思想资源。对此,习近平同志在多种场合发表过许多论述。2013 年 5 月 24 日,《在十八届中央政治局第六次集体学习时的讲话》中,习近平指出:"历史地看,生态兴则文明兴,生态衰则文明衰";"我们中华文明传承五千多年,积淀了丰富的生态智慧,'天人合一''道法自然'的哲理思想。'劝君莫打三春鸟,儿在巢中望母归'的经典诗句,'一粥一饭,当思来处不易;半丝半缕,恒念物力维艰'的治家格言,这些质朴睿智的自然观,至今仍给人以深刻警示和启迪"。这些精辟重要的论断对人类实现生态文明转型具有重要的指导意义,值得我们认真学习、深入研究和切实践行。

建设生态文明是中国担当起大国责任的抉择,具有重要的世界性意义。我注意到,世界上流行的与"生态文明"相当的语词是"可持续发展",中国倡导生态文明因而具有独特的创新蕴含,是顺应人类文明发展大趋势的正义之举。

编译"环境哲学译丛"是我们对环境保护这个与每个人息息相关的重大时代课题所应该做出的微薄努力。让我感到欣慰的是,这套译丛即将推出新版,这表明我们的工作具有有限的时代意义。阳举教授要我给新版译丛作序,我看了旧序,觉得自己基本思想仍然没有改变,因此,对旧序稍作校订,并增加"补记"于此。

张岂之

2019 年 8 月 30 日

于西安桃园家中

前言：历史与意识形态何以举足轻重

透过现象看本质

必须承认，对于任何潜在的真相，我一无所知。就个人来说，我满足于表面的一切——事实上，唯有它们才对我弥足珍贵。譬如，把一个小孩子的手握在自己的手中，一个苹果散发的清香，一次与友人抑或情人的相拥，一位少女绸缎般丝滑的双腿，阳光照在岩石与树叶上，一棵老树的疤痕，花岗岩与沙子的摩擦，清冽之水涌入一弯池塘，风在轻吻——还能有什么呢？还能欲求些什么呢？

这些诗句是现代绿色浪漫主义的领军人物爱德华·阿比（Edward Abbey）在其小说《孤独的沙漠》（*Desert Solitaire*）中写下的。在素有"生态政治学之声"的主流绿色杂志《真世界》（*Real World*，1994：8）中，这些文句的引用流露出显而易见的赞成。它们所描绘的，可能是一种始终不渝的绿色情感：一种对于如下论断的难以忍受之情，即根本的社会变革这一绿色号召若成功，必须对社会表象之下的政治、经济和社会过程有所理解并加以正视。也就是说，存在着一场环境危机，贪婪与傲慢正促使人们前所未有地超越增长的物理极限，随之而来对自然世界的破坏也将会继续。难道这不是显而易见的吗？科学证据当然表明了这一客观存在的事实，倘若有足够的人能够注意到这一迹象，他们必将且愿意在行为上做出改变。很多绿色主义者（greens）现在承认，并非如上所言那么简单，因为即便有足够的民众认识到后果的严重性，环境恶化还是在持续，而真相在于，更为简单化与更为躁动的曲调仍将以其节奏挑动人们的心弦。

对大多数绿色主义者来说，唯表面的行动模式造成的后果之一就是：

即便是对那些坚定的积极参与者来说,绿色运动也并非由来已久。有关环境破坏的担忧似乎是很现代的事情……绿色激进分子、他们的反对者以及总是警戒不懈的新闻媒体表明,生态观是一种新鲜事物。

(Wall,1994:1—2)

但这却是一种幻化出的新奇,因为:

尽管公众对于全球环境恶化的关注还是件新鲜事,但是对于环境的焦虑不安却是由来已久;正相反的是,就当代西方对于环境保持的关注与努力尝试而言,其起源与早期历史早已存在。

(Grove,1990:11)

但是,由于未能将其热望置于历史的视域之下,现代环境主义者常常无法"使自身免除那些费力的重复智力劳动"。这就是德里克·沃尔(Derek Wall,1994:3),一个极富实践经验的绿色组织活动家的观点,他认为"绿色组织有其历史……(而且)人们将会从中获益良多"。这是因为,"通过追溯观念的起源及其社会背景,就更容易理解其现实意义与重要性"。

对于社会与自然之关系的"绿色"观念的历史研究也表明,这些观念是,而且始终是更深层次的意识形态论争的一部分。意识形态是构成个人或群体"世界观"之基础的一整套观念:对于世界是什么样子以及理应是什么样子的某种特定视野。意识形态的背后通常隐藏着某些可能不成问题的假设——它们像是显而易见的"常识",因而没有争辩的必要。但这些假设并非真的无可非议,它们通常沦为利用这些假设的个人或团体合理化并证明其实际社会地位的手段——它们是政治斗争中的武器。

约翰·肖特(John Short,1991)业已描述过某些意识形态,它们立足于有关自然、乡村以及荒野的迷思(myth)之上。他认为,乡村是,或者曾是一处和谐、和睦、宁静之地，且就此而论，尤其是民族特性栖身的地方。与这些联想相关的乡村浪漫图景，在劝说那些平民百姓走向战场——捍卫某些与他们事实上并无利害关系的事物（比如说，一幅理想化的英格兰乡村风景）——的过程中，也曾成为强有力的工具。乡村的观念在此就明显被用于政治理念的目的。反过来说，乡村也曾被描绘为一处艰苦劳作、粗俗、"白痴"之所：一种保守与落后的象征。在向那些在乡村保有其权力基础的贵族阶级展开的意识形态论战中，马克思与恩格斯就建立起此种联系。正如肖特（Short，1991：67）所表明的那样：

> 很讽刺的是，典型的英国乡村地区，那幅仍能够激起某种社群意识——不变的价值观念与民族情感——的英国环境思想的强有力图像，实际上不过是一场以利润为基础的运动之伤痕而已，这一运动摧毁了英国农民，并以商业资本的金钱关系取代了传统的权利与义务之道义经济。

马克思与恩格斯的乡村画像试图将这一事实揭露出来，战时的官方与大众传媒则试图对此加以掩盖。

同样，人们如何来表现"荒野"，就具有了政治意识的重要性。比如说，在马萨诸塞州中部的夸宾（Quabbin）地区，猎鹿支持者们描绘了一幅精悍、狂野、混乱且竞争残酷的野性大自然图景。相反，反捕猎的游说者们认定，荒野是一处充满平衡、和谐与秩序的所在（Dizard，1993）。

而且，城市也被加以意识形态化的利用：一种是文明生活、个人主义、智慧、高雅以及满载希望的象征；一种是犯罪、疾病与无能的缩影：纯真与团结之"不自然"的破坏者。绿色主义者如今常常将都市生活的后一种图景宣扬成"恶性肿瘤"。

对于诸种自然观而言，历史的视域有助于我们意识到，当我们今天再次听到这些观念的回响时，断断不可信以为真而贸然接受，而是基于那些观念提出者的意识形态立场而对之作出评估,这一视域也不会忘记那些观念流行时社会中实际发生的一切(特别是经济方面)。伯特兰·罗素(Bertrand Russell,1946:58)也有类似的看法:

当一个明理的人表达某种在我们看来明显荒谬的观点时,我们就不该试图去证明它似乎不对劲,而是应设法弄明白,它怎么就像是真的了呢?这种历史与心理的想象力之训练,立马就开阔了我们的思维视野,并且有助于我们意识到,在一个思想多元的时代,我们自身所抱有的许多成见将会是多么愚蠢。

最重要的是,从历史与意识形态出发的这样一种视角告诫我们,对于社会——自然/环境的关系而言,不存在某种客观的、铁板一块的真理,正如某些试图使我们相信的真理那样。对于身处不同社会地位、怀抱不同意识形态的不同群体的人们来说,真理各不相同。比如说,一种"真理"认为,自然能够从人类的干预中迅速得以恢复,如果得到了英明管理策略的帮助,就更是如此。施瓦茨和汤普森(Schwarz and Thompson,1990)将其称作"良顺自然"(nature benign)的"迷思",自由市场经济学的信徒们常常对此表示赞成。相比之下,常常表达其平等主义与集体价值观的激进环境主义者们,信奉自然为极度脆弱且可能因任何的人类活动而招致毁坏这一"真理"。因此,对于发展持谨慎的态度是明智可取的。这就是"瞬灭自然"(nature ephemeral)的"迷思"。第三种"真理"——"任性/有限度自然"(nature perverse/tolerant)的看法是,只要遵守自然的法则及其限度,发展是可以接受的。"掌权者们"所相信的是:那些信任科学专家之权威性的人们,正是那些最适于告诉我们规律与界限的人。我们有必要充分了解的是,个人与群体的实际——社会与经济——地位可能如何决定他们所倾心的有关社会—自然的那些"明摆着的道理",因为这将影响他们在特定环境议题上的论断。比如说在 1989—1990 年间,开发者与自然保护论者就东伦敦雷纳姆(Rainham)的泰晤士河洲渚湿地牧场上,建造一座占地 1 600 英亩的商业娱乐综合设施(大学城)这一提议展开辩论时,这一点就一目了然了(Harrison and Burgess,1994)。开发商们辩论说,该地完好的环境(其中的 1 200 英亩土地也已被正式列为"具有特殊科学意义的地质遗迹"而受到保护),能够通过细心的经营、管理以及科学的生态学家们的技术运用而得以保持。这一立场主要因"任性/有限度自然"与"良顺自然"的概念而获得支持并得以正当化。相反的是,自然保护论者强调了该地域一切存在的脆弱性,声称开发超出了该地生态系统耐受的限度。他们的立场所凭借的是"瞬灭自然"的概念。哈里森与伯吉斯(Harrison and Burgess,1994:298)强调说,这些概念并非只是开放思想的多元竞放而已:

每一种迷思都有文化过滤器的功能,其追随者们对于环境的获悉由于天生就不太一致,所构建的相关知识因而也有所不同。这样的话,有关自然及其与社会之关系的信仰,就与各种独特的合理性观点关联在一起,这些合理性观点支撑着那些适宜于维系那些迷思的诸行为模式。

那么,所有这些关于自然及其与社会之关系的"社会建构"的研究,都强调了进一步深入观察的必要,以便富有成效地思考和行动:在社会与历史的语境下理解那些关于自然的观念。

环境主义是对现代性的一种拒斥

英国最近一次的民意测验中,71%的受访者认为,即便可能意味着某些物品的更高价格,政府也应该给予环境政策以更多的优先权(ICM,*Guardian*,17.9.93),不赞成者只有 16%。民众对于环境恶化的风险,很明显是普遍担心的。但是话又说回来,这种关切的一举一动,离不开其文化与历史的境遇。在对我们与自然之关系的诸种观念和信息作出评价时,你不可以以为它们是孤立的存在——好像坐下来再想一想,结果就出来了一样。皇家环境污染委员会会员威尔弗雷德·贝克曼(Wilfred Beckerman)(BBC,1994)说:

太多太多的注意力……沉溺于那些认为世界处于崩溃边缘的迷人、夸张、胡闹的议题中……天启预言世代以来就是布道十字军的常用品,出于同样的缘由,环保主义者的神旨也就很容易贩卖。

罗莎琳德·科沃德(Rosalind Coward,1989)也将环境主义,尤其是替代健康运动(alternative health movement),置于某种对千禧年信徒厄运重重思维的公众偏爱这一背景之下。她的目的不是否认对环境问题的某些关切,而是为了表明,这可能是 20 世纪晚期更为广泛的安全感缺失的一部分。在贝克曼捐资的 BBC 节目中,作家布赖恩·阿普尔亚德(Brian Appleyard)将这种不安全感表述为人们直面现代化时所遭受的那种“未来冲击”:转变成为一大型的商业、电子和文化系统的世界的全球化。由于缺乏对这一体系的任何掌控,他们感到不安。而作为一名风险感知研究员的布赖恩·温(Bryan Wynne)则评论说,人们对于明确的自然环境之风险感知更少一些,更多的在于现代性自身。

的确,对于启蒙运动时代(18 世纪)思想家所拥护的高科技而言,某种“后现代式的”猜疑正处于绿色理念(色意型态)的核心。启蒙运动控制并操纵自然以改善所有人命运的许诺,现在看来已然造成了大规模的战争、暴力与压迫,核威胁与环境危害,以及普通民众感到他们无法加以解释与控制的众多技术。绿色主义者们也常常表达了某种对于“现代”时期的宏大政治理论——自由主义和社会主义——普遍的不信任。那些理论说什么要根本地改变社会、政治与经济现实以使社会受益,但是现在很多人认为,它们弊大于利。唯一真实的就是那些能够在表层特征上被体验到的事物,爱德华·阿比的这一看法很贴近那种后现代主义者——和绿色运动——的情感。

丹尼斯·科斯格罗夫(Denis Cosgrove,1990)业已描述的这一针对现代主义的反应,已经促使我们中的很多人回首有关自然、我们与它的关系以及我们在宇宙中的地位这样一些前现代的观念。比如说,在深生态学中再次浮现的整体论、盖娅主义以及自然崇拜,已是在重述着中世纪和更为古老的传统。这并非是说,正是这些古老的观念组成了现代环境主义的源头,因为从中并未发现与地球之友(Friends of the Earth)直接相关的可追踪线索。但这些古老的看法在现代时期内从未消亡殆尽,它们以末流的、反文化的姿态不绝如缕于19世纪和20世纪的早期,并且成为那些能够在现代环境论中寻到踪影的运动与观念之基础。

作为文化过滤器的科学

其中这样的一股潜流,就是对于本书所称的"古典"科学(从16世纪以来不断发展)及其视自然为一架可操纵机器,人类社会与之脱离且截然不同的这一观念的不信任。如同19世纪的浪漫主义者一样,绿色主义者对于此种思考自然界的方式表示拒绝。

因此,科学就应处于社会—自然关系争论的中心。自16世纪开始,科学已经发展成为我们领悟自然的一处——也许就是那处——主要的来源。我们大多数西方人总像是在戴着类似的一副眼镜看待自然——更确切地说是我们身外的一切。正如简斯(Jeans,1974)所表明的:

真实的环境……的展现,途经文化过滤器,由态度、观测技术的限制以及以往经验所组成。通过研究此过滤器并对所感知环境进行重建,观察者就能够对被研究群体的特殊选择与行动作出解释。

> "真实的"环境与被感知的环境并不一致。后者对于决策具有重要影响。环境感知在不同的文化中各有不同——人们通过他们的文化过滤器感知自然。

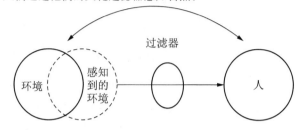

资料来源：Jeans，1974。

在近代历史之前，文化过滤器中的透镜——在"镜片"中我们看到了自然——由宗教神话与教义所组成。然而，在那段时期中，它们逐渐被科学世界观所组成的透镜所取代。不管当今的怀疑论如何盛行，科学仍旧被认为是权威以及世界存在"真理"的一个最主要来源。如果你想在一场论辩中战胜某人，你可以通过宣扬对方观点为"不科学"，而避免与其实际观点正面交锋：这样一种凌辱即刻就使其可信性大打折扣。

因此，如果你想理解环境论争，你就必须理解那些包含在科学世界观中有关自然的预设与看法。对这些观念的历史以及鼓舞人们对某些特殊观念而非他者给予信任的实践行为加以考察，就很有必要了。

本书的范围与目的

本书主要是对出现于现代环境论中，不管是改良主义者（技术中心论）还是激进主义者（生态中心主义）的有关自然与环境之观念的剖析。第一章是对这些观念以及它们如何与环境运动中的不同因素相关联的概要论述。第二章进一步考察某些关键的环境主义主题，以便阐明环境主义是如何使众多议题与问题重具活力的，而这些议题与问题都是早已形成的政治、经济、社会以及文化论争的一部分,尤其是在 19 世纪中产生的且根本上与现代性问题有关的论争。该书因而特别注意到社会—自然关系之感受的不断变迁。第三章首先概述了有关人类在自然中的位置的某些前现代观念。接着描述了"古典"科学世界观的发展,此种世界观在很大程度上取代了前现代的宇宙观,且依然赋予今日那种针对自然的技术中心论思维以活力。激进的、生态中心主义式的环境主义之缘起,似乎主要处于 18 世纪晚期、19 世纪和 20 世纪早期。第四章与第五章对此加以描述。第五章还注意到,作为自然之中立、客观权威的科学与科学专家这一概念,如何业已受到严厉的审查,而这一趋势间或被绿色主义者热切地抓住,尽管他们自身也认为具体体现宇宙法则的生态学理应被遵守。第五章意在将上述就科学所得出的观点讲透彻,即科学作为我们文化过滤器的一个主要组成部分,以及它所传递的有关自然的观念何以不应与其社会的、意识形态的背景相脱离。

最后,若不提及社会变迁以及如何建立起适当的生态社会的问题,则任何环境论说都将是不完整的。第六章探讨了在激进环境主义视域下,对各种问题的不同观点。

此书首先是作为大学生的一部多学科教科书,同时我也希望本书能够吸引对环境问题感兴趣的普通读者。我试图以一种更为彻底的方式,来达到我在《现代环境主义的起源》(第一版)第一章到第五章中所要努力做到的。第六章和第七章是单独的一本书,1993 年时作为《生态社会主义》出版,正是在那册书中,绝大多数的原始议题都已崭露头脚。本书事实上是一本新书,原来的影子几乎都看不到了。

自 1984 年我提出原创观点以来,从社会科学的视角对环境以及环境主义加以论述的资料已然激增,反映出激进环境主义者业已认可的看法:对于环境问题的解决,不再仅仅局限于对类似的社会经济体系的技术修理以及改革主义者的经营管理。在这一点上,我的目的在于为读者们提供一种对文献的鉴赏能力。我很少以一位学科专家的口吻去写作，而是更多地作为一名他人作品的综合者与解释者来展示这个领域，然后试图发现更广阔背景下的某些新意。作为一名跨学科"莽汉"，我再次冒着误解他人的风险，冲进那些更为学究化的守护神们都唯恐踏入的地方。我预先为任何此类的错误表示道歉，但作为补偿，我希望在阅读原始文献的过程中引发读者的兴趣，而且我已经尽我所能地充分参考文本，并提供了附有说明的资料目录。我也希望自己的文字对于那些非专业人员来说，尽可能地直截了当且易于理解。

致　谢

我对劳特利奇的特里斯坦·帕尔默（Tristan Palmer）和萨拉·劳埃德（Sarah Lloyd）编辑的帮助、建议以及始终不渝的鼓励表示由衷的谢意；感谢约翰·珀金斯（John Perkins）和马丁·扬斯（Martyn Youngs），还有帕厄斯·格鲁福德（Pyrs Gruffudd）、约翰·奥尼尔（John O'Neill）、保罗·伊金斯（Paul Ekins）、彼得·基恩（Peter Keene）、马丁·黑格（Martin Haigh）与尼基·哈勒姆（Nickie Hallam），我在书中援引了他们的著述。

感谢以下诸位允许我复制他们的资料：表 1.2，《重新开始》（*Clean Slate*），这是替代技术协会的一份杂志；表 2.8，我们共同的未来中心；图 2.1与图 2.2，地球扫描出版有限公司；图 3.2，开放大学出版社。

图目录

表目录

绿色主义者的赞成与反对

"散漫,不连贯,大杂烩",这只是通常扣在那些自称是"绿色主义者"的人头顶上的一些绰号而已。尤其是当他们谈论社会是什么以及该如何的时候。这样一些信条常常像是"信手可得"的那样。它们是那些传统上来说与政治右派、左派以及中心相关联的诸观念的混合物,也伴有某些采自于生态科学的原则。绿色主义者们可能否认自己的不连贯性,主张某种立足于"生物中心主义"的特色。或者他们可能辩论说,观念的多样性无论如何都体现出某种政治力量,而不是软弱。

尽管与环境主义相关的立场有很多种,但对大多数的绿色主义者——尤其是激进的而非改革派的绿色主义者(那些相信根本的社会变革对于创造一个适当的、可持续的、环境健全的社会来说是必要的人)——来说,拥有的是一整套共通的信念。其他一些书籍(Dobson,1990;Goodin,1992)也已对这些核心信条作了详尽的阐发,所以这里要做的,只是把它们概括一下。

不可避免的是,由于主要关心(西方)社会与自然之间的关系,绿色世界观因而几乎都与社会相关。它常常提及的是,我们之所以感受到环境问题的存在,从根本上来说是因为我们对自然具有某些不可取的价值观念。我们相互之间的评价与态度是与这些观念联系在一起的,这样就有了一种对于现有社会以及传统价值观念的特定的绿色批判。

绿色主义者反对什么

绿色主义者常常声称,污染、资源损耗以及环境恶化的世界性问题,根源于对自然的作威作福与剥削态度。西方文化被认为是特别具有致命性的全球影响,因为西方人把自然看成是一种工具,用其进行无止境的物质获取(参见表 1.1)。我们之所以持有这样一种看法,部分是因为我们臆断自身与自然的分离,而这样一种观点,是我们自 17 世纪就开始发展的科学技术本身所固有的。接着就是弗朗西斯·培根(Francis Bacon)的信条,通过用分析的方法观察自然(化成部分),并将每一事物还原为基本成分(例如,生物学取决于化学,化学取决于物理学,物理学取决于数学),我们就可以为了自身的目的而了解并操纵自然法则。绿色主义者认为,这就给予了我们现在以极大的技术力量,使我们立足于不光彩的人性观念——好斗、自私、喜好竞争。浪费的消费主义现在看来是虚假的偶像,我们依此来衡量个体与社会的"进步"。这冷酷无情的唯物主义,夸大了合理性、"铁的事实"和经济功利主义上的算计在决定善恶中扮演的角色,我们精神的、情感的、艺术的、爱的和合作的一面,因此被忽视了。我们缺乏某些更为深入的道德标准。

表 1.1　传统价值观与绿色价值观之比较

传 统 价 值 观	绿 色 价 值 观
就自然而言	
1. 人类与自然相分离	人类是自然的一部分
2. 为人类利益计,自然可以且应当被充分地加以利用与控制	不管对我们来说有无价值,我们都必须尊重和保护自然本身,并与之和谐相处
3. 我们能够并且应该借助自然规律(科学法则)对自然加以开发和利用	我们必须遵守自然法则(比如说,承载能力法则就意味着地球能够承载人口数量的有限性)
就人类而言	
1. 人类天生具有侵略性且喜爱竞争	人类天生乐于合作
2. 人类社会自然地按照等级制组织自身,且必须这样去做	社会等级制是不自然的,令人讨厌且可以避免

传 统 价 值 观	绿 色 价 值 观
3. 你可以通过物质占有来评判我们的社会地位。社会的进步在于，让人们拥有更多的商品，并发明出更复杂的技术	精神生活质量与情感纽带比物质占有更重要。我们拒斥后者，且生活简朴
4. 逻辑、理性的思考比起我们的情感、直觉所告知我们的更为准确、可靠。你只能相信事实与科学证据	情感与直觉至少是与任何其他形式的知识一样准确与重要。无论如何，不存在客观的"事实"

就科学与技术而言

1. 科学与技术能够解决环境问题，因此我们必须继续对之加以改进	科学与技术并不可靠：我们务必要找到解决环境问题的其他道路
2. 技术进步在很大程度上决定了社会与经济的变革，我们无需对之加以控制	我们可以我们所合意的方式改变社会及其经济状况：技术应是奴仆而非主人。我们不必非得拥有那些危害我们的技术
3. 大规模的高科技（比如说核能）是进步的一种标志	中间、恰当、民主所有的技术（比如说可再生的——太阳、风力等）是进步的标志
4. 通过分析解决问题——将它们分解为各个组成部分	通过综合解决问题——各个部分属于整体且彼此间相互联系
5. 通过知晓物质的基本构成要素以及控制它们的力，就理解了自然	务必采取一种整体论的观点。自然（与社会）不只是其各个部分的总和而已

就生产与经济而言

1. 就产品与服务的生产而言，其主要目标在于更多产品与服务上的资本投入，最终使所有人从中受益	我们应该生产社会所需的产品与服务，而不管它们是否有利可图
2. 产品与服务的生产成本相对于售价越低，生产过程在经济上就越"高效"	经济"效率"的衡量，应该以创造了多少（能实现个人抱负以及生态良顺的）工作为标准，应该以人们的物质需求（食物、衣服、交通、无需过度消费的交往与休闲）在最小资源耗竭的情况下，获得多大程度的满足为标准。社会及环境的损害在经济上是低效的

（续表）

传统价值观	绿色价值观
3. 任何种类的经济增长都是好的,而且能够永远持续下去。它不必然对环境造成伤害	毫无节制的经济增长是有害的。因为它耗尽了有限的资源且造成了污染,所以不可能持续下去
4. 为使增长极大化,就必须限制你在材料循环再利用以及污染控制上的花费——否则的话,工业将毫无竞争力可言	所有的生产必须最低限度地使用材料。长远来看,这样的效率更高。假如我们拥有地方经济,我们对竞争的担忧会更少些
5. 经济计划的预期通常不可以超过5—10年,因为投资者必须要预见到那时的合理回报	经济计划的时间段应该是几百年
6. 国家和地区的发展与进步,在于彼此间贸易的建立	国家和地区间的贸易关系应被降低:目标应该是自给自足的区域与社群
7. 以中央控制与生产线技术进行大规模的生产,更适合且效率更高	小规模、就地管理的工艺生产更合适且效率更高(参见上述第2条)
8. 机械化与自动化生产更适合且效率更高:废除无聊的工作	劳动寓于工作之中,并使它们不那么无聊,是更为合适且效率更高的:我们都为了自我实现而需要工作
9. 目标就是充分就业	任何人都应该有工作,但这并不必然意味着那种传统的工作

就政治而言

1. 民族国家是最为重要的政治单位	地方社群最为重要,但是是国际社会的一部分(思考全球化,行动本土化)
2. 我们可以解决环境问题而无需改变社会—经济—政治体制:尽管我们将不得不对那一体制加以规制,并且对自由市场有所干预	解决环境问题的唯一途径,就是对社会、经济和经济政治的大规模改革——我们必须摆脱工业化的生活方式
3. 绿色主义者们想把我们带回到前工业的石器时代,以及某种浪漫化的乡村幻想	创造一个"非工业的"社会,以小规模生产为核心,服务于地方经济与社会需求,与自然有更充分的接触,正在进行中
4. 最终,我们必须将环境决策留给那些最适于作出决断的专家:政治家以科学家为顾问	我们必须一起来作出决定,尽我们所能——"专家们"应该给我们提供建议,但不应拥有额外的权威与权力

（续表）

传 统 价 值 观	绿 色 价 值 观
5. 发展方向就是代议制（议会）民主	发展方向在于直接民主，也就是说，在于共识决策与民意代表
6. 一个强大的中央政府仍将是必要的，以使得国家和全球的经济以及社会系统运作下去，并确保民主政治中的法律与秩序	政府的影响应该是越少越好：主要的作用，就是帮助当地社群实现其要求。在一个绿色社会中，人们应该如愿以偿地组织自身，但应该有强有力实施的法律以保护环境

过度线性（over-linear）的思维导引出错误的结论，即如果某事物是善的，那就会是多多益善。长此以往，更为复杂的技术和更多的经济增长被不明智地加以鼓吹，以作为治愈社会与环境疾患的途径，殊不知，这些疾患却是技术与经济进步的副产品。的确，正是进步这一观念，如今与后者画上了等号，而不是与道德的或是精神的进步相等同。展开来说，我们认为技术上最为复杂的，就如核电或核武器那样，为最进步的事物，而不管它所造成的破坏或是污染有多大。由此我们以为，不应该拒斥高科技，尽管它常常对环境造成破坏，并且看上去与普通民众没什么关系。

绿色主义者认为，"工业"社会立足于如此狭隘的利润最大化目标，进而鼓励过度消费。在对利润的盲目追求下，工业界随意将其废弃的副产品"外部化"到整个社会中去，而不是为保持清洁而对此付出代价。考虑到当代大规模的工业化运动，污染严重到令人无法接受的地步，而为了削减成本并保有竞争力，物资再生与污染控制也是有限度的（表1.1）。资源被认为是无限的，但绿色主义者坚称，它们显然是有限的——一个在传统经济学的鼠目寸光中从未被正视的事实。大资本主义、利润最大化、劳动分工、生产线、机械化、去技能化，共同造就了枯燥无味、永无盼头且倒行逆施的工作和了无意趣又单调划一的生活环境。城市与郊区庞大且无人情味，笼罩在乡村地区头上的是生态单一的农业综合企业所制造的风景，它给我们带来有毒且价值很低的食物与水。

拓展市场并控制资源和廉价的劳动力，这一寻求已将工业—消费者社会延伸至全球，正毁灭着雨林、改变着气候。由于这种大多数人仍旧认作是"发展"本质的国际贸易体系，"人口过剩"的第三世界备受污染，在物质与文化上都已是疲惫不堪。这就造就了一种为狭隘民族主义和无法控制的跨国公司所支配的政治体系。每个国家都需要一个中央集权的政府，以使其经济与政治安排运转奏效。但是，这样的国家干涉了个体与团体的权利，压抑了自由、自决和自我责任并造就不民主的政治（表1.1）。

这一批判也不是新近才出现的。它也不仅仅是面对一个自然资源被认为是正在耗尽的备受污染、"人口过剩"的世界的一次抗议而已。这是一种对于城市工业资本主义之倒行逆施，以及诸如直系家庭或等级制度下的权力关系等某些核心制度的不满。就这一批判而言，它与过去300年间伴随现代资本主义及其自由放任的自由主义政治哲学之崛起而来的大多数异议，相互之间就具有了密切的关系；从浪漫主义、传统的保守主义以及无政府主义再延伸至社会主义的诸多变种。其最直接的先锋或许就是20世纪60年代的"反传统文化"运动，对此加以支持的知识分子中，就有关注我们社会中社会性与精神性异化的"新马克思主义者"（这与传统意义上的正统马克思主义对经济异化的专注显然不同）。

绿色主义者拥护什么

绿色价值观的核心是生态中心主义，也就是说，其关切的起点是非人类的自然和整个生态系统，而非人本主义的关注。在"深"生态学中，它们诉诸生命伦理学的观念。生命伦理学认为，不论对人类有无价值，自然本身就具有内在价值。人类因而从道德上就负有尊重植物、动物和整个自然的义务，它们有权存在并受到仁慈的对待。

此种伦理学可能与盖娅的概念有关：整个地球的举止如一个充满生

命活力、能自行调节的有机体。尽管依赖于身外之自然，人类亦是自然亲密无间的组成部分，且不可与其分离并超绝其之上。生命伦理学与盖娅自然地流露出这样的看法，如果人类远离了地球，剩下的自然应该且能够继续繁兴。但是我们的在场已经导致了一场"环境危机"，威胁到包括人类在内的自然之大部分存在。这一危机要求我们谦逊而非傲慢地对待地球。我们务必要遵守那些支配自然的法则。

诸如承载能力这样的一些法则对增长的极限作了划定：经济的、人口的以及技术的。而且它们使我们知道，社会与生态系统都从多样性中获得力量，千篇一律（不管是农业的单一栽培，还是在地方文化的损坏中蔓延的整齐划一的西方工业制度）导致强健力的丧失以及某种破坏性的动乱局面。

随之即来的可能就是一种反城市倾向，因为城市通常与生态"法则"相抵触。这一倾向可能表现为对乡村地区和荒野的爱、尊重甚至是崇敬，想象其为朴素真诚的价值观念宝库，而情感的反面表达，则认为城市与郊区是腐蚀"文明世界"的基地。

于是乎，就存在着某种对于整体论思维的呼唤，即认识到我们在全球生态系统中的地位所透露出的丰富含义，也就是说，无论我们对那一系统的某一部分做了什么，都将会影响所有其他的部分，最终波及我们自身。温室与臭氧层效应就是这一原则的最好例证。

社会意义

如果我们要"与自然和谐"相处，那么，社会行为与个人道德就应遵守生态法则。的确，我们身外之自然的组成方式，理应成为人类社会组织结构的模范。为了对地球的资源需求更少，我们必须拒斥唯物主义与消费主义，并且接受可更新能源基础之上的污染控制与低影响技术。自此以后，经济学家在评估发展的价值、效率以及成本与效益时，就必须将环境标准整合进来。而且，所有的发展都必须是可持续的，也就是说，必须不减少未来一代代人所拥有的环境与经济选择权利。在地理上重组为小型的经济、政治与社会单位,其中包含有自给自足的地区与地方社群(表1.1),这是至关重要的,因为从社会与生态上来说,这最值得去做并且具有稳定性。

环境退化与社会不公不可避免地联系在一起,因此,南北双方当前的贸易、"援助"以及债务关系,都助长了热带雨林的采伐,因而必须为更独立的发展所取代。

作为对富人们降低其物质生活标准做出的部分补偿,以及对大多数人处境的改善而言,生活品质必须加以改善。环境质量、个人幸福、融洽的关系、创造力、艺术以及纯粹的享乐——所有这些都是生活品质的一部分。经济学务必使生活品质在财富与价值的衡量中占有更多的地位。财富标志,比如说像国民生产总值,应该只将那些具有社会效用的活动包含在内(然而当前看来,即便是产生污染的活动也被算作生产力的一部分,因而是值得做的)。

支付给每个人的社会工资,将意味着有益的工作,比如说,家务活、维护公地或花园不再是经济上次等的活动。制造业与服务行业应配合社会的需要而非全然由市场所表达的需求。许多需求总而言之都是"人造的",为了利润而通过广告引发出来。而且,既然有意义的工作是人性的基本需要,无论何时可能的话,工作都不应该是令人沉沦、枯燥乏味或倒行逆施的,相反,是更应强调技艺与创造力的。

生活品质亦可通过人们在一种真诚的民主参与中拥有对自身生活的把握而得以改善。个体与地方社群应该拥有资源,而不是国家或是大型的私人企业。不管是不是"专家",个体也必须感受到其观点的被倾听、被尊重,而且他们能够明白无疑地影响到决策的作出。

显然,西方文化及其社会组织若不从根本上加以转变,上述想法大多都是不可实现的。"女性的"价值观——内敛、易感、合作、富于直觉、综合——理应得到褒扬,而当前主导的"男性的"价值观念——命令、富于攻击性、敌对、理性、分析——不应再受到重视。与当前社会相比,绿色社会将是一个等级色彩更淡,参与色彩更浓的社会,而且确定无疑的是,更为合群。

然而,个体的自我实现也是必需的——这是因为对于他人以及自然的尊重和热爱,势必是从自尊中建立起来的。一种不具侵犯性的个人主义是激进绿色政治思想体系的基础。许多绿色主义者将传统的政治理念及其建议,全然拒斥为问题的一部分而非解决之道。相反,他们采纳了"个人即政治"这一格言,其意在于,通过改变我们个人的生活方式、态度以及价值观念,我们就对总体的政治改革作出了强有力的贡献。这时,内在指引的哲学与实践以及启蒙教育与社会化就至关重要了。

尽管在20世纪90年代中期,绿党的政治声望已然黯淡下去(参见Bramwell,1994),然而自从民间环境主义崛起以来,绿色理念在1/4个世纪里也有进展。正如那时将大部时光都专注于技术替代运动的某些人的视角一样,对于绿色理念的社会接受度,彼得·哈珀(Peter Harper,1990)绘制出一幅与私人相涉且令人印象深刻的图解(表1.2)。读者们能够判断出,许多年以后,这些观念中的某些是否已经挤向过滤器的"主流"方向。

表 1.2　早期绿色观念的命运

	主流:现在已获得正统地位:	有相当的地位:仍不是很正统,但已获得广泛的讨论与实践,且有点初步成功的味道
A. 早期绿色观念在舆情中的命运	● 绿色议题值得注意 ● 温室效应真实不虚,需要想点办法 ● 对酸雨也得想点办法 ● 铅是一种环境毒物 ● 不应捕杀鲸鱼 ● 环境教育 ● 妇女能顶半边天 ● 催化转化器 ● 热电联产系统(CHP) ● 无需核能	● 可再生能源 ● 能源节约与效率 ● 绿色产品 ● 有机农业与园艺 ● 整骨疗法与顺势疗法 ● 循环再利用 ● 发展中国家的中间技术 ● 城市农场 ● 自然分娩

A. 早期绿色观念在舆情中的命运	不再是胡思乱想：曾经荒唐的想法现在可以在宴会上或与酒馆里的陌生人谈论了，或是可以在公共场合躬行而不至于引起太大的骚动： ● 饮食与健康；素食主义；天然食物 ● 食品添加剂令人担忧 ● 骑单车上班 ● 小汽车更少，公共交通更多 ● 针灸 ● 生态投资具有经济意义 ● 零增长经济 ● 盖娅假说 ● 整体论世界观 ● 健康住宅 ● 更多火车 ● 新工作模式，共享就业机会等 ● 工人合作社 ● 反对工厂化耕作 ● 无动物实验的化妆品 ● 无婚姻的家庭生活 ● 激进女性主义 ● 以氢作为燃料 ● 保健按摩	仍旧太新潮：对信徒圈外人而言不可思议、富于争议或令人尴尬： ● 极端节俭的生活方式 ● 严格素食主义 ● 长寿术 ● 共同生活 ● 单边主义 ● 生活污水回收再利用；替代性卫生间的广泛采用 ● 和平主义 ● 地方分权 ● 地方货币 ● 工资均等 ● 丰富多彩的新纪元信条 ● 空想社会主义 ● 自主创意（DIY）派 ● 外援起反作用，应被废弃掉
B. 绿色运动内早期绿色观念的命运	被抛弃者：只是那些没有经受住时间的考验，以及看上去即将过时的事物，尽管它们在某些方面可能值得继续拥护： ● 有技术设施的独立住宅 ● 自给自足 ● 激进的田园主义 ● 去工业化 ● 不要高科技 ● 小规模是必要的，而且总是最佳的生态解决方案	被采纳者：那些我们十年前也未必就感到全然陌生的观念或行径，不知何种缘故，我们现在似乎正在接纳之（抑或只是我们正在老去？）： ● 对国民经济及其工业基础的认可 ● 国家电网 ● （某些）大规模能源系统的必要性 ● 国际贸易

（续表）

| B. 绿色运动内早期绿色观念的命运 | ● 娱乐性毒品
● 矿产资源匮乏，濒临枯竭
● 不需要什么专家，所有的这一切都是骗局，任何人都能做任何事
● 不要因组织结构而烦恼
● 国家社会主义
● 灾难迫在眉睫
● 资本家的唯一目的就是剥削工人 | ● 银行与其他金融机构
● 利润
● 利息
● 市场、市场化
● 富有成效的管理的重要性
● 整形外科
● 电子学、计算机等
● 代议制民主
● 节俭、守时、有序、整洁、政党程序以及高效的资产阶级美德
● 凌驾于个体之上的集体诉求 |

资料来源：Harper，1990。

深生态学、社会生态学与新纪元潮流

深生态学基本信条

生态学的"深""浅"之别，是阿恩·奈斯（Arne Naess，1973）首先提出来的。自那之后，几位深生态学家已将深生态学提升为真正的绿色实践与生活方式（Devall and Sessions，1985；Tokar，1987；Naess，1989；另参见 Bramwell，1994）。奈斯说，之所以称得上是"深"生态学家，乃是因为在没有就基本的问题发问之前，他们不去讨论技术细节。在询问如何保障生产资料的供给之前，深生态学家们首先会以一种减少我们对地球资源需求的视角，质疑我们是否对许多物质有真正的需求。

深生态学从根本上拒斥那种人与自然脱离并迥异的二元论观点。它认为，人类是自然环境的密切组成部分：人类与自然相互融合。绿色社会应该是什么样子，这一看法源自对生命伦理学与自然之内在价值的一种坚定信念。沿着康芒纳(Commoner,1972)的"生态学第三定律"——"自然最有智慧",以及他的准则:任何人为导致的自然系统改变,对那一系统来说都是有害的,深生态学家们建议一种对自然之道的谦卑顺从态度:尽力接受而不是反对自然的节拍。他们反对人类中心论,将其定义为:(1)视人类价值观念为所有价值之源;(2)意欲操纵、开发并破坏自然以满足人类的物欲。

这一自然观是诸如巴鲁赫·斯宾诺莎(Baruch Spinoza,1632—1677年)和马丁·海德格尔(Martin Heidegger,1889—1976年)这样一些哲学家的观念的复兴。他们提出,每一存在物都有表达其本性的权利,而人类的终极目标是沉思自然。这就暗示出沃森(Watson,1983)所描述的朝向自然的"无为主义"(inactivism)。顺而对于东方哲学中诸如道教、佛教以及印度教就有了很大的兴趣,正如阿伦·瓦茨(Alan Watts,1968;Watts and Huang,1975)和加里·斯奈德(Gary Snyder,1969,1977)所阐释的那样,在面对宇宙的伟力时,以顺应的态度去沉思自然——"顺其自然"(go with the flow)而非与之斗争。(对于伊斯兰教、佛教、儒学与深生态学之联系的评论,参见 Engel and Engel,1990 以及 Ferkiss,1993;对于生态中心主义与佛教、印度教、道教、儒学、耆那教、伊斯兰教、巴哈伊教和基督教之间关系的探讨,参见 Tucker and Grim,1993。)

奈斯(Naess,1988)认为,深生态学将其对自然的关切同社会改良的意图结合在一起。但是,它避免了那种争论双方互相指责对方为"错误"的对抗所带来的社会变革。每一观点都有其价值,当所有各方对其立场稍作调整时,达成共识也是有可能发生的。因此,世界观的多元化就会受到尊重——无神论、异教徒、佛教、基督教或是任何其他什么。不存在对或错的宗教——恰恰相反,所有的宗教都分享某些基本原则。其中就包括深生态学最为重要的原则。此外,他们还认为(参见表1.3),当生命形式的多样性达到极致时,地球上生命的富足度才是最高的。

当深生态学家也许因此而成为社会价值观念上的相对论者时，他们却真正拥护了一套由生态法则所界定且所有文化都应分享到的无比"端正"的态度。"尽管人类作为一个物种拥有独一无二的特征，但他们仍将和其他生物一样，遵循同样的生态法则与约束。"（Merchant，1992：89）这意味着对于"有限"自然资源的依赖，以及通过控制人口增长以减轻对地球承载能力之沉重压力的必要性。

表 1.3　深生态学八项基本原则

---

1. 地球上人类和非人类生命的健康与繁荣有其自身的价值（同义词：内在价值、固有价值）。就人类目的而言，这些价值独立于非人类世界对人类目的的有用性。
2. 生命形式的丰富性与多样性有助于这些价值的实现，而且它们自身也是有价值的。
3. 除非是为了满足基本的生存需求，人类无权降低生命形态的丰富性与多样性。
4. 人类生命和文化的繁荣与人口的不断减少并不矛盾。非人类生命的繁荣需要这种减少。
5. 当代人对非人类世界的干预过多，造成情况的迅速恶化。
6. 政策因而必须要加以改变。这些政策影响着经济、技术和意识形态的基本结构。其结局将与目前的情形大不相同。
7. 观念之转变主要是对生活品质的重视（即生命的内在价值），而非粘附于日益提高的生活标准。对数量之大（big）与质量之高（great）间的差别应当有某种深刻的认识。
8. 赞同上述观点的人都有直接或间接的义务来实现必要的变革。

资料来源：Devall and Sessions，1985。

这就意味着激进的社会变革——即社会—自然之关系在现存的社会结构下，不可能有根本性的改变。那些声称他们能的人，仅被封以"浅"生态学家的称号；技术专家和管理者们断言，还没有确定的证据表明，我们当前的做法正在破坏地球。

深生态学对于社会变革的解决之道，集中在个体自觉层次的转变上。对于每一个体而言，态度、价值观和生活方式首先有必要作出改变，以凸显对自然的尊重以及与自然的和平共处。当这样做的人足够多时，整个社会就会有所改观。女性主义者"个人即政治"的口号,就表达了这一心声。

深生态学家们并非全然仰赖于生态科学(包括材料、逻辑和证据)以得出自己的结论。他们也珍视情感与直觉的存在价值。他们说,我们永远不可能对一切都了如指掌,但直觉应能告诉我们,不该去做任何可能对环境长期造成破坏的事情。

当此种生态常识被运用到日常生活方式中时,我们就拥有了奈斯称作生态智慧(ecosophy)的整体论哲学。生态智慧原则就成为深生态学家们的指南,不再全然是通过古典科学的方法与哲学获取到的知识。

盖娅

唐纳德·沃斯特(Donald Worster,1985)描述了深生态学家们如何业已优先选定了其价值观。如果他们留意一下科学,那也主要是为了获取"正式认可"或是价值的戳记。有两个主要的来源可资戳记利用。20世纪物理学有种种发现,还有盖娅假说。关于后者,詹姆斯·拉伍洛克(James Lovelock,1989)主张,地球正如同地质学家詹姆斯·赫顿(James Hutton)在1785年所命名的那样,可以被看作是独立的生命体——借由相互关联的部分所构成的一个"超级有机体"(superorganism)。凭借反馈机制,所有部分都有助于调整和平衡这一星球,从而维系着我们所熟悉的地球生命。只是在此种意义上,地球是"活着的",因为她是"自创生的"(autopoietic),也就是说,是自我更新着的:她能够修复自己的"身体"并且通过物质资料的处理而成长。这一过程既非全靠运气,亦非出于外部的设计,而只是凭借地球自身的构成与法则(Sahtouris,1989)。正是地球上的生命有机体通过化合作用,造就了不平衡的大气。和火星这样的稳定星体相比,氧气与氮气"太多"而二氧化碳"不够"。但她支撑了生命,火星却不能。生物自身制造出最有助于它们繁荣昌盛的环境。所以说它们不是消极被动的：它们以最有利于自身长远发展的方式巧妙操纵并急剧改变着环境。这就使整个地球成为一个自立的系统：一个通过反馈机制对变化作出合适的反应从而维系自身完整的独立实体。生命与非生命间互补又协作。

这就是拉伍洛克对地球宛如一存活体的类比，这一类比与中世纪存活的地球之隐喻不同。后者认为，地球真的是一个存活的有机体（Mills，1982）。拉伍洛克本人（Lovelock，1990）对此不置可否，但是对于盖娅论者们深化并探索盖娅的神秘、神学以及女性主义内涵方面的希冀，他也没有不赞成。他们可能推论说，整个地球完全是存活的，甚至提出超越人类智能之上的星球智能，这种智能左右了作为整体的系统。

此种盖娅理论的阐发，事实上促成了整体论系统这一进路的神圣化。它们使前现代的观念与精神概念得以复活，比如存在巨链，认为地球上所有的事物都像串在一根链条上一样联系在一起。巨链的所有组成部分都拥有的精神与生命，源自顶点的至上存在（Supreme Being）（在基督教中是上帝）。这一存在所拥有的如许多的"善"与生命力，充溢于万事万物之中〔这是"泛神论"：上帝即万物，万物即上帝（《牛津英语大辞典》）〕。

迈克尔·阿拉比（Michael Allaby）——一位盖娅理论的领军人物——强调，拉伍洛克的概念既不认为盖娅有智力，也不认为其是神，尽管这一名称是取自希腊的大地女神。阿拉比（Allaby，1989：109）宣称，复兴基督教之前的信念的伪宗教（pseudo-religions）都是有害的，因为它们错误地感受实在。它们不是建立在对自然世界的准确知识之上，所以它们复兴的是一种巫术的信仰，也就是说，是一个为不可见闻且聪明的力量所操控的世界，人们通过宗教仪式与之交流。这"就将严肃的思考排除在外，代之以情感上的宁静"。地球系统完全是自动的。它的进化不是因应于外在的设计，甚或是来自其创造物的无私。万物之所以协作，仅仅是因为它们晓得，协作是存活下去的最好方式。它们是全然自私的。

这里出现了亚当·斯密(Adam Smith)"看不见的手"这一经济学教义的对等物,而前者是自由资本主义意识形态的基石。这就表明,允许每一个体的私利最大化,最大化的社会善就会不知不觉地到来。况且,当阿拉比强调盖娅只是一架没有意识的机器的时候,他也肯定了西方的主流自然观。有鉴于此,以及"盖娅不需要人类……我们不过是些跑龙套的……在真正的演员登台亮相时做陪衬"的事实(1989:147),也许很令人吃惊的是,盖娅假说竟吸引了那么多环境主义者的眼球。

整体论、一元论与"全景观"

鉴于"浅"生态学家们视人类与自然相分离且人类最为重要这一看法,深生态学家否认任何的分离。他们主张"全景观",即所有的生物都是盖娅的一分子,而且具有内在价值。正如奈斯指出的,所有有机体都是"生物圈之网上或具有内在联系的场域中的一个结",由不相关联的分离事物所组成的一个世界这一概念遭到否定。

这一主张与东方神秘主义以及某些当代物理学的解读相契合,而两者对深生态学家都有影响。这意味着宇宙的形成是源自某一基本的精神或物质实体或"质料,而且自然中各异的有机体或组成部分,不过是此一基体不同的形式而已"。这一信念被称为一元论,来自斯宾诺莎对勒内·笛卡尔(René Descartes,1596—1650年)那种精神与肉体相分割或二元论观念的取代,即以"上帝"或"自然"闻名的单一实体或精神。同样,这也与公元前6世纪的中国哲学家老子不谋而合,老子在《道德经》中提供了一种具有完美整体性的宇宙视角。"道"就是隐藏在表面现象下的实在。它永无止尽地运转着、扩展着、收缩着。因而看似对立的一切(雌与雄,天与地,冷与热)真正说来是同一事物的不同方面,正如阴与阳那样,有必要立于平衡之中。

正如福克斯(Fox,1984)所描述的那样:"深生态学的核心直觉就是,在存在之域没有坚实的本体论划分。""本体论"意指对存在本性的关注，因此，这就意味着在人类的本真与剩余自然之间并无根本的差异。所以说，人类与非人类之间实际上就不存在截然独立的划分。德沃尔与塞申斯（Devall and Sessions，1985）说："深生态学的主题始于整体性，而非业已主宰西方哲学的二元论。"

生命伦理、自然权利与灵性向度

假若人类是某一基本上由相同"质料"所构成的绝对实体的一部分，那么深生态学家们就会说，与别的事物一样，人类只是生物群落中的一种构成成分而已：生命之网中的一根丝线。德沃尔与塞申斯（Devell and Sessions，1985）说："人并非高于或者外在于自然，而是万物之一部分。"因此，自然中其他生灵与事物的价值并不取决于人类。

这就是生物平等主义，由此可以断定，设若所有生物都归属于相同的统一实体，那么，它们就理应获得同样的尊重。人类作为所有价值之源的"浅生态学"观念，因而就属傲慢无礼之举。即便在其他方面可能是生态上健康的人文主义观念，也因为其人类本位论（human-centredness）（Eckersley，1992）的色彩而遭到拒斥。

天主教牧师德日进神父（Teilhard de Chardin，1965a）的进化宇宙哲学于此所谈甚多，从而引起了生态中心主义者（ecocentrics）的注意，其中就包含"生物圈"（biosphere）这一概念。但是"因为其强烈的人类中心论色彩"，因而就被认为不是严格意义上的"盖娅派"（Gaian）或深生态学（Grinevald，1988）。即便是由联合国与自然资源保护团体发行的《世界保护战略》（*World Conservation Strategy*），也"因为其对人类的最终关怀"胜于对自然本身的珍视而受到公开指责（Naess，1990）。

生物中心主义的来源有许多，包括道教、佛教、印度教、某些基督教自然神秘家[比如说圣方济各（St Francis）]、巫术与异教信仰、美国印第安人的泛灵论(spirituality)、生态女性主义、生物乡土主义、生态科学以及平民党式的美国政治(Taylor，1991)。美国富于战斗精神的地球优先(Earth First!)组织，显示出了所有这些影响(其欧洲分支就没有这么全)。它试图重塑自然的神性，因此，比如说，树木被看作诸神，而砍伐它们是一种罪过。其精神主旨因而就是泛神论与异教信仰(自然和自然女神信仰)。它视前殖民时代的美国为神圣，而视当今美国文化为粗俗，鼓吹一种"自然地"居处于复原荒野中的"未来原始主义"(future primitivism)。

将自然是具有生命且神圣的信仰整合在一起的美洲印第安人的土地智慧，是支撑美国深生态学的一项颇富争议的准则：

在那些白人到来之前生活在加利福尼亚就已如此之久的原住民中，我们可以看到真正的原生态人——人们真正是其周围环境(土地、水源、山岭河谷)的一部分。

(Heizer and Elsasser，1980，援引自 Short，1991:102)

对于此种想象中的土地智慧所流行的一种生态中心主义表达，在苏瓜密施(Susquamish)印第安部落的西雅图(Seattle)酋长面对土地兼并的威胁时，于 1854 年向美国政府发表的公开演讲中就可看到。1976 年，此演讲由英国《地球之友》刊印，其中包含了诸如"你如何能够买卖天空或是土地的温暖?"之类的深生态情感。然而这份"圣约书"却是伪造物：实际上是在 1970 年时为南方浸信会教徒(Southern Baptist)创作的一个电影剧本而已，那些教徒想为其原教旨主义启示裹上一层生态上吸引人的情感糖衣(Church，1988)。

"传统的"或是"初民的"文化要比(堕落的)西方工业化国家——正如卢梭的提法那样是"高贵的野蛮人"——在生态上更为良善，这一浪漫主义与无政府主义的观念在生态中心主义者中依然存在。扬(Young，

1990)认为,澳大拉西亚(Australasian)土著居民的生态健康意识,是他们社会信念的一种副产品。戈德史密斯(Goldsmith,1988)对于南美印第安人饱含率真之情,如同冯·希尔德布兰德(von Hildebrand,1988)那样,认为亚马逊部族的宗教仪式与典礼稳固了那种与自然环境保持和谐与平衡的整体生活方式。布恩亚德(Bunyard,1988)津津乐道于"世界上的土著居民",宣称他们在环境问题上"远远胜于"西方社会。同样,克里考特(Callicott,1982)声称,"印第安人"要比"文明化的"欧洲人更为高贵。他们视自身之外的自然充满了生命的活力,相信所有自然事物中"大魔神"(Great Spirit)的存在。梦幻与日常世界相毗邻,且是一种与身外之自然沟通的途径。就这一观念以及他们的动物与人类的延展社群概念而言,他们的信念就处于西方国家资源开发观念的对立面。

但也有人论证了相反的一面,强调指出爱斯基摩人在冰河时代的末期如何过度剔除了哺乳动物(Martin,1973),后来又屠杀了美洲野牛并买卖它们的毛皮;或强调说他们的动机可能是出于对自然的畏惧,而不是对任何"内在价值"的赏识(Regan,1982);或者认为他们对土地的管理纯粹就是技术性的,而并不属于他们文化中的道德问题(C.Martin,1978)。沃尔(Wall,1994:21)的观点很中肯:

所有当代的渔猎采集者都是"原始的"且正在翘首盼望着进步,这一看法必定会遭到拒斥;这些团体跟我们新石器、中石器、旧石器时代的祖先一样,都纯粹且全然是绿色和平主义的,这一观念也同样是天真且孤陋寡闻的。

但是,将目光朝向那些存在过或是现存的,相比西方而言更亲近自然的文化,并设法去确立一套特别的价值观或是一种生活方式的正确性与更高的合法性(更加"自然而然"),这一意向也是西方社会长期以来就确立下来的策略。过去,这一意向常被用于那些深生态学家会公开指责的价值观与生活方式的论证,那些深生态学家所赞成的差不多也是这样。

科沃德(Coward, 1989)暗示说,这是更大症候群的一部分:哀叹某些想象中原初完美的破灭,因而实际上成就了基督教原罪概念的拓展。这一意向在"替代保健"运动中颇为多见,它对技术持怀疑的态度,认为自然不同于社会,是安全可靠、友善而仁慈的(与达尔文的解释正相反),并且认为,健康就是一种常态,它可以通过对隐秘生命力所遭受障碍的廓清,以及对猜想为来自外部宇宙而川流不息于肉身中的能量的再次平衡而得以恢复。这一肉身有一"清白"的自然状态,现在却经常被西方工业化社会的生活方式所败坏。

地球优先者与其他深生态学家,就像"万物理事会"(Council of All Beings)一样,紧随奥尔多·利奥波德(Aldo Leopold, 1949)之后,察觉到在一个充满道德关怀的群落中,人类与其所处自然间的某种亲缘关系。这一亲缘关系是灵性的、神秘的,而且也是实践性的,它由动物图腾表征出来,亦在宗教仪式中得到戏剧性的表现,人们或是在其中扮演了动物与无生物界的角色,痛惜着"工业社会"对它们的滥用,或是象征出古老元素——土、气、火、水——在肉身与生物圈间的循环往复。对不太"极端"的深生态学家来说,自然的灵性体验依然是至关重要的,通过冥思往往就可获得。

地球优先组织宣称,一名"生态布道者"(ecovangelist)期望做的,就是使非异教徒们(non-pagans)改变信仰,并且通过"生态破坏演示"的举动来抵制军事—工业体制。比如说,像是在爱德华·阿比(Abbey, 1975)的小说《捣蛋破坏党》(Monkey Wrench Gang)中所建议的那样,炸毁美国西南部沙漠中的水坝。如此极端的策略,已是在鼓励暴力或更糟的行为越出监禁之外。这与极端的非理性主义倾向一道,已造成了地球优先组织的分裂——分裂反映出深生态学与社会生态学之间更为广泛的争议。

地理学与深生态学

深生态学对于生态社会的地理学很重视。它所展示的是去中心化的、小规模的、自治的、自给自足的区域和群落。它强调"再定居",就是说,重新习得那种属地感——感到是那一个地方及其社群的一分子,不断去呵护它,不断意识到并增进它独一无二的同一感。这复兴了海德格尔的"栖居"于某处的概念,它意味着去保护景观与生态系统以使之免受扰乱:担当起"存在的守护神"(Sikorski,1993)。所有这一切都在"生物区域主义"(bioregionalism)的主张中体现出来:我们应该放弃作为基本的经济—政治单位的民族国家,而代之以生物区域。这就是所谓的拥有土壤、动植物、地貌等共性的"自然"区域(比如说,水文集水区)。每一生物区域都有其特定的人类承载能力,是不应被僭越的。这就是在不给环境带来不适当破坏的情况下,可用资源能够满足人们基本需求的人口数目。

新纪元潮流

卡普拉(Capra,1982)对"世界"历史持一种进化论的观点,认为现在正进入一个向整体论的生态学世界观转变的时期(一个转折点)。他的新纪元观视世界为所有有情与无情因素所构成的一个相互依赖的网络,其中任一部分的行为都会对整体造成影响。除了生态学以外,新纪元主义还包含对社会组织与社会变革的女性主义—无政府主义视角,而这又与甘地主义的和平以及社会关系解决之道结合在一起。它强调社会与环境关系中灵性的一面。

新纪元主义在很多方面都是对深生态学的拓展。尽管有一些深生态学家明确抵制新纪元主义,比如像德沃尔与塞申斯或是地球优先组织那样,但他们似乎只是关注其对新技术的欢迎(这因而可能被指责为人类中心主义的"技术性处理"处方)这一有限的方面而已。但在其他大多数方面,新纪元主义与深生态学是高度一致的。事实上,尽管不是全面地加以接受,很多激进的环境保护理论在某种意义上还是都显示出新纪元主义的倾向。新纪元主义是

> 一种难解的理论与深奥的只言片语的精神大杂烩······一场声势浩大的包罗万象的运动,囊括了为了一个信念而结合在一起的无数团体、精神导师和个人,即世界正在经历一场意识的转化或蜕变,这将开创一种新的存在样态。

(Storm,1991)

这一"千禧年主义"充斥于大多数的生态中心主义中。在诸如地球优先这样的团体中,它可能转变成为一种"天启末世论"(死亡、末日审判、天堂与地狱的教义)(Taylor,1991)。它断言说,含有生态意识的宝瓶宫时代(大同时代)就要到来了。占星家们说,我们大约每隔 2 000 年就进入一个新的时代,建立起新的文明与文化。地球现在正从双鱼宫时代中浮现出来——一个由耶稣及其教义所开创的时代,然而,其教义却极少付诸实践。双鱼宫时代一直为两极分化和冲突所笼罩——在文化、文明、宗教、种族之间以及西方意识之内(身—心的分裂,男性—女性以及社会—自然的对立)。这种二元论的观念体现在双鱼宫的标志上:两条鱼在相反的方向上游动。

相比之下,宝瓶宫象征着和谐、大全、均衡以及极高的道德与心灵自觉——它将是一个人类意识不再与自然相割裂的时代。全球自觉的观念在新纪元主义中被鲜明地表达出来。它发端于运动中的每一个体与地球合而为一之体验的寻求,借此带来内在的安宁与力量,就如"山岳与星辰是身体的一部分而每一个灵魂都与万物的灵魂不可分离"那样爱德华·卡彭特(Edward Carpenter),19 世纪社会科学家、诗人]。此种经验于是

就与他者一起分享着。最终，新纪元观念的整体意识延及全球，成为大多数人的世界观。

这就是新纪元的社会变革理论，它认可一种"无领袖但强有力的网络，致力于给美国带来根本的变革"——一项"合谋"，真正的"同呼吸共命运"(Ferguson，1981)。此类协同作用囊括了那些为了不同理想(生态学、女性主义、草根政治、心灵疗伤、意识提升等)而奋斗的群体，这些群体虽分散而毫无联系，却依然具有共通之处。起初，这些群体相互间没有意识到对方的存在，据说随着他们"认识到"共通的利益后，其政治力量不断增长，最终自觉地集合到一起。新纪元主义者视戈尔巴乔夫为他们的先知，是他在东欧激发了新纪元思维的爆发。

亨德森(Henderson，1981)将变革称为"太阳时代"(Solar Age)的来临，由于当前的燃料来源日渐枯竭，世界由此而采纳了大规模太阳能。当立足于资本密集型生产之上的工业经济在一场"无情的能源危机"重压之下，迫不得已疏散分布时，潜伏于此的将是真正的社会变革。

芬德霍恩之光

所有这些新纪元视角——占星术的、通灵的以及政治经济的——都分享一种一元论的深生态学观点。这就包括了回溯到古希腊的泛神论教义。此类视角也热烈地接受万物有灵("植物、无生命物体与自然现象中所赋有的活的灵魂")的异教信仰。正如美国的地球优先组织或是英国的里京信托(Wrekin Trust)、土壤协会(Soil Association)以及芬德霍恩基金会(Findhorn Foundation)那样，泛神论与万物有灵论在深生态学运动的诸多方面都有很抢眼的表现。彼得·卡迪(Peter Caddy)与艾琳·卡迪(Eileen Caddy)于1962年在苏格兰靠近福里斯(Forres)芬德霍恩创设的一种"替代社群"，是芬德霍恩基金会的基础。如今，芬德霍恩基金会拥有130位成人居民(Coates et al.，1993)。当卡迪夫妇驾驶着大篷车最先来到芬德霍恩的沙丘上时,他们身无分文,是无业游民。在多萝西·麦克莱恩(Dorothy McLean)的帮助下,他们开始在贫瘠的土地上收获自己的粮食。多萝西·麦克莱恩与艾琳·卡迪都声称与神意或基督意识、"母神"(divas)或本草精神(plant-spirits)有沟通。很快,芬德霍恩声名鹊起,到处流传的是,沙地上有极为成功的花园,里面有巨大的植物。

今日芬德霍恩的园艺工作,仍是在与植物精灵的沟通基础(这也是鲁道夫·施泰纳①(Rudolph Steiner)以及土壤协会 20 世纪 30 年代以来所发展的"生物动力学"农业的基础)上完成的。芬德霍恩视自身为一"光之源"(light centre),新纪元之活力(vital energy)能够由此而进入植物中去,并在全球散播。社群对人类的关注胜于植物——不断鼓励个人的觉醒与发展,以作为获得新纪元意识的桥梁。这是一个基于协作、决策一致性以及灵性觉醒之上的教育中心。

表 1.4 展示了在芬德霍恩人的新纪元观念中某些共通的要素。其中包含这样的观念,即"上帝"的存在并非隔绝和外在于自然以及我们人类自身。她/他/它无处不在;在我们自身之中,在我们身处的自然之中。假若上帝在我们自身之中,而不是"站在一边",那么,从某种程度上来说,我们都是上帝。既然我们都是上帝——也就不存在什么"原罪"了。也许是从这一视角出发,1991 年时英国绿党发言人戴维·伊克(David Icke)的公众"启示",大意即基督圣灵附体于他,则全然是彻悟的结果——绝非许多评论者(Goodin,1992:83)所视的那种毫无根据的"迷信"。然而,就基督教而言,这却是异端邪说,因为在基督教中上帝是唯一的,而且"他"正高居于灵界的某处。他不属于这个地球,与尘世的物质无关,因而也就不可能在自然中发现他,尽管自然可被视为出自他的设计。

---

① 鲁道夫·施泰纳(1861—1925 年),奥地利社会哲学家,创造了人智学(anthroposophy),生物动力学是施泰纳著作中的一部分内容。——译者注

表1.4 芬德霍恩共识的主要原则

1. 新纪元(宝瓶宫时代)就要到来了——这是一个技术与协作的时代。
2. 芬德霍恩是"光之源",人们在此将自身加以转化,与宝瓶宫时代新能源的步伐相吻合(光之源致力于星球自身之善;光是赋予生命的力量,成长的源泉)。
3. 我们不只是物质性的存在;也是更为广阔的灵性存在的一部分,其中充满了爱与智慧。
4. 万物皆有慈爱,万物一体,万物皆有其归宿(所有宗教背后的三项基本原则)。
5. 万物皆为统一整体的一分子——不相分离("星球意识")。
6. 人无二致——所有分殊的背后都是统一性的存在。
7. 包括日常事务在内,所有的事情都应以"爱"去面对。
8. "爱"饱含有灵命委身与目的感。这意味着在任何事物上都成为一个完美主义者,因为万物皆善。
9. 爱意味着在互信的引导下在群体中协同地劳作,芬德霍恩的"神圣文明"所突出的,乃是与某一共同目标相协调的团体。
10. 你做某件事的过程,与最终的结果同样重要。此一过程理应是将生命、灵性投入于万物的过程,这就意味着始终不渝的开放与坦诚。
11. 个体乃社会变革之始点。
12. 个体务必充满真情地热爱自身,察觉自身,不时地去反省自身。这些过程与强烈的情感危机一道,带来灵性的成长与转化。
13. 一旦达成灵性的转化,我们就都能够成为光之源。
14. 个体的实现在于共同劳作以及对社群的归依。

深生态学批判

尽管在整个绿色运动的过程中影响不断,深生态学还是受到了此场运动内外的批评者们的抨击。在自然是否具有内在价值这一议题上的争议,一直持续到动物解放的论争之中。此外,深生态学家与其批评者在其他议题上也存在意见的不和。

最为首要的指责就是,即便是最乐观地看,深生态学在政治上也是幼稚的,而最坏的情况则是政治上极端保守。幼稚源自对这一观念的过度着迷,即个体的价值观、态度以及生活方式构成了社会变革的原动力。于是,在政府机构和工商企业所把持的强力集团为了阻挡变革而提出的问题面前,其结果就是相应的失败。如何获致非集权化的生物区域社会,一项现实的政治策略因而就是缺失的,同样缺乏分析的是,为何恰恰是资本主义(相对于通常的"工业主义")把环境弄得脏乱不堪。

更何况,尽管有一种将人类包括在内的自诩的物种平等主义,贫穷、不平等、市中心贫民窟(这就是很多人的"环境")以及种族歧视等问题却从未以一种可持续的方式得到处理。但是,此类议题却不可避免地与生态问题联结在一起,因此,对这些问题的处理不当使得"深"生态学事实上就很肤浅(Bradford,1989)。

深生态学所传达的潜在的极端保守特性,在其特有的术语中可以观察得到。科沃德(Coward,1989)提醒我们说,当"整体、平衡、和谐"和"传统生活"这样一些概念运用到社会中去时,就带有某些传统保守主义的色彩以及怀疑变革的风味。事实上,正如布克金(Bookchin,1990)所说的那样,只需在意识形态上些微地倾斜,就足以使深生态学对"社群"与"天人合一"的着迷,改头换面为带有其国家主义的"鲜血与祖国"之自然哲学的纳粹集中营。

尽管这是典型的布克金式的夸大,但它依然值得我们深思的是,对"传统的"或是"原始的"民间文化大唱赞歌,是典型的右翼特征。况且,与此类文化相关联的"天然生活"(natural living)之幻象是:

> 毫无希望的空想与蛊惑;它是对那种身心皆益的"乡下"往事的一幅梦境:在田地里劳作,只吃新鲜蔬菜,造就了健康的人类……巨蟒(Monty Python)的《胡言乱语》(*Jabberwocky*)和《圣杯》(*Holy Grail*)……可能就是对饥饿、卫生设施之匮乏以及此种生活方式相伴而生的疾病之持续的抗争。
>
> (Coward,1989:29)

此类批评的背后,是对深生态学潜在的反人类姿态的忧虑。这一姿态源自一种不情愿的态度,即不认为城市中建造起来的、构造出来的环境以及乡村地区的开发为"自然之举"。深生态学告诉我们说,此类发展对"自然"的破坏有甚于成为自然进化的一部分,在后者那里,人类与非人类自然间通常是相互转化的。因此,人类的行为偏离了正道:我们成为"一种恶性的肿瘤,繁衍如此之快速,毁坏如此之强烈,威胁着整个生命界"(Allaby,1989)。有些盖娅主义者认为,我们可能是"整个地球机体的致病寄生虫,要是没有我们的话,此一机体长久以来会很完美"(Ravetz,1988:135)。对于人类的此种悲观评价并非初次露面,但雷弗茨(Ravetz)认为,他现在在科学中找到了根据:"我们对于我们的星球总而言之不是件好事的可能性,现在可以在一种准确甚至是可以验证的形式中表达出来……我们或许是自然中不自然的一部分。"尽管存在明显的悖论,即盖娅假说本身断言,有机体经常且彻底地改变其生存环境。人类对于盖娅的损害看来还是独一无二的。

麦茜特认为,这一反人本主义的普遍趋向之中,混杂着性别歧视的因素:阿恩·奈斯始终如一地采用"man"这一术语,却未能注意到在西方社会中对自然的统治与对女性的支配之间的任何联系。而沃里克·福克斯(Warwick Fox,1989)则不遗余力地抨击那种认为深生态学是反人类的看法。它不过是反人类本位主义而已。

毫无疑问,某种反人类的形象不利于深生态学对民众的吸引。更为糟糕的是其脱离普通民众的倾向。莫里斯(Morris,1993)说,阿恩·奈斯陷入了"几乎不可理喻的哲学行话……连续变异的神秘主义中",常常把那些对大多数人而言可能显而易见的事情搅成一团乱麻。布克金(Bookchin,1990:138—140)公开指责深生态学将东方神秘主义传统粉饰以某种系统构架,而造成某类"大杂烩"。这是西方"精神"中最糟糕的方面与东方"心灵"中最"空幻无质与琐碎不堪形式"的某种混杂,杂乱不堪,语无伦次,五花八门。

莫里斯更为关切的是,深生态学事实上采纳了资本主义与市场经济的语言,也就是说,那种表面上所反对的思想倾向。对此观点也有呼应者。西尔万(Sylvan,1985a)指出,就允许自然最大程度地"自我实现"而言,深生态学实际上认同了陈旧而非新颖的价值体系,即功利主义所声称的,为最大多数人带来最大程度的效益/幸福,就是最好的东西。正如深生态学的一元论那样,这种过分的简单化将所有事实还原为某种单一的、均质的力、中介、物质或能源:用黑格尔的话说,"黑夜之中,奶牛皆黑"。布克金(Bookchin,1990)认为,这就背叛了它原初的想法,即取代还原论的世界观。

社会的与社会主义的生态学

认识到深生态学的上述缺陷,社会生态学与生态社会主义有其对治之道。如同深生态学那样,社会生态学中含有无政府主义的因子,彼得·克鲁泡特金①(Peter Kropotkin)的无政府共产主义对之影响尤重,而默里·布克金(Murray Bookchin)对此的当代拓展最为卓绝。生态社会主义采纳了马克思主义的视角,威廉·莫里斯(William Morris,1834—1896年)与20世纪"人道主义的马克思主义"观点尤为突出。社会的与社会主义的生态学最核心的思想就是,我们的生态问题源于社会问题。

社会生态学所注意的社会问题与等级制和宰制相关,在政府主导型社会与家长制社会中,这一切都表露无遗。社会生态学的解决途径,在于消除等级制与家长制,再造一个"自然的"社会,也就是说,一个无政府共产主义的社会。这可能会把文字出现以前的自发的、非等级社会关系与现代的科学社会融合在一起,以使后者成为真正民主的、公共的,不为消费主义所困扰却能供给充足的生态良顺者。在其主流的看法与价值观念中,将会充分认识到自然对人类经济、社会和文化活动的形塑力。但是,与深生态学不同的是,对这一点的强调不会过分。同样,与资本主义不同

---

① 克鲁泡特金(1842—1921年),俄国地理学家和无政府主义者,认为改善人类现状的方法是合作而不是竞争。——译者注

的是，它也不会过分强调社会对于非人类自然加以转化的力量。社会生态学宣称其既非生态中心主义，亦非人类中心主义。它更希望人类"利益在星球利益的背景下得到定位"（Clark，1990）。只有通过在地方与地区自治以及尽可能自给自足的基础上，建立起小规模、分散化的地理组织，这一切才有可能发生。文化多样性以及自然限度内的生活，可以通过生活社区的构建、劳作的协作（或许以某种近于以物易物的方式，或许是非货币经济）、取代政治组织的当地街坊，以及那些对局部地区未能满足的更广泛需求加以满足的生物区域，而得以成功地延续下去。

表 1.5 社会主义者—无政府主义者的某些分歧

社 会 主 义	无 政 府 主 义
阶级剥削造成社会不公、环境退化	阶级力量造成社会不公、环境退化
阶级的划定取决于经济标准	阶级的划定也取决于非经济标准（种族、性别）
解释与分析是从历史角度出发的	解释与分析倾向于非历史视角
对政府机构的态度模糊——至少支持地方政府	全然反对政府机构
首先废除资本主义，中央集权的政府将消亡，因为资本主义支持政府机构	首先废除政府，相对于资本主义的废除而言，这是独立的行为，因为政府机构产生资本主义
政府机构是资产阶级的代言人与捍卫者	政府机构只代表自身的利益，与其他经济阶层无关
在革命的道路上对体制内政治活动的参与是许可的	对体制内政治活动的参与是不被许可的
对抗并彻底推翻资本主义的革命——社区实验之类是幼稚的与乌托邦式的	绕过资本主义并创造出理想社会的"原型"，比如，替代性的社群与经济
强调集体政治行动的力量	倾向于强调个人即政治的格言以及个体生活方式的变革
革命很大程度上需要集体力量，尤其是在一场总罢工中，作为生产者，也就是工会，从中撤出劳动力	工团主义者赞成工会组织与行动——其他无政府主义者强调经由社群以及其他一些非经济意义上团体的公民不服从

（续表）

社 会 主 义	无 政 府 主 义
社会变革中,工人阶级将成为领头羊	新的社会运动与社会团体在社会变革中将起到引领的作用
倾向于先锋主义(马克思—列宁主义)	没有革命的先锋队
强调无产阶级专政(过渡阶段)	任何"专政"或政府都受到诅咒
唯物主义哲学与社会分析方法	倾向于理想主义
现代性政治	倾向于后现代政治
计划经济的必要	社区应自我组织,要恰当,因为自发性是重要的
对去核心化的支持有限	去核心化至关重要
个体自由可能为集体所限制	个体自治至关重要
互惠互利基础上的国际交流是国际社会主义的重要组成部分	反对大多数的国际贸易;赞许地方的自足
对货币经济摇摆不定,只有一部分人反对	大多反对货币经济
都市中心化	含有突出的反城市因素,以及城市无政府主义
认为自然乃是出于社会的构建	倾向于视自然外在于社会,后者理应遵循自然法则,并视自然为一模板
人类中心论的(但与资本—技术中心论不同)	(在社会生态学上)既不赞成人类中心论,也不赞成生物中心主义
赞成社会主义发展	赞成不同的发展模式,包括社会主义,环境决定论以及独立发展模式(生物区域主义)
深层结构(尤其是经济结构)决定了诸如空间分布这样的表层结构	空间分布是经济、社会、政治的一项决定因素

　　包括深生态学家在内,大多数的绿色激进分子将会赞成此类组织(比如,Schumacher, 1973; Kemp and Wall, 1990:179)。但是,社会生态学与生态社会主义更加强调的是,借以消除社会不公的谨慎控制的发展,而非任何的"未来原始主义"。而他们的社会改革策略意味着共同克服那些通往生态社会的政治与经济障碍,其中就包括根深蒂固的资本主义制度;而不是专注于通过教育去改变个体的"错误"观念、态度、价值观和生活方式。

对于生态无政府主义(社会生态学)以及生态社会主义,我已在别处作了详尽的论述(Pepper,1993)。正如表 1.5 所表明的那样,尽管两者都向往相同类型的社会,但它们之间的分歧仍旧很多。无政府主义内部也存在分歧,生态无政府主义亦是如此,从更为自由的个人主义到更强调社会的集体主义,观点变化多端。无政府自由主义采纳了一种反国家的消费者运动观点,大多数现代的"新社会运动"(比如说公民权利、绿色主义者、女性主义者)也有类似的看法(Scott,1990)。与布克金的社会生态学相近的无政府共产主义,在很大程度上又与威廉·莫里斯尤为留意的去核心社会主义有异曲同工之美,这也预示了大多数绿色主义者将会认可的生态社会(Coleman and O'Sullivan,1990)。

但是,坦诚地说,生态社会主义的立场是人本主义,而不是什么生态中心主义。它尤为留心资本主义的结构特征,并以此来解释当今生态问题存在的根源。与之相应,它要求推翻资本主义,建立起真正的社会主义(或是共产主义,这两个语词在此背景下是可交换使用的),以此来奠定一个生态社会的根基。

总的来说,当绿色主义者走向"后现代主义"——将近代以来的文化、预设以及目标叱责为"生态危机"的病因而非良药时——生态社会主义者仍旧相信启蒙运动所做出的许诺:普遍的物质丰富,可持续发展,对所有人来说富足的生活水准。的确,他们争论说,在基本的发展水平与社会正义获得之前,与自然之间的某种令人满意的关系,连同精神上、思想上、情感上令人满意的生活方式——这是所有绿色主义者心驰神往的——是不可能出现的。

归类

类型学

尽管有人声称激进生态学"凌驾于"意识形态之上,但安德鲁·文森特(Andrew Vincent，1993)认为，事实上这也是一种意识形态，而且是一种具有"微妙且难以捉摸的内在复杂性"的意识形态。这就使得对其中不同因素的区分极为困难。任何尝试都不得不强调划分边界的艰难，诸范畴间如何相互转换、所有个体与集体的观念体系何以总是不知不觉地成为不同观念的折中混合。

亦有对环境主义作出的划分，自然在这里似乎被冷落在了一边：比如说，甘迪(Gandy，1992)在基于市场还是非市场的进路之间作出基本的划分。然而，这种划分也并不多见，绝大多数的分类集中于对自然与环境的不同构想上。

文森特对环境主义之诸种类型学的划分突出了这一点。由于对自然的态度不同，有诸种类型学上的划分，有知识获取途径之不同的划分（比如，科学的、浪漫主义的），政治理念上的类型学划分（其中常含有"自然社会"的观念），对待自然的不同哲学思考（比如，二元论对一元论的思考）上的划分，以及诸类混杂者。

事物之自身价值、使用价值及其善源于何处，不同的环境视角从中会展示出根本的差异，铭记这一点，本书的价值就得到了最大程度的实现。在这一点上，西尔万(Sylvan，1985a)刻画了与"深"相对立的"浅"，以及处于这二者之间者。

人类中心论与生物中心主义

"浅"生态学是以人类为本位的，因为它使地球成为实现人类目的的工具。人类被公认为唯一的价值参考点。他们是"价值"、"权利"、责任与道义的赋予者，而且他们决定了价值的有与无。通过利用自然，人类担心的事情就不难解决。

然而，正如古丁(Goodin，1992：8)明确指出的那样，深生态学赋予了自然在价值创造中的某种独立角色地位。古丁相信，在激进环境主义的核心观念中,绿色价值论是"唯一的道德内蕴"。这就赋予了盖娅以内在价值,而人类也就不可避免地成为了"她"的一部分。当浅生态学暗示人类对其身外自然的实质"干涉"时,深生态学却暗指向某种最低限度介入的态度。浅生态学对于自然的隐喻是机器式的,而深生态学的隐喻则是有机体(参见表1.6)。

表1.6　机械论伦理学与机体论伦理学之比较

机　械　论	机体论(整体论)
1. 物质与社会皆由单个部分所组成(比如说,原子、人群)	1. 每一事物都与其他事物相系属,任一部分的界定都取决于它与整体以及整体中其他事物的关系
2.(社会的,任何物质实体的)整体等于部分的总和	2. 整体不止是部分的总和(生态系统亲历着协同作用,社会也不仅仅是其中个体的组合而已)
3. 对象物是独立于其背景的:社会准则与自然法则是且应当是普遍有效的,人人都应服从,不管不同背景所造成的个体差异如何(比如说,不同的文化、不同的体验情境)	3. 知识与存在取决于背景。因此之故,除非做出某些切实可行的假定(本质上来说是虚构的),否则的话,普遍"客观的"科学规律就不可能得出来,而且只有与其文化背景相联系,人类的行为举止及其伦理道德才能被理解
4. 从根本上来说,变化乃是一整体中诸部分间的重新排列。能量既未被创造,也未被消灭,只是重新加以分配并变换形式而已。通过不同法人团体中的联合与脱离,个体就改变了社会	4. 过程优先于诸部分。也就是说,生物与社会系统是开放的,总是在和周围的环境进行着能量与物质的交换。因此说,整体中的"事物""对象""部分",实际上是持续能流——宇宙洪流中的暂态结构(见第五章)
5. 思维是二元论式的,认为精神与物质、社会与自然等,以及主体与客体是分离的。客观的思想是可能的。正如一架机器上的零件一样,依照客观的理性法则,人类心智就能够对自然与社会加以描述、控制与调整	5. 一元论思维:人类与非人类的自然是一整体——是同一事物的不同方面而已。所有的对立物都是同一事物,或基本"要素"(像是能量),或精神(正如在上帝或普遍的存有之中那样)的不同方面而已

资料来源:基于 Merchant,1992:68—69,76—77。

正如文森特与西尔万提到的那样,环境主义中的大多数立场都介于这两者之间。西尔万认为,这些论调最为重视的是人类,但也赋予高等动物自身以价值。与浅生态学的"独占价值假设"不同的是,这里所展示的是"更多价值假设",它宣称人类身外之自然可以拥有内在价值,而人类的价值只是更高些而已。

文森特描述了某种他称之为"温和的人类中心论"的中间立场。温和的人类中心论要做的是,把某种被明确认为是人类模式(非内在于自然)的道德态度,拓展到人类之外的自然中去。其中就包括"生态人文主义者"(Brennan,1988),他们承认,对于自然的良顺态度是一种源于人类并以人类为本位的价值观念,并依然愿为此态度辩护。他们说,这是因为大多数人类更喜欢这样——部分出于物质性上实用的理由(假如我们污染了生态系统,那就降低了它们为我们提供资源的能力),部分出于非物质性上实用的理由(在一种相对来说"未退化的"状态下,人类从自然中获得精神与情感上的满足与享受:许多人对于以工厂化农场经营动物的想法感到不舒服,而正是我们这种因动物引起的不适,成为我们不要那样去做的具有说服力的理由)。除了别的以外,这就是生态社会主义者的立场。

温和的人类中心论也欣然接受了"进化的生态自然主义",认为自然通过自行组织的能力,不断进化为更为复杂的形式。在这一点上,"自然"就包含了人类在内,因而自然与社会的历史就相互间混合并成为一体。这一观点将心灵置于进化的最顶端(无生命的自然孕育了单一的有机体,由之而来的是复杂机体,然后就是禀有心灵的机体)。既然人类具有心灵的最高发展状态,对于这一进化过程而言,他们就是最高点:地球因人类的存在而日益觉醒。默里·布克金(Bookchin,1990)的社会生态学显然赞成这一点。

生态中心主义与技术中心论,利己主义与同中心论

尽管以上述术语去思考问题是明显有益的(记住永远不要使它们成为刻板、稳固且互斥的范畴),但是,将"浅层"与"深层"生态学对立起来这一想法,同样有不足之处。比方说,此类术语在意义的准确性上有所欠缺:和什么相比是深的呢? 比如,马克思主义者指责"深"生态学事实上的肤浅性,这是因为它没有把深层的社会经济结构置于其分析活动的中心,不这样的话,文化与信念系统的运作都不可能被充分地加以认识。其次,这一术语贬低了那些对自封的"深"生态学家的信仰并不赞成者。像埃克斯利(Eckersley)这样的深生态学家当然会拒绝其他的路径,这不是因为它们必然具有生态破坏性——她承认,比如说生态社会主义可能就不是那样——而是因为它们没能共享有所谓"生物中心主义"的核心信念。事实上,正如西尔万提及的那样,"浅层"的路径对自然来说并不必然有害:实用主义与人类本位是关怀自然的很好动机。巴里(Barry,1994)很公正地指出,人类中心主义可以为绿色理论构建一种合法、强有力且灵活的"真实、可行的道德基础"。毫无疑问,西尔万认为整个的"深浅"之争乃是一种不当区分之谬误:未能认识到上述那些重要的中间立场。

奥赖尔登(O'Riordan,1989)所建议并发展的那种术语可能更为有益(参见表1.7)。生态中心主义视人类为全球生态系统的一部分,必须服从生态法则。这与那些在生态基础上建立起道德规范的迫切要求一道,可被看作是对人类行为的约束,尤其是通过对经济与人口的增长施加限制这样一些方式。正如对自然的那种实用主义态度一样,对于自然本身而言,也存在某种很强烈的尊重感。

表 1.7　环境政治与资源管理的欧洲观点：环境主义中的当代趋向

生态中心主义		技术中心论	
盖娅主义	公社主义	调和论	干预论
相信自然权利以及人与自然共生演化伦理智巧的这一内在要求	相信那种在可再生资源使用与恰当技术基础上建立自力更生社群的社会协作潜力	相信制度与理路对于那些满足环境需求的评估与评价的适应性	相信科学、市场力量以及管理运用
"绿色"支持者；激进哲学家	激进社会主义者；立场坚定的青年人；激进的自由主义政治家；智识阶层环境主义者	中层管理人员；环境科学家；白领工会；自由社会主义政治家	商业与金融管理人员；熟练工人；自营职业者；右翼政治家；职场青年人
民意调查占0.1%—3%	民意调查占5%—10%	民意调查占55%—70%	民意调查占10%—35%
要求权力的再分配，以便朝向于那种权力分散的联合经济，而且对非正规经济、社会交易以及参与正义更为强调		认可政治权力现存结构之现状的稳定性，但对政治、监管、计划以及教育机构的回应能力与责任承担要求更高	

资料来源：O'Riordan，1989。

　　生态中心主义者对现代大规模的技术以及技术与官僚精英缺乏信心，而且他们厌恶中央集权与唯物主义。假如在政治上偏右，他们可能就强调限度的观念，试图限制人口的增长与资源的消耗以及对自然"公地"的使用。如果偏左的话，他们就强调那种权力分散、民主、小规模的社群生活。

　　生态中心主义对于技术的立场颇为复杂。尽管它是"勒德主义"，但考虑到勒德分子（Luddite）对技术本身并不反对，只是反对精英阶层对技术的所有权与控制，所以它并不是一种反技术论。生态中心主义提倡"替代性"技术，确切地说，就是那些"温和""中间"且"适当"的技术，部分缘于它们被认为具有环境良顺性，以及它们的潜在"民主"性。也就是说，与高科技不同的是,它们可以为那些几乎没有经济与政治权力的个体与团体所拥有、熟悉、保持和使用。

技术中心论承认环境问题,但或者是毫无保留地相信,我们当前的社会形态总能够解决它们,从而获得无限制的增长(干预主义者的"丰饶论"观点),或者是更为慎重地认为,通过细致的经济与环境管理,这些问题能够得到调解(调和论者)。不管在哪种情况下,古典科学、技术以及传统经济理性(比如成本效益分析)的有效性与从事者的能力,在此都被给予了极大的信任。而对于决策过程中公众的真诚参与,尤其是涉及此种意识形态的正确与否,或价值观念上的辩论时,却无动于衷。技术中心论的乐观主义面纱可以被揭掉了,以揭示其"不确定、搪塞与错误的倾向"(O'Riordan,1981)。尽管其偏左派是渐进主义的改革运动者,但技术中心论者还是没能正视社会、经济或是政治结构上的急剧变革。

典型的技术中心论观点,在英国核能当局创办的《原子》(Atom)期刊的字里行间显露无遗。在对"绿色科学"的某一批评(Grimston,1990)中,有着与"真正的科学"的一番对比:

潜在的问题被发现并加以分析,异想天开的建议被给出,由之而来的研究过程与可能的行动也开展起来,而所有的这一切都源于某种技术乐观主义想法。

把钢铁注入海水中去以刺激浮游生物的生长,从而提高对二氧化碳的吸收能力,格里姆斯顿(Grimston)对此想法充满乐观:

如果这招奏效,我们就能够在继续帮助欠发达国家实现工业化的同时,保全整个世界……而且仍旧享有我们那种绝妙的生活方式……从原则上来说,只有能量不能被循环再利用:我再也找不到第二条定律……而且其他的任何事物也不过就是原子了……在不破坏环境的情况下维持100亿人的舒适生活状态,并不存在技术上的障碍……绿色主义者试图去工业化,但这将是灾难性的。我们业已尝到了影碟机的成果以及我们现在所拥有的——长寿、健康良好、空闲时间,我们当然会想念这一切……人类事实上已经在很大程度上击碎了自然的冷酷无情,而且我们是通过工业做到这一切的。

紧接着,针对绿色主义对他的"客观"科学的诋毁,他发起了进攻:

我是一名科学家。我热爱我的研究领域,但令我痛心的是,只是为了给某种先入为主的道德或政治观点披上可信性的外衣,它就被加以滥用了……对于技术共同体而言,是时候放弃其容纳那些不能和解的对手(绿色主义者)的努力了,取而代之的目标,就是重建科学权威的观念……(我们)昂首直面地承认那种指责,即所受到的训练乃是解决问题而不是带来巨大的社会变革。

显然,与要求在政治权力上进行激进的重新分配的生态中心主义相比,主流的技术中心论在政治上是革新主义者。

奥赖尔登说,技术中心论是"操控性的":它认为人类的命运在于操控自然并将之转化成一处"人工花园",以改进自然与社会。但是,在那些意欲对自然自由地加以干预者[即"干涉主义者",悖谬的是,他们在市场经济中却是非干涉主义者,比如西蒙与卡恩(Simon and Kahn,1984)],和那些认识到有必要适应自然之约束的人之间,却存在着分歧。此种适应就包括了基于成本效益与风险分析之上的环境管理,连同通过环境课税与处罚、标准设定等方面对经济进行的操控(Pearce et al.,

1989)。

在滋育自然而非毁灭性介入其中的总前提下,生态中心主义中同样包含有意见的分歧。其中就有奥赖尔登(O'Riordan,1981:89—90)所称的"地方自治主义",在那里,"经济关系与社会关系以及归属、共享、关爱、幸存的情感紧密连接在一起"。地方自治主义起源于19世纪的无政府主义,并在社群组织的协作网络中寻求一种社会主义式的生活。很大程度上,这与"社会生态学"相当,而奥赖尔登的"盖娅主义"却与深生态学相等同。

奥赖尔登的分类被广泛采用,但其用处却仅限于在深浅生态学之间进行的定位。至少就其伦理学与意识形态上的前提来说,麦茜特(Merchant,1992:74)的分类确实描绘了这一中间立场(参见表1.8)。她把"自我中心主义"与生态中心主义加以比照,前者相当于自由放任资本主义的意识形态以及某种机械的自然观(正如丰饶论者的技术中心论那样),而后者包括有深生态学与精神生态学、文化女性主义、生物区域主义、有机农作以及土著居民运动——所有这一切都视自然为一有机体而非一架机器。生态中心伦理"扎根于宇宙之中",不管那可能意味着什么。

从其他一些意识形态中挑选出功利主义哲学与马克思主义作为立足点,并吸收了机械论与机体论的观点,麦茜特在二者之间安置了"同中心论"。这自然优先考虑到了人类的价值观念与要求,但其人文主义并未导致破坏性与短视的自然观念,而这种观念是与自我中心主义下侵略性与竞争性的利己主义相伴随的。包括社会生态学、生态社会主义以及大多数动物权利运动(它将人类的伦理观念拓展及于高等动物)在内,同中心论将在人类幸福与利益最大化的努力下管理好自然。这将会把奥赖尔登分类中的诸多"地方自治主义"要素包含在内。

表 1.8 以环境伦理学及其西方思想中的前驱展示为基础的环境主义三层划分

自我：自我中心的		社会：同中心的		宇宙：生态中心的	
利己主义	宗教情怀	功利主义	宗教情怀	生态—科学的	生态—宗教的
托马斯·霍布斯 约翰·洛克 亚当·斯密 托马斯·马尔萨斯 加内特·哈丁	犹太—基督教伦理 阿米尼乌斯"异端"	J.S.穆勒 杰里米·边沁 吉福特·平肖 彼得·辛格 巴里·康芒纳 社会生态女性主义者 左翼绿色党	约翰·雷 威廉·德汉 勒内·杜博斯 罗宾·阿特菲尔德	奥尔多·利奥波德 蕾切尔·卡逊 深生态学家 复育生态学家 生育控制 可持续农业	美洲印第安人 佛教 心灵女性主义者 心灵绿党 过程哲学家

义务的基础

利己主义	宗教情怀	功利主义	宗教情怀	生态—科学的	生态—宗教的
个体自身利益最大化；对每一理性的，科学的个体有益者将会有益于社会整体，相互协调，意见一致	上帝的权威 创世记1 新教伦理 个人救赎	最大多数人的最大利益 社会正义 对他者的义务	作为上帝代理人的人类的管家 照顾者 金律 创世记2	以生态律为基础的理性的，科学的信念体系 生态系统的统一性，稳定性、多样性与协调一致 自然的平衡或混沌的系统方法	相信所有有机物和无机物皆有价值 对整个环境承担义务 人类和宇宙的生存

形而上学

机械论				机体论（整体论）	既是机械论又是整体论

机械论
1. 物质是原子构成的
2. 整体就是等于子部分的总和（同一律）
3. 知识就是部分的重新排列
4. 变化就是部分的重新排列
5. 心灵与肉体，物质精神的二元性

机体论（整体论）
1. 每一事物都与其他事物相关
2. 整体要大于部分的总和
3. 知识是情境相关的
4. 过程优先于部分
5. 人类与非人类自然的统一性

资料来源：Merchant，1992。

绿色政治学

绿色主义者常常持有的一条原则是,他们既非左又非右,而是"前瞻性的",或者"超越旧的政治":"现代的基本政治选择不是居于左、右或是中心,而是处于传统灰色政治与绿党之间。"该党 1992 年宣言中如是说。

但是,这种对传统政治与政客的完全排斥,就其自身而言,可能根本上也被认为是一种保守的情绪。况且,当论及人类应如何应对生态危机时,绿色主义者们当然会求助于"旧的"政治。表 1.9 所描绘的绿色政治学与更为传统的政治理念在生态学见解上的对照表明,主流绿色主义者大多横跨了(a)福利自由主义与(b)民主社会主义的范畴。

表 1.9　政治哲学与环境主义

传统保守分子 (激进主义者)	增长极限论者:开明的私有制是保护自然与环境免受过度开发的最佳途径。将传统的景观、建筑物加以保护,并作为我们遗产的一部分。 反工业主义:人类社会应效仿自然的生态系统,比如说,应该保持稳定、缓慢且自然地转变。多样性是必要的,但应是等级制的结构:因着某些共同的信念而结合在一起。任何人对其社会地位(小生境)都感到满意。家庭(也许是扩大的)是最重要的社会单位。羡慕部落社会。浪漫主义者:向往旧日的时光。
市场自由主义者 (改良主义者)	自由市场,再加上科学与技术,将解决资源短缺与污染问题。假如资源匮乏的话,人们将会提供替代物——要是有这样的市场存在的话。 不要相信"人口过剩";人力是一种资源。 就环境保护而言,资本主义能够胜任且能够成功。 消费者对于环境友好产品的施压将具有重要的影响力,资本将对这种市场作出回应。
福利自由主义者 (改良主义者)	市场经济,以及有限度的私有制。为保护环境而改革法律、计划以及税收。 合乎公共善的开明利己主义将会解决问题。 消费者对于环境友好产品的施压将具有广泛的影响力。 在一种多元主义的议会民主中,压力集团的政治运动将带来适切的立法。

民主社会主义者（改良主义者）	权力分散的社会主义；地方民主；市民集会的社会主义。混合经济与议会民主——伴随着对资本主义的严格掌控。强调劳工与工会的重要性。政府扮演了重要的角色（尤其是当地政府）。资源上的私有制与公有制并存。强调城市环境的改善。生产是为了满足社会需求。大规模的合作社分区。政府对环境保护进行补贴（比如，公共交通）。
革命社会主义者（激进主义者）	环境罪恶是资本主义所特有的，因此必须要消灭资本主义：需要某些革命性的变革，或许环境危机就是其促成因素。最终要摈弃政府，但在向公社（公社主义者）社会的转变过程中，也许政府还有存在的必要。在向一个绿色与社会公正的世界转变的过程中，阶级斗争至关重要——拒绝议会改革。贫穷、社会不公以及肮脏的城市环境，都被视作环境危机的一部分。与无政府主义者的未来设想相类似，但强调集体的政治行动，以及政府的带头作用。
主流的绿色主义者（激进主义者的目标，但却是改良主义者的方法）（包括英国绿党在内：地球之友以及其他一些压力集团）	福利自由主义者与民主社会主义者惯例的一种混合物，但却说自己是拒斥左翼与右翼政治学的。强调个体的重要性，以及他或她改变价值观念、生活方式以及消费习惯的必要性。生命伦理学，增长的极限，乌托邦思想。赞成一种自愿简朴的生活方式。同样，有必要改变社会经济结构，包括对"工业社会"的终结。支持小规模的资本主义，但却将盈利动机置于那种满足社会及环境需求的生产之后。合作社与公社也是如此。政府有其作用——尤其是当地政府。对自然的浪漫主义看法——精神层面的价值，这是所有主流的绿色主义者都具有的一种倾向，在深生态学与新纪元主义中尤为突出。新纪元的非理性主义、神秘主义以及对"政治活动"与工业主义的抵制，使它具有了某种复古的保守因素。
绿色无政府主义者与生态女性主义者（激进的目标与方法）	抵制政府、阶级政治、议会民主以及资本主义。人们自己组织起来：对于他们自身的生存负有责任、拥有权力。个体十分重要，但个体的自我实现是与社群相联系的。分权经济与政治：生产资料公有制与按需分配（收益共享的公社）。自发与有机演化的社会。非等级制的直接民主。乡村与城市的公社与合作社。生物区域主义。
	主流的绿色主义者、绿色无政府主义者与生态女性主义者就是对"生态主义"（生态中心主义）的刻画，与其他诸条不同的是，它源自生态学律令与生命伦理学（自然与人类社会同等重要）。但就其社会解决方案而言，他们主要在福利自由主义与社会主义间观望（并带有一两种保守主义与革命的社会主义的因素）。

注："激进主义者"＝希望回归到社会的本源处，并从根本上且快速地在某些方面作出转变。
　　"改良主义者"＝当前的经济体制得到认可；但它必须在干预以及经济管理这一方向上——并通过议会民主，被逐步地加以修正。

绿色主义者从而认为,社会变革必须发生自个体(a),但社会经济结构的变革也是必需的(b)。他们并没有完全否定资本主义——至少对于小规模的资本主义还是蛮有热情的(a),但却认为,作为评价标准,社会需求与环境质量是优先于谋利动机的(b)。在推动个人责任的发展上(a),政府的职责就在于顺其自然(b)。对于政府(以及绿党支持者对议会政治)的这种勉强承认,构成了与生态无政府主义相区别的主流绿色主义者们的重要特征。但对自然法则与生态原理的提升,也使他们有别于"彻底的"自由主义者以及社会主义者,正如他们时而表达出的那种更为急迫与激进的社会改革诉求一样。自然或许是社会立法的源泉,但对很多人来说,社会正义的原则同样重要。然而,生态中心主义所意欲要做的,是使社会正义成为所有生命体不可须臾分离的更广阔正义的一部分。技术没有遭到抵制,但它必须是适宜的与大众化的,对自然也是"温和的"。必须在情感与直觉知识的提升下,使唯理论(a 和 b)保持平衡。民主与个人自由(a)是主流绿色主义意识形态的基础——而且此一民主被拓展及所有的自然生物(动物权利、素食主义、严格素食主义)。但社群的重要性也被加以强调(b)。

所有这些除外,也存在着对"工业生活方式"与"旧的政治"的怀疑,另外还有反理性主义与神秘主义的倾向。其固有的保守性自不待言了。不能否认的是,尽管生态主义中有着对左翼自由主义的强调,保守主义也是一种不绝如缕的存在。它可能是一股细流,这就是表 1.9 何以未将"主流绿色主义者"延伸到图表中保守主义一方的原因所在,但它是存在着的。与之相关而最为杰出的英国激进环境主义者是爱德华·戈德史密斯(Edward Goldsmith,1988),他对于人们通常怀有的信念体系,比如对宗教所供奉的那些表示赞成,认为它们是创造社会团结的稳定力量,他本人也视此为一生态上健全的社会的关键所在。对戈德史密斯而言,共同的价值观必定首先源自生态法则,创设出一种生态系统模式的社会——它们不是相对的和可辩论的,而是绝对的。他也盛赞"传统"价值观,经常提及非洲、澳洲等"原始"人群及部落,以之作为我们的榜样。而且他视家庭为社会组织的基本单位:保存此者(比如像妇女的传统固定角色)的任何努力都应受到褒扬。最后,作为一名保守的生态中心主义者,他将"工业"社会斥责为畸形。

对于保守主义与生态主义之间的关联性存在,保守主义者们(尤其是传统的保守主义者而非新右派的成员)自身也表示认可:

> 在保守主义哲学与绿色思维之间,存在着许多天然的共鸣……在对新自由主义(新右派)时髦的旁门左道进行批判的过程中,保守主义者不过是向更为古老与更为明智的保守党(Tory)传统回归而已,它认识到自由主义理论中独立自主的、自治的选择者之不可靠,因而坚持共同生活的首要性。对于当今的保守主义者而言,绿色思维的重要性在于,它使他们回想起自己的历史任务,即给予社群以庇护,并一代代传承下去——在资源有限这样一种背景下,要求稳定性而非增长就成为保守派突出的价值观。
>
> (Gray,1993:173)

大多数的激进绿色主义者都受到无政府主义的影响(表1.10;Pepper,1993)。他们就包括"生态无政府主义者""生态女性主义者"和"生态和平主义者",他们都相信"有机社会"的必要性。某些人表现出反城市、反工业的保守主义情感。但大多数都有自由主义的倾向。的确,在对个体独立自主的强调中,无政府主义可被看作是极端的自由主义(Bottomore,1985)。

但另一方面,无政府主义与工团主义也是社会主义的形式,而且生态无政府主义者大体上都特别指望从克鲁泡特金那里获取灵感。他们拒斥资本主义,向往生产资料(资源)的公有制,以及按需分配。

表 1.10　无政府主义的类型

个人主义

每一个体都遵循着自己的性向，但可能为了便利而成为"利己者联盟"的一部分。

互助论

工作围绕信用关系而组织起来。立足于社会契约之上的公社以及工人合作社的联合。

集体主义

共享某些物品的机构或自愿团体。个体仍旧有权享用自己的产品。

无政府主义

公社的自愿联合，集体拥有财产。按需分配。各尽所能。

工会组织主义

以工作场所为基础的联合。与社团一道，革命的工会掌管所有的生产与分配。

和平主义

非暴力的抵抗与变革。作为"行动宣传"和平形式的自由主义社群。

资料来源：基于 Woodcock，1975。

生态无政府主义者的乌托邦，可能包含农村公社以及威廉·莫里斯《乌有乡消息》中的同业工会社会主义。其灵感可能也来自像科林·沃德（Colin Ward）那样的城市无政府主义者，立足于城市公社与占屋运动（squatter movement）。然而，英国与欧洲人的生态无政府主义并不像澳洲那样，毫不妥协地以城市为中心且植根于工团主义之中（Purchase，1993）。前者强调的是小规模、集体性、地方分权的公社主义、寓于市镇与社群会议中的参与民主、低增长（或非增长）经济、非阶层制的生活以及共识的决策。所有这些都是对美国民粹主义的回应（Roszak，1979），且在卡伦巴赫（Callenbach，1978）的小说《生态乌托邦》中得到了颂扬。

生物中心主义与内在价值

绿色价值论

价值论所关心的是价值与善的创造及其衡量标准。资本主义理论指望通过产品与服务在市场中的交换以确定价值（表 2.1）。当资本主义经济学家谈及价值的时候，所指的就是交换价值。最大化的价值在于满足大多数人的"需求"（want）。需求的大小（理论上）通过价格信号表达出来——高价意味着与供给相系的高需求。马克思主义理论是生产导向的，认为价值的主要源泉在于人类劳动——投入产品与服务中的劳动越多，其价值往往会越大——尤其是当它们满足了"需要"而非"需求"的时候。此时，后者就在某种程度上被认为是"人为的"：比如，像消费社会中的广告所制造出来的那样。于是，社会主义经济学家关注的核心就不是确立价值的交换过程，而是对社会效益（social usefulness）的强调。在资本主义制度下，社会有益的产品与服务可能不会提供给穷人，因为穷人出不起高价钱来购买其需要的产品。

所有这些理论，连同视上帝为所有价值之源泉与决定因素的基督教观点一道，都植根于中世纪以来在西欧发展起来的人类中心论的人文主义传统之中。相比之下，绿色理论视自然为价值的一个首要源泉（Goodin，1992）。

其意在于，不只是说对攫取自自然资源的产品与服务赋予了更低的价值（尽管它的意图就是如此），也显示出自然本身除了对人类有用外所拥有的善与价值。德沃尔与塞申斯（Devall and Sessions，1985：71）将固有价值刻画为"不依赖任一有意识存在物的意识、利益或是赏识",那就是说,其存在不仅仅依赖于有意识旁观者的双眼:它实实在在地就在那里。照齐美尔曼(Zimmerman,1983)的说法,这是对 20 世纪三四十年代间作为"生态抗争中第一位理论家"的海德格尔的回应。海德格尔宣称,人类本位的人道主义将人类提升得超出了"分寸"。他建议在人与自然之间代之以一种非人类中心主义的关系。这就必须是"顺其自然"(let beings be)——事物必须以最适其性而非适于人性的方式自由绽放。这或许就意味着,在西方文化如何看待社会—自然关系这一问题的态度上,需要经历一次相当大的转变。

表 2.1 几种价值理论

新古典经济学

社会是由自私自利的理性个体所组成的一个集合体,个体在市场中自由地行动,以便使机会最大化从而满足自身的需求。产品与服务的价值取决于这些个体(通常来说,就是一般意义上的消费者)的"主观偏好"。由此,与供给相关的需求增长,就使得价值水涨船高。

新李嘉图学派(凯恩斯主义者)

市场必须为政府所掌控,以便使福利最大化,因为彻底的自由市场在带来个体利益的同时,也造成了社会无益。价值是生产成本而非消费者的函数:部分取决于劳动成本,部分在于技术发展的不同阶段。此乃多元民主下不同利益集团之间的协商函数,政府的职责就是为了共同利益而对这些谈判进行斡旋。

马克思主义者

价值大体来说是投入到产品与服务中的劳动力的函数。生产资料的私人所有以及资本生产与积累的必要,产生出一种阶层系统,由此之故,产品与服务的生产者未能享有其全部的价值。因此,剩余价值(产品的市场价值减去支付给生产者的薪酬)从生产者那里被窃取。这就是价值的源泉。

绿色主义者

产品与服务以及那些非产品与服务的事物之价值,大体来说是包含于其中的自然资源的函数。也就是说,不仅在于资源的数量,还在于资源的"自然性",即它们创自自然过程而非"人工"过程(即人类)的程度。自然而然,那些完全或是从未遭人类改变的"自然现象",就是所有事物中的最富价值者。

资料来源:Cole et al.,1983;Goodin,1992。

既然深生态学家认为,人类并非置身于自然之外或是高居于自然之上的存在,而仅仅是其全体选民的一员而已,那么,人类就不可能成为身外自然之价值的仲裁者。生态平等主义要求人们务必珍视并尊重所有其他生物与"无生命"实体(从某种意义上说,万物皆"有生命",都是生态完整、自修复的盖娅生态社群的一分子)。由此可能的必然结果就是,自然具有权利。

就跟人一样,岩石本身的确拥有其自身的权利。自然而然地,岩石受到保护乃是由于岩石的利益,而非出于人类的担心。

(Nash, 1977:10,援引自 Merchant, 1992:76)

此种情感促成了 20 世纪 70 年代美国那些"代表"濒危物种与景观的一连串诉讼案(参见 O'Riordan, 1981),反之,现今的许多环境立法(尤其是欧洲)所关注的,却是环境破坏对人类的不良后果(参见 Hughes, 1992)。

尽管此类法律条文的目的在于保护环境,深生态学家仍对其人类中心主义的姿态作出批评。在自由社会中,"权利"是人与人之间社会契约的一部分,因而,将权利延及动物界,只不过是把它们也纳入人群中来而已:这就将人类的概念施于非人类世界。福克斯(Fox, 1990:11—17)指出,此一途径差强人意,因为从经验上来讲这是错误的——人类显然不是万物之尊。况且,人类中心主义业已是灾难性的,它所导致的工业主义毁坏了自然。

内在价值之异议

奥尼尔(O'Neill, 1993a:8—25)认为,要接受环境伦理,就必须相信自然具有内在价值。这一观点有待商榷,但深生态学家们会毫无疑问地表示赞成。不管怎样,在奥尼尔看来,"内在价值"可能具有三种含义。首先,它是非工具价值的同义词,因此,自然本身就是目的,而不是针对某一目的的手段。其次,它是因自身的特性而具有价值,并不是出于它与其他实体的关系,比如说,一片森林可以具有价值,而不管它是否是此类事物中的唯一幸存者。第三,它是客观价值的同义词,也就是说,自然中的价值不依赖那些可能也珍视它们的人而存在。换言之,假如所有人类生命都已终止,自然的其余部分仍将具有其用处与价值。奥尼尔认为生态中心主义无法合理地将这三种含义合并在一起,尽管它们实际上往往是相互交迭的。

对"内在价值"这一难题的证明,业已吸引了很多批判的眼光。首先,从奥尼尔所说的第三种含义上来看,如果你认为非人类自然应该具有"客观的"价值,更确切地说是独立于人类的评价之外,那么,你可能在暗示,人类与自然是"分离的"(在笛卡尔哲学的意义上,人类作为主体,是与作为客体的自然相分离的)。这可能与深生态学自身交相拥有的概念相违背(Vogel,1988)。在所有物种中,唯独人类通过改变其周围的环境并为了自身的目的而对之加以利用,当"生态智慧"因为这一"自然的"行为举止而对其加以痛批时,此分离也是不言而喻的。这使得人类

脱离并迥异于自然,置身于自然之外或是高居于自然之上……为避免对人类的这一不自然的特殊对待……我们必须强调,人类的行为(当然也包括氢弹与毒气室)与海狸的行为一样自然。

(Watson,1983:252)

其次,客观价值的想法可以被用作自然证明其自身价值,而无需以人类为参照的根据,因此,假如人类被从地球上除名,持续存在的自然仍将拥有价值。然而,正是价值、所值和权利这样一些概念,构成了人类的观念:人类施加于自然之上的人化的概念、评估与评价。奥尼尔指出,对我

们来说,认定一个无人的世界具有价值是很符合逻辑的。然而,仍旧是我们在作出裁决。似乎可能的是,我们不可能知道其他物种是否珍视除了它们自身之外的自然的其他部分,而那些部分给予了它们食物与栖身之所。但可能的是,正是价值这一概念在人类身外的自然中无用武之地:除了与那些最为基本的生存本能相关外。在利奥波德(Leopold,1949)看来,对于生物群落之完整性、优美性以及稳定性加以保存就是对的,反之就是错的,他所着重强调的从根本上来说是与人本属性相关的,而没有人类的赋予,它们将是无意义的。因此,正如麦茜特(Merchant,1992:78)所言:"从根本上来说,对生态中心主义伦理学的辩护可能是以人类为中心的。"

可能有人反对说,此类看法太粗糙,甚至是陈腐的。我们只能用人类的语言与概念来描述万事万物。但这并不意味着在"唯有人类的存在与成就具有价值"的意义上,我们必须得是"人本主义者"(O'Neill, 1994)。我们应该承认有一个世界,带着它自身实有的本性"逍遥"在那里,待我们自身的审美情趣日渐养成,我们对之就越加认同。

尽管对于"自为"自然的此种认同从本质上说还是为了我们自身,接受这一切为合理的仍将具有重要意义,以免我们落入反人类的陷阱。奥尼尔(O'Neill, 1993b:141)认为,"对非人类世界的对象因其自身的特性而加以回应"是必要的,因为这"构成了生命的一部分,人性潜能由此而得以开发。这是人类幸福的组成部分"。我们在此所探讨的,无疑是一种人类"用途"的价值,而且是一种生态上合意的价值。当这一词语在与人类繁荣相关的第二义上被加以界定时,它就满足了"人本主义"的诉求。

除了别的以外,人类的良善生活还包含对自然世界中非人类存在物的价值认可,以及对它们幸福改善的关注。

(O'Neill, 1994:21)

自然的此种使用价值,可能包括了传统经济学家所称的"存在"价值,对此我们往往喜欢这样去看待,比如,就热带雨林而言,尽管我们对之并无即刻的利用,甚至可能从不会去光顾它,但它的存在价值依然如故。由此而言,就如马尔特(Martell,1994)所承认的那样,你可以是一名人本主义者,同时坚持一种健全的环境伦理。

我们在这样一场辩论中所做的,就是主观且自私地决定赋予自然以"内在"(客观)的价值。这可能保持了生态系统,但对于克里考特(Callicott,1985)以及其他一些深生态学家来说仍旧是不足的。首先,此种价值不能获得合理的辩护,仅仅是被断言而已。其次,承认在一个人类与身外之自然合为一体的世界中,是人类在授予价值,可能会使我们断言,非人类自然的价值最终取决于观察者的意识,即人类意识,而这可能是人类中心极端主义(Sylvan,1985b)。

跟罗尔斯顿(Rolston,1989)一样,克里考特相信,通过表明"客观"与"主观"性质间的差异无论如何都是些陈词滥调,量子论就可以解决这一困境。这是对量子理论的一种颇富争议的解读,若果真正确,这可能就意味着,正如我们通常对"客观"事实的价值赋予的那样,主观赋予的价值从根本上来说拥有同样的实在性与地位。然而同样的是,你可以根据量子论进行相反的论证:所有的品质与属性在本质上都是主观的——依观察者而定——这样,你又回到了极端的人类中心主义,即世界的任何意义皆赖于人类的赋予。

我们可以像斯可利穆卫斯基(Skolimowski,1990)那样,宁肯认为像价值这样的属性是超越个人的——跨越并超越个人或个体或物种之上,而尽力回避这一难题。由此可以认定,既然自然与人类自身不相分离,那么,人类自身与自然就都具有价值。设若利己主义的行为是合理的,那么,最符合自然利益的行为就是合理的。这一辩护听起来很像是实用主义,但却是没错的。像韦斯顿(Weston,1985)所说的那样,正如在徒步旅行之类声名鹊起的户外消遣中所透露出的那样,人们对于自然之发自本能的情感,构成了环境价值观基本且足以为用的出发点。这是一种并非基于物质考量之上的工具主义,只是更开通一些。

默里·布克金很敏锐地意识到坚决主张自然具有"客观"价值的政治威胁。因为我们可以首先考虑到,我们自身在自然力量与法则面前的无助,以及我们在利用自然改造世界的能力上的极为有限。况且我们也可以认识到,当我们真的利用并改变自然,玷污了其原初的纯朴时,我们自身就是"罪人"。在布克金(Bookchin,1990:44)看来,生物进化是一种过程,地球借此引导自身以朝向更深层的自觉与自我反思。假如这一进化趋向以及人类在其中所具有的特殊重要性被否认,那么,就没有理由认为,人类不应像其他物种一样,只是以其他物种的损害为代价来获取自身的实现。布克金在此赋予人类以别样的价值,以作为人类身外之自然的"大脑"与监护者。

这是一种令深生态学家们着实憎恶的看法。然而他们提倡的生物平等主义的替代原则确实是问题甚多。仅仅因为自然的所有部分都具有价值,事实上是不能得出具有同等价值这一结论的。因为正如西尔万(Sylvan,1985a)所质问的那样,我们难道因此就推断,艾滋病病毒的生命跟人类的生命一样宝贵吗? 特别是在涉及有关动物权利的生物中心/内在价值论争时,此类问题尤显重要。

人类中心论与反动物权立论

生态中心主义者所关心的是在西方"工业"社会,尤其是工厂化农场中动物的境遇问题。尽管大多数的生态中心主义者并非都是素食主义者,当然,严格素食主义者更少,他们还是坚持认为,动物活着的时候,理应获得"人道"的对待。正是这一语词,表明了将人权与道德关怀延伸至非人类自然的人类中心主义立场。然而,正如我们业已提及的那样,生态中心主义者可能将人类中心主义斥责为他们一向所批判的启蒙运动思维的不幸产物。

其中就包含有笛卡尔(1596—1650 年)的看法，即人类因为拥有灵魂、具有自我反思以及理性思考并衡量其行为的可能后果的能力，而迥异于身外之自然。在他眼中，包括动物在内的身外之自然都是机器般的存在。他认为，动物只是对外界刺激作出机械的反应，虽有痛楚的表现，却无人类般的体验——带着希冀、恐惧、悲伤、高贵的情感等。所以说，如果动物是机器，那么，在如何对待它们上我们就无需顾忌。

现代的论断(如 Francis and Norman，1978)承认动物并非机器，但基于人类所拥有的理性、理解、情感和建立起复杂的社会—经济与家庭关系的能力，以及人类的感知能力，却建议给予人类更多的关注。动物仅是在最后一点上具有一定程度的能力而已。况且，它们不具有高级语言，而这却是人类构建道德社群的基础——语言是某种道德规范的起点。弗雷(Frey，1980)由此指出，动物没有权利，因为它们不具有利益，不具有意欲和情感，没有必备的思考力，又不会说话。这一推论认定，语言即思想，反之亦然。

通过对这一论证的延展，动物权利的批评者们对 18 世纪哲学家大卫·休谟(David Hume，1711—1776 年)的"权利"概念加以仿效，即权利是一项协议诸方彼此间的法定契约。既然只有人类才能够转让或要求权利，那么，动物就不可能有份儿。这就是帕斯莫尔(Passmore，1980)的立场，而且他还补充说，人类、动物与土地的任一社群都只是一生态社群，而非一道德社群。罗斯(Rose，1992)认为，由于权利是一人类的观念，那么，将其延伸至动物界就是"物种主义的"做法，是有利于人类的偏见——而这恰恰是动物权利的游说团体所痛恨的。

这些作者大多不会对良善对待动物的必要性不闻不问。但他们良善对待的理由却是出自人类的利益，而非动物。帕斯莫尔反复提到这一观点,即人类在虐待动物的同时也贬抑了自身。"对动物不仁者,对人也会冷酷无情起来。"(Kant,引自 Midgley,1983:51)弗朗西斯(Francis)与诺曼(Norman)出于功利主义的理由,同样赞成动物保护,即动物对我们来说具有情感的、情绪的价值。

假若在动物与人类利益间面临抉择,通常无疑的是,我们对人类负有类的忠诚。罗斯断言,所谓动物权利的奋争与人权之奋争相仿,这是不正当且反人类的。为了人类的利益,伤害动物可能是必要的,比如说在活体解剖那里。这就是生物平等主义不切实际的原因,也是那些甚至不会造成不必要苦难的禁令的问题所在。

由于何为"必要"乃相对而言——不同时地不同文化之间颇有差异。彼得·辛格(Peter Singer,1983)提出切勿食肉的绝对禁令,因为饲养动物以食之会不可避免地带来苦难,相对主义者对此作出答复时指出,在某些文化中,出于宗教的理由以及/或是因为生态上不切实际(许多地区的气候与土壤阻碍了耕作农业),素食主义不具备选择的自由。假若就像众多动物解放论者所做的那样,你宁可建议一种生物与道德关怀的等级制度,那么,你实际上是在移动等级思维的边界,而非根除它——也许只是对"人类独尊"立场的一项边际改进而已(Anton,1992)。

动物利益论

在为动物辩护中,D.K.约翰逊与 K.R.约翰逊(Johnson and Johnson,1992)并未提议说,所有生命都具有崇高的固有价值,因为对一片草坪的修剪显然是不能与大屠杀画上等号的。然而他们认为,基于非功利主义的立场给予动物权利也是可以的,那么,它们就不能再被仅仅视为人类的资源。米奇利(Midgley)认为,没有理由将动物排除在我们的权利社群之外,而巴伯(Barbour,1980)则提醒我们,基督教禁令也要求我们不去这样做。对某些人来说,动物权利可能意味着某种法律地位(Stone,1974),这一地位之所以未被危及,仅是因为动物自身不能够提出诉讼而已。人类可以作为动物的代理人,正如同他们代表婴儿提起诉讼那样(Warren,1983)。

不管接受与否,还需要探讨的是,所有的道德代理者(也就是能够转让与要求权利的人类)都有一项义务,不去伤害其他一些自身可能不是道德代理者的个体。这是因为所有个体都具有利益。这些利益构成了生命之最大限度的快乐,它们就如同具有约束力的权利一样,如果可能的话,理应受到保护(Benson,1978)。

在这一论断最为杰出的辩护者辛格(Singer,1985:9)和雷根(Regan,1988)看来,动物——尤其是"高等"动物——拥有利益的根据在于,它们就像我们一样能够去感受:感知能力遍及所有具有神经系统的生物之中。如果你想当然地把动物排除在道德社群之外,理由是它们只是有感知而已——它们不能经由言语与理性维护其利益,那么,你可能也已把非道德代理者的人群排除在外了:比如婴儿与智障患者。辛格进一步认为,与人类不同的是,动物们因为不知道发生在它们身上的将是什么,它们感受痛苦的能力因而可能比人类要大,而不是更小:当感受到疼痛,比如说兽医在进行一次注射时,它们会担心是否对自身有益。

雷根宣称,哺乳动物不只是具有感知而已。许多哺乳动物至少具有初步的知觉、记忆、情感、需求、信念、自我意识、意向以及未来感。因此,它们拥有的就不只是生存的利益而已,而是一种充实而快乐的生活。D.K.约翰逊与 K.R.约翰逊断言,动物的智力只是在程度上与人类有所差异:动物使用尺寸、形状和色彩之类的抽象概念来区分自然界中的物体。米奇利也拒斥那种极端的语言哲学论断,即语言是概念化的世界秩序之唯一来源:仅仅因为动物不会言谈并不意味着它们就生活在一个失序的世界中。雷根认为,举证的责任落在那些否认此点之真实性的人那里。

一种解答？

有没有可能，一方面不以拟人之口吻（"迪士尼化"）维护动物权益，而另一方面又仅将人类视为不同的动物物种呢？雷根与辛格渴望将道德关切，即自由—人文主义者之平等观以及对个体的尊重这一"圈子"加以延伸，穿越物种的边界至高等动物。罗德曼（Rodman，1977）对于此种人类中心主义心有不安，对此，本顿（Benton，1993）深表同情，况且作为一名社会主义者，本顿尤其抵制那种个人自由主义者业已发展出来的权利观念。

他可能更情愿以社会主义者的道德观念与见识去穿越那物种间的栅栏。在马克思主义者看来，这可能表明了动物是如何像人类那样，经资本主义的洗礼而转变为对象与商品，以及那些与其他商品无二且产自动物的商品，又如何展示出压迫性的社会关系——在人与人以及人与动物之间。部分借助对马克思早期思想（认为自然与人处于一种相互拥有的辩证关系之中）的复兴与重建，本顿发展出一种社会主义的立场，即认可人类的特性，却不借助对人类与身外自然相分离的过分强调，而突出人类的特权。这是一种自然主义的立场，接受人类为自然秩序的一部分，而且人类与动物共享诸如健康、人身安全保障、营养以及庇护所之类的需要。与米奇利（Midgley，1979）一致的是，对于人类的此种自然主义认识依然与如下观点相容，即人类在某些方面显然与动物不同。

该观点视人类与动物（二者当然拥有共同的祖先）为一统一体，在本质上没有天壤之别。当然，

很多事情（阅读、书写、交谈、创作交响乐、发明大规模毁灭性武器）是人类且只有人类才能做的……（但它们）被认为是源于人类做事的特定方式而已，其他动物也有其做事的方式。

(Benton，1993:47—48)

也就是说,动物与人类对其普遍拥有的特性与需求有不同的应对方式而已——共有的特性所超越的不仅是人类文化之间,而且是人与动物之间的壁垒。其中就包含有生与死、生长、发育、衰老以及性别之分的事实,还有社会协作、社会秩序的稳定以及社群整合的需要。本顿继续探讨了动物何以是人类社会的密切组成部分,从食物、衣着、利益、友谊之源,到人类关系之象征以及隐喻之源。若是能够解决生态中心主义者对于传统马克思主义的社会主义之猜疑,他的自然主义的社会主义可能会成功(参见Pepper,1993)。

公地悲剧

哈丁的寓言

对生态中心主义者而言,一项核心的议题就是地球生态系统的承载能力之限度问题。假如动物或人类试图超出其限度地使用生态系统提供的资源,生态系统就会转变成(或是如生态中心主义者所说的"退化为")可能不再丰饶的另类生态系统了。

这一问题在生物学家加内特·哈丁(Garrett Hardin,1968)的寓言中生动细致地表达了出来,数学家威廉·劳埃德(William Lloyd)1833年时所设想的一幕再焕生机。"想象一片对所有人开放的牧场,"哈丁说道,"可想而知,每位放牧人都将在公地上放牧尽可能多的牛群。"理性计算一下,每位放牧人都算计着把出售每一头额外牲畜的收益攥在手中,而这些额外的牲畜是他们在公地上养起来的。按照经济学的术语,利润将"内部化"到每位放牧人身上。然而放牧每一头额外牲畜的成本,即土壤的磨损与损耗,却由全体成员分担(它们被"外部化"到整个社会)。显然,因为土地是共有的,牧人们或者意识不到或是不关心其个人行动的完全成本。

他们视环境为一整套"免费的"产品与服务。

这样一来，承载能力渐次枯竭，泥土成浆。公地中的个人自由导致了全面的毁灭。哈丁坚持认为，假如食草动物不太多，问题就不会太严重。但是因为如此多的人在追逐公地所提供的收益，他们因而就破坏了恰好是他们所寻求的东西。同样，在如此之多的人群（或国家）为了私利而用以自肥的情况下，地球的共有资源（海洋、空气、国家公园）就日益退化，而每一个人在无意之中或是在不情愿中就分担了这一成本。哈丁宣称，因为人类自私的自然倾向，这一幕可称得上是"悲剧"（即残忍无情）。私利的追逐不会带来亚当·斯密"看不见的手"这一理论所预见的公益。

寓意

当资源确属匮乏时，面对人们在这一问题处理上的"免费"方式，不管是对公地实行全无约束的私有化，还是由国家来统制，哈丁都认为这是不切实际的解决办法。相反，他赞成相互牵制、"相互协调"，以制止人们对公地不负责任地过度放牧与过度使用。埃克斯利（Eckersley，1992）声称，正如这一点听起来不是什么十足的自由契约理论的某种翻版一样，它也不是命令主义的。不过，哈丁的论点看上去当然是反自由的，因为他推断说，人们不应被授予"不负责任的"自由。他们务必要举止得体，否则所有人都将不可避免地受到伤害。

> 不公胜于完全的毁灭……将养育自由的观念（一项联合国人权）与人人生来对公地就拥有平等权利的信念结合在一起，就是使世界深陷于一系列可悲的做法中。
>
> （Hardin，1968，援引自 O'Riordan and Turner，1983：294，297）

主流的经济学家、科学家、律师以及生态中心主义者都已接受哈丁的寓言并将其作为环境所处境遇的一种典范，尽管他们从中获得的启发可能各有不同。主流的声音大多支持尽量可行的私有化，同样也赞成诸如国际管理机构之类的国家与超国界解决途径（O'Riordan and Turner，1983）。

人们争辩说，私有财产权使得个体为了避免其资源的贬值而不会对之过度使用。而资源的产权共有就导致了过度使用，这是因为没有一个个体会在资源保护中获得特别的收益（Goodin，1992：105—108）。自由市场的芝加哥学派经济学家们补充说，万一遇到诸如污染之类的滥用，环境"产品"的私有财产权就更容易确定并起诉那些肇事者（Mishan，1993）。

异议

正如其曾经拥有的影响力那样，公地寓言也招惹来众多反对者的目光。有些人坚持认为，哈丁的有限承载能力这一预设是不准确的，因为技术与环境设计上的发展能够扩大这一容量。另外一些人则对那些与私有制或国有制捆绑在一起的强制性法律（coercive law）缺乏信心。因为不能想当然地以为，法律将保持中立，只服务于总体环境的利益。其概念、法令条文以及从业者们都不会不顾及诸如政府或土地所有者这样一些特殊群体的既得利益。

另外，还有人质疑说，哈丁在人们对公地实际态度上的设想未必准确。奥赖尔登与特纳（Turner）则认为，那就是公共精神及设法达成国际环境协议这一意愿的鼓舞人心的标志。他们声称，公地的使用者们从未忘却公益。在英格兰早期的公地中，"一种强有力的社会责任感"促使使用者们在增加牧群前相互协商。考克斯（Cox，1985）证实，传统公地的管理对于相互利益而言是最具可持续性的。麦克沃伊（McEvoy，1987）描述了农夫们是如何每隔半年就碰面以安排未来的生产的。同样，作为 20 世纪海洋公地的使用者,加利福尼亚的渔业移民严格控制他们对资源的分配与获取,从群体利益的角度出发获得最适宜的产量。由此看来,哈丁认为人类是相互疏离、效用最大化的自动机,且不晓得公益的存在的肤浅归纳是不恰当的,即便这可能是人类在特殊境遇下的行为写照,比如,在资本主义的美国。因而对麦克沃伊而言,

资源耗竭更可能是一个社会问题——社群以自立之道维护社会秩序的无能为力的表现——而非在哈丁的粗糙定位下,人性所迸发的相互疏离、利己主义的利益驱动之产物。

(McEvoy,1987:300)

麦克沃伊指出了现存的经济体系如何使社会分崩离析,如何鼓动众生在广阔的时空中狭隘地关注个体自我及其短期收益。斯蒂尔曼(Stillman,1983)认为,在资本主义的话语体系中,这样的思路是合理的。他提出的根本解决之道,就是改变牧人们原有的理性观念,将长远的共同利益视为自身利益所在。假如我们视他者为我们自身的一部分,而不是与我们毫不相干的,我们就会自觉地视我们的个人利益与更广泛社群中的他者利益息息相关——把我们所处的社会及环境成本"外部化"就将不再可能。许多生态中心主义者推荐这种解决办法,因为它似乎与社会主义者和无政府主义者很相像:自足于深厚的团结感,一个设计好的、包含充分民主的社群参与的协作社会。

礼俗社会①

对于思想与行动上更广泛团结的呼唤,始终在绿色主义者与社会主

———

① *Gemeinschaft* society,也译为"通体社会"。——译者注

义者的作品中回响：

> 经济民主的绿色观念与威廉·莫里斯的看法相呼应，在伦敦就共产
> 主义所作的一次演讲中，此点显而易见："自然的资源……以及用以制造
> 更多财富的财富，草木与岩石，一句话，都应被公有化。"
>
> （Kemp and Wall，1990：81）

远不只限于经济领域。莫里斯·阿什（Maurice Ash，1980）认为，社群是
日常生活中的必要存在，后代人务必再造出真正的社群。

在戈德史密斯（Goldsmith，1977：139；1988）看来，我们必须承认，
"有必要使我们那些可能的个体利益服从于社群与生态系统的利益"。正
如在"传统社会"中那样，家庭与社群，而非国家，一定被赋予了责任与力
量，以便处理它们自身的问题。它们也绝不会获允把诸如废弃物产生或
是人口数量这些责任转嫁到别处去。他推荐这样一种社会，即家庭与社
群基于实际的理由而自我调节。这样的社会将以一种对自然"负责任"的
姿态运转（遵守诸如承载能力之类的法则）。作为对减少消费物品的补
偿，更紧密的家庭与社群纽带将会带来生活品质的提高，因此，承受那种
作为绿色社会基础的更低物质标准将是更为合意的。同样，通过对家用
电器与住房之类的共享，也将鼓励更低的消费。

戈德史密斯以及其他一些环境保护极端分子（强硬绿色主义者）
（deep greens）所设想的此类社会，与费迪南德·滕尼斯（Ferdinand
Tönnies，1887）在其有关社会型（forms of association）的社会学著作中所
称谓的礼俗社会相近（参见表2.2）。迪肯斯（Dickens，1992）认为，礼俗社
会可以作为一种意识到其与自然世界之关系的"生态社区"的基础。的
确，正如深生态学家们那样，滕尼斯认为人类从根本上来说只是一种特殊
的动物而已。他对于现代资本主义体制下已然在很大程度上取代了礼俗

社会的那种自由组织形式，即法理社会①的描述，"也与我们这个时代的环境著述中常常提及的不适感如出一辙"（Dickens，1992：31）。在法理社会中，我们可以不拘泥于身边社群与家庭的沉闷要求，但我们却丧失了亲密的关系，一起丧失的还有对土地与自然的深深依恋。

表 2.2 组织形式

礼俗社会

社会不只是社会中个体的总和
传统秩序
人们在密切分享的秩序中团结在一起
不疏离的、有机整体的面对面关系
血缘、家庭、乡党的"天然"组织
一起工作、生活
具有特殊意义的住所与家园
共同享有、无人不晓、人人热爱的生活空间
共有的价值观念
社会凝聚力源于土地的拥有，风俗习惯的形成与传承，宗教信仰，等级与身份差异，但高层成员要对低层者负责
社会的延续借助于某种传承下来的公认智慧
中世纪社会属于这种整体世界

法理社会

社会乃诸个体构成的总和
现代社会
基于个体的利益与权利而形成的原子式关系
在劳动分工基础上形成的关系
离散的个体相互间为了自身利益而建立起契约（整个社会从"看不见的手"中获益）
组织因而就是达到某种目的的一种手段，法律建立在契约之上
理性意志取代了公认的智慧
密切的人际关系以及人地关系的疏离

资料来源：Tönnies，1887。

依照琼斯（Jones，1990）的看法，礼俗社会的概念对于盖娅理论来说

---

① *Gesellschaft* society，也译作"联组社会"。——译者注

也具有决定性的意义。鉴于传统社会学并未认识到"工业生产模式自身中存有的危机"(正如 Ivan Illich，1975:11 所指出的那样)，滕尼斯乃是认识到此点的少数社会学家(如马克斯·韦伯)之一。礼俗社会因而就是盖娅式的，它遵循的是：

> 集体情感，而非算计成性与自我本位的理性……为习惯、风俗、宗教信仰所左右。社会关系……在家庭、村落与城镇，或是行业协会的自治组织、大学、教堂以及宗教团体中，最为鲜明地展现出来。相互熟识的程度至关重要。
>
> (Kumar，1978:80，援引自 Jones，1990:109)

琼斯(Jones，1990:109)接着说："伦理与精神纽带作为群体团结的基础，是确保盖娅稳定性的(自然)调节机制的社会相关物。"在这一点上，琼斯就如同戈德史密斯一样，重复着战后社会学中流行的结构功能主义理论。该理论视社会为一实体，其所有组成部分的功能，就如同一个物理系统一样，在于相互间以及整体上的平衡保持。对于每一团体的最佳解读，因而就需视其在整体中所发挥的功能而定。况且，如果社会系统的某一部分分散瓦解，就会导致其他部分的再调整，以便恢复整体的稳定性。这不仅仅是一种社会如何"运作"的描述方式而已；如果目标是维持稳定，那么，对于社会应该如何去运作而言，这一描述方式也具有较强的指导意义。跟某一生态系统中的动植物相仿，每一个体与团体都应占据(而且大概满足于)一处小生境。由于这一观点醉心于稳定性且仅支持缓慢的转变，因而就具有天然的保守色彩(参见 Peet，1991:22—28)。

然而，那种不是保守地将过去社会理想化且不允许有丝毫改变，而是可能适合于某种生态社会的礼俗社会，或许应该以威廉·莫里斯之类的社会学家以及被称作未来共产主义的无政府主义者为榜样。凭借从下到上的分权与民主,共产主义就成为一个协作的、无阶级且非宗教的礼俗社会,财产属于社会而非个人,劳动具有尊严,人类平等,朴素、诚实以及致力于公共利益,皆是道德高尚的体现。"公意"在本质上有别于个人意志的总和,而且后者可能不得不服从于前者,以显示出人类固有的社会、集群本性。人性的完满实现就在于与他者的命运与共,若是像现代自由社会中那样对自我之社会性一面加以离弃,就是选择孤立隔绝的命运。这一主题在社会主义者的礼俗社会(Kamenka,1982:8—24)中风头正猛,这也正是何以众多社会学家(如 Grundmann,1991)都认为的那样,真正的共产主义社会当然也必定是一个生态健全的社会。对他者所天然具有的关切之情,也使得哈丁公地中所描绘的行为令人难以置信了。

绿色经济学背后的某些基本问题

反对新古典主义与"实证经济学"

> 世界经济处于危机之中……而正统的经济学家对此却无能为力……经济学在过去 10 年中有了极大的发展,尤其是在数学的复杂化上尤为突出。然而,就对世界的理解而言,它却类似于中世纪的物理科学……在理想化、机械论的世界观念基础上,某种知识的正统学说已然浮现。经济学学位的标准教科书日益与工程学教科书相类似。

> (Ormerod,1994)

尽管对于正统——常常被称为"新古典主义的"——经济学所唱的反调并非出自一个绿色主义者之口,但生态中心主义者终究会对此表示支持。而且,当主流社会批评新古典经济学未能解决失业与贫困问题时,生态中心主义者也对正统学说的如下信念加以批判，即产品与服务的价值主要源自消费者的偏好。这一概念是以人类为中心的，因为它从人类的感知中推出价值。这与自然之内在价值的绿色理论不能相容，依照该理论，产品与服务将因其环境影响而贬值。

新古典经济学可被认为是：

经济活动在资本主义社会中如何运行的传统认识的基础。它是对作为一门学科的经济学之形成阶段或古典阶段观念的提炼与拓展。

(Smith, 1981)

亚当·斯密的《国富论》(1776) 与约翰·斯图亚特·穆勒 (John Stuart Mill) 的《政治经济学原理》(1848) 对古典时期作了清晰的界定，即赞成自由市场（"放任主义"）经济。个体经由市场机制寻求个人福利最大化而带来的总效应，据说为社会整体带来了最大的实际利益，就如同一只"看不见的手"那样。

事实上，古典经济学家并不必然缺少"绿色的"视角。马尔萨斯与李嘉图 (Ricardo) 所论述的边际报酬递减律认为，农业生产上每一额外单位的劳动与资本投入所带来的收益是日趋衰减的。因此，就如今日的绿色经济学那样，他们的经济学说也源于有限资源、增长极限以及潜在匮乏的设想 (Dietz and Straaten, 1993)。正如绿色经济学那样，它们也是"规范性的"，即公开支持某种价值立场，比如说人类福利的最大化满足等。

相比之下，新古典经济学宣扬"实证论"，也就是价值中立的立场——仅是对世界之实然的某种描述。这一主张是不正确的，因为新古典经济学的出发点，却是某些未受质疑但负担价值的前提，比如说，市场是资源配置最为有效的途径。这就是自由资本主义世界观中的指导理念（表 2.3）。

表 2.3 传统经济学与生态经济学之比较

	"传统"经济学	生态经济学
基本的世界观	机械论的,静态的,原子论的,视个人爱好与偏好为理所当然且为决定性力量。因技术进步与替代的无限性,资源基础从根本上来说被认为是无限的	动态的,系统的,进化的,人类偏好、理解力、技术以及组织的共同进化,折射出广泛的环境机遇与制约。人类有责任理解其在更广大系统中所扮演的角色,并设法使其可持续发展下去
时间跨度	短期 最多 50 年,通常 1—4 年	多尺度 数天到永世,多尺度综合
空间构架	从地方到国际间 结构不因空间尺度的不断增大而改变,基本单位的改变是从个体到公司到国家	从地方到全球 尺度的等级性
物种框架	唯有人类 动物与植物被包括在其中,也很少是因为其分摊价值	包括人类在内的整个生态系统承认人类与身外自然的相互依存
基本的宏观目标	国家经济的增长 最大化利润(公司) 最大化效用(个体) 所有行动者对宏观目标的追随,使得宏观目标得以实现 外部的成本与效益被施以口惠,但常常被忽视	生态经济体系 可持续性 务必加以调试 以适合于系统目标的实现 在时/空体系更高层次上的社会组织与文化机构,改善了更低层次上对宏观目标的近视追逐所造成的冲突
技术进步的设想	非常乐观	审慎地怀疑
学术立场	学科性的 一元论式的,关注数学工具	跨学科的

资料来源:Costanza, Daly and Bartholomew, 1991:5,援引自 Lutz, 1992。

　　生态中心主义经济学家对这一设想大多持有异议,尤其是对这样的认识,即"自然"环境只是对人类活动具有某些功用的资产蓄积而已。第一个功用就是作为生产资料;其次就是作为一个"污水池",中和并吸收废弃物;第三就是提供"环境服务",诸如生命、健康、舒适、精神以及审美的受用(Pearce and Turner，1990)。生态中心主义者认为这是一种算计式的功利主义与工具性观点：从某种程度上来说，是一种线性发展观，即对物质数量增长的重视甚于对伦理与生活质量的改善(Norgaard，1992)。对于更高成就的生命存在而言，这是自私自利的、快乐主义的、固执且粗鲁的(Etzioni，1992)。它视自然为这样一种状态的存在，即科学产品的开发可对之加以复制，而生态中心主义却认为，自然是一脆弱的系统，常常会受到人类生产的伤害(Green and Yoxen，1993)。

埃茨奥尼(Etzioni)说，相比之下，绿色经济学认为，人类的许多需求不可以全然通过价格得以调节，同样，人们对于行为的判断，常常也是看它们是否符合某些原则与义务，而不是仅仅遵照功利主义的后果。新古典主义认为人们的市场选择是理性且客观的设想("经济人"立场：总是使物质满足最大化)，从根本上说是有缺陷的。事实上，人们并不只是作为孤立的个体发挥作用：他们亦寻求并珍视公共利益。因此，即使不想对之加以利用，他们也希望自然就是那个样子："栖居于地球之上并察觉其丰富与品类之繁。"(Allison，1991：161)自然因而就具有了"期权"(option)或是"存在"价值。

就传统经济学而言，这一价值是令人怀疑的，但绿色经济学对之却加以留意。绿色主义者有可能从下列三点出发：生态可持续性是绝对必要的；经济发展的目的是人类的完善：这意味着多方面的发展而非只限于物质性的一面；所有存在物都必须从这种发展中获得收益(Ekins，1992a)。这些设想与传统经济学截然不同(表2.3)。

尽管如此，绿色经济学家们可能还不清楚的是，他们到底属不属于新古典主义者的行列。一方面，"新经济基金会"的一位发起人保罗·伊金斯(Paul Ekins，forthcoming)认为：

绿色经济学并不排斥环境与资源经济学的洞见与方法，但却寻求在一个广泛的分析与概念框架内对之加以整合。

比如,皮尔斯(Pearce,1989)等人所作出的这种界定,使得绿色经济学很可能成为主流的新古典主义学派的一个分支。

相比之下,卢茨(Lutz,1992)认为绿色经济学是人文经济学的某种拓展。相对于大多数西方政治经济学而言,此乃一边缘的身份,因而也就不惧怕去谈论精神与良心、道德目的以及生活的意义,这就与非道德的、个体主义且自我中心的新古典主义观点形成了鲜明的对比。其先辈包括让·西斯蒙第(Jean Sismondi,1773—1842年),他关注人类整体的幸福胜于斯密的国富;约翰·拉斯金(John Ruskin)反对经济人的观念,并哀叹人性中艺术与审美诸方面的退化与异化;理查德·托尼(Richard Tawney,1880—1962年)从社会主义的视角出发,将平等界定为民胞物与情怀的平等(而非只是机会的平等),并反对大规模的私有财产所有;圣雄甘地(Mahatma Gandhi,1869—1948年)以及他在乡村地区倡导的利益众生(*sarvodaya*,万人之福)运动,还有弗里茨·舒马赫(Fritz Schumacher,1973),他糅合了甘地、刘易斯·芒福德(Lewis Mumford)、利奥波德·科尔(Leopald Kohr)、伊凡·伊里奇(Ivan Illich)的相关思想,撰著成20世纪70年代的绿色经典文本《美丽小世界:人们好像很在乎的经济学》。在此一系列思想与新古典主义潮流的赶赴之间所存在的张力,给绿色经济带来了困惑,在其方法政策与基本的哲学观念之间也产生出诸多的矛盾。

增长的极限

劳斐·胡廷(Roefie Hueting,1992:62)认为,"(生产与环境间)冲突的核心在于环境的有限承载能力"。他接着说,越来越多的人投入到越来越多的经济活动中去,就意味着"自然"环境不再能够满足现有的需求,因而我们必定就越来越需要确定环境的功能究竟为何。这就是 20 世纪 70 年代增长极限的主题,现在则成为绿色经济学的基本假定(生态中心主义者可能会说,这是科学所证明的)。这是马尔萨斯观点的重申,悖谬的是,对于新古典经济学来说,马尔萨斯固有稀缺的概念同样也具有根本性。〔更为悖谬的是,绿色主义者常常将之与传统经济学放在一起,认为它们是在生态上不可取的激进社会主义经济学,也公然对马尔萨斯表示质疑(参见 Pepper,1993)。〕

毫无疑问,20 世纪 70 年代早期的生态中心主义所传达的,乃十足的新马尔萨斯主义。最早的《增长的极限》(以下简称《极限》)报告(Meadows et al.,1972)中论证道,如果当前世界人口、工业化、污染、粮食生产以及资源使用的增长趋势持续下去,那么,在 100 年以内,地球的承载能力将会被击溃,从而造成破坏性的"过剩与崩溃",导致严重的"生态灾难"(Ehrlich,1969)、饥荒与战乱。

依照《极限》的看法,根本症结在于资源利用、工业产出、人口以及污染在全球呈现出指数增长,换句话说,是常数增长。在长时期内,指数增长的曲线平稳且渐进,但是,短时间会出现激增(图 2.1:一个计算图表中的两项因子乘以一项,接下来两项因子继续乘以这一结果,就能看到这种效果)。《极限》的世界经济计算机模型表明,经济与人口的指数增长造成了资源的指数恶化。况且,由于资源(注定)的有限性,当人口过剩超越了地球的承载能力时,就会崩溃为大范围的饥荒。然而,如果我们观测到迫近危险的信号并在行为上相应地加以改变,S 型(逻辑型)增长曲线就可以在承载能力的限度内带来稳定性(图 2.2)。

《极限》对几种设想做了测试,将不同的假定输入这一模型中。比如,通过技术强化而尽力增加粮食生产,延缓但未能避免激增,污染的扩大以及在投资与未来增长上金钱的缺乏进而诱发了这一结果。要点总是在于,如果你触动或是促发了某一极限,你最终将遭遇到另一极限。唯有通

过同步减缓并稳定所有的增长,最后的崩溃才能够得以避免。尽管 1972
年报告中声称,增长趋势能够被加以改变从而获得良好的稳定态经济,但
它仍认为,社会与经济的激进改革越是被长期地搁置下去,成功的机会就
越发渺茫。

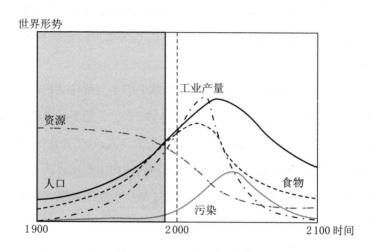

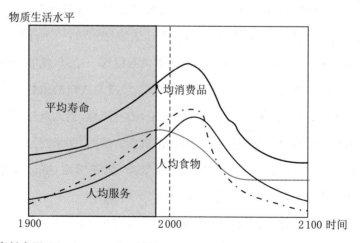

资料来源:Meadows et al.,1992。

图 2.1 《增长的极限》中的"标准走向"

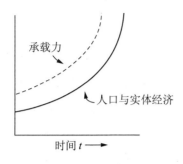

持续增长的实现,依赖于:
- 无限期的物理极限
- 物理极限自身亦以指数级数增长

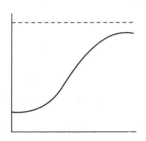

S 型增长的实现,依赖于:
- 物理极限向增长的极限发出的信号是即刻的、精准的,并即刻得到回应
- 人口或经济极限自身无需外部限制发来的信号

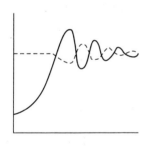

激增与波动的产生,归因于:
- 信号或反应的延误
- 极限未遭侵蚀或能够从侵蚀中快速复原

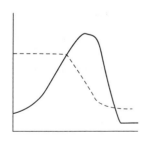

激增与崩溃的到来,源于:
- 信号或反应的延误
- 能够打破的极限(当其被凌驾后,就不可逆转地退化了)

资料来源:Meadows et al.,1992。

图 2.2　世界模式中四种行为方式的结构原因

增长极限理论追随乔治斯库-洛根（Georgescu-Roegen，1971），将热力学定律应用于经济学。这就意味着利用原料与能源的所有生产，最终将之转化为一种更为随机的状态，也就是说，混乱或无序。无序被称为"熵"，而且热力学第二定律认为，熵随着时间而增加。来自太阳的新能源缓和了这一无序，但最终将会耗尽并且太阳系将会死去。以能源与原料的集约投入为特征的工业生产加速了这一毁灭过程：再循环延缓了这一进程，但依然使用了很多能源。以太阳能为基础的生产以及再循环更加延缓了这一进程，但所有方法中的最佳方法就是减少对资源的需求。极限学派对于经济增长到底值不值得去做表示怀疑：在污染以及社会错位上的成本可能超过了其效益（Mishan，1967）。

极限理论受到了多方面的攻击。希尔施（Hirsch，1976）指出，社会而非生态学的极限更为当务之急。当人们变得更为富有时，他们就对标志其身份与个性的"身份产品"有需求，诸如在人迹罕至的自然中无拘无束地旅行或对之加以利用。但是，当越来越多的人这样做时，"公地"原则就意味着这些好处不复存在。因此，对身份产品的需求将具有自限性。

西蒙与卡恩（Simon and Kahn，1984）作为自由市场的"丰饶论者"，对《极限》资料的准确性及其方法的有效性表示质疑。他们争论说，经济活动处处都在变得高效节能，且资源价格正在下降。他们认为后者表明，资源随时间的流逝会越来越容易获得，然而他们所忘记的是，传统市场采纳的只是一种短期的视角，而对于大约一个世纪后的展望并不会影响到当今的价格。

伊金斯（Ekins，1993）指出，两个 10 年以后，即使是资源乐观主义者也承认，某些直接相关的事物是有限度的，因而必须采取某些行动，以便对经济运作模式加以调整。与此同时，资源悲观论者对于其声明也是日趋审慎。比如，他们认为，相对于绝对人口的增长而言，人口密度以及穷人从其土地上迁移出来,乃是最根本的问题(Ekins,1992a)。而且,令人无法接受的,是耗尽资源的那种产生废弃物的增长,而不是什么生物数量或人类福利的增长(Ekins,1994)。

甚至是复兴的《极限之后》(*Beyond the Limits*)研究(Meadows et al.,1992)也在极力强调,其结论仅仅构成某种有条件的警告而已。归根结底,人类对许多不可或缺资源的利用业已跨越了可以承受的限度,未来的数十年中,若不在物质流动与能量流动上作出有效的缩减,食物的人均产出与消费上无法控制的下跌以及污染上的增加将不可避免。

但 1992 年的《极限》不再认为资源耗竭是迫在眉睫的。鉴于《极限》早先所表明的快速耗尽那一看法,它承认已知的不可再生燃料的储量在 20 年间有了增加。但是,它仍坚持认为,这并未影响到一般性结论的正确性。随着小汽车拥有者的普及,更多的人消耗着燃料。即使有催化转化器以及燃油经济性,也意味着更多的污染,从而是更多的清理资本以及更多资源的寻求,而对贫穷的救助也就相应减少了。

新《极限》在政治上更为成熟,至少认识到了其分析带来的某些政治经济后果。它辩论道,环境影响是人口数量加上富足程度,以及环境良顺技术之有效或是无效性的一项函数。因此,在这一公式中,对于南方、西方与东方诸国分别来说,减少环境影响从政治上来说也是茫然未知的。《极限》敦促"分配与制度上的变革"。某种可持续经济从技术上来说仍旧是可能的,但只有当更多的"慎重、同情与智慧"展示出来时才能实现。这一智慧部分在于,能够准确及时地认清激增(过剩)的原因与症状,能够保全那种有助于全球生态系统稳定的负反馈机制(比如,不是将掠食者从草地中清除出去,容许被掠食者过度繁殖,从而造成过度放牧,进而造成土壤侵蚀与草地的破坏)。对于此点的认识以及对风险加以规避的行动,取决于对迫近问题的准确预警信号是否有效。对于当前基于市场的经济学能否建立某些认清楚信号或是对之采取行动的有效机制,《极限》持怀疑的态度。

挑战传统：重新定义财富与必需品

如果说绿色经济学还没有公然对抗固有匮乏这一假定，那么，对于正统经济学的其他许多基本原理，它无论如何还是表示了质疑。首当其冲的就是财富的恰当定义。伊金斯认为，金钱本身并不是财富，况且经济只是人类境况中四个基本层面中的一面，其他三者是社会生活、道德规范与生态关系。经济财富因而实际上是由可买卖之物与不能通过市场获得满足的各类需求所构成的，其中就包括社群与家庭的归属感。"绿色经济学是知足经济学"（Ekins，1992a：31），这意味着在必需品与消费社会中人为诱导的需求之间存在着区别。地球的资源能够满足所有人的需要，而不是所有人的需求。伊金斯知道，财富的这一绿色再定义是对威廉·莫里斯（Morris，1885）观点的重申："财富乃自然赋予人类的，而明理之人能对自然之赠与予以合理的使用。"

沃尔（Wall，1994：14，54）视莫里斯为"一位19世纪80年代的生态社会主义者"，连同卡莱尔（Carlyle）、马克思和拉斯金一道，属于维多利亚女王时代对资本主义扩张加以批评的这一少数群体。莫里斯问道："我之必需为何？"他的答案是，免于饥饿、身体健康、问心无愧的生理满足、活跃的思维，以及那种对此有裨益的教育、旅行、有益的工作（不是制造奢侈品或是战争器械）、消遣、社交、嬉闹、工作中的创造力与艺术才能、闲暇（其中可能会做一些更为有益与有趣的工作）、有助于劳动而不是使劳动力廉价的机械装置、舒适而健康的工作场所以及宜人、宽松而优美的物质环境。大多数当代西方人会赞同这一清单，而且可能会承认还未具备上述许多条目：不管物质占有如何，他们也可能承认因其他物项缺乏而造成的生活上的空虚。他们甚至可能认同梭罗（Thoreau）的看法（援引自 Wall，1994：211）：

大多数奢侈品与许多所谓的舒适生活,不仅不是不可缺少的,而且是对人类进步的实际障碍。

但这一观点对资本主义来说当然是灾难性的,因而资本主义的媒体与社会化机制通常来说总是努力将这一观点边缘化。当他们信誓旦旦的时候,就把马歇尔·萨林斯(Marshal Sahlins)这样的人侮辱为"怪人"或"不切实际者"。

通往富足的道路可能有两条:或者生产更多,或者别无所求,需求就可以"毫不费力地获得满足"。那些加尔布雷斯式的众所周知的概念,提供了特别适合市场经济的设想:且不说贫穷与否,人的需求是首要的,然而他的手段却是有限的……但是,也有一种通往富足的禅道,与我们的立论前提稍微有些不同:人类的物质需求有限且寥寥无几,技术手段虽一成不变,总的来说却已足矣。吸纳禅的智慧,一个人就能在物质上享受到无与伦比的富足——一种低水准的生活。

(Sahlins,1972,援引自 Wall,1994:24—25)

在绿色经济学中,对于财富以及地球的充足出产能力的再定义,从根本上取决于对必需品的重新定义这一古老问题。马克斯-尼夫(Max-Neef,1992)业已对此作出了全面的尝试。他说道,基本需求在所有的文化中大同小异,它包括生存、防护、爱、理解、参与、创造、休闲、身份认同以及自由。此外的需求都是虚伪的。后者是由"虚假的满足因子"来加以满足的,而其他的满足因子所满足的只是一种需要。显然,所要寻求的满足因子乃是那些对多样性需要加以实现者(表2.4)。贫穷可被再定义为对任何一种必需品的未能满足:有各种各样的贫穷。满足因子并不只是经济财物,而是满足一种需要的任何事物。

表 2.4 必需品、满足因子与虚假满足因子

独立满足因子*

满足因子	满足的需要
1. 提供食物的项目	生存
2. 提供住所的福利项目	生存
3. 医疗药品	生存
4. 保险制度	防护
5. 职业军队	防护
6. 投票制度	参与
7. 运动眼镜	休闲
8. 国籍	身份认同
9. 导游引导的旅行	休闲
10. 礼物	爱

注：* 独立满足因子是那些针对单一需要而满足的因素，因而对于其他需要的满足来说，它是中立的。它们都具有发展与合作的计划与项目这一突出特征。

协同满足因子*

满足因子	需要	它所激发满足的需要
1. 母乳喂养	生存	防护、爱、身份认同
2. 自主的生产	生存	理解、参与、创造、身份认同、自由
3. 民众教育	理解	防护、参与、创造、身份认同、自由
4. 民主的社群组织	参与	防护、爱、休闲、创造、自由
5. 民主的行业工会	防护	理解、参与、身份认同
6. 直接民主	参与	防护、理解、身份认同、自由
7. 智趣游戏	休闲	理解、创造
8. 自主的建房计划	生存	理解、参与
9. 冥想	理解	休闲、创造、身份认同
10. 文化影视	休闲	理解

注：* 协同满足因子是指那些在满足特定需要的同时，也激发并促成其他需要的同步满足的因素。

（续表）

虚假满足因子*

满足因子	表面上满足的需要
1. 机械论医学：凡病皆有药	防护
2. 自然资源的过度开采	生存
3. 沙文主义的国家主义	身份认同
4. 形式民主	参与
5. 陈词滥调	理解
6. 总体经济指标	理解
7. 文化控制	创造
8. 卖淫	爱
9. 社会地位象征	身份认同
10. 效率偏向的过分生产	生存
11. 灌输	理解
12. 慈善	生存
13. 流行与时尚	身份认同

注：* 虚假满足因子是那样一些因素，它们刺激了对某种给定需要加以满足的虚假感受。尽管它们缺少入侵者的那种攻击性，但在发展的过程中，可能丧失其原本预定满足某种需要的可能性。

资料来源：Max-Neef，1992。

拓展视域：财富与福利的评估

绿色主义者对于西方财富概念的不满，就扩展到我们如何对财富加以测定这一问题上来。国民生产总值（GNP）业已成为财富与福利的等同语，尽管它所衡量的实际上乃是狭窄意义上的经济活动。假如你花上一个钟头去一处繁忙的购物中心掷手榴弹，你就会为 GNP 作出巨大的贡献。消防员、警察、医生、护士、救护车驾驶员、丧葬承办人以及许多拿更多薪水的雇员，就会因你的举动而行动起来。事实是，合不合人意并不相干。GNP 表面上是一"实证"（即价值中立）的指标，当任一经济活动产生时它就增长。但是，假如你是在花费同样的时间做爱、做家务或是照顾一位身有残疾的亲人，即便这样做就对人生的幸福与生活品质有巨大的促进,也不会使 GNP 增加。显然,由于将大量有益的(不计报酬的)人类活动排除在外,GNP 并非像它看上去那样价值中立。

GNP 处理的是流量而非存量,因而它并未将资源耗竭的负效应表达出来。它只是处理货币交易,因而就暗中接受了市场价值观念,而对于经济不平等不加考虑。迈尔斯(Miles,1992)指出,尽管 GNP 常常被认为是一个福利概念,但矛盾的是,它与生活品质往往呈现出反比关系。所需要的是一种衡量真实福利的修正过的 GNP,或是一整套替代的经济指标,因为只有一个指标是不圆满的。

伊金斯(Ekins,1992a)建议采用一种调整的国民生产总值(ANP),并指明可持续的收入。从国民生产总值中减去任何有害于"人力资本",也就是说,那些不利于健康、知识与技能或是动机的影响,就间接地得到此值。ANP 还将从 GNP 中减去的有(1)令自然资本(比如消费掉的不可再生资源)贬值的部分;(2)等同于"防御性"支出(比如,对于环境、健康、民事保全的任何恶化加以补偿)的那一部分;(3)等同于可持续性损失(比如,物种灭绝)的那一部分。

要想完成此类修正,就需要艰苦卓绝的生态核算,其中所有的工业与商业都将在环境影响方面接受稽核。某些完善的核算体系业已被发展出来。挪威使用自然资源核算,力图测定资源的数量,并将资源的存量与流量和物质与能源联系在一起,以对发展进行经济价值的评估。而且,挪威尝试进行环境质量核算:测度诸如空气、水以及土地之类资源的状态,并推断其对于人类福利的意义(Lone,1992)。

此种核算尚成问题。它不仅需要足够的指标,对此将是意见不一,而且也需要能够还原为常量(比如金钱或是能量)的精密统计。此外,批评者们将抗议,福利的某些方面根本上就无法测量。尽管如此,在替代经济指标上的努力仍旧小有所成,它使人相信,任何此类尝试的结果都必定优于原始的 GNP。比如,安德森(Anderson,1991)建议诸如教育、文化水平、失业、无偿劳动、财富消费(食物、水、能源、电话)以及分配等这样一些社会指数。他也建议诸如热带雨林砍伐、物种灭绝、温室气体的增加、沙漠化以及能源利用与再循环利用率等一些环境指标。他对这样一些指标的编辑索引揭示出南北双方的明显差异,以及为环境退化所抵消的社会福利方面的综合改进。

拓展视域:资本与时标的再定义

资本居于正统经济学的核心。新古典主义者将其定义为所有种类资源的蓄积,以土地、劳动力、制造资本(工具、机器、建筑物、技术、基础设施)为主导加以归类。伊金斯(Ekins,1992a)提议,以一种更具整体性的"生态资本"范畴来取代"土地",将会把"自然的"环境所提供的所有功用包括在内。而且他会添加上第四项——"社会/组织"资本,即承认人类福利与合作在财富创造中的正资产地位。尽管他认识到将自然与人类视为"资本"——从而只是生产的另一种要素的风险所在,他还是将他的四资本模型提升得比新古典主义模型更为丰富且更具整体性。

更具整体性,这也是绿色经济学中的社会正义概念,它要求对后续世代的公正对待。后代伦理学完全不同于标准的经济惯例中将未来贴现的做法。贴现哲学说,通过经济活动所获得的任何效益或是所付出的任何成本,其现在的价值比它延期到未来时所实现的要高。这样的话,不计通货膨胀在内,并采取 5% 的贴现率,现在的 100 万英镑在明年就仅值 952 400 英镑了,或者在 100 年后就只有 761 英镑的价值了。从根本上说,二鸟在林,不如一鸟在手(多得不如现得);明天的可能享受不到,就不如当下的享有了,而且延期的回报远不如当下的满足。

贴现也意味着后续世代人眼中的环境损失,不太可能像我们所认为的如此严重或是如此显著——某种程度上揭示出这样一种固有的信念,即后世的技术将能应付或是减轻此一损失。正如古丁(Goodin,1992:

65—73)指出的那样,在经济上被认为是理性的贴现,既不合理亦不道德。技术既不必然地带来改善,也不像贴现所暗示的那样一成不变地带来改善。在贴现为一变量的复利原则中所认为的是,为了将来而非现在购买某一物品,不仅每一年所需要的钱都是日益增加的,而且这一物品也是能够继续获得的。然而,将此一原则应用于资源却是不合理的,因为现在对资源的使用,就意味着后续世代的人在此使用上不再有选择的自由。这就是其不道德之处,因为在自由主义的正义理论(Rawls,1971)中,机会平等必须给予所有人,而不用考虑他们的肤色、阶层以及出生时间这样一些武断的因素。

可持续发展

从这一道德原则出发,就是绿色主义者对于可持续发展的坚决主张,在《布伦特兰报告》(*Brundtland Report*)(UN,1987)中,这一主张被界定为对当前需要加以满足的同时,不危及后续世代满足其需要的能力。在主流经济学家看来,这一界定相对来说通常被认为是不成问题的,包括诸如皮尔斯等(Pearce et al.,1989)这样一些技术中心论的"绿色主义者"在内,认为可持续发展与传统的经济增长并不矛盾。然而,波里特(Porritt,1992)将生态中心犬儒主义看作是布伦特兰界定的典型特征。

它允许政治家与经济学家在有关"可持续增长"上空谈,即便当前的经济增长模式与真正的可持续性完全是相互矛盾的概念。

波里特说,生态中心主义的可持续发展所强调的不是增长,而是"在支撑性的生态系统之承载限度内,人类生活品质的提升",以及对生物与文化多样性的保存。这样的话,可再生资源的使用就不能超出其更新的速度,不可再生资源的使用也不可超出可持续替代品的发展速度,且污染排放亦不能超出环境的纳污能力(Daley, 1991)。

因而正如伊金斯(Ekins, 1993)提醒我们的那样,在可持续发展是否容许经济增长这一问题上就不会达成一致。但他又认为,所有方面都承认,负面的环境外部性(比如污染)或者应被内部化,或者应通过技术被降低,而且在生态的以及社会/组织的资本上,应存在不递减的积累。

这就牵涉到在可持续性上的诸多政治争论,像是放弃高风险(核)技术抑或绝对保护重要的生态系统(Ekins, 1994),或者不将环境标准适用于(1)私人工厂与企业,而是(2)作为整个活动区域都必须遵守的一般"框架"(envelopes)(Jacobs, 1991)。在后面的这一争论中,(1)的含义是,比如,只要每一台发动机没有超出 x 吨硫这一排放限制,发动机的数目就可以是任意的,因而在污染物排放总量上就没有限定。然而在(2)那里,不管有多少台发动机,排放总量上还存在一个数额限度。因而(1)就要求我们所有人的车辆上都安装催化转化器,但就现在而言,却没有限制我们的使用或所有权。这就没有确保总体排放的降低,这是因为,尽管每辆汽车的污染减少了一些,但在汽车数量上却有无休止的增长。策略(2)将是汽车使用的减少。

当可持续发展的定义拓及对于"人力资本"的涵摄时,它们在政治上就更富有争议了。比如,恩格尔(Engel, 1990)坚称,合乎道德的可持续发展包括了人类以及动植物在内。这就意味着对人类团结与(包括后续世代在内的)分配正义、所有人的体面生活、一种共享的普世道德、精神上的丰富与肉体生命的延长、道德与宗教上重整的不懈追求,对社群中的个体以及作为多样化、共同进化、自治、自规划社群之嵌合体的地球之重申(个人主义的社会与民族国家因而就不被承认)。所有这些听起来有点像社会主义,况且即便是皮尔斯等人也承认,可持续发展要求在每一代之内以及代际之间保持公正。

外部性内部化：建立财产权

所有的绿色经济学都必须处理公地悲剧这一问题。这一问题的根源在于，放牧者未能将其行动的所有环境成本内部化，或是因为他们没有正确地认识到这些成本为何物，或是因为他们根本就不在乎。对此问题而言，可能的解决之道多种多样。中央集权独裁主义的"统制"经济几乎遭到普遍的拒斥。另一端的看法则是彻底民主的解决办法，包括对金钱有限使用或不使用的小规模社会中的公有制。这些绿色无政府主义者的见解在第六章中有所描述。新古典主义者与主流绿色经济学家之中以及二者之间存在的主要争论是，在一个从根本上来说是市场调节的私有财产体制下，国家干预的程度应该有多大。

新古典主义者常常援引科斯（Coase，1960）的论点，即在环境"产品与服务"上创设私有财产权，将使污染内部化，对于公司而言，消除污染就是值得去做的事情。财产权论证在于，私人占有者将关心其环境，因为他们知道，这样做将会善有善报（或者是因为没有这样做而恶有恶报）。相反，公有而非私有的财产权导致滥用与过度使用，因为没有个体在保护财产中感受到特殊的利益。

然而，在许多公共物品上建立专有权是很难的，比如说空气或是海洋。尽管财产权在一定的条件下必定适用，但在大多数情况下他们能否适用，似乎令人怀疑。比如，环境产权的范围与大小必须能够得到清晰的界定，而对空气和水来说，这就很困难，或者根本就不可能。发现污染物的来源，使个体能够对污染者提起诉讼，并非总是可行。况且，将财产圈起来加以监视，并对侵犯者加以起诉，相对于值得拥有的所有权所带来的收益价值而言，其成本必定少得多，但也不经常是这个样子，比如噪声污染或是野生动植物保护这样一些问题。像人口增长一样，在某些环境问题上，财产权也是不相干的。米香（Mishan，1993）因此而得出结论说，倾向于市场的主张被夸大了。现有的财产权对于减轻农业污染来说，很明显是收效甚微：它们通常容许富人进行污染并发达下去，而保育团体也买不起他们想要加以保护的土地。

像安德森与莱亚尔（Anderson and Leal，1991）这样的自由市场环境保护论者，建议在环境"有益品"与"有害品"中设立可交易的财产权，即污染空气或水源的权利，或者开采或保存一片森林或矿藏的权利，以图避免此类反对。此类权利可在市场中进行买卖，开采或污染的权利越是昂贵，不去开采或污染的动机就会越强。这一方法会准许某种"框架"——将污染总量控制在一个最高限度上，这一限度由政府决定，并通过限定甚至是逐步减少许可证的签发数量来达到。正如雅各布斯（Jacobs，1993）所强调的那样，这并不是一种十分"自由的"市场，因为政府决定了产生出来的污染从整体上来说数量是多大——这就好像是政府决定了汽车的生产数量，接着就在总的限额内进行污染配额的出售一样。无论如何，可交易的污染在是否污染的问题上会给公司提供某些选择。

可交易的污染许可证在美国实行。美国政府在 1992 年首次发行二氧化硫许可证，每吨的释放成本是 250—300 美元。首次的出售是由威斯康星公共电力公司向田纳西流域管理局做出的（Ingham，1993）。对前者来说，减轻污染的装置相对便宜，因而就将其污染权出售给后者，后者则发现，购买污染权要比停止污染更划算。这样的话，工商企业就对总体污染水平的最高限度作出了灵活的反应。信用甚至可以累积，以备将来的使用。而且政府通过取消（或购买）许可证的方式，使得污染总量随时间的流逝而降低。

但是，该系统的有效性是有限的。中西部工业已从东部工业那里购买了许可证，但前者产生的污染还是将东部的树木杀死了，因为主风向是由西向东刮的。某些交易的努力业已失败，这是因为交易费很高，或是由于价格高，或是担心许可证的储备可能具有风险性，因为政府将来也许会对此一笔勾销。况且对某些企业来说,许可证的购买是这样的信号,即它们打算增加污染,而这就会造成恶劣的公众影响。环境保护论者通常从根本的立场出发,对此体制表示反对:该体制对污染加以纵容。

埃克斯利(Eckersley,1993)认为,自由市场环境保护论的动力更多来自反对国家干预的思想观念,而非来自理智。她认为这是一种人类中心论、技术中心论,且充满了社会不公正。

外部性内部化:市场激励机制与环境评价

通过政府在环境有益品与有害品上的定价行为,就使得市场激励机制(MBI)修正了将环境视为免费物品的市场倾向。经由税收或是其他的方式,这一切自然就成为产品与服务的市场价格的一部分,因而可以正常地交易了。从理论上来说,这就使得环境要求特别苛刻的产品与服务价格更为昂贵,其需求因而就会下降,从而阻拦了其后续的生产。比如说,相对于无铅汽油,对含铅汽油征收更高的税收,业已在很大程度上鼓励了英国的汽车驾驶员对前者的使用。

MBI鼓励对环境的保护,而对于潜在的污染者来说,显然也保留了自由选择的基本原则。政府最初设定了一套环境标准(举例来说,在健康与环境保护上,空气中某一物质的百万分之多少代表了一种"可接受的"水平——参见 Elsom,1992:15—20)。制造商因而就可以选择安装将高于这一水平的污染物排放加以消除的装置,或者他们可以继续在此水平之上排放,但进行纳税、罚款或是其他税务。

皮尔斯等人(Pearce et al.,1989:161—162)认为这一选择是 MBI 的巨大优点所在:它"将弹性引入遵约机制中去"。面临高额清除成本的污染者将宁愿一次付清,而成本较低者将安装清洁装置:这就使得合规成本更低。对大多数的环境保护论者来说,这一论证的逻辑似乎很古怪,因为它容许制造商继续污染,只要他们能承受得起。因而正如马尔特

(Martell，1994：71—72)所评论的那样,坚持制造商的自由因而就违背了其他人呼吸清洁空气的自由。这一自由可通过很重的环境税而得以加强,但这在事实上却将环境责任强加到公司身上,"就跟国家强制一模一样了"。

就环境质量而言,市场不是唯一的决策场所。在更有计划性的开发过程中,也同样需要嵌入其中的环境成本与效益分析,以便确定是否且应以什么样的方式进行开发。于是,一系列的技术就被开发了出来,比如成本效益分析(CBA)、相对风险分析、环境影响分析以及多准则分析等(Jacobs，1991)。

通过此类技术将环境影响内部化,就意味着把这些影响转化成货币形式。这是否取悦人心或者具有可能尚悬而未决:人们所偏爱的某种观念能值多少钱? 绿色经济学家对此犹豫不决,但通常还是认为,尝试进行货币化是不可避免的。

对于环境保持或退化的货币价值计算而言,存在着不同的途径。可以依据经验来完成这种计算,比如,游客到此旅行的总支出就可算作一座国家公园的价值。或者是,减轻(比如将石灰撒在土壤中以阻碍酸雨的侵蚀)或消除(废气脱硫)环境损害的成本可以直接确定下来(Stirling，1993)。更为复杂的方法是对损害成本的估价,比如,对于那些丧失其环境美质或是功能(和平与安宁)的人们给予某些种类的赔偿,或者建立替代品市场——估算一下,人们为保存某种美质,从理论上来说愿意作出多少支付。

对成本与效益进行评估,并将其植入市场奖罚机制中去,就构成了最为广泛认可的环境经济解决方法,尽管它还面临着诸多问题。首先,经济活动的环境影响务必要加以精确的核实,确定其原因并追溯其特定的源头。对于生物区的影响,以及从根本上对于排放及其他的环境影响来说,其标准都必须要加以设定。满足这些标准的设备务必要设计出来,并通过市场对其使用加以鼓励,或在市场方式行不通时强制实施。

而环境影响的复杂性与多维性则意味着,在价值的单一货币指数展现中,忽略了至关重要的背景信息。斯特林(Stirling)说,这就像是试图描述一个三维的物体却只提及其长度一样。比如,伊金斯(Ekins, 1994)认为:

> 微观经济学……不能实际估算出将数百万人从低地海岸地区(全球变暖)转移出来的经济成本;以及另外几十万人患上白内障与皮肤癌(臭氧层损耗)的经济成本。

因而得出的结论是,不可持续方法的隐含成本是无限大的。

虽然特定形式的价值无价可言,然而像皮尔斯这样的新古典主义者却声称,即便是人的生命也有一个限价,因为我们并不打算在卫生保健与人寿保险上花费太多。基本上,

> 货币估价这一观念意味着可交易性与买卖。假如一条命值9 000英镑,其传达的信息就至为明显了,谁有9 000英镑,谁就能买一条命。

> (Mulberg, 1993:110)

这就是社会主义者、无政府主义者以及环境保护激进分子反对环境货币化的理由。他们认为,对此不应买卖。

现行的货币化尝试证实了我们的担忧。斯特林说,尽管那些进行价值评估研究的创造者们,带着其易于误导的精确性给出了他们的计算结果,但那些结果通常并不准确,或者毫无用处——比如,对煤电的外部成本的不同研究,其结果可因5万个因素中的一个因素而改变很大。

为可持续性绘制出一幅"供给曲线",也就是说,计算出那些减轻、延

缓或是消除环境损害的诸种措施之成本,相对来说容易些。需求曲线的问题更麻烦一些,因为它们要求对人们可能为可持续性作出的支付进行某些估价。权变评价(Contingent Valuation, CV)试图实现这一要求。只向人们进行这样的提问,比如,为保护一片稳定且丰富多彩的湿地环境或是清洁水源,他们愿意为此作出(比如通过税收)多少支付。或者可以这样问他们,对此类环境"服务"的丧失得赔偿多少才行。

CV 的问题非常大。比方说,(一旦不良影响已然产生)相对于所要求的赔偿而言,人们往往情愿作出更少的支付(以避免不良影响)(Stirling, 1993)。此外,人们在问卷调查中所想当然回答的,往往与他们实际去做的并不符合,正如在投票者意向的民意测验中所常常展现出的那样。回答者的答案同样受限于提问的形式以及对于环境风险与影响的不完善信息。况且,很多人恰恰就拒绝参与此类活动,他们以为其他人(比如污染者)应当作出支付,或者他们就是厌恶货币化(参见 Hueting,1992)。

CV 产生出某些稀奇古怪的结果,比如说,美国人情愿每年付出 40 美元以拯救驼背鲸,但却只愿为蓝鲸和北美鹤分别付出 9.3 美元和 1.2 美元。而且,为了保护威廉王子湾免受"埃克森·瓦尔德兹"(Exxon Valdez)号油轮污染这样的灾难,他们起初愿意每年掏 85 美元出来,但当研究者提醒他们诸如学校以及医院这样一些支出对象时,每年愿意掏的钱就跌至了29 美分(BBC,1993)。与此同时,皮尔斯(Pearce,1993)报道说,人们愿为热带雨林保护而作出的支付意向就多达 400 种。然而,尽管存在如此滑稽的结果,英国环境事务部在向政府提出建议前,仍需使用 CV。

或许对所有货币化的 CBA 而言,最为根本的反对在于,它倾向于将未来成本加以贴现,从而在事实上贬低了下一代人的选举权。同时,当公司转嫁遵从环境标准的成本时,MBI 当然会提高消费品价格,这就进一步引发了现时公平原则的问题。难道穷人就应当被推上低劣的公共交通,比如说,就因为他们付不起加在其汽车上的环境税? 赞成"可持续发展"

的改革者会接受此点;激进分子则不会。其他一些 MBI 也因为社会不公正而招致了广泛的公众谴责。绿色主义者对英国 1994 年推行的国内燃料消费税广泛支持(Loske,1991)。然而从政治上来讲,却是灾难性的。1994 年 12 月,保守党政府在下议院选举中落败,它自己的某些议员也投了反对票,不然的话,它可能已经提高了征税的幅度。

地方政府与基层民主

尽管在生态中心主义中持久而稳固地存在着无政府主义的痕迹,绿色经济学在设定并执行环境标准以及污染最高限度的国家干预问题上,一般来说几乎没有顾虑:雅各布斯(Jacobs,1991:125)说,"只要对主导市场的情境加以调节,使之产生出作为目标的结果,市场就能够十分恰当地与计划并存"。他拒斥那种完全中央集权的计划,并不以为然地认为,苏联的经验证明,对环境影响进行直接管理的效率是极低的。相反,他的建议是,计划应"管理"市场力量中的"宏观经济结果",而市场本身则构成了那些结果得以获得的"宏观经济"方法。

雅各布斯辩论道,单靠市场,与其说产生出"看不见的手",还不如说是"看不见的肘",或者故意置自然于不顾,或者因疏忽大意而拙劣地造成其损毁。他所向往的是对市场行为施加影响,使之朝向特定程度的环境影响。问题在于,即便是在一个绿色分权的社会中,所有价值观念都是生态中心主义的,鉴于当地社群不能充分认识到其他所有社群的决定,因而仍将存在对整体规划的某些需要。个体选择因而就必须"被辅以……中央集权的国家权威所设定的目标"。

在如此地对政府加以认可后,为了减轻绿色主义者在此方面的担心,雅各布斯进而寻求对其地方的、市政厅形式的强调。的确,他跟莱韦特(Levett)和斯托特(Stott)(Jacobs et al.,1993)一道断言,大多数现有的英国城市与郡议会中的经济发展部门,比如牛津郡(Oxfordshire)与谢菲尔德(Sheffield)，已在鼓励企业走上一条与环境相适应的道路，以便促进当地的可持续发展。

在绿色经济学中，这就成为一种常见的纲领：良顺的地方政府在多疑的无政府主义者与开明的绿色主义者以及那些具有更多国家社会主义的倾向者之间，建立起一座桥梁。现已不复存在的大伦敦议会（Greater London Council，GLC）常被提及：它既非新右派的最弱意义国家，也非去个人化的"福特制"官僚政治国家，而是一地方社群、团体以及创制权的赋能者（enabler）（Mulgan and Wilkinson，1992）。"GLC 所做的最有益之事，就是给予人们资源与勇气去为自身着想"，尤其是在替代能源领域，与女性团体、少数民族以及环境保护团体进行合作。它使得民主超越于投票选举之外，此乃步威廉·莫里斯与 G.D.H.柯尔（G.D.H.Cole）之后尘，而对后者来说，社会主义的经济政策立足于工人阶级的观念与组织之上（Mackintosh and Wainwright，1992）。这一类型的国家因而就超越于福利之外，现在也具有缘生依存的含义了。然而这是民主的，通过给予人们进入主流社会的通道而赋予其权力，无论他们如何身处不利的地位，都能够在保障自身公民权利的援助机构（support services）中有发言权（Beresford and Croft，1992）。它亦能推动第三世界中地方经济的造血功能，而绿色主义者越来越认为这是阻止沙漠化与森林砍伐这样一些问题的要害所在（参见 Wignaraja，1992；Agarwal and Narain，1990；Ekins，1992c）。

"前卫市场"的矛盾

市场也可以被加以组织与控制，以发挥某种强有力的前卫影响……这与标准的新古典主义理论是完全一致的。

（Ekins，1992b：322）

伊金斯的"前卫市场"是由"前卫的"工商企业、投资者以及消费者所组成。工商企业所考虑的不只是其股东,而是其利益相关者(stakeholders),它们包括消费者、雇员、地方社群以及环境。NCR、庄臣公司(Johnson Wax)、IBM 置身于那些至少向其利益相关者表达了良好意愿的大公司行列中——它们是"绿色资本家"(Elkington and Burke,1987)。

成千上万的生产合作社与职工持股公司以及另类贸易公司比如萃艺(Traidcraft)、咖啡直达(Café Direct),也都分享了这种更为广泛的义务概念。而且伊金斯告诉我们,包括道德银行在内,美国的前卫投资者在"道德"企业中投入了 6 250 亿美元。前卫消费者也"正从商品拜物教的迷梦中惊醒",开始直面其责任:在购买对象、社会关怀、行动与团结上的批判意识与环境自觉。

然而,常常对市场很热心的伊金斯,对此也表现出某种矛盾和不安,而大多数的主流绿色经济学家似乎也有这种感受。伊金斯说,前卫市场与标准的古典理论相一致,但他也承认,由道德、社会以及生态标准所推动的市场概念是这一前卫性(进步)的基础:这和那种为狭隘的利己主义、私人收益以及利润最大化所驱动的新古典主义"经济人"不相符合。

伊金斯(Ekins,1993)在别的地方列举了可持续性的某些必要条件。其中就包括,工商企业不仅不应该优先考虑股东的货币收益,而且还要致力于为雇员及其社会创造出令人满意的生活。伊金斯满不在乎地说,这一切要想发生,工商企业的所有者就应是工人而非资本出借人,而且经营者应向包括更广泛社区在内的所有利益相关者负责。公司法应相应地加以改革,而当前的银行系统亦应被诸如人民信用计划之类的激进措施所取代。正如社会主义者们在两个或更多个世纪中业已发现的那样,对于资本主义而言,这是过于苛刻的要求。

就绿色主义者对前卫的工商企业与公司之责任要求而言,其问题的根源之一在于,这些改革的呼声乃是立足于对技术官僚的批判之上的,而这是"对公司权力基础之核心的一次猛击"(Smith，1993)。除非存在着一处"公平竞技场"，否则，绿色主义与道德就会导致额外的费用与较低的利润，从而削弱了竞争优势。商贸越是国际化，这一点似乎也就越发不可能：只要是把工厂设在那些对此类事情不过分讲究的国家里，跨国公司就能够且真正逃避对严格环境标准以及更广泛社会责任的要求。即便是在统一的欧盟贸易区里，英国商业导向型的政府也坚持其"补贴"的权利。对于处处支持补贴的环境主义者来说，很讽刺的是，这就容许政府降低环境标准，帮助企业提高利润，而不担心全欧洲的报复。

占全世界 29％产能的跨国公司，拥有令人惊异的权力。它们能够促进或破坏地方产业，能够获取收益却逃税，能够垄断技术，能够在世界范围内促成现代化——同时强化了不平等，助长了西方文化霸权，能够为其雇员设立低标准(童工、低薪酬的临时工、倒行逆施的工作场所)，且能够严重改变自然环境(*New Consumer*，1993)。

为了维系这一权力，大多数公司都反对国家管制与国有化。因而在1990 年时，欧洲共同体(EC)宣布，它准备引导各公司对它们的环境影响进行定期不间断的评估，以接受公众的审查。但是到 1992 年时，所承诺的这一指示业已"如此淡化下来，以至于几近无用了"(Pearce，1992)。在两个 10 年中，英国(Blowers，1987)与美国(Faber and O'Connor，1989)在工商业者降低环境标准与管制的不断施压下，已作出了赞成性的回应。工商企业者辩论说，只有诱导而非指示，才能够产生共同的环境责任。诱导可以来自 MBI 以及投资者与消费者的压力。

但是，此类压力有效吗？作为一名商学院教授，丹尼斯·史密斯(Denis Smith，1993)承认，公司中"民主的股东控股"这一观念并不起作用，因为公司的拥有者或是资本管理者(owner-managers)拥有大部分股份。况且在"道德的"或"绿色的"投资中，满是含混不清的因素。比如，梅林绿色基金(Merlin Green Fund)的办法就不只是着眼于绿色环保的某一部门,且回避诸如化工或矿业这样一些争议更多的领域,而是在每一部门中找出环境上最为负责任的公司。

因而在其投资目录中就有一座金矿、一家圣诞树制造商、乐购超市(Tesco,尽管具有"绿色"PR,它还是利用一切机会迫切要求在城镇四周设立外埠大卖场,这样的话,人们就只能驱车赶到那里)、玻璃回收处理、渔业养殖、天然气、石油煤炭生产与开采以及一座垃圾填埋场。对所有这一切的可承兑性,激进的绿色主义者表示怀疑。

他们也因而将抵制那种视环境为"零售商与制造商的潜在市场工具"的观念(McCloskey et al.,1993)。然而,这只是绿色消费主义不时袒露出的推断(见图2.3、图2.4)。在认为环境友好产品的繁荣很大程度上是消费者引导的麦克洛斯基(McCloskey)等人看来,市场研究表明,62%的美国消费者希望有并阅读产品的环境信息,而41%的人则认为此类信息影响了他们的购买行为。不只是一种短暂的时尚,这是"一种消费者行为上的根本转变"。

但是,所有这一切都存在很大问题。在英国,看上去"绿色"的产品似乎不再那么流行了——主要超市的储藏量越来越少。而且,绿色消费者对于生产以及某种产品如何生产的抉择能够施加极大影响,在加尔布雷思(Galbraith,1958)看来,此观念乃是消费者自主神话的东山再起,他揭示出需求是如何为制造商所激发与引导的。的确,

很少有消费品的供应商,会听任其产品的购买出自公众自发且因而是无法驾驭的那种反应。

(J.K.Galbraith,援引自 Young,1990:17)

图 2.3　"酸雨：救救你的车"

图 2.4　"你是否关心你的星球的健康？"

况且,当免费且准确的产品信息成为绿色消费理论的基础时,英国公司对于正在形成的绿色议程中面向公众公开信息这一要求,几乎是无动于衷的(Owen,1993)。

欧文(Irvine,1989)业已揭发出绿色消费主义的诸多缺陷。他指出,不仅就其自身而言是毫无作用,它还是"绿色"经济学中充满深刻矛盾的一部分,因为此种经济学试图让富足的西方人减少消费。因而就有了《新消费者》的口号,"让我们都买出一个更好的世界",在消费主体存在的背后将绿色主义者的意图加以误解。

绿色消费主义是问题的一部分而非解决之道,因为它合并了市场自由主义中如此多的设定。美体小铺(Body Shop)的阿妮塔·罗迪克(Anita Roddick,1988)忠实地重复着一条自由主义的主要经济口号,这是由(奥地利经济学派的)哈耶克(Hayek)所创立的(他在20世纪80年代提出货币主义)。她说:

不要总是逆来顺受。作为消费者,我们拥有真正影响变革的力量……我们可以利用我们的至高权力,用我们的双脚和钱包来投票——或者购买别的地方的某一产品,或者就是不去购买。

从生态中心主义的观点来看,金钱通过市场就能够为所希望的变革投票这一想法是有缺陷的,因为生态中心主义所描述的很多选民——穷人、土著居民等——很少或几乎没有钱,因而也就没有有效的选票。

真正来说,绿色消费主义是保守的。在提升作为消费者的个体的权力,以便通过个人生活方式去影响社会变革的过程中,它促使我们忘记我们作为生产者能够罢工的潜在集体力量,因而它在政治上就具有麻痹性(Luke,1993)。此外,其策略在于依靠自发志愿而非规章制度,而这往往是细枝末节变革的处方。这是老套经济学。但许多绿色主义者声称,这肯定比无所作为要好。

绿色经济学的内在矛盾

就主流的绿色经济学来说，此处含有一核心的困境。对于传统经济学，它常常持有激烈的批评，但部分出于实用的理由，它在有关自身何以如此或是如何获得解决之道的分析上，并不如此极端。的确，处方可能极为平淡乏味：本质上来说是混合经济的不同版本（市场伴之以国有与计划），而大多数欧洲国家对此已试行了数十年，成功乏善可陈。

大多数绿色主义者都认识到市场的益处。比如，阿赫特贝格（Achterberg，1993：91）对新古典主义的回应是，它们是"个人权利与公民自由的成功表达"，激发了效率与创造性。伊金斯（Ekins，1993：272）认为，"要是'看不见的手'之运转所需的条件都得到满足"，它们就是"一种影响个体偏好的非凡体制"以及"一种极佳的民主机制"。然而他也意识到（1992a：24，26）"马克思历史悠久的感受之不寒而栗的确证：资本主义的基本倾向是财富与权力的集中"，"独立于生产活动或是真正的财富创造，以钱生钱业已成为经济体系中的致命病毒"，而且工业经济对"地球、其居民以及社群所造成的大多数破坏，已不是这一系统之运作中的例外部分了"。伊金斯问道，为什么会这样？都是因为美国中产阶级生活方式的邪恶与不幸：电视、购物、个性缺失、希望比他人更富裕。

这一批评的含混性与绿色主义者的解决办法不相上下。伊金斯认为，绿色主义者应该"改革"金融体系，通过银行以及四资本中的每一种赋予富人和穷人对金钱的使用权。金钱应该反映出实实在在的产品与服务所创造的价值，而不是做投机买卖或是一纸交易赚取价值。他建议某种具有资本—劳动力合伙经营的绿色混合经济，而不是去详列权力如何被平均分享的清单。

这种经济（表2.5）的许多特征都看似平常，且或能够为当前的混合经济所容纳,比如说,"弹性的"就业模式、预防医学、致力于货币稳定、能源利用效率、权力的某种分散。其他一些,像是关税壁垒、土地改革或真正意义上的集体资本组织,则与盛行的经济安排很不一致。

表 2.5　绿色混合经济的特征

- 普遍的小规模资本所有,足以自立即可
- 资本的集体组织,不是任由市场来左右
- 土地改革以及对所有资本的使用权
- 致力于货币的稳定
- 地方信用以及在此限度内的货币自主
- 协同劳作:或是分红制,或是职工全员所有制
- 富有活力的分散的前卫市场,以及知情的消费者
- 一种赋能的政府
- 更多利用可再生能源,更少利用不可再生能源,不要核能
- 节能型生产以及广泛的隔热保温
- 进行年度环境审计的绿色生产
- 资源的循环流动,而非线性流动
- 污染税下的零污染目标
- 产品寿命周期的分析
- 降低公路运输的重要性
- 对私人旅行与货运进行征税
- 地方/全国的粮食自足
- 劳动密集型的有机农作
- 人力资本的最有效发挥(社会正义、教育、心灵的升华、停止对女性的压迫)
- 稳定的人口水平
- 健康作为财富:预防保健
- 教育作为财富(目的在于自我实现与协作的教育)
- 绿色就业:更短的工时、兼职与轮班制、自营职业、自由职业
- 基本收入制度
- 家庭、社群以及人际网的加固
- 民主的地方政治
- 通过联合国实现和平
- 可选择的、自立的发展模式
- 包括环境税在内的进口税则

资料来源:Ekins,1992a;Kemball-Cook et al.,1991。

《极限》以同样的含糊性坚称,市场与技术革新只能延缓过剩与崩溃,

不能避免之。市场通过反馈机制而运作,机制自身就包含环境成本,且会
因信息的不完善而进一步被削弱与扭曲。并且

市场不具备长期的视野,直到一切损耗殆尽时,才对根本的来源与去
处有所察觉,而这个时候去采取行动又已晚矣。

(Meadows et al.,1992:184)

也就是说,不存在校正反馈以阻止竞争者们对公地进行过度的开采。比
如在捕渔业方面,高价格并未发出匮乏的信号,从而阻止捕捞。相反,它
们鼓励了更多的捕捞。捕鲸业因而就是

庞大数量的(金融)资本在试图获取最大可能的收益了。假如在 10
年内能将鲸消灭干净并从中获取 15% 的利润,而以一种可持续的捕杀方
式只能获利 10% 的话,它就会在 10 年内将鲸灭绝。此后,这些钱将被转
用到对其他一些资源的灭绝上。
[一名捕鲸业记者,埃利希和霍格(Ehrlich and Hoage,1985)的报道,

援引自 Meadows et al.,1992:188]

这一有力的控诉使得《极限》得出结论说,我们必须

回过头来想想并且得承认,人类目前构建的社会经济制度是难以驾
驭的,它业已超过了自身的极限,并向着崩溃进军……且改变这一系统的
结构。

但这立马就与其如下主张产生了矛盾,也就是说,人类、制度、物理结构的
结合,"就能够有全然不同的行为表现,只要其行动者能够发现有很好的

理由这样去做就行……没有人必得做出牺牲或付诸高压手段"。《极限》这一绝不革命的结论在于,信息是转化的要害所在,"个体只有通过认识到对新的信息、规则以及目标的需求,对此加以沟通并彻底地加以考察,才能够做出转化该系统的变革",而且我们所需要的是梦想(借助于空想家)、沟通(绿色主义者的万能药)、讲真话、学习以及爱。

其他一些绿色主义者也重复着诸如此类的油腔滑调。戴利与科布(Daley and Cobb,1990)提及资本主义固有的自我毁灭的矛盾,但接着又辩论道,市场与利润对于多样性来说是必要的,且仅应以一种宗教救济般的方式受到政府与社群的调节。诺加德(Norgaard,1992)所希望的,原是对新古典主义经济学的线性增长模式进行彻底的范式转变,但却以为这种转变只能通过管理、技术和制度上的变革才可获得。作为美国最左翼的环境主义者之一的埃文·康芒纳(Even Commoner,1990),也把环境"危机"归咎于主要的公司及其生产技术与安排,并试图通过将社会治理引入到经济决策中去,来牵强地寻求对公司权力的抑制。

资本主义的内在矛盾

大多数社会生态学家以及所有的生态社会主义者,对于马克思主义的资本观念都耳熟能详。他们会争论说,绿色经济学由于缺乏这一视野,所以它开出来的往往是改良主义的混合经济药方。绿色经济学家则认为,在新古典主义的资本主义经济学中的那种破坏性倾向,与彻底的可持续发展之间设法加以调解,还是有这个可能的。然而马克思主义揭示出,资本主义从根本上来说不具有可持续性。它骨子里就具有内在矛盾:其本色就在于对自身的毁灭,以及造成对构成其生产资料的自然环境的毁灭。

于是就有了生产过剩的矛盾。资本积累依赖于逐利市场中产品与服务的出售,也就是说,相对于生产成本而言所获得的盈余。成本中的一个主要部分就是劳动。因而其必然的结果就是,从定义上说,劳动力就买不起它所生产出的一切,因为它没有被支付以全部的市场价值。因而对于目前的市场(劳动力)而言,就存在着"如此之多"的产品与服务以俟购买,从而就有一种持续不断的努力,通过地缘扩张将更多人推到市场中去。资本主义的目标从定义上来说就是资本的积累。因此,当利润获取后,它们必将被再次投入到更进一步的生产中去,以保持这一进程的继续。更多的产品意味着更多的消费。在一个消费社会中,这就自然而然是浪费的,而且有些时候是十分明显的浪费,比如销毁堆积如山的"剩余"粮食,而不是便宜地出售或是分发。

资本主义的生产关系中充满了竞争。要想使产品比竞争者的更为低廉,企业就必须"高效",劳动在任何时候因而也就必须更为"能产"了。相对于出售价格而言,这就意味着成本的最小化。这就是使社会与环境成本外部化的无情压力之源。通过自动化生产,公司引发了失业,而且除非是被反复利用,否则它们产生出的废弃物就造成了污染。从定义上讲,有利可图的商业惯例是使更广泛的社会(比如国家)来为这些外部性买单,而不是将它们内部化,尤其是在凸显此一系统之特色的频繁衰退时期。

或许资本主义固有的所有那些反生态、反人类倾向中最为阴险的一面在于这一事实,即生产的根本目的就是实现利润。"金钱关系"必定就成为决定生产什么的主要标准。因而在"富足的"社会中,很多社会需要并未得到满足,因为实现这些满足是无利可图的。

将产品与服务作为"商品"投放到匿名的市场中去,利润就由此产生。这就促使消费者无暇顾及这些商品所包含的"生产关系"。这就是人与人以及人与自然之间的关系,它们源于我们组织生产这些东西的方式。由于这个匿名的市场,我们在对我们与他者以及自然之关系的理解上,被异化了,被拆散了。比如,我们视我们的电子表或音响组合为物品,而意识不到它们是血汗工厂的成果。我们视家具为物品,而意识不到它们来自热带雨林中砍伐的阔叶树。尽管有诸多缺陷,绿色消费运动在反对资本主义制度下生产关系的对象化上,还是贡献很多,它促使我们看透商品仅是无个性事物这一表面现象之后的本质。

对资本主义"生态矛盾"更为彻底的分析,可在施奈伯格(Schnaiberg,1980)与约翰斯顿(Johnston, 1989)的马克思主义叙述中找到。在少数采纳马克思主义观点的绿色经济学家之中,有沃尔(Wall, 1990)与辛格(Singh, 1989)的身影。前者(Wall, 1990:80—81)说道:

> 很难想象,绿色经济学如何能够在理论与实践中发挥作用……一种绿色经济学将奠基于与我们当前社会如此不同的假定之上,很难想象,如果能实现的话,这一转变如何能平稳地达成……不管是工人的管理,还是盖伊·多恩西(Guy Dauncey, 1988)与其他人所描绘的社区商业的成长,都不能解决增长的问题。不管是理想化的"工人"还是"小生意人",都不可能具有追逐负增长或零增长的动机……生态学与市场无法共存。

后者(Singh, 1989:28—29)在驳斥受限制的或不增长的资本主义这一观念时,援引了马克思的《资本论》。资本家

> 同货币贮藏者一样,具有绝对的致富欲。但是,在货币贮藏者那里,这表现为个人的狂热,在资本家那里,这却表现为社会机构的作用,而资本家不过是这个社会机构中的一个主动轮罢了。[①]

---

① 引文参考《马克思恩格斯全集》第 23 卷,人民出版社 1985 年版,第 649 页。——译者注

换句话说,这一体制自身就驱使着人们以特定的方式行动。绿色主义者是否充分认识到此点还未可知。就接受访谈者的本性来说,一个人可能有充分的理由,允许绿色主义者将下述访谈归结为"无知""贪婪"或是其他一些恶意的体现。相比之下,一名马克思主义者可能认为,这种人性的兽性与异化,对那一体制的最主要负责人来说是必备的素质(尽管通常没有如此赤裸裸地展示出来)。

提问:"你个人是否曾因英国装备所造成的这种破坏与人类苦难而感到不安?"(英国政府出售给印度尼西亚的鹰式战机,被用于针对东帝汶的种族屠杀。)

回答:"不,一点也不。我从没有想过。"

提问:"那么,我们向那样一个政权提供高效的装备这一事实,就你而言不值得考虑?"

回答:"是的。"

提问:"我这样问是因为我了解到你是素食主义者,而且对动物如何被宰杀颇为关切。难道那种关切不能拓展到人类被杀死的方式上,尽管他们是些外国人?"

回答:"奇谈怪论,不可能。"

这一对话是在记者约翰·皮尔格(John Pilger)与英国前国防大臣艾伦·克拉克(Alan Clark)之间展开的(Central TV, 1994)。在任职期间,克拉克渴望帮助英国"国防"工业获取利润,以便为英国部队承诺进行武器生产。克拉克也曾说过如下的话:"有人知道东帝汶在哪里吗?我才不在乎一批外国人在对另一批外国人做什么呢。"

技术与生态社会

技术决定论与社会决定论

生态中心主义者大抵是反对"高"科技的,例如核武器或核能,农业绿色革命或是遗传工程,其缘由在第一章中有大概的描述。但他们并不反对所有的技术,而是支持其"替代的"形式,以诸如"恰当的""中间的""温和的",或是更少见的"突破性的"或"理想化的"等形式而知名。替代技术(AT)运动在 20 世纪 70 年代早期盛极一时,且其肖像——风车、太阳能电池板、有机蔬菜等——尤其与生态中心主义中返土归田建立公社的阶段相关联:"奇谈怪论"的一部分,就是对生态乌托邦式权力分散、规模小巧的社会与景观之向往。然而现在,这些肖像成为了西方社会中主流"常识"的一部分,且在第三世界的发展中也备受重视。但在为主流社会认可的同时,AT 运动的某些方面也陷入了更为极端的生态中心主义者可能认为的"陷阱"之中。

技术决定论的陷阱,在于那种秉持技术为型塑社会主要力量(正如众多对西欧工业社会的历史所进行的传统解释那样)的想法。由此而得出结论是,一个与此不同的(生态的)社会可以凭借另类(生态健全或是"温和")的技术而建立起来——技术本身被视为社会变革的桥梁。这一立场不久就转变为技术中心论式的,因为它本质上相信 AT 的传播会确保社会的变革。

尤其是那些未来学家对此乐此不疲,比如,他们辩论说,信息技术将带来"电子屋",这样的话,人们就不必再出去工作了,结果呢,一种分权、民主(双通道视频容许公民在电视转播的议会中对任何事物进行投票)的社会就到来了,相对于现在而言,能源的消耗就低多了(J.Martin,1978;

Tofler，1980)。韦伯斯特与罗宾斯(Webster and Robbins，1986)揭露了此种"后工业"设想的荒诞不经。真相在于,在一个持续的资本主义社会中,IT 很大程度上服从资本的利益,使得政治与经济权力更加集中,并促使数百万人失业,去技能化的工作失去了市场。

这就表明了温纳(Winner，1986:64—66)的正确性,他警告说,AT 运动不过是"对社会问题的修修补补",而非直面社会中的基本权力关系。对那些关注技术的"新纪元"撰稿者,诸如马尔库斯(Marcuse)、芒福德、罗斯扎克(Roszak)、古德曼(Goodman)与伊卢尔(Ellul)等来说,温纳批评道,他们都落入了理想主义的类似陷阱。更确切地说,他们将那些与高科技相关联的问题仅仅归结于技术开发者与使用者的错误"观念"——那些盛气凌人、过度理性或是纯属贪婪或傲慢的社会价值观念[舒马赫(Schumacher，1973)也作出过这样的论断]。他们因而低估了物质条件——人们在经济生活中的作为——在形塑技术与社会政治关系上的重要性。要想创建一个生态健全的社会,这些方面必定要加以转变才行。

类似的一种陷阱就包括在技术评定上的纯粹"工艺"标准,也就是说,就如标准的技术中心论式的环境管理方法一样,所依据的是风险或成本效益分析。正如戈德曼与奥康纳(Goldman and O'Connor，1988:92)所揭示的那样,此类方法也不可靠,或许也忽略了"技术作为社会控制、劳动剥削以及资本积累的内容与背景这一问题"。

某些生态中心主义者与政治左派分析家[诸如英国工党的托尼·本恩(Tony Benn)],可能试图通过这一论断,即与其说技术本身,还不如说是其所有权才是至关重要的,来认可技术的社会背景这一议题。但这将使得对核电站的共同拥有成为可接受的事情,而很少有绿色主义者会对此一立场表示赞同。

比如说,所有权显然不是使风力发电在 20 世纪 90 年代的英国成为一种环境威胁的唯一因素。对于已然在英国高地农场上运营的 400 个涡轮(每个大约 100 英尺高)所带来的噪音与视觉侵扰而言,抗议声此起彼伏。而运营集团所担心的是 1 200 份悬而未决的申请,它们来自渴望将补贴抢先弄到手、"想发横财"的那些农夫。政府的一项计划是,到 2000 年时,从可再生能源中产生出 3% 的电力,而补贴是该计划的一部分(Engel,1994)。不管怎样,假如土地为许多绿色主义者所拥有的话,仍将会得到同样的对待,因为从绿党到《地球之友》,那些为时已久的环保运动者"已将自身转变为积极支持风车农场的开发者"(*Friends of the Earth*,1994)。

绿色主义者可能颇具特色地辩论道,问题在于规模,不在于所有权。当环境良顺的技术被过分广泛与全面地加以使用时,就会转变为一种环境威胁。然而,在没有弄清楚生产规模与经济关系的根本联系之前,分析可能就到此为止,运动推行者因此可能最终祈求于本质上来说小规模的资本主义了:自相矛盾的措辞。

于是,所有这些分析自身都是不充足的。对生产的整个庞大的社会与文化关系因而就有必要加以审视,以解释技术与社会变革之间的关系。然而,在尽力这样去做的同时,我们也应避开社会决定论的陷阱:技术决定论的对立物。因为这会将所有的责任都推给社会——其文化、其经济体系及其促生的社会(包括社会—自然)关系——以此来说明我们所拥有的技术及其影响是什么样子。阿尔伯里与施瓦茨(Albury and Schwartz,1982)倾向于这种看法,他们辩论道,像是德氏(Davy)安全灯、农业绿色革命以及 IT 这样一些全然不同的技术,都是由资本主义的工商业界开发出来并特别用来服务于资本积累的利益:仿佛在一个非资本主义的社会中,它们就将不会被开发出来一样。这或许是真的,抑或不是如此。事实上,放到一种社会或技术决定论的背景之下,这些技术的发展或许能够给出同样令人信服的说明。正如佩西(Pacey,1983:25)所言,发明创造的产生都考虑到了某种社会目的，但许多发明创造也具有未曾预料或预期的社会影响与后果。

突破性、理想化的技术

大多数人都意识到 AT 运动中社会背景的重要性，同时又视技术为社会变革的部分动力，或许这一运动的威力就在于博伊尔与哈珀（Boyle and Harper，1976）所称的"突破性"技术。迪克森（Dickson，1974）称其为"理想化的"，这是因为在任何与现有社会所具有的政治、经济和社会关系相类似的社会中，它不可能被普。迪克森坚称，技术开发从根本上说是一项政治进程。既然从象征性与实践性上来说，主导技术所支持与促进的都是支配性社会团体的利益，技术因而就不是中立的。在资本主义制度下，技术的首要目标是帮助实现资本积累，因此，

（资本主义中）等级组织与威权统治的主导模式……就被纳入了……资本主义社会所发展出的技术之中。

一个例子就是核能，它是如此复杂且充满了危险，以至于不得不处于保密状态且受到私下的安保。它不能为普通民众所拥有、控制并理解：只能属于某一阶层的专家和管理人员，他们的背后是国家与大型公司所支配的大量资源的支持。

相比之下，理想化的技术

将欣然采纳那些必要的工具、机器以及技术，以体现并维持社会生产的非压迫与非操控模式，以及对自然环境的非剥削关系。

(Dickson，1974:11，参见表 2.6)

表 2.6　硬性的与软性的技术社会

"硬性的"技术社会	"软性的"技术社会
1. 生态上不健全	生态上健全
2. 大量能源的投入	小量能源的投入
3. 高污染率	低污染率或者没有污染
4. 材料与能源的不可逆使用	可逆的材料与能源使用
5. 发挥功能的时间有限	发挥功能的时间无限
6. 大规模生产	手工艺产业
7. 高度专业化	专业化程度低
8. 核心家庭	以社区为单位
9. 重视城市	重视农村
10. 与自然疏离	与自然同体
11. 共识政治	民主政治
12. 财富决定技术边界	自然设定技术边界
13. 世界范围的贸易	当地的以货易货
14. 对地方文化具破坏性	与地方文化相一致
15. 易滥用的技术	加以保护以避免滥用
16. 对其他物种的破坏程度高	依赖于其他物种的健康
17. 创新受控于利润与战争	创新依需要而定
18. 增长导向的经济	稳态经济
19. 资本集约型	劳动密集型
20. 使长辈与后辈疏离	使长辈与后辈融洽
21. 中央集权主义者	分权主义者
22. 总体效能的增长靠数量	总体效能的增长靠的是小规模
23. 运作模式如此复杂，无法为一般人所理解	任何人都能理解的运作模式
24. 技术意外事件频繁且严重	技术意外事件极少且无足轻重
25. 对技术与社会问题的单一解决办法	技术与社会问题的解决办法多种多样
26. 农业上强调单一栽培	农业上强调多样性
27. 数量标准受到高度重视	质量标准受到高度重视
28. 专业化的食品生产	所有人都来进行食品生产

（续表）

"硬性的"技术社会	"软性的"技术社会
29. 工作主要是为了收入	工作主要是为了获得满足感
30. 完全依迫于他者的小单位	自给自足的小单位
31. 和文化相疏离的科学与技术	和文化一体的科学与技术
32. 专业精英所担当的科学与技术	所有人担当的科学与技术
33. 工作/休闲的明显差别	工作/休闲的差别不明显或者不存在
34. 高失业	（此概念不正确）
35. 只对有限时间内全球一少部分人来说技术目标是有效的	对"所有人任何时候"来说都是有效的

资料来源：Dickson，1974。

博伊尔与哈珀同样论证说，突破性的技术将

有助于一个更少压迫与更能实现个人抱负的社会之产生……（这就包括）在工人与消费者支配下的人性化生产这一更为广阔的社会背景下，个体与社群适用的小型技术。

换句话说，这不仅只是某些特定的技术而已，而是那种在一个非资本主义的，确切地说是社会主义社会中才有的技术。博伊尔与哈珀正确地将（政治上含糊的）生态运动看作是影响突破性技术的其中一位"奶妈"而已，来自其他方面的影响也有很多。其中包括像赫胥黎（Huxley）、伊里奇、芒福德、马尔库斯与罗斯扎克这样一些对工业社会的批判者，20世纪60年代的反传统文化运动，无政府主义与空想社会主义，中间技术运动，显然在通过将大小工业进行明智的联合、权力下放、田园化，为所有人寻求社会公正与最低限度的生活标准。

博伊尔与哈珀对突破性技术进行了翔实的描述，罗列了那些以此为支撑的社会计划（参见表2.7）。从他们以及迪克森那里，我们也可得出突破性/理想化技术的如下基本原则。

表 2.7　突破性技术与其计划

"突破性技术"的某些例子

有机农业与园艺,"生物活力"农业与园艺(源于鲁道夫·施泰纳的"变废为宝"运动),素食主义,水耕法,软性能源(太阳能、风能等),隔热保温,低造价住宅,树屋,简陋木屋(窝棚、木造农舍),使用传统方法建造的民居,土房子,自建住宅,住房互助协会,利用太阳能调节温度的住所,自造纸,木匠业,废料回收,印刷术,社区与私人广播电台,集体花园,制衣、修鞋、陶艺的集体作坊,家居装饰与修缮,自治的住宅区,自治的乡村以及城市街道办。

突破性技术计划

包括:
- 自组织的社区计划
- 劳动者合作社的工业所有权
- 科学家与工程师别样的工作,用于上述方面的服务
- 彰显集体所有权的土地改革
- 乡村的再群体化
- 新农村
- 劳动密集型农业
- 多种可供选择的金融机关
- 基本收入制度
- 低耗能生产
- 生产是为了社会的使用,本不是用于交换与盈利的商品
- 邻里之间与社群对某些货物的共享(比如,电视机、洗衣机、轿车等)

资料来源:Boyle and Harper,1976。

它承认人类行为的物理学/生物学极限与约束,因而在生态上具有可持续性。我们对之可加以理解、拥有并控制,这样的控制从上到下都是民主的,而不是相反。这有助于社群的自治,最低限度地依赖于外部资金、原料或是专门技术,尽管在某些领域(社会服务、许多家庭用品、教育保障)这是不可行的,在这些领域中,大规模的社区内生产应该持续下去。这与物质上的简朴,甚至是节俭相关,回报则是生活品质的提升,其中部分源于生产带来的享受,而非商品的购买。其背后的一个主要目标,因而就是提供那种实现个人价值的工作。劳工很明智地取代了机器,且手艺

与创造力得到了最佳的发展,而劳动分工造成的重复与去技能化就减少到最低程度。

此外,对某些产品来说,适宜近乎全自动的大规模工厂生产,但这将被置于集体的工人所有制及其控制之下。创意设计的原则将确保从更少的材料与能源中获益更多,因此,可资利用的、当地的、廉价的、重复利用的材料将成为主流,隔热保温材料将取代能源的生产,等等。

突破性/理想化技术满足了社会的直接需要,生产不是为了利润,且不造成人的异化。它将等级关系尽可能弱化,并被包括最为贫穷者在内的多数人所拥有与了解,而不只是服务于某一精英阶层从政治上所控制的"专业"人士这一少数精英群体。

既然这明显是一项社会主义的议程,那么,无需惊讶的是,当主要的石油公司进入开发"软性"能源的公司利益集团中时,在 20 世纪 90 年代持续存在的就主要是 AT 的技术性而非突破性一面了。在社会主义风起云涌的第三世界社会那里,即便有"中间技术"运动的留情眷顾,但最为首要的时代背景已然发生改变。在 20 世纪 70 年代,许多人认为,服从民主的社区控制且以自立为目的,中间技术可以成为土地改革与小规模且"可行的"农村分权发展的策略之一部分(Omo-Fadaka, 1976)。通过劳动密集型技术,使用当地的材料,采纳便宜而简单的设计,且主要用以满足本地的需要(比如,低造价的锻造工具,小引擎与铁丝做成的机械犁,烧木炭的铸造厂,利用废纸的鸡蛋包装纸盒成型机;参见 Schumacher, 1973;McRobie, 1982)。它的目的就在于提供那种外部资本投入最小的工作。

然而时至今日,舒马赫在 1966 年所创立的中间技术开发集团(Intermediate Technology Development Group),大有可能在落实着某些生态中心主义者最为担心的事情。正如迪克森所预见的那样,由于它通常主要是在这样一种背景下运作,即这种发展仅仅是在补充而非取代那种在外部资金的支持以及西方影响与控制下的大规模、资本集约型发展。后者造成了失业、农村人口减少、土地被剥夺、城市无产阶级大军以及生态恶化。那么,中间技术要素不是具有根本差异性的社群主义社会关系的一部分,而多半成为补充性的小规模资本主义的温床,大规模的资本主义就从中得以成长:它是问题的一部分而非对策。

全球维度

早期的关注与救生艇伦理

自 20 世纪 60 年代发端,迄今为止,环境保护论者的关注已具有全球意义。诸如生态系统、相互依存性、盖娅以及个人即政治等主题,都强调了这样一种认识,即西方人("第一世界")不能孤立于"第二"("苏联")与"第三"世界之外,而对其环境问题以及解决办法进行评估。《增长的极限》这一报告追随着马尔萨斯,从宇宙、全球的总体视角与原则出发,对人口与资源进行了探讨。遗憾的是,在有关谁应为假定的"人口过剩"负责以及应该如何去解决这样一些问题上,得出的许多推论还是新马尔萨斯主义式的,最为糟糕的是,这些推论可被这样误读,即从根本上把责任推到那些最受贫穷与饥饿折磨的人身上。

最为著名的,就是哈丁(Hardin, 1974)提出的"救生艇伦理"。假如有 10 个人在一艘恰足以容纳 10 人的救生艇中漂浮,任何试图将溺水者拽进救生艇以拯救其生命的富于同情心的尝试,都将注定如此:他们纯粹是在打破救生艇的承载能力之限度,于是所有的人都会死去。因此,并不是所有的第三世界国家,都能够或者应该被西方世界的"救生艇"从饥荒中拯救出来。只有那些具有强有力的人口政策的国家才应获得援助。这一结论以及与之相关的人口零增长运动,被严厉地抨击为"生态法西斯主义"与"科学种族主义"——利用所谓"客观的"科学(生态学)原理,发展出一种反第三世界的立场(Buchanan，1973；Bookchin，1979；Chase，1980)。

如今，许多激进环境主义者采纳了一种全然相反的立场：环境问题源自那种榨取式的西方经济体系，这尤其使得第三世界成为受害者。尽管盛行着援助从北向南涌动的神话，事实上，当债务、贸易与援助合在一起来看时，存在着相反方向上大量财富的净流出。

部分出于对《布伦特兰报告》(UN，1987)的顺应，生态中心主义者日益认为，消除第三世界贫穷的全球经济与社会公正，是生态可持续性的关键所在。要想做到这一点，就有必要采纳一种对第一世界和第三世界来说都合适的发展模式，而这种模式与传统智慧的差别是很大的。

发展理论

传统智慧上将"发展"仅仅等同于以西方为榜样的全球现代化。然而，生态中心主义更喜欢更为激进类型中的"可持续发展"(SD)模式。正如菲特(Feet，1991)所描述的那样，在19世纪有关社会发展的观念中都能发现这二者的源头，比如结构功能主义与环境决定论(也可参见Pepper，1993：23—27)。现代化理论认为，一个社会在结构上的专业化与分化越强，这一社会就越"现代"，从而就越"发展"且越"进步"。现代化包含有技术完善程度、城市化、市场的扩展、"民主"、社会与经济的流动性以及传统精英、集体主义与血族关系的弱化。个性与自我发展被等同于社会总体的进步这一概念(主要是一个19世纪的观念)——这两者被亚当·斯密所谓"看不见的手"联系在一起。在罗斯托(Rostow，1960)富有影响的"经济成长阶段论"模式中，现代化理论有集中的体现。其中就描述了"传统"社会(技术"原始"且对自然有精神上的依托)如何"发展"，以便为"经济迈步创造前提条件"(就像是在17—18世纪在西欧所经历的那样)。"迈步"的结果，自然就是新工业与企业家阶层的出现。在"成熟"阶段，稳定的经济增长胜过了人口增长，于是"高额群众消费阶段"就容许社会福利的出现。显然,这一模式是以欧洲为中心且是帝国主义式的,它就是把资本主义看成"进步"。尤其是第三世界,以及那些所有将经济与社会关系建立于地方主义与血族关系之上的(现实的或是潜在的)共同体,当然就是"落后的"了。必须在西方经济利益集团的影响下,通过诸如《关税与贸易总协定》(GATT)之类的协议开放国界,他们的"发展"才能到来。在拒斥这一现代化模式的过程中,生态中心主义者找到了不发达与被动发展模式的共同点,这部分源于马克思主义的分析。在他们的《共产党宣言》中,马克思与恩格斯描述了资本主义成长的动力,以及为何生产出来的产品要比生产者的购买力大得多这一矛盾。

因此,为了"不断扩大产品销路"的需要,资本主义天生就必须奔走于全球各地,到处建立联系,开拓新的市场并

> 把一切生产工具迅速改进,并且使交通工具极其便利,于是就把一切民族甚至最野蛮的都卷入文明的漩涡里了。它那商品的低廉价格,就是它用来摧毁一切万里长城、征服野蛮人最顽强的仇外心理的重炮。它迫使一切民族……采用资产阶级的生产方式,在自己那里推行所谓文明制度……①

资本主义从而造就了一种世界体系,以更为成熟的工业化国家为一"核心"区域,以资源、利润的遣返、廉价劳动以及新兴市场等途径,从附属的第三世界外围榨取财富(参见图 2.5 以及 Wallerstein, 1974)。资本主义的发展从而造成而非消除了第三世界的不发达。19 世纪欧洲的资本主义工业化所形成的这一进程,如今在第三世界中被重复着,比如,农村人口的减少与城市无产阶级的产生,生产的集中,财富与政治权力在精英中

---

① 参考《马克思恩格斯全集》第 4 卷,人民出版社 1958 年版,第 470 页。——译者注

的集中,剥削性的、廉价的血汗工厂劳动者,以及笼罩在诸如宗教、心灵、
家庭纽带或是忠诚之类其他一些关系之上的金钱关系。这一观念更为复
杂的版本就可能展示出核心与外围[依照弗兰克(Frank)在 1989 年提出
的看法,是"中心国家"与"卫星国"]的层级化,而西方核心国家由此就可
以从第三世界的核心国家那里榨取财富,后者又依次从其更贫穷的外围
那里榨取财富。确实,对大多数的当代马克思主义者来说,依附模式过于
简单化,它忽略了这一醒目的事实,即"外围国家"能够展示出比核心国家
更高的增长率(比较一下西欧与某些远东国家)。就像皮特(Peet,1991:

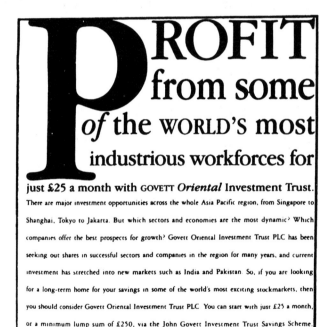

资料来源:《社会主义准则》1993 年 8 月。

图 2.5　从第三世界廉价劳动力获利:
20 世纪 90 年代的一份报刊广告

73—77)那样,他们发现,真正的发展图景是多线程的,而非单线式的,显示出几种常常是冲突的趋势。尽管如此,在大多数的现代化进程中,统治精英必定会榨取剩余价值,在一个世界资本主义的体系下,SD 模式因而就不是触手可得了。

必须强调的是,在任何对发展的分析以及援助、贸易、债务与可持续性的问题应该如何动手处理上,都必须回到建言者的意识形态中去,才能对之形成恰当的理解(Elliot, 1994:108)。建言者基本的价值理论也蕴含在其中:主观偏好理论在现代化中有清楚的展示,马克思主义理论在依附性发展以及绿色主义理论在激进的 SD 模式中也是这样(参见 Corbridge, 1993)。

激进环境主义与第三世界

早在布伦特兰使其成为"体面"事情之前的很长一段时间内,像乔治(George, 1976)与布坎南(Buchanan, 1982)所认为的那样,贫穷是与第三世界的环境退化连接在一起的。正如森(Sen, 1981)表明的那样,不是什么食物不足,而是在上好土地上耕作权利的丧失,才是至关紧要的所在。剥夺农民的公地,重复欧洲现代化时发生的一切(Goldsmith et al., 1992),在亚洲与南美洲尤成问题。赫克特与科伯恩(Hecht and Cockburn, 1990:239)谈到森林砍伐时说:

亚马孙河流域的任何计划首先都会碰到基本的人权问题;那些将会把森林居民世代占有的土地攫取过来的人所促成的结局,就是债役、暴力、奴役以及杀戮。

在非洲更成问题的是,小农生产被吸纳进商品作物经济体系中来,而其中的盈余因税收而被攫取,或者它们的价值因为世界市场上价格的下跌而备受损失(Jackson，1990)。

所有这一切都造成城镇的移民，而那里的工作却极少，或者被赶到那些边际耕地中去，接下来的就是过度耕作、森林采伐以及土地退化。这一进程乃是一幅更为巨大的毁灭性图景中的一瞥而已，这一图景包括了国际贸易与中盘商的崛起，服务于市场而非生存的商品作物种植，借助于(既不适宜而且昂贵的)"绿色革命"技术的资本密集型农业综合企业，男性对女性(她们构成了农业劳动力的多数，然而却拥有不了土地)的态度以及发达国家的政府与跨国公司的活动。贝内特(Bennett，1987)认为，这一切才是造成饥荒周期性循环以及被迫导致环境退化的原因，不是什么"人口过剩"、气候或者马尔萨斯主义者的不足——所有这些都是虚构出来的。

所有这一切的根源就是"自由"贸易体系。有证据表明，在被殖民化之前，处于"原始"共产主义下的第三世界国家并未遭受大规模的饥荒、贫穷以及人口过剩(Redclift，1986；Omo-Fadaka，1990)。但莫里斯(Morris，1990)重复马克思与恩格斯的话，认为对全球现代化必不可少的自由贸易使得所有的乡土依存不再必要。资本主义市场经济的全球化毁坏了地方社群，使得它们与遥远地方的人们展开竞争。对世界市场价格的反复无常毫无防范，使得地方经济蒙受了损失，原因在于，当更多的国家加入到商品作物种植的行列中时，这些作物的价格就会下跌。为了对此加以弥补，通过砍伐林地而获得的更多土地，种植更多的商品作物。

认为自由贸易能够在实际上被用来促进环境保护，比如说，通过制裁那些标准设置低的国家(Williams，1993)就能做到此点，任何此类的想法都因1994年的GATT而被削弱。这就阻止了个别国家通过对更高、更昂贵的环境标准的要求，对其工业施加相对不利的竞争条件。只有那些被一百多个国家普遍接受的标准——才能被强制实施：这些就不可避免的是低标准了。

GATT放宽了对劳务、国际投资流动以及农业的贸易限制,鼓励各个国家依据其"比较优势"进行分工。戈德史密斯等人(Goldsmith et al.,1993)认为,这就围绕着最为强大的跨国公司的利益,对世界贸易进行了有效的调整。通过去除对地方农业的保护(比如,对廉价进口物品课以关税),GATT将"使南方不发达国家中的数百万人沦为赤贫",此举加速了环境退化。与此同时,协定还使北方发达国家的公司更容易在劳动廉价与环境标准低下的地区重新进行部署:1993年对10 000家德国公司进行的一项调查显示,1/3的公司打算在三年的时间里在东欧或是亚洲重新进行部署(Lang and Hines,1993)。其他自由贸易协定,像是北美地区的那些,也促成了(墨西哥的)贫穷并破坏了环境保护——加拿大在湿地保护与重新造林上的支出未获准许,因为那是"贸易扭曲"(Ritchie,1992)。

GATT到处做的事情,先前业已在进行结构调整计划(SAPs)的个别国家中发生着。差不多对所有的一百多个国家来说,在过去的20年间,西方人资助并把持的世界银行与国际货币基金组织就是这样规定的(FoE,1993)。关于泰国、菲律宾、科特迪瓦、马拉维的SAP环境影响研究,就对"高效"经济(在新古典主义的意义上)是环境最友好类型的经济这一主张提出了质疑(Devlin and Yap,1993)。比如,SAP是在增加木材与商品作物的出口这一名义下,导致森林砍伐的一个关键因素。

德夫林与亚普(Devlin and Yap,1993)总结说,基于地方主义与公平的激进SD模式,是与SAP以及GATT所指示的自由贸易、不受约束的市场以及凸显全球现代化的国家干预最小化不相容的。亚当斯(Adams,1990)承认,"绿色"现代化"差不多就是一个自相矛盾的说法"。这就包括改革主义者的SD模式,由非政府组织或是具有绿色思维的世界银行之类的外部组织"为了"人们的利益去实施(参见Pearce et al.,1991)。但是,相反的是,亚当斯也对那种小规模、低技术、自下而上发展模式的轻率药方发出了警告(参见Ghai and Vivian,1992;Ekins,1992c)。比如,肯尼亚的地方农田水利规划,并不比那种被环境主义者所轻视的大规模农田水利规划更成功。亚当斯总结道,不存在什么神奇配方,真正的可持续发展的关键依然是地方模式,而这意味着人们能够做自身的主人。

这一独立自主的主题在《欧洲绿党宣言》(Green Party, 1994:4, 5, 8)中强有力地回荡着,它支持在欧洲与第三世界中地方化的发展,"建立并鼓励投资于金融的地方来源化",包括独立的当地货币,商业与社区主导规划的地方所有与管理,这些规划的目的是多样性与自给自足的实现。绿党是唯一拥护减少远程贸易,并反对欧洲单一市场及将货币作为一种商品进行贸易的政党。

因此,他们的生态中心主义分析中就没有消除资本主义发展的提议。更确切地说,通过无政府主义的独立发展,各地区由此将以可持续的方式走自己的经济之路,削减贸易,降低专业化分工,从而就能够"避开"其缺陷。作为"自由"贸易基础(每个国家都专攻其最为擅长者,并将其产品与其他各有所长的国家进行交易)的新古典经济学重要的互补原理,实际上就被抛弃了,使得各个国家进一步远离相互之间以及对世界市场价格的依赖。某种"新保护主义"将被采纳,超级巨头与跨国公司的权力就受到猛烈的削减,环境保护与公共防护标准则得以提升(Lang and Hines, 1993)。

对里约的回应

1992 年,在里约热内卢召开的联合国环境与发展会议(UNCED)表决通过了《21 世纪议程》,这是一项为 179 个国家所同意的工作计划,其基础就是与之相伴的《环境与发展宣言》(参见表 2.8)。在布伦特兰的基础上,UNCED 肯定了通过生态良顺的经济发展来消除全球贫困的必要性。各国政府将《里约宣言》鼓吹为一成功之举,但生态中心主义者却对《21 世纪议程》的整个思路嘲弄不已。《生态学人》杂志声称,对全世界的草根阶

层而言,问题不在于

环境应被如何加以处理——他们有既往的经验做指引——而是谁
去处理以及为了谁的利益这一问题。他们拒斥 UNCED 的花言巧语,即
世界上所有的人类为了共同的生存利益而团结在一起,种族、阶级、性别
以及文化的冲突,对于人类所谓的共同目标而言,在此都已不那么重
要了。

(Goldsmith et al., 1992:122)

表 2.8 《里约环境与发展宣言》①

认识到我们的家园——地球的完整性与相互依存性,诸国在里约热内卢
地球峰会上采纳了一系列原则,以指导未来的发展。这些原则界定了人们发
展的权利,以及他们护卫共有环境的责任。这些原则在观念上立足于 1972
年联合国人类环境会议上所发表的《斯德哥尔摩宣言》。

《里约环境与发展宣言》宣称,长期经济进步的唯一道路,就是将其与环
境保护联系在一起。唯有建立一种包括政府、民众以及社会关键部门在内的
新的、公平的全球伙伴关系,这一切才将可能发生。它们务必要建立起国际
协定,以保护全球环境与发展体系的完整性。

里约原则包括下列诸观念:

- 人类处于备受关注的可持续发展问题的中心。他们应享有以与自然相和
  谐的方式过健康而富有生气的生活的权利。
- 根据《联合国宪章》和国际法原则,各国拥有按照其本国的环境与发展政策
  开发本国自然资源的主权权利,并负有确保在其管辖范围内或在其控制下
  的活动不致损害其他国家或在各国管辖范围以外地区的环境的责任。
- 为了公平地满足今世和后代在发展与环境方面的需要,求取发展的权利必
  须实现。
- 为了实现可持续的发展,环境保护工作应是发展进程的一个整体组成部
  分,不能脱离这一进程来考虑。
- 为了缩短世界上大多数人生活水平上的差距,和更好地满足他们的需要,
  所有国家和所有人都应在根除贫穷这一基本任务上进行合作,这是实现可
  持续发展必不可少的条件。

---

① 参见万以诚等选编:《新文明的路标》,吉林人民出版社 2000 年版,第 37—42 页。——
译者注

(续表)

- 发展中国家,特别是最不发达国家和在环境方面最易受伤害的发展中国家的特殊情况和需要应被优先考虑。环境与发展领域的国际行动也应当着眼于所有国家的利益和需要。

- 各国应本着全球伙伴精神,为保存、保护和恢复地球生态系统的健康和完整进行合作。鉴于导致全球环境退化的各种不同因素,各国负有共同的但是又有差别的责任。

- 发达国家承认,鉴于他们的社会给全球环境带来的压力,以及他们所掌握的技术和财力资源,他们在追求可持续发展的国际努力中负有责任。

- 为了实现可持续的发展,使所有人都享有较高的生活质量,各国应当减少和消除不能持续的生产和消费方式,并且推行适当的人口政策。

- 各国应当合作加强本国能力的建设,以实现可持续的发展,做法是通过开展科学和技术知识的交流来提高科学认识,并增强各种技术——包括新技术和革新性技术的开发、适应、修改、传播和转让。

- 环境问题最好是在全体有关市民的参与下,在有关级别上加以处理。在国家一级,每一个人都应能适当地获得公共当局所持有的关于环境的资料,包括关于在其社区内的危险物质和活动的资料,并应有机会参与各项决策进程,各国应通过广泛提供资料来便利及鼓励公众的认识和参与。应让人人都能有效地使用司法和行政程序,包括补偿和补救程序。

- 各国制定有效的环境立法。环境标准、管理目标和优先次序应该反映它们适用的环境与发展范畴。一些国家所实施的标准对别的国家特别是发展中国家可能是不适当的,也许会使它们承担不必要的经济和社会代价。

- 为了更好地处理环境退化问题,各国应该合作促进一个支持性和开放的国际经济制度,这个制度将会导致所有国家实现经济成长和可持续的发展。为环境目的而采取的贸易政策措施不应该成为国际贸易中的一种任意或无理歧视的手段或伪装的限制。应该避免在进口国家管辖范围以外单方面采取应对环境挑战的行动。解决跨越国界或全球性环境问题的环境措施应尽可能以国际协调一致为基础。

- 各国应制定关于污染和其他环境损害的责任和赔偿受害者的国家法律。各国还应迅速并且更坚决地进行合作,进一步制定关于在其管辖或控制范围内的活动对在其管辖外的地区造成的环境损害的不利影响的责任和赔偿的国际法律。

- 各国应有效合作,阻碍或防止任何造成环境严重退化或证实有害人类健康的活动和物质迁移和转让到他国。

- 为了保护环境,各国应按照本国的能力,广泛适用预防措施。遇有严重或不可逆转损害的威胁时,不得以缺乏科学充分确实证据为理由,延迟采取符合成本效益的措施防止环境恶化。

- 考虑到污染者原则上应承担污染费用的观点,国家当局应该努力促使内部负担环境费用,并且适当地照顾到公众利益,而不歪曲国际贸易和投资。

（续表）

- 对于拟议中可能对环境产生重大不利影响的活动,应进行环境影响评价,作为一项国家手段,并应由国家主管当局做出决定。
- 各国应将可能对他国环境产生突发的有害影响的任何自然灾害或其他紧急情况立即通知这些国家。国际社会应尽力帮助受灾国家。
- 各国应将可能有其重大不利、跨越国界的环境影响的活动,向可能受到影响的国家预先和及时地提供通知和有关资料,并应在早期阶段诚意地同这些国家进行磋商。
- 妇女在环境管理和发展方面具有重大作用。因此,她们的充分参加对实现持久发展至关重要。
- 应调动世界青年的创造性、理想和勇气,培养全球伙伴精神,以期实现持久发展和保证人人有一个更好的未来。
- 土著居民及其社区和其他地方社区由于他们的知识和传统习惯,在环境管理和发展方面具有重大作用。各国应承认和适当支持他们的特点、文化和利益,并使他们能有效地参加,实现持久的发展。
- 受压迫、统治和占领的人民,其环境和自然资源应予保护。
- 战争定然破坏持久发展。因此,各国应遵守国际法关于在武装冲突期间保护环境的规定,并按必要情况合作促进其进一步发展。
- 和平、发展和保护环境是互相依存和不可分割的。
- 各国应和平地按照《联合国宪章》采取适当方法解决其一切的环境争端。
- 各国和人民应诚意地发扬伙伴精神并通过合作实现本宣言所体现的各项原则,促进持久发展方面国际法的进一步发展。

资料来源:Keating,1993。

对于长久以来推进"同一个世界"这一形象,以代表其自身的整体与有机使命的生态中心主义而言,这是一份来自其精神堡垒的不同寻常的宣言。因为它暗示了这样一种认识,即通过对晚近美国发展模式的普遍推进,"同一个世界"这一概念事实上能够被用来反对这一使命(参见 Cosgrove,1994)。

　　《生态学人》批驳了《里约宣言》中对环境危机的六种"主流"回应。第一,环境退化的根本原因不是被界定为美国生活方式之缺失的"贫穷",而是美国式的"财富"。第二,现代化造成而非解决了"人口过剩",它破坏了人们与其环境之间的传统平衡。第三,宣言中"开放的国际经济制度"将毁灭掉文化与生态的多样性。第四,污染之类的外部性问题,通过环境定价不可能解决,而是在于相反的公地圈占,因此就无处去进行"外部化"。第五,《里约宣言》中对更多"全球管理"的呼唤,事实上构成了西方的文化帝国主义。这一方法无论如何都将不起作用,因为确认并执行全球协定乃不可能之事(Greene,1993)。第六,将西方技术传输到第三世界中去是最为迫切之举,这一态度有点像西方惯有的科学帝国主义的傲慢——事实上就由此推定,无知与懒惰是第三世界人民的特性。

其他一些人对《里约宣言》更为乐观些,令他们印象深刻的是,连同世界民主化的进程一道,《21世纪议程》通过呼吁"利益相关者"的磋商、谈判以及参与——包括妇女、青年人、土著居民、地方社区、工人与农民在内——而鼓励地方主义(Roddick and Dodds,1993)。然而,在联合国可持续发展委员会负责的后续工作中,事实上并未邀请地方政府参与到其未来的计划中去。尽管有《里约宣言》,各民族国家还是认为自己是唯一重要的行动者(Gordon,1993)。这一态度尽管是错误的,但它仍继续存在,因为对天主教会、国际货币基金组织以及跨国公司(UNCED只是指望它们的活动被自觉地加以控制)来说,真正的权力是超越而非限制于规模之内的(Thomas,1993)。

在谈及UNCED的时候,托马斯(Thomas)从根本上赞成《生态学人》的立场:

环境退化的原因还未讨论清楚,而缺少这一步骤的话,应付危机的努力注定要以失败告终。危机植根于眼下的全球化进程。对这一危机理解与处理上的不断进展,遭到了强有力的顽固利益集团的阻挠。他们排斥反对者对危机根源的解读,从而阻塞了前进道路上的发现……结果,正是那些在很大程度上造成这一危机的政策,在延续着对这一危机的处理。

生态女性主义

在女权运动总体发展的影响下,生态女性主义成为内在于环境主义的一种观点。不能放到生态女性主义之中去的一种女性主义,就是"自由主义的"。这并不是要求家长制社会解体,而"男女不分"。换句话说,它希望女性扮演与男性同等与类似的角色:在一个仍旧为侵略、竞争以及物质主义的价值观所支配的社会中。正如普鲁姆德(Plumwood,1992)提醒我们的那样,自由女性主义的自然观对生态中心主义者来说是无法接受的,因为它追随着玛丽·沃斯通克拉夫特(Mary Wollstonecraft, *Vindication of the Rights of Woman*,1792)的教义:人类因其理性而优越且不同于"低等领域"的野蛮生物(它们缺少理性)。因此,这将把女性连同男性一起放入一项支配自然的计划之中。

相比之下,生态女性主义者因女性与自然的根本一致这一核心信念而凝聚在一起。首先是因为她们的生物学构成,不可避免地将女性而非男性和繁衍与养育的自然功能联系在一起。其次,女性与自然的共同之处在于,她们不管是在经济上还是在对象化以及政治边缘化上,都受到男性的盘剥利用。一些人认为,这一共有的压迫在启蒙运动时期集中发展成为一种"宰制的逻辑"(Warren,1990),与等级制的、二元论的思维相合拍。

那种"逻辑"首先认为,男性/人类不同于女性/自然;其次,前者优越于后者,因而他们就有资格支配后者。然而沃伦(Warren)认为,生态女性主义者所拒绝相信的是,差异就意味着优越或证明了支配的正当性。

在20世纪70年代以及以后的时期内,生态女性主义内部的争论集中于两个主导的思想学派:文化/激进生态女性主义与社会生态女性主义(普鲁姆德称后者为"社会/无政府"生态女性主义)。

文化/激进生态女性主义

文化/激进生态女性主义的代表是佩蒂拉（Pietila，1990：232），及其在"盖娅，我们的母亲"问题上的著述。通过一种"女性文化"所提供的"可持续发展的现实与哲学指导方针"，这些问题就可得以解决。把女性与自然、母亲与地球结合在一种协作关系之中，这一文化将从那些古老的神话中汲取营养：照料、抚育、相互给予与受纳。戴利（Daly，1987）的生态女性主义同样在歌颂女性对自然的"亲近"。科勒德（Collard，1988）主张回到大地女神崇拜、非等级制的母权制社会，据说就突出了某些"传统的""原始的"社会特征。

因此，此类女性生态主义就认为，"女性文化"所关注的是身体、血肉、物质、自然进程、情感与个人感受以及私人生活。相比之下，"男性文化"强调的是精神、智力、理性、文化、客观性、经济与公众生活。在人类能够做什么上，后者坚持不懈地寻求对自然约束的超越：男性总是为征服、开采、陶铸自然而战斗，泽被后世，从而获得了不朽与卓著的美名。麦茜特（Merchant，1982）描述了弗朗西斯·培根与皇家学会是如何发誓要揭示"仍旧埋藏在（地球）胸怀中的秘密"，并对她加以"征服"与"开垦"的。正如大多数的高科技一样，男性所开发的女性生殖新技术，据说是书写了这一双重宰制的续篇（Shiva，1992）。

文化生态女性主义意味着将自然从压迫性的男性精神气质中解放出来，自然因而被尊奉为生命的维持者［参见卡普拉（Capra，1982）对人与社会中"阴""阳"特性之平衡的呼吁］。这可以通过几种途径获得。女性，不管是作为个体还是在团体中，都能够发现其本真的存在，并对之加以赞美与肯定。而当这一切还处于萌芽状态，以及在强壮到足以抵御男性的宰制之前，这一意识提升可能需要将男性排除在外，这是因为，他们可能会对此施加负面的影响。那么，也可能存在对异教徒神话与仪式，以及诸如塔罗纸牌与占星术的礼赞,它们都肯定了对自然母亲以及对人与自然间本质上的相互依存性的尊敬。

其中的后者倾向于新纪元思维方式,而某些绿色主义者与女性主义者(尤其是社会女性主义者那一类)对此则持反对态度。正如普鲁姆德所论证的,"与自然相依存"的整个观念可能是一种退化与侮辱,将女性描绘为顺从的生育动物,深陷于肉体之中,生命体验中就毫无思想可言。贝赫尔(Biehl,1991)从一种"社会生态学"的视角出发,将文化女性主义(它因传统政治的等级制权力关系而对之加以拒斥)抨击为对政治的不关心、反理性以及崇拜家庭与自然。

某些问题

埃克斯利(Eckersley,1992)概括了文化生态女性主义的某些问题。首先,如果它声称女性由于其生物学角色(生产、养育)而与自然间有种"特殊关系"的话,那么男性就将因为其生物学特征永远地被谴责为"与自然之关系低劣者"。事实上,男人们越来越使自身参与到对后代的养育之中,从而与西方男性文化的陈规陋俗离得越来越远。

其次,假如这一"特殊的关系"被认为是因男性的压迫而产生的,这也值得怀疑,因为女性不是西方社会中唯一受压迫的群体。的确,可以证明的是,男性在资本主义制度下也受到压迫。父权制或许也不能为种族主义或是阶级压迫进行辩护。

第三,很难证明父权制是对女性与自然形成剥削的原因。正如莱文(Levin,1994)所观察到的那样,仅仅因为女性与自然都受到宰制,就认为她们之所以如此乃出于同样的原因,这是一种"含糊与不严谨的论断"。正如埃克斯利所表明的,不同种类的宰制逻辑或符号结构间可能存在着类似,但这却证明不了二者源头的同一。的确,许多与自然和谐相处的"传统"社会,事实上是父权制的(参见 Young,1990)。因此,女性的解放或许不会自动地带来自然的解放,反之亦然。

第四,任何希望拔高某种女性典型以替代某种男性典型的文化/激进女性主义,都是值得怀疑的,因为这两种典型都是不完善的。如果一种是过于理性/分析的,另一种则是理性/分析的不足,等等。

本质主义的问题

本质主义是这样的信条,即与我们在时空中遇到的事与例一样,抽象实体或共相同样存在。按照霍兰-孔茨(Holland-Cunz)(Kuletz,1992)的看法,不管是明确还是隐晦地表达出来的本质主义,都是生态女性主义的"核心问题"。

本质主义可能会指出,遍及不同的历史时期、经济生产方式与文化,总是存在着权力等级制度、父权制以及对女性和自然的剥削。而且它会断言说,其理由就在于某一普遍的、决定性的抽象原理,比如说像父权制——这是所有社会的一个本质特征,不管文化、经济以及社会结构与安排如何不同,它总是再次出现。或者,这一论断常常被以"生物还原论"的措辞表达出来,也就是说,压迫逻辑之本质的、普遍的决定因素,在于男性与女性间的生物学差异——他们在"性别自我"上的差异。不论通过哪一种途径,从此种论断中都会合乎逻辑地得出如下结论,即人类在使自身摆脱父权制上是无能为力的;无论他们将其社会改变得有多大,父权制还是会再次现身。

梅勒(Mellor,1992)从一种女性马克思主义的视角出发,反对任何一种非历史的生物性别或是人性本质普遍性的宿命论论调。相比之下,马克思主义的历史唯物论断言,制约人类发展与创造性("人性""男人的本性""女人的本性""自然的界限""环境的本性")的明显因素,在多数情况下真正说来源自社会性的构建,而非生物学的构建。因而在不同的历史时期、不同的文化与经济生产方式中,能够设想的制约因素要么将采取不同的形式,要么它们可能看上去或者根本就是不相干的。况且,最为重要的是,既然它们是社会性地构建起来的,那么它们就可以社会性地加以改变——它们因而就不是"本质性的"。本质主义与社会建构的这一论争,是某种更为古老争论的另一版本——自然与教养/本性的相对,或是决定论与自由意志的对立。

由此可以断定,如果不去鼓吹有为的不可能,或是不过分简单地宣扬父权等级制应被母权等级制所取代,生态女性主义必定不会掉进本质主义者的陷阱。使用塔罗纸牌,不断无谓地抱怨,指望史前社会,以便发现它们是否存有母权制与自然崇拜——所有这些都是这一陷阱的一部分,因为它们暗示了一种不变的、与生俱来的女子气,正好与一种同样不变的男子气相反。

有时很难避免这一陷阱。比如说,沃伦(Warren,1990)似乎是通过强调从文化与历史的角度看,父权制的背景之差异是如何之大,以之拒斥本质主义,但是当她说所有种类的宰制仍"居处于一种压迫性的父权制框架内",因而暗示出某种普遍原则——父权制——是问题的核心所在时,她接着似乎又求助于它。同样,金(King,1989)与普鲁姆德(Plumwood,1990)显然想通过对社会造成(因而也是可以通过社会加以改变)的性别角色与固定形象的集中审视,来拒斥本质主义与"性别自我"(gendered self)的观念。然而二者都不会完全放弃女性—自然的特有关联这一观念。正如埃文斯(Evans,1993:184)所言,"不借助于生物繁殖这把钥匙,就很难理解女性(而非自然人)与自然之间的关联何以能够被找到"。

唯物主义的社会生态女性主义

霍兰-孔茨认为,社会生态女性主义从非主流的欧洲社会主义传统养料中汲取甚多:空想社会主义,古典无政府主义,马克思、恩格斯早期的

《自然辩证法》,莫里斯的《乌有乡消息》,以及新马克思主义的法兰克福学派的批判理论。它们都坚持认为,对自然的剥削是与社会中的剥削联系在一起的,在对女性与自然受到宰制的问题上,强调社会与政治而非个人的一面。社会生态女性主义对一般意义上的本质主义持抵制的态度,对生物决定论尤其如此。男人与女人的"本性"被认为是一个政治的/意识形态的范畴。而且对女性的压迫是与阶级、种族、物种的压迫交织在一起的(Warren,1990)。但社会生态女性主义也反对某类马克思主义粗糙的经济阶级还原论,它并不认为,对女性的压迫仅仅是对无产阶级剥削的一个特例,或者说建立起社会主义制度就可以自动地终止对女性或自然的压迫。

但是,在梅勒看来,当社会生态女性主义在拒绝本质主义与生物决定论的同时,却忽视了她所称之为的"生物学与生态学事实",其中就有母性存在的事实,而这是以某一特定的女性角色(以及某一特定的男性角色)开始的。就如生态系统的物理极限与限制一样,这一事实也不能全然归之于社会。

梅勒试图修正或是"重建"马克思主义理论,使之成为一种社会主义的生态女性主义。她辩论说,如果我们获取物质生活的自身组织方式(生产关系),在形塑社会中扮演着关键角色的话(参见 Pepper,1993:67—70),那么,我们从物质上组织自身以作为一个延续下去的物种的那一方式(即生殖关系),也必定是如此。"假如生存方式产生出一定的社会关系以及特殊的意识形式,生殖方式为何就不行呢?"她因而继续论证道,不只是(在很大程度上仍旧是男性)工业生产的物质性世界,母性的物质性世界也应为塑造一个可行的(社会主义)社会提供思想与价值观念。这些思想与价值观念是利他的:它们包括有满足他人需要这一责任的即刻承担。

梅勒在此处所使用的"立场"这一概念,将思想与价值观念与它们的社会及物质性背景联系在一起。这一概念勉强认为,不存在一个"客观、真实的"实在。我们的知识态度——对历史、政治、经济,或是我们与自然的关系——因不同的物质性立场而不同。男性的观念因其资本主义的生活而充满偏见,他们主要是为了利润,而生产那些作为商品在某一市场中交换的产品与服务。女性的观念与价值观将全然不同。她们在家庭生活中有直接而鲜活的经验,所珍视的是工作与感性活动(最广泛意义上)的助益,而不是盈利能力(Hartstock,1987)。西方社会中资本主义关系的宰制,确保了男性立场对所有知识的平台作用。它将自然视为商品的观点,将压倒女性那种与自然相统一的观点。

梅勒认为,对马克思主义进行修正很重要。因为马克思的原创理论认为,劳动与自然是生产力的一部分。那种劳动中最主要的是男性劳动,但隐藏其中的是女性的劳动。只是因为女性在那个时刻去照料家庭与家人了,从而为男性释放出许多时间。相比之下,社会主义的生殖关系(relations of reproduction)将使男性与女性在不同任务中的时间变得均衡。概括来说,梅勒主张,"正如一种不采纳女性主义的生态社会主义一样,一种不接受社会主义的生态女性主义,在理论上与政治上都将是贫乏的"。

唯心主义的社会生态女性主义

有些呼吁建立一种社会生态女性主义的人,相比于梅勒严格的唯物主义,常常引进更多的唯心主义分析。比如说,鲁塞尔(Ruether,1975)认为,在一个基本的关系模式为等级制的社会中,对女性来说就不可能获得解放,因此,女性就必须与环境运动团结在一起,再造"这一社会的底线价值观念"。也就是说,那种广为人知的观念,是等级组织与宰制的根源。

表 2.9 （文化的以及某些社会的）生态女性主义信念
与无政府主义之间的相似之处

- 蔑弃唯物主义、工业主义以及"文明化的价值观念"
- 在理性与非理性之间保持平衡
- 所有生命领域中的多样性与平衡
- 消除二元论
- 自然行为是自发的、忠实的、非等级制的、平等主义的、协作的
- 社会变革源自于个体
- 鄙视传统政治以及（现代无政府主义中的）阶级斗争
- 对社会的管理（与变革）应自下而上地进行
- 社会变革中价值观、心态、观念的革新至关重要
- 不要与资本主义/国家硬碰硬——通过直接行动与生活方式的变革而采取"迂回的道路"
- 个体在集体中实现自我
- 人们必须对其生命更加负责
- 国家应被废止
- 权力分散的社会不可或缺
- 关注地球（存在链）上的所有生命
- 整体论思维
- 厌恶等级制
- 不信任/反对核心家庭
- 重视学习中的亲身体验
- 作为一种重要的学习方法的意识提升/会心团体
- 作为另一种学习方法的技能与知识分享
- 厌恶理论、学院主义以及理智化

在普鲁姆德看来，我们文化中思想观念上主要的误区之一，就是我们思维中的二元论倾向，比如说，在社会与自然之间存在着根本差别这一观点，就间接地表明了它们的分离性存在，使得前者更易于对后者进行剥削。埃克斯利认为，父权制是"弥漫于西方思想中更为普遍的哲学二元论这一问题"的一个子集（Eckersley，1992：69）。此二人都指出，正是一种特别的知识方法，而非经济与社会安排——要为那些有害于自然的行动负责。

埃克斯利在竭力指出，生态女性主义是如何与深生态学强有力地联系在一起。此二人都强调自我理解以及实现我们与更广大整体之连贯性

的必要性。二者都寻求个人与自然界的接触与亲近。而且二者与无政府主义都有很强的交叉连接。

霍兰-孔茨(Kuletz，1992)描述了20世纪70年代的女性主义乌托邦文学(比如 Ursula LeGuin，1975；Marge Piercy，1979)，是如何断然地得出这样的结论，即唯一一个没有父权制的社会，必定是一个权力分散的生态社会。这一生态女性主义的乌托邦也是非等级制的，是直接民主的，并且通过小规模技术实践着乡村生活。这与无政府主义显然具有相似性。

女性与发展

生态女性主义者与社会主义共享有一种国际主义精神，反对世界范围内对女性的压迫。它认识到，在第三世界中，女性而非男性构成了"生产"以及"生殖"的主干。

在乡村社会充分"发展"(现代化与大规模城市化)之前，女性照料家庭，操持家务，种植庄稼并生育出远远多于其该生数目的婴孩。针对此种情形，生态女性主义首先就意味着，推动女性参与到有关土地如何使用以及谁来掌控的决策中去。女性已然在抵制着政府以及(西方)贸易公司对土地的占有。比如说，她们因此而成为抱树运动(Chipko movement)的中坚力量。然而，是男性在拥有土地，而且是他们屈服于现代化模式背后的诱惑。

尽管如此，许多第三世界的女性还是被现代化瞄上了。她们在帮助提供着廉价的劳动，以建造那些完全不适宜的大坝与核电站。她们为西方消费者组装高保真音响、CD以及TV，而且(无意中且常常是不情愿地)参与造成了西方社会中的普遍失业，因为她们的薪酬是如此微薄。生态女性主义反对现代化模式，并且抵制"女性发展"风格的运动(Simmons，1992)。最后提到的这一点，是20世纪70年代自由主义女性主义的倡议，即通过增强女性获取有偿工作的权利，希望女性加入到世界市场中去。然而在 20 世纪 80 年代,许多第三世界的女性宁愿采取"迂回的"策略:创设某些试图将国际资本排斥在外的企业与运动(比如说抱树运动、南非合作社、莫桑比克"绿带"、印度的合作社)。她们因而就支持了一种当地化的发展模式。在印度,生态智慧大多存在于女性的手与脑中,因此,她们所致力的替代西方现代化的那种发展,也是一种生态可持续发展的努力(Shiva,1988)。

社会变革

生态主义赞成激进的社会变革。因而它必定就关注一个非常古老的政治议题。也就是说,我们如何能改变这样一个社会,它期望大多数人处于其中,就像是以最为"常识"的方式组成社会那样——以最"自然"的方式去做事:一种即便我们不喜欢,似乎也是根深蒂固且不可避免的社会组织体制?

要着手此事,我们需要两方面的洞察力。首先就是见识到当前社会的运作方式。其次就是通过历史研究而形成一种判断,即根本的变化实际上时时在发生,且当前社会的"永恒"性是一种幻象——我们认为是一成不变的事物可能只有很短暂的历史渊源。在第三章中对这一历史观点加以探讨之前,我们现在简要提及了激进绿色主义者必定要处理的有关社会机制与变革的一些基本问题。

决定论与自由意志

人类在控制其生活、社会与经济的安排以及其与自然的关系上,共同地抑或是个别地来说,究竟有多自由呢? 这是一个至关紧要的政治与哲学问题。因为若是论证说,外部的不可抗力,比如经济或历史的"定律"、上帝的设计、技术发展或是物质环境等,给人类行为设定了某种界限,就能够有力地认可现状的存在。如果我们为某些超越我们控制之上的力量所决定,企图与此种力量格格不入就不仅是不明智的,简直就是徒劳。因而保守党政府常常辩论说,我们可能并不喜欢的我们这个社会的特色(比如,失业、低薪),是不能被改变且必须要被接受的,因为它们源自某些外部的力量,它超越任何个人的控制之外,包括政府成员在内。

这因而就是某种无视某些希望进行激进社会变革的团体之利益,而赞成决定论(因而也许是宿命论的)论证的看法,而非这样的观点,即人类能够自由地创造其自身的社会——用马克思的措辞就是"创造自身的历史"。对于环境决定论或是生物决定论(它认为我们为那些基因传承的"人性"特征所塑造与约束)来说,同样如此。

环境决定论以多种面貌出现(Glacken,1967),从马尔萨斯主义者增长的极限这一命题,到早期地理学者(Peet,1985)那种人性、相面术以及民族与社会特征多多少少取决于气候、土壤、地貌与地理位置(仍旧受到许多人的欢迎)的观念不等。居住环境左右了人的性格与习性的观点,也是环境决定论。然而,这并不等同于宿命论,因为我们能够改变并掌控我们的居住环境,正如我们在社会工程上的尝试那样,从空想社会主义的公社到 20 世纪的城市规划与建筑上,都证据确凿。

生态中心主义者具有新马尔萨斯主义的传统(比如,Goldsmith et al.,1972;Meadows et al.,1972,1992),强调环境(资源)对社会与经济增长和发展的限制。但丰饶论的技术中心论者与自由市场拥护者,常常拒斥增长的极限这一主题(Simon and Kahn,1984),强调"培根学派的"科学知识就是统治自然的力量这一信条:一种通过对自然"极限"之边界的扩展,应被用以改善人类命运的权力。

后面的这些论断在某种程度上也是决定论的,暗示出人类现今对自然的形式与运转的控制——通过对因果律的知晓与操纵,而控制其不同的成分以及它们间的关系。但从另一方面来说,它们支持人类意志的概念,比如,控制环境的自由。

技术中心论色彩更少一些、相对于社会及自然来说更强调人类的自由意志,在过去百年左右的时间里已发展出来,就像是现象学与存在主义那样。现象学认为,我们与周遭的世界是不相分离的,但是,我们也不会被"外部的"力量预先决定。的确,它所强调的是我们塑造世界的方式:通过我们的意识将结构、意义以及价值赋予之。这并非否定一"客观的"自然"如其所是"的存在[尽管更为极端的唯心主义哲学家,像是乔治·贝克莱(George Berkeley,1685—1753 年)以及新纪元主义阵营里的那些,过去与现在都认为,物质纯粹是心智活动的一种展现而已(Lacey,1986:97)]。但这却表明,那种客观存在真正说来无足轻重(Warnock,1970:26—28)。因为对世界而言,重要的在于认识到,个体与团体的意识与意向是如何解释、调停以及真正构建它的(这就是诠释学的知识——理解人类行动与思想的意义)。

既然意识与知觉因个体与团体的不同而变化不定,那么就不可能存在认识事物上普遍同意的"客观"途径。现象学因而强调认识世界的主观方式,即通过意会。不同的人群与文化团体如何认识与理解他们自身亲知的经验世界——他们的"生活世界"——就至关重要。

所有这一切都表明了在知识、理解甚至是涉及世界应如何的伦理学上,一种相对主义观点的存在。也就是说,它意味着不同个体与团体的知识能够被认为是同样的重要与正当——不可能存在普遍的伦理法则。这一观点与众所周知的"后现代"状况很合拍。

更有甚者,存在主义的个人主义哲学说,除了我们出生,而终有一天会死去之外,不存在客观的外部事实或是支配我们社会存在的法则。我们不是历史动力或是社会法则以及行为准则的无助玩偶。我们对自身存在的大多数方面有控制与选择,不为经济或社会的规范所制约。这并没有全然否认我们的环境,包括文化、社会与经济在内,对我们处境的制约。

但"制约"并不意味着"决定"。因此,我们必须承认,当我们一方面在被抛入这一并非我们造就的世界时,另一方面,我们自身在解读那一世界的意义上却是自由的,不是由他者或是想象中的某种我们无法控制的外部因素所解释的。

认识不到此点,就会导致一种异化的与"非本真的"存在。但是,如果我们认可此点的话,我们就在自己意欲实现的生活中展开了某种可能性的视域。这就在我们与他人以及自然间的关系上,传达出某种意蕴。一方面,这可被认为是一种自私的个人主义信条,给予我们任意对待自然的便宜行事权。如其不然,这可能暗示着既然我们在造就我们的世界这一点上是自由的,那么,如果它遭受污染或是社会不公,我们就有责任且能够带来某些改变(Tuan,1972)。

正如它也可能诉诸无政府主义一样,通过对单个人的强调,存在主义可以诉诸生态主义中的个人即政治这一主旨(Brown,1988)。但许多无政府主义者更为热心地强调社会变革中集体的潜能。

个人生活方式还是集体政治学?

赞成激进的社会变革,就意味着对那些从当前的社会—经济安排中获益的政治权力进行讯问。这一权力是如此强大,以至于人们只有通过传统的政治途径全体一致地行动,从议会政治到国会权力以外的压力集团的行动,甚或是通过撤回劳动和(或者)夺取权力工具的革命等方式,才能够正视这一问题。所有这些路线都提议集体途径,与流行的绿色观念所认为的重大政治改革与个体发端相比,就形成了鲜明的对照。

在后者看来,如果人们还没有改变自身生活方式的话,敦促民众来掌握政治权力是没用的。因为,既然"个人即政治",那么,每一个人的思想与行动(比如说在食物的选择上)就都具有了政治影响。在某种程度上,这可被视作一种集体主义的观点,因为它所强调的是个体何以是更广阔社会的一部分。但是,个人生活方式的改革思路,实际上常常为个体自我在社会变革中扮演关键角色的想法所淹没。此种个人主义质疑民众的革命,认为这往往伴随着暴力与压迫,而真正的罪恶则在于,革命首先意味着征服(尽管在 20 世纪 80 年代后期的东欧革命中,民众的革命鲜有暴力)。而且,它对党派政治并不信任,认为政治权力的追逐会对政治家们造成不可挽回的腐蚀,况且各政党总是不得不放弃其理想。相反,个人主义将其信念置于这样一种持续不断的进程中,即个体不断转变其价值观与生活方式,从而造就一个全新的社会。这一概念立足于一种本质上为自由主义的社会观点之上,即社会就是诸个体所处的集合体。

在英国,社会变革的集体行动最容易与工会以及劳工运动联合在一起。但它也可能意味着某种地方社区政治。在欧洲大陆它们卓有成效,而且也获得了绿党的强有力支持(Wall,1990)。然而,集体主义在今天的政治气候中已不再流行。从受欢迎(不受欢迎)的角度来说,它就等同于19 世纪下半叶规制国家在英国的确立。于是,放任政策就不再被认为是健全立法的原则,政府的介入因而被认为是有益之举——即便它限制了个体的选择或自由。但在今日

盛行的政治与经济哲学羽翼下,公众与集体的行动备受毁誉……当前的(保守党)政府……全然致力于这种灾难性的利己主义追求,加剧了环境与社会的危机,而这些危机的解决只能靠集体行动。

(Griffiths,1990)

荒谬的是,创建一个围绕个人主义转动的绿色社会的途径,从根本上来说与激进生态学的整体论哲学不相一致。卢卡迪(Lucardie,1993)认为,此一哲学的形成至少有三种途径。首先,生态主义者认为,我们之所以如此,取决于我们与整个宇宙的关系。像克里考特(Callicott,1989)、阿

恩·奈斯以及霍尔姆斯·罗尔斯顿（Holmes Rolston）这样一些深生态学家，深受诸如斯奈德（Snyder，1969，1977）以及瓦茨（Watts，1968）这样一些东方哲学解读者的影响，从而赞成这样的观点——而且他们现在使用的"能量一元论"，取自近代物理学，以此来获得科学的权威性。其次，生态主义从心理学的意义上赞成整体论。作为原子化的个体，我们是不完善且相互疏离的：只有当我们与人类以及动物群落外的一切联系在一起（Naess，1989），或许将此种关切放在我们自身当下的满足之上的时候，我们才能实现完善的"自我"。第三，生态主义认为，所有的有机体因同属于生态系统而相互关联：出于一种实用主义的、科学的理由对集体作全盘的考虑（Sagoff，1988）。基于此，卢卡迪认为，生态个人主义仅仅是"浅"绿而已，仅仅反映主流社会中流行的个人主义。

唯心主义与唯物主义

假如激进的社会变革可能发生，它将如何到来：首先改变人们的物质环境，或者他们的观念，或是二者同时进行？激进团体策略中的重点应放在什么地方？难道正像怀特（White，1967）极具影响的主张一样，我们心目中的自然决定了我们对它的实践，或者正如历史中的情形那样，我们对自然的实践是我们认识它的条件（Thomas，1983：23—25）？这一本质上属于有关策略的论争，业已深深困扰了红—绿政治。

一位唯心主义者可能声称，通过思考，世界就能被改变。比如说，假如人们断定，着手以一种协作的、非侵略性且仁慈的行为对待自然是一种好想法，那么，他们就能这样去做。因此，如果你想要在这些方面对社会加以改变，那你就有必要转变社会态度与价值观念。西方的通才教育鼓励我们相信这种社会变革的模式，常常将历史呈现为诸观念的阅兵场，以及观念间的角斗场——通常这都是由"伟人"阐发出来的。作为绿色主义者的典范，戈德史密斯（Goldsmith，1987）论证说，行动的转变紧随着意识的转变,正如白天之后就是夜晚一样。

我真的相信,如果人们了解了核电站所造成的污染真相以及他们食物中农药残留的危险,他们对核工业或是化学工业都将不会容忍。

况且,制度化的教育与媒体一般来说虽然具有保守性,但一些绿色主义者还是坚持认为,通过"课程的绿色化",教育改革就成为环境有害行为的补救方法。

一名唯物主义者可能会与其他反对阵线一道认为,是物质性的,尤其是社会的经济组织,在参与生产的人之间以及他们与自然之间,造成了特定的社会与经济关系。社会制度就如同决定大多数人观念的教育或司法体系一样,反过来也受到这些关系的形塑。最终,大多数人就这样开始接受特殊的社会—经济安排,视其为明智且"自然"之举。因此,如果人们(为了工作、资源、市场)相互竞争并开发利用自然,而由于此等行为为经济体系所固有,那么,这些为学校与媒体所颂扬的竞争性、剥削性关系,将使大多数人相信,竞争或自然的开发是好主意,或是常识,或是"正常的",因而就是不可避免的了。只有在不同的物质环境下,观念才根本上与当前社会的物质基础不相一致,就如同替代竞争的合作逐渐被广泛接受一样,显然不同于那种仅仅是"反传统文化"的少数派主张。

唯心主义者与唯物主义者间的折中立场可能会主张,假如人们按照主张去行动的话,新的观念与意识就能够改变世界。这就描绘出了当今许多极端绿色主义者的立场,他们最初的理想主义,业已被多年的运动经验缓和下来。他们获得的教训是,受经济体系的约束,人们通常以他们明明知道的不明智的方式去行动。在雨林毁灭被最初公开的 20 世纪 80 年代期间,一名巴西地主在电视访谈中说,他很清楚焚烧森林会导致全球变暖,但他打算继续做下去。

当然，观念不仅仅反映人们的物质利益。由于人们在其生命中所寻求的是对称、一致、和谐与秩序，所以，观念不但对我们的物质环境，而且也对我们的审美偏好作出独立的回应。况且从历史的观点来说，无数的人坚守着他们的观念，即便这样做损害了他们的物质利益（Atkinson，1991）。但是在行动与观念之间，无论如何都存在着一种"辩证的"相互影响，所以说，如果没有同时去帮助人们改变行为的话，你就不能从根本上改变他们的观念。

共识还是冲突：多元论、精英主义还是马克思主义？

出于对个人生活方式的维护，许多绿色主义者仍旧对传统政治加以抵制，从而就常常与那种对社会变革冲突模式的拒斥结合在一起。这些模式认为，冲突是任何革命不可避免的一部分。那些希望进行激进变革的团体必定会信以为真的是，在那些掌权且不愿放弃权力者与那些谋求权力者之间，必定存在着冲突。因此，在"统治阶级"与"雇员阶级"、男性与女性、不同的种族/民族群体、地理上的核心与边缘地带等之间，可能就存在着冲突。

马克思主义就是一种重要的冲突模式。这一主张是，尽管现代社会可能以不同的方式分化为阶级或群体，但在未来从资本主义到社会主义的任何变革中，两个阶级尤为重要。尽管存在着中产阶级崛起以及分布广泛的股权这一复杂情况，在发达的全球资本主义制度中，可能仍然很真实的是，存在着两个主要的阶级：那些有力地拥有并控制着生产资料（包括自然资源）、分配与交换的人，以及那些做不到这一点，只能出卖其劳动的人。

马克思的冲突观点认为，社会变革源于这两个群体之间所固有的、潜在的斗争。而且，既然这一斗争是社会主义者与劳工运动关注的重点，那么，对马克思主义者来说很自然的就是，社会变革的新生力量——比如，来自绿色主义者的关注——应通过这些传统的渠道被加以引导。因此，对于新的关注如何与阶级斗争联系在一起，新激进分子应展示其洞察力：贫穷与富有、左与右的"旧"政治。

一些人认为这一方法过分简单化，甚且/或者是那样一种想法，即否认我们生活于一个民主、多元的社会之中。他们则认为，这一社会由众多的群体所组成，所有这些群体都处于一系统之中并相互关联，而且当某一个别的群体处于孤立或是不利地位时，系统将调整自身：不是通过革命的冲突，而是通过诉诸法律，或是通过政府对压力集团的抗议作出反应，或是公司回应消费者压力等做法，以减轻那一群体的委屈。于是，新的共识就达成了，而且，这一系统尽管在变化、在演变，却保持了稳定。任何新的利益群体的任务，将是阐明其关切之事，以通过压力集团政治来进入并利用这一程序，理性论辩与"合理性"在游说中就得以运用。这将会质疑并改变旧的共识，但社会政策与决策的主要特征与结构仍将是适宜的。就像任何自然系统一样，在新的起点上通过负反馈，此一模式下的社会体系通过调适而非强力的驱使，仍旧保持了健全与稳定。于是，在像英国这样的西方"民主政治"中，司法、议会以及官僚政治体制，表面上基于这样的观念，即当双方就某事争论时，令人满意的决定将不必然地意味着"自然公正"，这会导致这样一种结果，即每一方都使其欲求获得几分满足。

因此，多元论认为，"民主政治"的确民主。这一体制下的所有公民都有权利去寻求，且有机会去寻求对政治进程的介入，以便追求其自身的偏好。在一种多数支持下的规划与议会框架内，争论（比如，就环境问题而言）会获得解决。因此，规划者与政客们的决策也就含蓄地落实下去了。此外，多元论的概念

常被用来表明这样一种情形，即没有特别的政治、意识形态、文化或是种族的群体在其中主宰一切。此一情形通常意味着势均力敌的精英或

是利益集团之间的竞争,而且,从中发端的多元社会常常与独享精英所把持的社会形成对照,在后者那里,这样的竞争不能畅通无阻地进行。

(Bullock and Stallybrass,1988:656)

在后一种精英观中,社会的确是由相互竞争的利益集团构成的,但集团利益的调适过程(在一名多元论者看来)却偏向于拥有"绝对"竞争优势的特殊群体。于是,在决定某些环境危害性的规划可能放置的地点时,相对于较低下的社会—经济群体的利益而言,乡村保护主义者所拥有的金钱、口才、教育以及时间等资源,可能就给予了他们压倒性的优势(Kimber and Richardson,1974)。

马克思主义的观点将这一精英主义的分析作了更深入的发展,使之适合于一种物质经济利益基础之上的冲突模式。因此,某一特殊群体是精英,能够为了自身的利益而左右这一体系的事实,就被认为是群体经济实力导致的结果。由于马克思主义的分析认为,资本主义制度下的劳动分工抑制了经济阶层之间的上行流动,是对不平等社会的扶持,其中的资本家要比其他人更能够实现自身的利益,因而,结构约束就朝着有利于统治阶级且不利于被压迫团体的方向运作——比如,规划方法就反映并强化了资本主义的社会秩序与世界观。

更主要的是,国家与统治精英的利益近乎一致:的确,财团与政府的职员常常互换。因此,对环境抗议团体来说,诉诸表面上建立起来以平衡与和解冲突利益的所谓中立的政府权威,就是很天真的事了。因为这些权威——规划者、官僚或是下议院议员——不可能以环境管理者的身份去行动而不顾及社会—经济结构的约束,这一结构原是为了资本利益的增长而设计出来的。

多元论意味着资本主义的广泛民主性,精英统治则意味着非民主,但可以是民主的,而马克思主义则不是也不可能是民主的。就多元论者在

环境议题上的观点而言,存在着诸多相反的证据。比如说,哈默(Hamer,
1987)表明了英国公路运输游说团如何控制了议会在运输系统上的决策
(游说团中的一名领军人物居然曾是保守党的财政大臣)。布洛尔斯与劳
里(Blowers and Lowry,1987)证实,英美核工业指引了核能与核废弃物
的科学研究以及中央政府的决策。布洛尔斯(Blowers,1984)在分析有关
贝德福德郡(Bedfordshire)砖厂的地点选择以及规模大小的决策历史时
发现,多元论、精英主义以及马克思主义模式的因素,在不同的时间都适
用于这一个案研究。

结构主义

上述问题引发出一个相关的议题:我们应该从一种结构主义的或是
一种非结构主义的视角来看待社会吗? 也就是说,我们所获得的有关社
会事件以及个体与集体行为,是根据更为深刻且更不明显的人类心智与/
或社会中的内在结构来解释的吗? 我们视表层结构受制于内在的结构
吗? 或者说,我们的所见就是存在的一切,如"后结构主义者"所认为的那
样吗?

我们对这一问题的回答,显然会决定我们是以所见为准,还是以我们
所认为的所见背后的结构为准。况且,如果我们真的采纳一种结构主义
的视角,那么,我们就必须断定,重要的内在结构是什么——比方说,它们
是文化的、经济的,抑或是由人类心智的基本特征所组成的?

结构主义所全神贯注的并非只是结构,而是那种可被用来解释与产
生出我们所见到的现象的结构(Bullock and Stallybrass,1988:821)。这
很危险,因为结构主义会导致我们将世界还原为我们以为是其深层的内
在结构的某些事物,从而否认表面层次可能具有的任何独立的价值与意
义。相反的危险可能存在于后现代主义者的视角之中(参见 Harvey,
1990)。这些人可能全然否认所观察到的现象是对任何更深层次内在结

构的反映(参见本书前言中介绍的爱德华·艾比那一段),这就意味着没有什么原则,没有什么社会如何运作的长篇大论。引申开来,对普遍道德原则的支持就毫无意义,因为它们并不存在。

从广义上来说,任何理论如果断定,深层的、无法观察的、只能下意识察觉的实体引发出可观察实体,那它就是"结构主义式的"。这是对马克思主义理论的刻画,这一理论试图发现社会事件背后的原因,以及隐藏在像商品这样显明的"对象"中的社会关系,其背后的原因是什么。在马克思主义中,这些原因和关系大多以唯物主义的术语进行解释。物质的、经济的结构,被认为是强有力地影响着团体与机构所扮演的角色。而且,不同的经济生产方式(如封建主义、资本主义、社会主义)分别有不同的社会目标,而这又与其统治阶级的经济(进而是政治)野心强有力地联系在一起。

一些结构马克思主义者[比如阿尔都塞(Althusser)]将这一模式完全经济主义化,也就是说,可完全还原为经济因素。于是就设想出一套社会信念、观念、关系、制度、习俗与仪式的"上层建筑",它极为严格地取决于内在的经济"基础"。对有些马克思主义者(Peet,1991:176)而言,这种关系更为微妙与辩证。我们不全是只知道严格遵守我们所属经济阶层的法则,而在社会理论中,个人意志与个人思想也是得到承认的。但结构马克思主义者也从不容许人们忘记物质的、经济的力量以及结构的实质作用。

阿特金森(Atkinson,1991)从一种生态的视角出发,对列维-斯特劳斯(Levi-Strauss)所开拓的以及索绪尔(Saussure)语言学理论所激发的结构主义更感兴趣。列维-斯特劳斯所关注的,是将行为和制度与人类心智的基本(即普遍的)特征联系在一起,以反映出结构是如何影响现实的。

心智的无意识活动存在于形式对内容的强行施加上,而且,如果这些形式从根本上来说对所有心智都是一样的——远古的与现代的,原始的与文明的（正如语言学中符号功能的研究如此鲜明地展示出来的那样）——那么，为了获得那种对其他制度与习俗来说亦为有效的解释原则，抓住隐藏于每一制度与每一习俗背后的无意识结构，就是必要而充分的了。

（列维-斯特劳斯：《结构人类学》，援引自 Atkinson，1991：73）

列维-斯特劳斯断言，自然界的显明意义与秩序并非固有的，是人类通过一种分类的智能而施加了那一秩序。而且，（他论证说，）既然人类拥有相同类型的智能，包括生活在"高级的""文明化的"社会中以及那些不是此类社会中的人，那么，心智结构的外部强加就是普遍的了：比如，无论什么地方，都存在着一种创造二元对立且根据其中一方（冷、脏）来理解另一方（热、净）的趋势。这样的话，人类社会行为中确切的符号意义，可能因特定的社会而有分殊——但它们也不过是在所有的文化子系统中不断重申而已。

所有这些都说明了不同结构主义方法之间的主要区分。一方面是这样一些看法，即强调结构的限制逻辑居处于所谓"普遍"（即贯穿历史而相似）的人类心智特性之中；另一方面，则是像结构马克思主义者的那些人一样，将其结构建置于特殊的经济、政治以及社会安排之中（所有的一切都被涵摄于"生产方式"这一术语之下），而这些安排显然因空间与人类历史的不同而变化不定，因此它们不能被认为是"普遍的"。

绿色主义的社会解释倾向于前一方法（尽管现在也较少一些了）。因此，他们也受到指责，尤其是马克思主义者，指责他们或是采纳肤浅的、非结构主义的分析，或是依赖于普遍的人性进行结构分析：忽视了人类在历史进程中，不管是个体还是全社会，是怎样在持续不断地改变着他们自身的特性（以及习性）。接下来的两章试图通过对某些为社会—自然关系提供视角的观念与行动的分析，来充实这一历史视域。

中世纪与文艺复兴时期的自然：活的存在

前现代与后现代的并行

在现代西方社会,技术中心论业已构成为官方的、支配性的对待自然和环境问题的态度。它不仅粉饰了最为强大的社会团体的观点,也似乎构成我们大多数人的"常识"之基础。它的观点是,环境问题必须按科学的方法,客观且理性地进行处理和管理,而这种观点的根基在于这样的概念,即将自然当作机械般的、在根本上与人是分离的事物,它一旦被理解,就可以公开地被加以支配和操控。令人惊讶的是,这种观点时间上源于晚近,空间上限于西方。它们隐身于16—18世纪的科学革命中,与产业资本主义的发生同步。这一始于文艺复兴(14—16世纪)终于18世纪启蒙运动的时段,为18世纪中期到20世纪的"现代"时期奠定了基础(这个分期可能有些武断,并非无可置辩,此处仅作为一种标示)。后一时期为科学与技术中实现物质文明的线性推理和进步的信仰,以及与自由主义和法国大革命相关的种种价值观念所笼罩。怀特海批判性地指出(Whitehead, 1926:5),现代主义是这样一种精神,即对"不可还原且顽强的事实"以及抽象原则的探索;它有一种"与众不同的信念,即相信在每一详细的事件中,都能够追溯到自然所具有的某种秩序"。

我们把与科学革命相伴随的科学称为"古典的",以区别于20世纪物理学家的著作中新的科学观点。在生态中心主义者看来,后者包括相对论、主观性甚至非理性的知识(non-rational knowledge)。对于20世纪晚期来说,许多人将之称为"后现代"时期,这一时期出现了对现代主义诸多信仰和预设的反动。

科斯格罗夫(Cosgrove,1990)的推测确然不假,现代主义者的观点从历史上和文化上来说,可能是某种暂时的反常。我们的经验大多数时候通常让我们认为,自身和自然是一个统一的整体。现代时期不过是支配着前现代时期的观点的中断而已,这种观点现在重新获得了传播。

科斯格罗夫强调前现代和后现代在自然概念上的相似性。他认为,15 世纪文艺复兴的自然哲学退回到了像帕多瓦的尼古拉斯(Nicholas of Padua)这样的人。尼古拉斯接受了中世纪衍生于亚里士多德和托勒密的宇宙结构学和宇宙论(Cosgrove,1990:126),但与其他一些(复兴了柏拉图哲学的)新柏拉图主义者一起,他也赞成那种通过超凡的爱的力量,连接整个宇宙的对应和感应模型。这一绝似"新纪元"的观点将宇宙当作一个活人,充满了活力〔其中人类是更宏大秩序的缩影,是阿古利巴(Agrippa)的格言——与第五章中所讨论的当今宇宙全息论可作比较〕。

通过某种象征(image),炼金术与自然魔术就了解和巧妙地操纵了使宇宙充满活力的(隐藏的)超自然力量,以使心灵与物质以及所有其他相对立的事物集合起来,加以分解与合成,使它们成为一体。因此,文艺复兴的科学是一元论式的,而不是古典科学和现代主义的二元论(Cosgrove,1990:141)。正如后现代主义那样,它了解自然的方法,就是拒绝在"能指与所指"之间进行区分。这就意味着象征和隐喻不是表达某一更深层次根本实在的肤浅方式,它们就是那种实在。正如米尔斯(Mills,1982)所强调的那样,这不是将自然与什么东西,比如说一本书相比的问题。根据前现代的看法,这一隐喻的含义在于,自然就是一本书。自然和宇宙——这一宏观世界——其本身由一个符号系统所构成,需要被正确地解读,以指引人类——这一微观世界——如何去生活。由此得出,语言、仪式、景观、象征和隐喻,也成为人们能够改造自然的积极方式。

这种观点再一次与当今的"新纪元"观点产生了强烈的共鸣,后者是一种更古老的前现代观点(有时是有意识)的复活(见 Button and Bloom,1992)。这种前现代观点在现代时期被抑制。可是,尽管占星术、巫术和神秘学从 17 世纪早期作为体面的理解自然的主流方式,转变为 18 世纪初的"怪异",但如果认为它们已经完全消失了,则是错误的。它们不断地以各种形式露面,比如说,在浪漫主义运动中,在 19 世纪的活力论者和一元论者运动中,以及在 20 世纪 20 年代到 30 年代施泰纳的生物动力农业(bio-dynamic agriculture,又译为自然活力农耕)中(Bramwell,1989)。

但是,强调这些观念的连贯性,也存在一种危险,那就是,可能严重忽略一方面产生于中世纪和文艺复兴之间,而另一方面产生于古典科学中的世界观在转变上的深刻性。因此,认为如今的任何回转,都可能很不费力地浮现出一种社会—自然关系之更加统一的概念,可能也是估计不足。这就是我们何以现在需要更详细地考虑前现代与现代观点之差异性的原因。

中世纪与文艺复兴时期的宇宙论

中世纪(5—15 世纪)对宇宙的认识——教育人们思考宇宙如何运行,以及人在其中处于何种位置的那些观点——就其在物理学领域而言,亚里士多德的观念起着决定性作用。在很长时间内,这些观念是与犹太—基督教观念的演化整合在一起的。整合非常紧密,直到 12 世纪和 13 世纪才得以完成。从亚里士多德的物理学描述到基督教神学——到基督教道德世界上,存在着某种几乎完美的映射。

宇宙结构以地球为中心。地球处于宇宙的中心,而且所有的证据显示,地球是实心的、固定的、有限的球体。星体在地球四周旋转并且与地球等距(见图 3.1)。它们附着在旋转式天球的内表面,从地球上看去,天球像一个圆屋顶,并且标出了宇宙的边缘。在天球之外——宇宙边缘的另外一边是虚无(nothing),或者说非存在(non-being)。这并不意味着真空,而是实际上认为无物能够存在。如果人能够旅行到这个边界处并且将手伸出去,那么他的手也会成为非存在。换言之,人不可以针对这一领域发问。

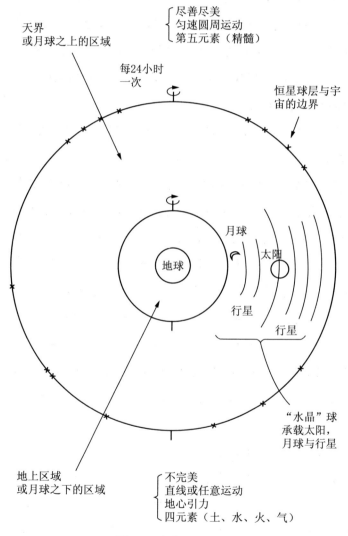

图3.1　中世纪宇宙论

在布满恒星的宇宙里面,以月球的轨道作为分界线,将宇宙分为两个区域:天空和地面。天体的运行是绝对可预言的,它们以匀速绕地球做圆周运动。但是,在地上区域的事物却是任意地或以直线运动。地上的事物有生有死,有朽坏——它们是变化的。这一切不会发生在天体上。无变化(non-changingness)暗示着没有变化的需要,因为已经获得尽善尽美。因此,变化意味着不完美。圆周运动暗示着完美——完美的几何图形是球形——任意性暗示着不完美。因此,天界是尽善尽美的一部分,地球上则是不完美的一部分。这是一种观察上的和价值上的差异。观察(经验)的证据与价值兼备。

在月球与恒星球层(the sphere of stars)之间,按序列排着水星、金星、太阳、火星、木星与土星。它们的轨道都是一个不连续天球的一部分,于是排列起来就成了球层套着球层。当要解释观察到的现象,比如地心引力时,答案就暗藏在所观察到的这种宇宙结构,与宇宙中那种存在目的和设计的观念的结合之中。这种目的论的见解——存在一个所有事件为之运转的遥远目的——意味着一切事物后面有一个终极因(final cause)。既然宇宙论是基督教性质的,基督教的上帝就是终极因。宇宙受到那种帮助达成上帝意愿的原则的支配,上帝就是万物的终极因。这些原则或者物理学定律,是上帝设计的功能,通过理解上帝的设计就获得了说明。对属于上帝的物理世界的这些说明,因自然神学(physico-theological)的历史学家而知名于世。对地心引力的解释,因而也如下所述一样是自然神学的方式。

地球由四种元素构成,土、气、火、水,而天体——在尽善尽美的区域中——必须由一种与此不同的第五种尽善尽美的元素组成:精髓(quintessence)。当上帝创造宇宙时,它是对称的——最重的元素(土)在中心,周围环绕着水,然后是气,最后是火。但是上帝引入了运动,使恒星天球层旋转,而且,这种运动通过摩擦而传达到所有其他介于恒星和月球之间的天球层,然后再传给月球。月球的运动依次传递一系列的地球元素。它们被激起并从它们的自然位置上被移走(也就是说,自然位置是上帝设计给它们的)。现在地球——已变得平滑——土被举起之地则有了山峦,土被抛出的地方则成了山谷和洼地——水进入这些洼地,而火和气则与其他元素混合了。

然而,上帝是理性的,想要宇宙回到它原来的状态。在已经尽善尽美的天球区不需要任何修复,但地上所有的物体都在设法达成上帝的意愿。因此,如果举起石头然后松开它,它会飞向地球的中心,那是它的自然位置。它会走直线——最短的路线。这是对地心引力的解说,而根据完成上帝的意愿,众所周知的物体下降的加速度同样也是可说明的。既然石头想要实现上帝的意愿,而且既然(如我们所知)到达所渴求的目标越近意愿就越强,所以离自然位置越近的石头会降落得越快。

自然物的行为与它们的主要构成成分相一致,它们的位置与上帝希望它们所在的位置相关。正如蜡烛的火焰会向上一样,地下的气、水与火会向上升腾(在火山爆发和泉水以及间歇泉中)以获得它们指定的位置。水在气层中会下降。这些都说明,要成为一个极具逻辑化构成、连贯而完整的理论体系需具备的要素。需要指出几个要点。

第一,科学家们为物理现象给出的说明,是根据神学得出的,并且与神学保持一致。科学的"范式"为宗教所规定。它在中世纪大学的学术与权力结构中传承下来。神学的权力是高级的,在大学的等级中拥有对其他学问的权威。即使在少许范围内可以改变说明,但亚里士多德式的科学总体上符合基督教神学。因此,挑战亚里士多德的科学非常困难:挑战它就意味着挑战与之融为一体的整个神学。抛弃宇宙论所引发的问题因而会极为庞杂。

第二,撇开上帝在整个方案中的重要性不说,中世纪宇宙论还是以人类为中心的。它充满了将人类的见解强加给自然的想法。用来说明人类经验的范畴转而说明自然现象;宇宙因而被说成是有目的的,其中自然物渴望符合上帝的计划——而目的和意愿是人类的属性。宇宙和人的价值归因于它。天上的区域是最尊贵的,在地上区域中,离地球中心越近的事物越不完善——因为地狱就在地球的中心。而且,地球表面的有些区域比其他地方更加尊贵(圣地,像耶路撒冷,或者大教堂所在的范围)。关于这些空间以及其中的行为的科学知识,与人类的价值观念——科学实践所处的社会的价值观念——是不可分割的。

第三,由此原则出发,可以全然依据人类经验的比对来看待世界。可以用隐喻来阐释它:它原是一连串的隐喻。自然是本书,这是首要的中世纪隐喻之一。这就是说,既然自然是上帝的设计和意愿的结果,一个人通过阅读两本书——《圣经》与自然,就可以发现上帝的意志并据此行动。那么,自然不仅仅是为了人感官上的享受;它承载着指示和隐含的意义。蚂蚁或蜜蜂的勤奋对我们来说就会成为一个示例。苍蝇是生命之短暂的警示者,还有闪烁圣灵之光的萤火虫[托马斯(Thomas, 1983:64)提示我们,这一隐喻直到 18 世纪还在传播]。

因此,"任何可见与有形之物,无不在表达着某种同体化与不可见事物的存在"[9 世纪的爱尔兰哲学家埃里金纳(Erigena),引自 Mills, 1982]。在自然之中,人不仅懂得如何被拯救,也懂得其他一些对人类有益的知识,因为上帝为人类创造了地球。因此,如果植物、石头或动物在形状、颜色或行为上与人类器官或疾病相似,就可以被用于治疗之中。这就是形象学说(doctrine of signatures),比如,瘦骨嶙峋的植物对骨骼有益,夏天的植物有助于治疗夏季的疾病(Mills, 1982),有斑点的药草可以治愈斑疹,黄色类的可以治疗黄疸,蝰蛇的舌头对治愈蛇咬有疗效(Thomas, 1983)。

如果书之隐喻来自人类经验,那么有机体的隐喻(organic metaphor)也是如此。它在 18 世纪时普遍流行,今日又被充作深生态学的奠基石而重新现身。中世纪将世界当作一个有感觉的庞然大物,其中的男男女女就像肠内寄生虫一样生活着。

地球被认为是一个活体:水经由江河与海洋的循环就与血液循环形成了对比;空气通过风而流通是行星的呼吸;火山和间歇泉与地球的消化系统相对应。

(Gold,1984:13)

地球是雌性的,从天空/上天(雄性)那里受精,然后从子宫中生出石头和金属。贱金属会变成白银和黄金。

文艺复兴的有机哲学体系有一个谱系。其共同的想法是,活宇宙的所有部分连接为一体,互相依赖,而且它们全是活的。这种生机论(vitalism)认为,任何事物中都渗透着生命——按照"生机原则"——区分生物和非生物是不可能的。地球不时地滋养我们、看护我们,并因此获得尊重和威望。但是像大多数女性一样,她也有野性,充满激情,有时会狂乱。麦茜特(Merchant,1982)认为,男人们由此争辩说,地球也需要被驯服,于是,在尝试通过女巫审判以加剧对女性的控制与通过古典科学扩大对自然的控制之间,就画上了等号。

麦茜特区分了文艺复兴时期有机自然观的三个变种,同时也暗示出对人类社会的某种认识(因为人类是宇宙的缩影)。第一种是自然中某种设计好的等级体系——一个存在链(见图3.2),等级性确实且应该也存在于社会中。对于保守主义来说这是一种福音,即保持现有的社会秩序。第二种是将自然视为辩证张力下处于对立面的活跃统一体:它所强调的持续变化,有助于革命的观念(比如,文艺复兴时期的乌托邦或南北战争时乌托邦式的宗教教派)。第三种观点将自然视为慈善的、安宁的和乡村式的;此种"田园牧歌式"的观点促发出浪漫主义的逃避现实和"女性"顺从的思想——为了那些被城市商业搞得疲惫不堪的男人的舒适与惬意,而屈服于那种操控下的犁耕、施肥和耕作。

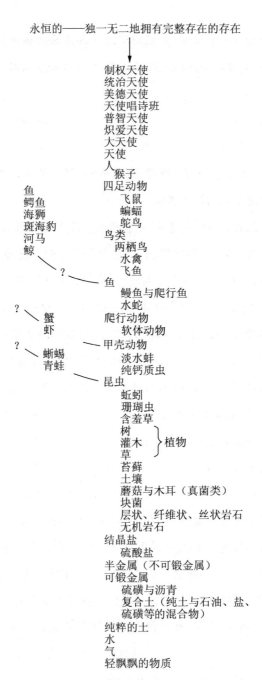

资料来源：Oldroyd，1980。

图 3.2　存在巨链：据博物学家查尔斯·邦内特(1720—1793 年)

机体论滋生于那种与物理世界观念相并行的普遍盛行的宇宙论，以此之故，中世纪与文艺复兴时期的生物世界被组织在了一起。那就是伟大的存在之链（存在巨链）的宇宙哲学。宇宙中的所有要素都并驾齐驱，不管生机勃勃的还是死气沉沉的，精神的还是物质的，并且连成一条链。它们以固定的层次连接在一起，相互依赖。链中的一切，包括岩石、泥土与"黏液"，都是有活力的。由此得出，如果每件事物都有实现上帝意志的愿望，那么它们具有活的属性——愿望和目的是活的事物的展示。它们从等级的最高处，从尽善尽美的上帝那里溢出的灵魂中获得生命。

存在巨链的想法首创于希腊人，并传播给中世纪的作家，他们将之改编到自己的宇宙哲学中。在洛夫乔伊（Lovejoy，1974）看来，无论是在形而上学上信心的渐弱，还是对培根哲学之经验主义的信心渐强，存在巨链的宇宙哲学至迟在 18 世纪时才被广泛流传和接受。比如说，约翰·洛克在他的《人类理解论》（1690）中就重申了此点，而 17 世纪晚期的科学家们花费了大量时间去讨论哪种动物国王——狮子、鹰或鲸——居于它们被组织起来的等级层次的顶端（Thomas，1983）。日内瓦博物学家查尔斯·邦内特（Charles Bonnet，1720—1793 年）的看法表明，这种观念以自然和超自然物的概念化方式延续下来。

在邦内特的链中，地球之上被认为是更高的世界和更高的宇宙。在这些更高的领域，通过天使、大天使、炽爱天使、普智天使、天使唱诗班、美德天使、天使长、统治天使、制权天使，依然延续着链的线索。在等级层次的最高层就是"永恒的——独一无二地拥有完整存在的存在"。与古代新柏拉图学派普罗提诺的层次相比较而言，此点是十分显著的。

(Oldroyd，1980:11)

正如洛夫乔伊所描述的那样，对于很多 18 世纪的自然科学人士来说，

"存在之链概念暗示的法则,在构造科学假说时继续成为必要的预设"。而且托马斯报告说,直到 1834 年时,一位名为威廉·斯温森(William Swainson)的动物学家仍然认为,动物学的目的在于发现动物在创造中的位置。

既然链条的每一环对于整个链的存在都至关重要,而存在之链的隐喻及其相关观念倾向于将人与自然置于一种亲密的关系中,因此就可能普遍符合中世纪的观点。互相联络非常重要,

以后,从至高的神的心灵开始,从心智、灵魂出发,自此轮流创造下面的东西,而且使它们全都充满了生命,由于这单一的光辉照亮了一切,而且它被反射到每一个之中,像一张单一的脸能被系列设置的许多镜子所反射一样;由于一切事物在连续的系列中紧随着,逐一退化到这系列的最底部,细心的观察将会发现一个各部分的连接,从至高的上帝往下直到事物最后的残渣,相互连接在一起而没有断裂。这是荷马的金链,他说,上帝从天国下垂到尘世。

(Lovejoy, 1974:63,援引 Macrobius)①

因此,若消除了一个链——一个创造物或无生命物质的一部分——将会使"宇宙秩序"完全模糊,而且不再完满,世界将会紊乱。

这些关于连贯性和等级性的观念,与"完满"(plenitude)或圆满的观念就融为一体。此种观念认为,宇宙中充满了多种多样的生物,这样的话,那些理论上能够存在的全部物种事实上确实存在。不但物种的多样性,而且各种创造物(creature)的丰富性,都从理论上无限的繁殖力(只会被竞争和自然的限制所抑制)中滋生出来。完满的观念也认为,包容越多

---

① 本段引文的翻译,采纳[美]洛夫乔伊:《存在巨链——对一个观念的历史的研究》,张传有、高秉江译,江西教育出版社 2002 年版,第 70 页。——译者注

的世界就越好。

完满与存在巨链的链接在于，在等级性顶端有个超然的本原（人格或者潜在的实质）——第一原则：在古希腊版本中是一或者善；在基督教版本中称为上帝。从本原中流射出的，是在更为高级（精神）和更为低级的（物质）层面上规定宇宙的一种宇宙精神。于是，因为完美，超然的第一原则并不留在自身之中，而是流溢至存在巨链中位于它之下的众多事物——灵魂、天使长和天使、人、动物、植物、金属、石头、泥土和黏液——之中。这就是所有事物都链接起来而作为有机整体相互依赖的原因。

存在之链使得人们在与余下部分的自然相比时，很有理由感觉到谦逊。首先，从链中排除任何环节将会破坏链环，因此所有环节对于链的完整性来说都十分重要。其次，中世纪和文艺复兴时期的看法是，人类不过位于链的中段，作为从纯粹动物化的具有本能和物理感觉的创造物，到超越物质世界具有灵魂的思想者的过渡环节而已。高于人类者是天使的智慧。最后，由于根据连续性原理的看法，在每一个链的要素中都存在着某种几乎察觉不到的转变，因此，人类有别于低级创造物的那种独特性，很难说是断裂性的。

洛夫乔伊（Lovejoy，1974：200）总结说，尽管 18 世纪存在着其他一些倾向，即竭力反对谦卑，

并为下个世纪如此独特的人类对于自身的灾难性的幻觉埋下了伏笔……这种在存在之链的宇宙观中被总结出来的观念复合体的巨大影响……使人不无适切地感觉到自身在万物图景中的渺小。

就尊重自然以及对自然充满谦卑感而言，对于存在巨链和当前生态中心主义的生命伦理来说，共同之处就是万物有灵论（animism）：赋予动物、植物和无生命物体以灵魂。米尔斯（Mills，1982）提出，弥漫于中世纪和文

艺复兴时期宇宙哲学中的机体论,从本质上说是万物有灵论。如果宇宙滋生于无所不在的——存在于万事万物中的绝对存在,那么,赋予自然和自然物体以有机体——尤其是人类的——属性,则不过轻而易举之事。比如说,这就不是仅仅将"眉毛""肩膀"和"脚"赋予山脉,将"脑袋""咽喉"和"嘴"赋予河流,或者将某种循环系统赋予整个地球就万事大吉了,而是进一步赋予自然的每一部分一些灵魂——宇宙精神的某些部分已经流进了它们(也可参见第一章关于泛神论的阐述)。

在托马斯看来,这些观念从 17 世纪的植物崇拜、与它们谈话并且为它们提供奠酒仪式这样的实践中得到了发扬。从怀特(White,1967)所描述的中世纪以前和中世纪时的"异教万物有灵论"中,亦可回溯到这些观念的影子,其中的每棵树、泉、山丘和溪流都有自己易于亲近的保护神——比如,与那些人首马身的怪物、半人半羊状的农牧神和(传说中的)美人鱼又有不同。"人在砍树、在山上采矿或者在溪流中筑坝之前,"怀特说,"安抚那些掌管特殊位置的精灵就十分重要。"正如现今一样,万物有灵论和泛神论在浪漫主义运动中重新露面。很多人与自己的植物说话;新纪元的人们与他们种植的每一类型植物的特别"神"磋商(见 Thompkins and Bird,1972),而有些生态中心主义者经常指向"传统"文明中的万物有灵论,比如可作为西方文明仿效对象的纳瓦霍印第安人。这一主题在卡伦巴赫的《生态乌托邦》(1978)中极为突出,在那里,树木在倒下之前,会被给予私下交心的谈话,以便为那种暴行得以实施的令人遗憾的状况加以解释和道歉。

将宇宙当作一个有目的的、非凡的有机体,以及将地球当作一个活的存在物的观念,在那种以自然巫术(natural magic)知名的自然知识体系中有抢眼的展现。这就在文艺复兴时期和科学革命开始时,以炼金术和占星术的形式,对欧洲思想施加了有力的控制,虽然它日益受到了亚里士多德/基督教的宇宙论和古典科学宇宙论的反对。

　　此外,自然巫术的原则在于,宇宙是有机体,生机勃勃且精力充沛。它渗透着感应、力量和联系,使得自然中包括人在内的一切事物,与其他事物环环相扣,形成一个不仅物质层面也是精神层面的多维网络。因此,在人(微观世界)这个"小宇宙"中发现的任何事物,都与更大的自然宇宙(宏观世界)的不同部分联结在一起且相符合。比如,人类的心脏相当于太阳;太阳是宇宙的心脏——在某种意义上心脏与太阳是等同的。微观世界与宏观世界是彼此的形象与象征:同一实体的两个级别(与第五章玻姆的"隐缠序"观念相比较)。因此,人们就可以通过宇宙来研究和理解人性。而且,亵渎自然(比方说,通过采矿)就构成了对人类、女性和身体的侵害。

　　自然巫术反对任何人与自然相区分的建议。相反,自然巫术师不得不承认,他们不可避免的是所研究的自然的部分(再一次与 20 世纪物理学的观点形成对比)。他们的知识因而不是(且他们也不期望宣称它是)客观的和非个人的:它是主观和私人的。此外,理性对于理解弥漫着神秘力量和象征关系的宇宙这一任务来说,毫无疑问是不充足的;只有非逻辑的直觉能力与移情作用才能够有所作为。当自然巫术师将自身沉入自然并且向她的力量和影响敞开自我时,这些能力就发挥作用。他们通过操纵这些力量,更确切地说,是通过实验来完成这一切。自然巫术,尤其是炼金术,完全以实验为依据,但从所有其他方面来说,它强烈地反对与之同在 17 世纪显现的古典科学。

科学革命与作为机械的自然

　　科学革命大约跨越了 150 年的时间,从哥白尼 1543 年出版《天体运行论》开始,到 17 世纪末牛顿的《自然哲学的数学原理》(1687 年)和《光学》(1703 年)的问世为止。在"现代"时期的开端中,立足于上述与前现代不同的宇宙哲学，"古典"科学的原则得以确立起来。这些原则有时以"牛顿范式"而著名，换句话说，这一模型得自牛顿的工作，即对于自然来说，科学问些什么问题是合法的，问题应该如何提出，以及什么答案是有效的。

不管爱因斯坦、量子论和 20 世纪物理学取得的其他进步如何，牛顿范式仍然构成有关科学的传统智慧，也正是这一观念，成为技术中心论的基础。甚至可以说，技术中心论的自由主义政治哲学视野下的社会观念就在于，社会是由离散个体与其他离散个体间的相互作用所构成的。与牛顿物理学的物理世界观相比，这种类推是明确的，而非出于偶然：两种图景共同成长起来（Zohar and Marshall，1993）。

从某些方面来说，科学革命是对先前思想的吸纳。怀特海（Whitehead，1926：15）认为，中世纪精神对科学运动的一个巨大贡献在于，"那种不能驳倒的信仰，即发生的每个细节都以某种完美确定的方式与它先前的事物联系起来，以作为普遍原理的例证"。与因果上的这一信仰——彻底地退回到所有事物的"终极因"，即上帝的意愿——相联系的，是中世纪对上帝之理性的坚决主张（与亚洲认为上帝是独断和难以预测的形成对比）。怀特海指出，所有这一切，就使得那种对理性科学之可能性所渐增的、天真的信念，成为中世纪神学信仰的无意识衍生物。

尽管如此，与后者一样是基于神学目的的科学革命，确实从根本上掀起了向中世纪宇宙论的挑战。哥白尼对宇宙学提出了一个简单的修正，即交换地球和太阳的位置。但是这一行为的牵连是如此巨大，以至于需要 150 年来建设所必需的新宇宙哲学。因为新观念不仅是对已有科学的智力挑战，而且也侵蚀了它赖以为基础的神学——后者反过来又支撑起某种特别的社会结构。

当然，若不是有同时发生的针对该结构的社会和经济挑战，牛顿范式所描绘的知识观念，在 18 世纪和 19 世纪可能也不会如此成功。我们也应当记住,尽管通过300年的社会化,牛顿范式的思想已构成我们的"常识",但它们却没有那么"容易察觉"。关于世界,它们并不与我们感觉的最直接迹象所告知我们的相符合。显而易见的是,像"石头"一样的"坚固"物体是实心的,并不是部分地由真空构成。古典牛顿科学告诉我们,是我们错了,而且我们所看到的也是不真实的。

这样的话,哥白尼的日心太阳体系就弄出了一连串的问题,而留给科学的,则是去解释那些先前很容易得到说明的复杂难题。比如说,如果地球在宇宙中运行,那就很难在太空中区分完美和不完美的区域。消除这一差别同时也意味着物质理论的修正,而后者已在空间上将四元素与精髓分离开。新理论看来也将不得不以空间普遍性原则(spatially universal principles)为基础。

白昼与黑夜也不能以群星和太阳围绕地球运动来说明,因而地球不得不被认为是旋转的。但是这带来一个问题,即当我们绕轴旋转时,我们为什么没有遭遇1 000英里时速的狂风,而且我们垂直向上扔出的物体为什么垂直落下而不是飞向远方。这种垂直运动也不能像以前那样解释说,物体片刻的位置是它的功能,它的期望是回到"自然"位置。

约翰尼斯·开普勒(Johannes Kepler,1571—1630年)在试图说明行星的运动时,探索着宇宙的法则。他认为,太阳与行星像磁体一样运行,在旋转时太阳推动行星绕之运动。于是,太阳有些像机器中的驱动力。

我是如此地忙碌于查询物理原因,目的是展示天体的设计与其说像非凡的有机体,不如说像钟表的发条装置……几乎所有的复杂运动都依靠某种单一的、相当简单的磁力运行,就像在时钟的发条装置中,所有运动由一个简单的摆引起。而且我要显示,这种物理概念是如何通过计算和几何表述出来的。

(开普勒:《致赫瓦特·凡·霍恩堡的信》,1605,霍尔顿引用,1956)

这样,开普勒就使用了一个新的自然隐喻:钟表代替了有机体。这一机械论的自然观是古典科学(技术中心)观中的首要构成成分。开普勒是虔诚的,而且他相信自己可以通过上帝的意图,由数学和几何理解自然。

> 何苦浪费语言?几何学在创作之前已存在,与上帝的心智永远共存,是上帝自身(存在于上帝之中的难道不是上帝?);几何学为上帝提供了创造的模式,并且和上帝的相似性一样被灌输给人——而不仅仅是通过眼睛传达到人的心灵。
>
> (开普勒,《宇宙和谐论》,1619,克斯特勒引用,1964)

因此,这就是上帝只是一个创造者的观念。他并非无时无刻不在,也并不插手他的创造物的运转。他是个工程师,根据几何学来制定计划,构造出一架机器。他让机器运转,然后就听之任之。

从本质上来说,这是决定论的自然观。就机器运作的方式而言,它的结构和过去的构造决定了它现在的行为。钟表就是一系列连接起来的因果性(决定论的)机械装置(齿轮和发条)。而且最为重要的是,如果你对钟表如何运作有足够的了解,你就可以准确地预知它未来的行为。在这种宇宙哲学中,过去就决定着现在和将来,而不是像中世纪所认为的那样,某个终极因、某个最终目的(实现上帝的意愿)决定着现在的行为。

伽利略·伽利莱(Galileo Galilei,1564—1642年)进一步发展了开普勒的观点。他相信,"自然之书"是用数学语言书写的,也因此必须通过数学来阅读和理解它。运动的物理问题被当作几何问题处理,而物体如坠落的石头被当作几何实体。这源于一个事实,即上帝根据数学原理构造宇宙。因而理解它的方式是通过演绎这些原理,并且结合观察和实验。这种将自然机械化和数学化的逻辑结果就是,当我们考虑自然之时,我们不在乎它实际上是什么(一架机器)。自然的真实状态是数学和规则。由此得出古典科学哲学的一个基本原则：真正实在的事物是数学的和可测量的，不能被测量的事物就不可能是真正的存在物。从根本上来说，正是伽利略首先作出了这样的区分，即可测量的事物因而可"客观地"加以确定——对所有人都一样，不可测量的事物会因人而异（因主体而异）——这就是"主观的"。

当我设想任何物质或有形体的物质时，我立刻觉得我必须想到它的本性，它是有界限、有形状的，和其他的东西比起来是大还是小，处在什么地方和什么时间，在运动还是静止，与其他物体接触还是分离，是单个、少数还是多数。总之，无论怎样，我不能想象一种物体不具有这些条件。但关于白或红，苦或甜，有声或无声，香或臭，我却不觉得我的心被迫承认这些情况是与物体一定有关系的；如果感官不传达，也许推理与想象始终不会达到这些。所以我想物体方面的这些味、臭、色等，好像真的存在于物体中，其实只不过是名称而已，仅仅存在于有感觉的肉体中；因此，如果把动物拿走，一切这样的质也就消除了，或消灭了。①

(Galileo，*The Assayer*，1632)

伽利略在此的主张是，就事物的其他任何方面而言，他可能是没有把握的，但他不能怀疑的是，物体具有形状、尺寸、运动和数量：换言之，他不能设想物体不具备这些（可测量的）属性。但他可以设想物体具备或不具备这种或者那种气味、味道或颜色。所以，此类属性容易发生变化，并且仅存在于人的意识中。它们不是物体的完全必然或固有的属性，正如事实所表明的那样，它们是什么（以及它们根本上是否存在），乃是不同个体不同判断的问题。因此，如果从这种场景中将人移除，物体仍然具备形状、

———————————

① 此段引文的翻译，参考王太庆主编：《西方自然哲学原著选辑（三）》，北京大学出版社1993年版，第52页。——译者注

尺寸、位置、运动和数量——这就是真正"在那里"存在的事物,它们是第一性的质(primary qualities)。但如果没有人的存在,其余的属性就将不会继续存在。它们不是真正地"在那里",因而是第二性的质(secondary qualities),"在这里"。因此,为理解真正的存在,人们必得要尽力消除第二性的质的影响。任何人都不得不隐藏其个性,以及(主观上可确定的)第二性的质的影响,将自己的注意力限制在(客观上可信赖的)第一性的质上面。

正如怀特海充满讥讽的描述那样,科学预先假定了

不可还原的死物或物质在空间中散布这一基本事实……就其本身而言,此类物质是无知觉、无价值和无目的的。它不过是完成它确实在做的事而已,遵循着由外在条件强加于它而非源于自身存在的某种固定程序……但……物体便被认为具有某种性质,其实这种性质并不属于它们本身,而纯粹是心灵的产物。在这种情况下,自然便有了一种功绩。其实这种功绩应当是属于我们自己的。如玫瑰花的香气、夜莺的歌声、太阳的光芒等都是这样。诗人们都把事情看错了。他们的抒情诗应当不对着自然写,而要对着自己写。他们应当把这些诗变成对人类超绝的心灵的歌颂。自然界是枯燥无味的,既没有声音,也没有香气,也没有颜色,只有质料在毫无意义地和永远不停地互相碰击着。①

(Whitehead,1926:26,69)

就像那些追随他的深生态学者一样,怀特海所追溯与公开谴责的,是他所认为的古典科学中那种视自然为缺乏内在价值与重要性,且根本上乃无生命事物的人类中心主义观点的基础。正如麦茜特(Merchant,1982)指

① 此段引文的翻译,参考[英]A.N.怀特海:《科学与近代世界》,何钦译,商务印书馆1959年版,第53页。——译者注

出的那样,这种科学观招致了"自然之死:在它们自身之中的所有部分,都不再具有精神或生机的天赋"。

于是,古典科学告诉我们,第一性的质可以被测量;第二性的质则不可以。第一性的质具有客观存在,第二性的质是主观的。第一性的质是不可质疑的,相反,第二性的质则是不"正确"或不"真实的";它们不过是主观印象、感觉和观点而已。因此,科学理论的真理将更多地与其知识来源的客观程度相关,与该理论论证得如何充分和巧妙则相关甚少:客观知识是"真的","正确的",而主观知识则相反。正是在这个区分上,在某种方式上作为独立存在的古典科学就具有了强烈的吸引力。因为它能够给出自然的"客观"知识。知识是客观的而非主观的,它必须免于任何个人或团体的派系兴趣——因而值得信任。

与客观存在的事物和人类主观的感知差异伴随而来的,是自然与社会之间的截然差异性。事实上,自然与社会之间出现了巨大的鸿沟。这一鸿沟完全被科学革命中最激进的思想家和作为近代哲学开创者之一的笛卡尔揭示出来。

笛卡尔在开普勒和伽利略的基础上更进一步宣称,物质不过是空间中的广延而已。它是几何的。它并不由可感觉的属性诸如硬度、重量和颜色等构成,它不过是宽度、长度和深度的延伸。数学上的事物是真实的,真实的事物是数学的。这句话的含义在于,宇宙必须是无限的(因为几何学家的空间是无限的),而且,既然物质是空间中的广延,那么宇宙必须是充盈的:没有虚空。

具有一个充盈且包含运动的宇宙的唯一方法是,将物质分解成粒子。对笛卡尔来说,物质是无限可分的,宇宙除了具有尺寸、形状、重量、运动和位置的粒子之外,别无他物。解释就不得不围绕运动中的物质——粒子来展开。就感应和欲求而言,任何超自然的活动都是不可能的。

笛卡尔拓展了自然是机械的以及无法测量者不真实的观念。他把动物、人体也看成机械。他们是自动机，通过将之还原成物理与化学的物质，其运行就完全可以被了解，自然也就可以用数学的形式来理解。这是一种还原论者（reductionist）的观点，借此，通过分析（将事物分解为组成部分），任何事物最终都可被还原成同样基本的数量和质量，它们全部都是可测量的。这一观点也认为，活力原则对生命体来说是不必要的，生命仅仅在复杂性程度上与非生命体相区别。

古典科学中充斥着还原论与普遍主义，比如，在英国皇家学会1975年的标准中就是如此。他们选择了7种物理属性作为"完全独立的根本属性"（长度、质量、时间等）。"所有其他物理属性被认为是从这些基本属性中获得的"——黑尔斯（Hales，1982：124—125）如是说。他接着指出："这些再加上0到9这10个基本数字……就是严密物理科学观察中的全部合法语言，也是用以说明的所有要素。"

现代的生态中心主义者对古典科学的机械论与还原论倾向加以批判。这些倾向使得科学家们可能会争辩说，意识可以被机械地加以说明，而且人的整个精神生活"是他身体器官的产物。笛卡尔对于动物的论述，某一天也会适用于人类"（Thomas，1983：33）。

还原论也带来了问题："如果万事万物皆由同样基本的质料、同样基本的形式（原子）构成，人类与自然的其余部分是怎么区分开来的呢，如果存在这种区分的话？"笛卡尔在他系统性存疑的方法论方案中，解决了这一问题。

可是我一旦注意到，当我愿意像这样想着一切都是假的的时候，这个在想这件事情的"我"必然应当是某种东西，并且觉察到"我思，故我在"这条真理是这样确实，这样可靠，连怀疑派的任何一种最狂妄的假定都不能使其发生动摇，于是我就立刻断定，我可以毫无疑虑地接受这条真理，把它当作我所研究的哲学的第一条原理。

然后，我就小心考察我是什么，发现我可以设想我没有身体，可以设想没有我所在的世界，也没有我所在的地点，但是我不能就此设想我不存在，相反地，正是从我想到怀疑一切其他事物的真实性这一点，可以非常明白，非常确定地推出：我是存在的；而另一方面，我一旦停止思想，则纵然我所想象的其他事物都真实地存在，我也没有任何理由相信我存在，由此我就认识到，我是一个实体，这个实体的全部本质或本性只是思想，它并不需要任何地点就能存在，也不依赖任何物质性的东西；因此这个"我"，亦即我赖以成为我的那个心灵，是与身体完全不同的；甚至比身体更容易认识，纵然身体并不存在，心灵也仍然不失其为心灵。①

(Descartes, *Discourse on Method*, 1637)

笛卡尔于是推理道，怀疑这一行为本身是一种思考的过程，不能被怀疑的一件事就是，他在思考，而这种思考就是建立人类存在这一事实的行为。人类因而不多不少地可以定义为思维的存在。将他们与自然的其余部分分开，也从他们自己的身体分开的，就是这一思考过程。尽管身体可以被分析为它的组成部分，心灵却不可以。笛卡尔因而在现代思想中引入了一种最为基本的二元论：心物二元论。鉴于物质是由根本的、客观上可知的属性所构成的，而心灵是主观的，后者将第二性的质赋予了自然。

这样，这种笛卡尔式二元论(Cartesian dualism)就包含了心与物、主体与客体，而且它对社会—自然关系也带来了深远的影响，因为自然成为形而上学上与人相分离的客体所构成之物。这些客体具有第一性的质，此外无他。它们能被还原为原子，其无思想的、机器般的行为普遍相同，并且能够以数学的法则加以说明。相反，人类被定义为理性的思维存在，是能够观察包括自然在内的客体的主体，并将第二性的质赋予它们。

---

① 引文引自北京大学哲学系外国哲学教研室编：《西方哲学原著选读》(上)，商务印书馆1981年版，第368—369页。——译者注

生态中心主义者(Capra，1982；Skolimowski，1992)现在认为，二元论为社会—自然的分化铺平了道路，其中前者被认为是优越于后者。"笛卡尔式"思维被视为造就科学世界观的罪魁祸首，在这一世界观中，人与自然相分离并超越于不过是一架机器的自然之上。笛卡尔甚至被动物权利倡导者(Singer，1983：218—220)视为元凶。然而，芭芭拉·亚当(Barbara Adam，1993：409—410)指出，将环境作为外在的"他者"的西方观念，深深扎根于一系列的前科学实践中。

这些观念的核心是线性——透视观与时钟——时间的世界。二者都是强有力的客观化者(externalisers)。二者都使主体与客体分离开来。二者都是使我们远离经验的发明物。二者都是对数学描述、量化与标准化的推动。

线性透视法衍生于15世纪，用二维平面来表示三维空间。但它不仅仅是一种技术技巧；它也是认识世界的一种方式。在此之前，观察者总是被观察物的一部分，但"由于线性透视法，身体从中心移向外部······这就伴随有一种从参与者向旁观者的转变"。同样，时钟的发展创造出线性的时间，从而独立并抽离于其他的时间观念(如自然的节奏与周期)，而且线性的时间能够被客观地加以计量，并被作为社会工具使用。时间变成在历史与空间中旅行的距离(与近来历史中线性进步的概念一致)。这些是前科学的观念，然而，亚当强调说：

线性透视与时钟时间的观点，在科学世界观中发现了它们一致与完美的表达。作为概念工具······它们包含了一系列在科学理论与设计中能被观察到的原则：强调抽象、分离、差异性以及对周遭条件的剥离，还有对永恒性和亘古永存之真理的共同追求。

但亚当现在认为，"从事环境事务需要一个不同的工具箱"。

笛卡尔的方法在于，仅仅将能够被无可置疑地加以清晰了解的事物接受为真；有必要的话，将每个问题分解成多个部分加以解决；从简单开始，接着提高复杂程度，再加以严密的审查，事无巨细，皆无遗漏（Merchant，1982）。与之前的"科学"（即严格定义下的知识）不同，这种科学方法是分析的、实验的、还原论的，通过将自然机器分解成零件，以了解它如何运作，从而获得理解。数学将成为它的语言。

它仅从物质开始，去解释自然现象，物质由不可见的粒子即原子组成，在可以测量的力的影响下，于无限的几何空间中运动。与中世纪亚里士多德主义科学将宇宙分成两个区域不同，这些解释原理将应用于整个宇宙。因此，在牛顿被落下的苹果击中的故事中，他不是仅仅得出关于果园里的苹果行为的结论，而是也了解了月球是如何运动的，因为他的科学是具有普遍性的。同样的原理、解释和原因，在地球上，在月球上，在任何地方都起作用：牛顿所阐明的不是重力定律，而是万有引力定律。

科学革命可以被视为古典牛顿科学、中世纪亚里士多德科学与自然巫术之间的三角冲突。虽然古典牛顿科学在冲突中"获胜"，但这并不意味着其他两种洞悉自然的方法——尤其是自然巫术——特别是在民众思想中，完全停止其存在。就古典科学的目的及其方法，以及科学家的社会角色而言，现代的技术中心论者的看法之基础何在，我们需要转向弗朗西斯·培根（Francis Bacon，1561—1626 年）。

培根信条及其权威

就勾画新科学中浮现出的原理对于社会—自然之关系的全部意蕴而言，培根是科学革命中的第一人。正如我们已经指出的那样，前现代宇宙论宣称社会与自然的统一；笛卡尔二元论有力地将二者分离开来。但是，正是培根宣布了这一信条，即科学知识等同于凌驾于自然之上的力量。

167

　　培根设法解决与笛卡尔相同的问题：人与他们的研究对象即自然的分离。人的主观性立在了分离之路上。男人或女人，诸主体被迫以人类的情感与经验去解读自然：他们具有私自的兴趣、假定和预设。所有这些都对"客观性"——不带偏见地看待自然，如同一个分离的对象那样——造成了不利影响。除了这个原因外，亦因书面语与口语的不精确，人类心智在推理过程中那种漫无边际的运行，也使得科学方法的构成不能完备。天马行空的心灵，不得不受制于仅是对证据的诉求——感觉的证据。

　　笛卡尔以推论始，基于支配客体间关系的规律的假说，形成公式化的前提，并且从这些公式中推演出客体的预期行为。但是，这就需要观察证据。如果所观察的与预期行为一致，之前的假定就被认定是正确的。他的方法因此是演绎的。

　　培根的方法正好相反：它是归纳的。它主张科学家们首先应当大量地观察自然，然后从中可以拟定或归纳出支配它们关系的法则。最初的假说经由观察才被明确地加以表达，而且它能够为更多收集到的数据所检验和证实，一旦得到证实，这些假设就能够获得自然律的地位。带着用单一定律就能够涵摄所有宇宙现象的遥远目的，更深层次的观察和实验会导致范围上更宽泛、更普遍的定律的公式化。

　　培根的方法可以被想象成金字塔式的——建立于经验知识（基于观察和实验）的广阔基础上，建立于其上的是普遍性不断增加的自然律，整个金字塔的顶端是可以解释一切的普遍原理。实际说来，古典科学对演绎和归纳方法的调和与联结，乃是对牛顿的追随。但培根归纳法的重要性在于，它暗示了"时间见真理"以及科学的进步性。

　　因为收集经验知识耗时漫长，因此，归纳科学建基于实验数据的稳定积累和对自然的直接（实地）观察上。新知识建立于旧知识之上。因此，全部科学知识随着时间而增长；它不能被任何个人或时代所笼罩。它包含着共同的活动，其中学者共同体为了一个未来的目的——确立真理（虽然终极真理永远无法知晓,因为那是上帝的专属领域)而努力工作。

这些活动在当时的科学学院中无法完成,因为中世纪传统在这些学院中仍然强大,其中构成有效知识的标志在于辩论,而非得到客观评价的事实。因此,培根在可以由国家支持的独立研究院中,倡导科学的一种新开端。

培根更进一步主张,鉴于科学活动的目的和动机,科学乃是人类努力的核心所在。首先且最主要的是,只有归纳方法才能达到的对于自然的真正理解,乃荣耀上帝的做法,因为是他创造了自然。

但是,对于国家支持的论证尚需更多的理由,而在他对于科学活动之目的的界定中,这一切就得以体现出来。它的第二个目的是改善"人类的状况"。科学家们应当承担增加社会物质财富份额的道德责任,这是一种博爱的活动。通过理解自然机器是如何运转的,这一切就可以实现。这是利用自然律谋求社会福利的第一步。所以,科学的目的是"在行动中掌控自然"。

> 我们创建这座基地,是为了了解一切事物发生的动机及原理。我们希望能够借此扩大人类帝国的疆域,让人类智慧的影响遍及万物。①
>
> (Bacon, *New Atlantis*)

这样做不会受到良心的谴责:

> 整个世界因为人类而运转;而且不存在什么他不能由之获得利用和收获的事物……以至似乎一切事物都为了人的事情而不是它们自己的事情在流转。
>
> (Bacon, *De Sapientiae Veterum*)

---

① 参考[英]弗朗西斯·培根:《新大西岛》,汤茜茜译,上海三联书店 2005 年版,第 185 页。——译者注

科学因而在两种意义上具有进步性。首先,它建立在可靠的事实基础上,进而向愈来愈显著的真理推进。其次,向真理的稳定行进将成为获得人类物质环境进步的途径。因此,科学等同于人类的进步,这是一个支撑科学学人——职业科学家共同体的强大理由。

随着科学的职业化(在19世纪之前并不发达),其职能日益认同于功利主义的人本主义目的,而更少地和中世纪有关上帝的认识那一目的相关。而科学家/专家也大抵成为受人仰慕的对象。"民主""富于同情心""谦卑""激进""关注社会""博爱""诚实""无私""平静""高尚""有献身精神""像僧侣一样""虔诚""世界主义""不关心政治":在培根对科学家们的描述中,所有这些表述都有所体现(Prior,1954)。

在他的论文《新大西岛》(*New Atlantis*,1624)中,培根描绘了一个神秘的岛屿,岛中的科学共同体被赋予很高的社会地位。他们的领袖具有高贵的气质——他(与这一男性团体)和平而安宁,悲悯且民主。这一共同体致力于知识的获取,不是为了利益、名望和权力,而是为了所有人的利益。除了科学方法,成员们不接受其他的权威。他们不向任何特别的社会团体效忠,如果他们觉得自己的知识可能不受国家的欢迎,他们甚至会将之保守为秘密。因此,客观知识得以产生,并得到一个献身于全人类的团体的保护。因此,言外之意就是,任何促进科学发展的事物都是好的。言外之意也是在说,科学家们理应担当最主要的决策角色。

这种职业科学家国际主义式的观点客观、不武断,且致力于社会命运的改善——可以毫不费力地被视为人道主义的"牧师",取代业已确立的宗教祭司。看上去,他为普遍利益而工作,因为科学的利益是普遍的。这就是科学的自我辩白,它的强大有力帮助古典科学成为过去250年中最具统治地位的意识形态。

科学的成功已是非常显著,其看法已经被视为"自然""正规"的观点,而且它也取代自然巫术成为大多数欧洲知识分子的追求。科学也成为大多数环境以及众多社会问题的仲裁者:它成为制定决策的客观真理的一个来源。

对于这些理由而言,一种典型的现代技术中心论的观点在于:

它有用——一个人只要去看看那些科学使之变得可能的事物就行了……卫星通讯、器官移植、可以摧毁整个城市的炸弹。这些事物表明,不论好坏,科学家们获得了公道。科学在很多方面与常识一致。

(*The Economist*,1981)

正如已然显明的那样,最后一句话是相当不准确的,而且我们也应当对其他一些论断保持怀疑。因为,如果说广岛是由于科学家们而得到了公道,那么,他们是在产生不正当的公道。科学能以某种方式被看作是与其社会背景无关,而仅仅是实现技术上可行以及尖端设计这样一些能力的功能,这一提议在 21 世纪是完全无法令人接受的。事实上,科学从未脱离过其社会背景。

如果说社会因素总是影响科学的发展,那么反过来说也是如此。事实上,科学在 18 世纪关于新的世俗社会看法的浮现中,扮演了非常重要的角色。这一观点的基本原则就是进步的观念。

从伏尔泰(Voltaire,1694—1778 年)到孔多塞(Condorcet,1743—1794 年),18 世纪的作家们争辩说,自中世纪结束以后,社会正在以前所未有的速度发生变化,而且变得更好。他们认为,这在中世纪是不可能实现的,因为《圣经》的迷信与亚里士多德的错误科学将人控制在黑暗与无知、压迫与奴役之中。但是现在,哥白尼、伽利略、笛卡尔以及最重要的牛顿等人的新科学,已经消除了这些错误和迷信,他们发现了真理并将人类带出了黑暗的中世纪。牛顿科学的胜利业已表明,我们不再需要在旧的经典——亚里士多德以及《圣经》经文中,而是要在自然中利用理性寻求知识。人们不应当仅仅接受所被告知的知识，而是要独立地运用自身的理性，从过去的不死阴魂中解放自身。

通过表明宇宙的巨大复杂性是可以理解的，且其真实存在不在于表面所呈现出的混乱无序，而在于它内在的和谐与简单本性，那么，通过理性和实验，这一切就能够被发现并以数学定律表达出来，牛顿就为现代思想树立起了范式。当18世纪的启蒙思想家（philosophes）环顾自己的社会时，他们发现了不公正和非人道、压迫和奴役，但他们已从科学中了解到，事物的表象并非它们真实存在的样子。理性和实验能够使他们穿透这层表皮，去发现那种和谐社会生活的自然法则。这就是那种以牛顿科学为效仿对象的新社会科学的任务之所在。一旦社会法则被发现，理性的人们就将能够去行动以改革社会，以使当前的社会安排更符合这些法则。而这将成为一种改进——朝向一个更公正、更人道的社会的进步。

科学和理性从而就成为抨击和排除错误、迷信、专制和压迫的工具，成为社会控制自身命运并创造一个更美好未来的手段。因此可以说，启蒙运动是培根论点的拓展：科学不仅仅是改进社会物质环境的手段，也是召唤人性发生效用以改善社会和道德状况的手段。结果就是，启蒙运动赋予理性主义知识分子构成的精英（启蒙思想家）和社会科学家（虽然当时还没出现这一术语），在能够促成进步的研究、教育以及行为中以主要角色。

社会道德状况的改善与人性自身的可完善性，通过采纳约翰·洛克的知识理论就成为可能，他的理论在很大程度上受到了弗朗西斯·培根与17世纪科学的启发。在他的《人类理解论》（1690）中，洛克主张人出生时心灵是一块白板，而知识由感知于环境的印象积聚而成。就这一方面而言可以得出，人人生而平等，其发展完全取决于他们与环境的相互作用。人就是其经验。通过在社会组织上合理的自然法则的制定以及富有理性的科学教育，去改变这些经验，就会使人变得更好。进步之潜能是无

限的。正如巴黎科学院秘书、数学家孔多塞在其《人类精神进步史表纲
要》(1794)中指出的那样:

> 自然界对于人类能力的完善化并没有标志出任何限度,人类的完美
> 性实际上乃是无限的;而且……这种完美性的进步,今后是不以任何想要
> 遏制它的力量为转移的;除了自然界把我们投入在其中的这个地球的寿
> 命而外,就没有别的限度。①

孔多塞的《纲要》是关于人与社会的 18 世纪新观点的最强有力的表达。
它是一本宣称所有人都享有对天赋正义、权利和法律的平等要求的书。
对这种社会的科学认识,是由 17 世纪的托马斯·霍布斯表达出来的。他
是一名唯物主义的一元论者:对他而言,灵魂与肉身、精神与物质都可以
还原成物质——还原成运动中的同种物质。因此,他认为社会在本质上
和运转中是原子论式的和机械式的。社会机器中的"原子"是个别的人:
这是自由主义政治哲学的开端,它赋予个体的角色和地位以优先性。

　　然而,尽管像原子一样是分离开来的,个体却不是完全孤立的。在这
种法理社会中,个体被黏合在一起而成为一个国家。胶合剂则是由那些
对相关人员而言互惠互利的社会契约所组成。霍布斯在《利维坦》(1651)
中描述了这些契约的必要性之所在。这是一幅人性的凄惨画面;一幅反
映出那个时代正在蠢蠢欲动的市场经济之图景。出于每一个体对资源、
统治权和荣誉的利己主义嗜好所导致的纷争,社会中满是混乱和恐惧。
这种混乱局面的唯一解决办法是某种有序的社会机制,人在其中被加以
约束,其欲望和行为受到由君主监督的契约法的控制。君主外在并超越
于国家机器之上——是一名操作机器的技师,所依据的是支配这架机器

---

① 参见[法]孔多塞:《人类精神进步史表纲要》,绪论,何兆武、何冰译,三联书店 1998 年
版。——译者注

的社会法则,即在逻辑与理性的指导下,类似于自然法则的诸法律(Merchant,1982)。

于是,古典科学的出现看上去就与世俗价值观的出现尤具某种关联性:进步与自由主义的观念,日益将自然当作能够为了功利主义的物质目的而被控制和操纵的事物。但也存在着某种作为现代观念之一部分的观点,强调宗教的重要性:它将现代晚期的生态"危机",归咎于那种与科学联盟的犹太—基督教。

基督教与自然:暴政还是看守者?

傲慢与专制的基督教

1967年,小林恩·怀特(Lynn White Jr.)发表了一篇将西方的生态"危机"归咎于犹太—基督教(基督教的分支,渗透于西方世界,与希腊—基督教相对立)的论文。怀特的观点影响了20世纪70年代生态中心主义的发展。在生态中心主义的文献中,就基督教对西方文明的影响而言,引发了热烈的探讨。但怀特的另一论断以及假定,却无人问津。这一假定是,存在着一种危机,那就是人与(作为不同于人类的)"自然"的关系上的危机。这一论断是,"我们在生态学上的作为依赖于我们对人—自然关系的观念"。换言之,历史变革的观点是观念决定行为而不是相反。但行为的重要性——在与科学世界观相关联的态度变化中,社会中正在发生的事情——是不可忽视的(参见Ferkiss,1993)。

首先,怀特主张,犹太—基督教鼓吹人与自然的其余部分是分离的,并超越于自然之上,自然是为人类所利用和控制的。其次,他的主张是,在科学革命与工业革命所造就的技术发展助虐之前,这种态度就已转化成为伤害自然的行动,而且这是与中世纪欧洲基督教的兴起相一致的。

　　然而他认为,19 世纪 50 年代左右的"科学与技术联姻",使问题达到"危机"的地步。这标志着那种以试错法为主的缓慢技术发展时期的终结,以及技术力量巨大飞跃的开端,后者能够非常精确地预测和计算出,以一种而非另一种方式建造机器,将会达到何种效果。看待这点的一个简易方式,可能就是对照一下,看试错法技术会如何让人类到达月球;发射一系列的火箭,最初会错过月球,但不断地纠正轨道,直到发现目标。和阿波罗登月任务实际上如何完成相比,就形成了对照;从根本上来说,所完成的一切仔细而准确的细节,都已经在地球上计划好并预见到了,因此,第一次着陆的地点就在预期地点的几米以内。

　　怀特坚持认为,西方科学革命与工业革命并非突发事件。当重型深耕铁犁业已取代效率较低的浅耕犁,使得农民以空前的暴力肆虐大地时,技术对自然的操纵与开发在 7 世纪就开始了。

　　所有这一切都发生在基督教原理形成的背景下,这些原理自中世纪以来便支撑着西方思想。早期技术及其对自然的开采,是与那些"更为宏大的心智模式"协调一致的。它们视时间为线性的,历史是进步的,而自然是因人的利益而被创造的——上帝希望我们为己所用地开发自然。

　　这些看法的关键在《创世记》,在它的指令下人类会富饶多产、生养众多并征服自然。而且,当亚当被作为看守者放在伊甸园中时;去"修理和看守它"(《创世记》2:15),洪水后"凡活着的动物,都可以作为你们的食物。这一切我都赐给你们,如同菜蔬一样"(《创世记》9:3)。这种版本的基督教(与面对自然时更加被动和沉思式的希腊基督教比较)对异教的胜利,摧毁了人类在劫掠和破坏自然前会三思而行的万物有灵论信仰。正如怀特所表明的那样:

　　人类为动物命名,由之建立对它们的统治。上帝计划的这一切,明白无疑地是为了人的利益和统治:除了满足人的目的之外,造物中任何其他事物，都不再有任何其他的用途。

随着异教的落败，自然不再具有精神，并能够被当成一个事物来对待。埃特与沃勒（Ette and Waller，1978）指出，宗教与仪式从此就从物理世界转换至形而上的世界中并被固定下来，而这就意味着，要拯救我们的灵魂，我们必须遵从上帝的意愿，而不是自然的意愿。自然仅仅成为上帝意图、意向与行为的反映：上帝看起来有人的外表，因此，宗教本质上是神、人同形同性论的（anthropomorphic）。

人类逐渐被认为是优越于自然的存在物，而上帝则被置于自然之外和之上。因此，像异教徒和女巫以往那样（今天仍然如此）去崇拜自然，在基督教看来就是异端。巫术不可避免地（因此经常错误地）被等同于魔鬼崇拜（Satanism）。

麦茜特（Merchant，1982）所强调的，是基督教如何采纳了来自亚里士多德的一个主张，即形式（与心灵、男性、活跃性和力量相关联）对于质料（正如组成宇宙的原子一样，物质的、女性的、顺从并了无生气）的优越。她认为，在 16 世纪时，自然中的生物发育被描述为雌性的大地从更高等的、神圣的、雄性的天那里受精：哥白尼在 1543 年表示，"大地从太阳受孕以孕育后代"。心灵、智力、灵魂优越于物质是当今西方世界观的一个重要组成部分：女性主义者抱怨说，这乃是家长制式与环境诬蔑性的意识形态的一部分。相比之下，麦茜特指出，较早期的"诺斯替"基督教——基于对立面的统一以及雌性和雄性平等的原则，视上帝如父亦如母——就备受责难并被边缘化。大部分认为人类在宇宙中的位置不太靠中心的文艺复兴时期的思想家都受到了迫害，而且迫害者就是教会。

怀特认为，正如 19 世纪的应用科学那样，当基督教的这些看法与技术力量的迸发联合在一起时，灾难性的生态掠夺之路就被打通了。

人口爆炸、毫无计划的都市生活的癌变般扩散、污水与垃圾的地质沉积,确实,任何生物都不会像人一样,如此急于污秽自己的栖身之所。

即使现在的西方世界表面上看是无神论式的,但怀特认为,其世界观本质上仍然属于这种"基督教类型"。甚至苏维埃"共产主义"也受到了这种通过掠夺自然来获得进步的基督教信念的支持。

其他一些人则承认,基督教的罪行还在延续。埃特与沃勒(Ette and Waller,1978)认为,通过财产的拥有和经营,教会已经将神圣性从大地上移除掉了,为的是将之加以商品化。而且,教会作为土地所有者也宽恕其承租人操持的工厂化农场经营、单一栽培以及森林采伐。

辛格(Singer,1983)尤其关注基督教的"物种歧视主义"。他认为,《旧约》与《新约》缺乏对动物利益的适当关怀,因为它们告诉人们说,杀害动物是可以容许的,因为人类在创造物中占有特殊地位,其他动物会害怕和畏惧人类。当代的天主教阻碍人们去关怀非人类存在物的福利,对此,他表示谴责。即使像托马斯·阿奎那那样反对虐待动物的人,也是从人类中心主义的立场出发,带有种族歧视地辩论道,虐待动物之所以不好,是因为这会导致残忍地对待人类。阿西西的弗朗西斯(Francis of Assisi)那种自我吹嘘的对自然的爱,也令人怀疑,因为这种爱认为,自然是为人类而造设的,生机勃勃的自然与死气沉沉的自然没什么两样。在这种批判之中,辛格表明其与深生态学者的密切关系。他们常常辩论说(如Devall and Sessions,1985),即使像某些人所断言的那样,认为基督教鼓励我们成为自然的管家而不是凌驾于其上的暴君,这也好不到哪里去,因为它不是生态中心主义式的。将人类当作管家,作为上帝的"代理者"去仔细地看守自然,不过是以(人类为中心的)上帝的价值为依据,去评价其他生物,而不是因为它们的内在价值。

对怀特论点的反驳

对怀特论点的诸多批判,大多都集中在那样一种可能性上,即以某种与怀特完全相反的方式去诠释犹太—基督教的启示。比如说,格拉肯(Glacken, 1967:152)就认为,《约伯记》与《使徒行传》将

> 人与所有其他形式的生命与物质分离开来,因为上帝意欲他的这一角色,他……在此被作为管家,要为他在其统治的世界中所做的一切向上帝负责。

道蒂(Doughty, 1981)也相信,在基督教思想中有一种神学观,对环境是有同情心的。他认为怀特的观点是"党派性和类化过分",他并且引证像山米尔(Santmire)与高恩(Gowan)之类的学者的观点,他们主张,《创世记》将人类描绘成自然的终生房客,而不是房东。

阿特菲尔德(Attfield,1983)也主张:"存在着比以往所公认的更多证据,显示出基督教对于环境与非人类自然的更为仁慈的态度。"他表示,基督教关于自然的教义多样化而且相互矛盾,但它们并非总是充满了剥削性。他认为,《诗篇》104 与 148 就使人对帕斯莫尔(Passmore,1980)的主张产生怀疑,后者声称,《旧约》暗示了万事万物服务于人类的存在。因为这些《诗篇》赞美上帝的手艺,表明他对不同创造物的关怀,并且暗示,人类对自然的统治,就意味着人以对上帝的领域负责任的一致方式去管辖之。同样,在《新约·马太福音》与《路加福音》中,也显示出上帝对动物与植物的关怀。

至于怀特那种认为西方科学所采纳的掠夺自然的态度,阿特菲尔德指出,像约翰·伊夫林(John Evelyn)那样一些最早期的现代科学家,完全不相信他们能够随心所欲地对待自然,甚至即使把动物当作机器的笛卡

尔,也不认为它们没有感觉。阿特菲尔德的结论是,基督教对自然态度的相反阐释,源自对证据的夸大之词和选择性利用。事实上,因为翻译上的困难,所有对《圣经》的阐释都存在疑问,创作于古希伯来时期的《旧约》(Kay,1988)更是如此。

帕尔默(Palmer,1990)提出了某种对犹太教的替代性解释。他认为,《摩西五经》(摩西《创世记》《出埃及记》《利未记》《民数记》《申命记》)与《塔木德》中的注释和事迹都清楚地表明,我们只能像上帝管辖我们那样,用爱和怜悯去管理动物。而且,时间是线性的以及生命只有一次这一事实,意味着我们必须好好生活,而且我们对后代人承担着直接的责任。基督教分享这些假定,而耶稣复活的观念则表示,地球上存在一个全部自然和谐相处的未来。这将是对现今不和谐之罪的救赎。

摩尔(Moore,1990)认为,培根的霸道看法,"我以完全的真理领导你们通向自然,约定她所有的孩子都为你们服务,让她成为你们的奴隶",是对《创世记》(1:28)的明确回应。但当今的基督教正在重新发现圣灵,并将之作为上帝为所有创造物创建一个宇宙共同体的桥梁,通过它上帝就进入创造之中。因为上帝渗透到所有的创造中,所以,人与创造物之间必须是互惠和相互尊重的,而不是宰制和剥削的关系。摩尔表示,这是对创造意义的一种更为成熟的理解,它显示出人类是看守者,而不是暴君。因为《创世记》(2:15)也表示,"人"在伊甸园中修理和看守,即成为一个创造性的干预者。拥有安息日——为不干涉并享受自然乐趣而设置的一天——的伊甸园,与圣弗朗西斯视人类为"首位平等"的看法,以及《旧约》中狮子与小羊羔躺在一起的象征,都一道被忽略了;而对这一切而言,现在必须要重新发现和加以重申。

毫无疑问,基督教神学家们现在正努力强调"上帝是绿色的"(Bradley,1990;Cooper,1990),并强调基督教中所存在的某种尊重自然的激进主义传统。麦克多纳(McDonagh,1988:129—137)描绘了形塑基督教意识的不同领军人物,如何沉迷于对地球的关怀、与其他造物的伙伴关系以及对于物质世界的喜悦与惊叹这样一些主题之中。比如说,本笃会基于自给自足及以看守者自居的身份,将其修士组织在一起;提高土壤的肥力,保持良好的管理,以确保连续的丰收。对圣方济各(St Francis,1182—1226年)来说,每一创造物都映现出上帝的在场,这一事实就意味着人类与动物、太阳、月亮和大地的伙伴与亲缘关系。他还鼓吹反消费主义与某种荒野伦理。这一切就是为何圣方济各应当成为"生态保护圣徒"的原因。

麦克多纳接着说,宾根的希尔德加德(Hildegarde of Bingen,1098—1178年)为基督教增益了某种独一无二的特质。她将异教徒与女性主义的素质导入进来,从而不仅是在精神上,也在物质与世俗的意义上,欢庆大地的富饶多产与多姿多彩。

如果这些尚属少数派和受迫害的观点,那么,相比之下,天主教牧师德日进神父(de Chardin,1965a and 1965b)的观点,似乎就具备有进入当前基督教思想主流的资质。德日进神父以无需心与物、精神与物质之二元划分的方式去讲述创世的故事,事物所具有的内在精神性,就与它们物质层面的发展演变密不可分。在他的一元论基督教中,精神层面与原子和分子的物质层面一起发展,并且是后者的一部分。每个原子都具有自身的"价值",无论它们对人类有用与否。而且在德日进看来,宇宙不能仅仅通过分析、还原论以及合理性就获得理解。毫无疑问,通过直觉的洞察以及对象征意义的理解,从而获得整体性的把握是必要的。在这一唯心主义的宇宙观念中,地球被"心智界"或思想空间包围,"爱的变革能力现在正推动着人的意识向上发展,并在最终点(Omega Point)上达到一个新的联合水平"。

这样一些前现代的情感,也是新纪元祷文的关键组成部分。一些基督徒对此也表示欢迎,并对之加以发展,以作为他们对基督教的相应阐释的一部分——尽管其他一些基督徒明确抵制新纪元主义，因为后者不相信原罪，且信仰众神，而非唯一的上帝。

然而，另外一些基督徒则采纳了生态主义的唯物主义"社会生态学"。就辞典而言，摩尔引证了菲律宾天主教会主教的话，该主教在 1988 年的信件中，不仅因菲律宾人的万物有灵论传统而以他们为敬重有生世界的模范，也倡导对其教派成员进行的政治教育以及创造环境正义与社会正义的行动。这是与解放神学（liberation theology）的共鸣，后者出现于 20 世纪 60 年代的拉丁美洲，并且将免于压迫的自由作为一种关键性的基督教启示。它运用唯物主义的马克思主义分析来理解如何获得自由，以及在地球上建立天国。由于它集中关注农民对跨国公司与资本主义市场经济的反抗，并试图重新调整先前农民的土地，因此，许多生态中心主义者认为，解放神学对建立一个生态健全的社会来说是至关重要的。

对怀特的批判，可能也凸显出其论题本身的诸多破绽。其他非基督教文化也确实并已经滥用自然，尽管他们的宗教实际上也鼓吹对自然的尊敬。段义孚（Yi-Fu Tuan，1968，1970）指出，东方传统中对自然的高度理想化经常被滥用，亚洲国家中的人们事实上做了许多导致污染与生态退化的事情，而他们嘴上说的又是另一套。事实上，直到现代早期为止，这些社会对于自然造成的影响与西方一样。托马斯（Thomas，1983）补充说，古罗马人对自然的剥夺要比他们的中世纪后继者更为有力，而现代日本对自然的崇拜也没有防止其工业污染。

托马斯进行了更为深入的观察；帕斯莫尔也曾这样做过。这就是，其他一些非基督教的宗教，也授予其子民从其上帝那里获得破坏自然的权力。他讨论了那些为生态中心主义者所深爱的"高贵的野蛮人"——美国"印第安人"。托马斯表示，一项关于印第安人的 1632 年报告，就讲述了实际情况。

他们从传统中得知,神造了一个男人和女人,并吩咐他们生活在一起养育后代,随心所欲地杀死鹿、兽类、鸟、鱼与禽类以及他们想要的其他东西。

怀特可能也夸大了宗教改革之前普通人受官方基督教影响的程度。事实上,大多数人不能阅读或理解拉丁文,因而他们的基督教知识必定是有限的。他们的生活从异教的巫术、占星术以及灵性传统中获得更多的意义。直至19世纪时,这些影响仍然强大,直到其最终为都市化而不是神学所瓦解(Atkinson,1991)。怀特往往是忽略了其他影响持续存在的意义,像存在巨链的观念和文艺复兴时期的丰腴大地哲学,所有这些,都使欧洲文化要比怀特的判断所允许的更要复杂和多变。

而且社会学研究指出,怀特高估了宗教价值观对当前的环境价值观以及环境作为的影响。比如说,塞克(Shaiko,1987)表明,在公开的基督教信徒中,都可以发现对自然的宰制与看守态度。然而,更有可能的是,一个人越是按照字面意义接受《圣经》或者他的宗教信仰越坚定不移,他对环境的关怀无论如何就会越少(Greeley,1993;Eckberg and Blocker,1989)。

霍恩斯比-史密斯与普罗克特(Hornsby-Smith and Proctor,1993:39—40)将路径分析用于1990年的欧洲价值观调查之中,以检验笃信宗教与其他变量之间的关系,如政治兴趣、对绿色运动的赞成、为维护环境而支付的意愿以及对环境问题的忧虑。他们总结道:

笃信宗教对……行为的潜在性没有直接的影响,比如在生态运动中……笃信宗教的间接影响也很小……对那些赞成基督教已经成功地促发了对世界的某种看守者姿态这一立场的人而言,我们的发现没有提供任何支持。同样,对持有另一种理论立场,即那些主张宗教在世界经济活动中促成某种宰制与剥削倾向的人来说,其支持的证据也甚微。

所有这一切都支持了段义孚(Tuan,1970)的结论:

一种文化对于其环境所显明的社会精神特质,甚至连与那一环境相关的文化属性与实践之全部特征的片段都覆盖不了。在控制世界的角力游戏中,审美与宗教的观念罕有主角的扮演。

物质变革的重要性

基思·托马斯(Thomas,1983)公正地将怀特的论文称为"几近于现代生态学者的一部圣经"。怀特的分析在绿色文献中很少遭遇挑战的一个方面,就是上面提到的社会变革的唯心主义方法。"我们在生态学上的作为,依赖于我们有关人与自然关系的观念",现在已成为生态中心主义的正统学说,并支撑着那种格外注重改变人们的观念、态度和价值观的运作策略。

但托马斯认为,基督教本质上是否以人类为中心并无关系:"关键在于在现代早期,它最主要的解释者——传教士与评注家,无疑是以人类为中心的。"托马斯认为,怀特

的确高估了人类行为全然由官方宗教决定的程度。17世纪80年代时,英国作家托马斯·特赖恩(Thomas Tryon)也将北美印第安人对自然的恰当需要与欧洲入侵者的残忍控制方法进行了比较。但他认为是新的商业动机造成了差异:不是异教的万物有灵论被基督教取代,而是国际毛皮贸易的压力,导致了对加拿大野生动物的过度捕猎和史无前例的冲击。正如卡尔·马克思将要表明的那样,不是他们的宗教,而是私有财产和货币经济的来临,导致基督徒以犹太人从未有过的方式开发自然;这就是他所谓的最后终结了"自然的神化"的"资本的巨大文明化倾向"。

托马斯对于霸道态度之扩张的唯物主义处理方法断定,对于那种视动物为机器的笛卡尔立场之最有力的论证是,这就是人类事实上如何对待动物的最合理解释。由此看来,人类的行为就决定了他们的思想:后者则证明了他们所作所为的合法化:"否认兽类的不朽……就消除了对人类剥削野蛮动物这一权利的任何挥之不去的疑问。"

正如海尔布隆纳(Heilbroner,1980:87)所表明的那样:

17—18世纪的笛卡尔—牛顿世界观,起源于并且支撑了一个拥有繁荣的商业与银行业的社会。

这并不是说在新兴科学与工业资本主义之间存在着简单或直接的关系,尤其是在它的早期发展阶段。兰德斯(Landes,1969)业已表明了其关系的松散性。巴恩斯(Barnes,1985:15)相信,科学与资本主义的并行发生并非巧合,但要明确断定这一关系也是有困难的——至少在19世纪时,科学的职业化才更明显地与资本主义扩张联系在一起。即便那个时候,"宣称职业化的科学纯粹是回应于有用知识的需求才繁荣昌盛起来,也是无效的"。正如阿特金森(Atkinson,1991:133)所指出的那样,"马克思关于人的社会存在决定其意识形态的看法,仍旧是一种有效的解释性见解",但这一定不要被还原成某种过于简单化的功能主义论断。巴恩斯断定,科学与工业化的联系,更多的是一种适合产业企业家这一新兴阶级的世界观:一种替代性文化的根基所在。

然而,这并不改变这一事实,即人类在对待自然的态度上所发生的巨大改变,就从科学革命的过程中不断获得了动力。当中世纪庄园体系下那种主要满足于生存需要的生产,转变为资本主义的生产,即生产(改变自然)的首要目标是商品——生产用以获利的货物时,人类这样做的原因也发生了改变。

在科学革命期间,某些就对待自然而言所发生的态度转变的描述,忽略了物质、经济事件的重要性,或者说强调得不够(如 Capra,1982;Whitehead,1926)。没有必要这样去做,为了强调此点,本章余下部分将首先提醒我们当时正在发生的某些变化,然后重点分析那种明确显示出物质变革之可能意义的科学态度的成长,尤其是卡洛琳·麦茜特的观点。

从前现代到现代时期的社会、经济与环境变化

如果在任何特定的时期中,我们对于社会与自然关系的认识,都和我们对自然的所作所为相关,那么,我们就能够将经济模式与社会生产关系,等同于各种各样的自然概念。约翰斯顿(Johnston,1989:43—45)描绘了在那些原始共产主义式的"互惠社会"中,所存在的土地、资源的集体所有,基本上公正的产品分配,以及有限的社会劳动分工。此等社会(仍然残留于某些"传统"社会之中)与其环境保持相对的平衡。但由于用来减轻干旱或洪水之类的环境变迁的技术比较缺乏,这种平衡因而总是受到马尔萨斯幽灵的纠缠。

当此类社会让位于约翰斯顿所谓的"等级再分配"的经济与社会措施时,权力就变得不平等,而资源则依照社会等级进行分配。这些等级社会的目的,不是使所有人的利益与生存机会最大化,而是通过他人的工作再造出一个精英群体。在中世纪的欧洲,一种庄园体系发展为成熟的封建主义,正如农奴制那样,个体的土地所有是其基础。君主授予土地所有权,权力从而就下传至贵族,他们也就有权统治农奴。农奴是被束缚的工人——他们不能自由地在"雇主"之间换来换去。封建领地和村庄组成生产的单元:农奴不得不在地主的土地上工作很长时间,但只能用剩余时间在自己的土地(为了效率而集体耕作于长条状的土地上)、森林公用地、河边草地、荒地与辽阔的牧场上劳作。

决定阶级与权力的是出身,而不是资本的积累。高利贷与封建经济相冲突,它与贪婪一道被教会宣布为一项罪过。公平价格的理论意味着价格不仅仅是为卖方而设——任何人都不应超出生产成本去售卖农产品或借贷以获取任何利益。即使晚至 18 世纪 60 年代,对权力机构普遍的不服从与蔑视,部分基于这样一种看法,即应当由习俗与面对面交易而不是市场来控制价格与酬劳(Thompson,1968)。

庄园体制起先旨在达到普遍的稳定与生计,而生产的目的则是为了满足社会需要:尽管其中也存在着对剩余物的不平等分配。大量的农产品不会被买卖。事实上,货币有其限定的范围,只在当地流通。

随着这一体系日益发展演变,农奴日益成为在自己土地上劳作的"自由"民,也就是说,佃户的盈余通过税收被地主攫取。庄园的两圃制经常会变成三圃制①,通过精细的轮作或其他方法来提高生产力。在人口增长到 14 世纪时,公共用地被清除,变成个体所有制。

与现代农业比较,这种庄园体系最初与环境保持了相对的平衡。农作物的高产与土壤肥力都得以保持下来,而土地的家庭与村社持有以及公地的共享,都有助于对自然开发程度的自我调节。然而,等级化的权力机构最终成为环境压力的一个来源。在平稳年代,地主们并不会设法使他们对农民的劳力、税收、租金和劳役的榨取最大化。但是,由于种种原因,这种稳定性不再持续下去(比如说,地主们在政治上的勾心斗角与权势扩张,君主挑起的对外战役,就需要一支陆军和海军;地主权力的运用与农民为主的社群精神之间所形成的张力——尤其是借技术之力——就导致了斗争和镇压;而且除了 1350—1450 年之间的灾难和瘟疫之外,总体上来说人口在增长)。因此,与生态系统的"摩擦"会越来越多。正如约翰斯顿所强调的那样,本来这可能也不是什么大问题,但却被处理得很糟糕。

---

① 一种耕作方式,将土地分成春耕、秋耕和休耕地。——译者注

从两圃制农业发展到三圃制农业,仅仅保住了短期的产量增加,却以长期的实际土壤养分的流失、结构与质地发生退化导致的土壤侵蚀、固氮菌数量的削减以及单一栽培导致的病原体在土壤中的传播为代价。库特(Cooter,1978:469)说,以明智而缓慢地损耗适宜耕地资源中的养分储备为代价,公地管理至多提供了一种维持普通生产水平的方式。也就是说,一系列(具有鲜明现代色彩)的土壤问题能够加以解决,但却(除了14世纪的人口下降以外)以对周围公地的更多剥削为代价。

就那些对公地的侵犯而言,在达比(Darby,1956,1973)与霍斯金斯(Hoskins,1955)的经典著作中有很翔实的论证。在欧洲,这一切的发展是不均衡的。比如说,在波兰、匈牙利、德国与奥地利的部分地区,一种集体农业顽强地抗击了数百年来地主的要求。但在英国、荷兰与西欧的其他国家,却存在着来自文艺复兴时期城邦的资本主义市场经济的传播(Dobb,1946)。到15世纪末,古典的封建主义正在迅速消失,产生出一批无土地的农民。通过圈地将农民从土地上驱逐出去,乃是由佛兰德(Flemish)羊毛产业的兴起所激发,这使得绵羊繁殖与毛织品出口潜在地成为比农民耕种更为显著的财富与权力之源。

佛兰德毛织品贸易是资本主义:它依靠的是国际性公司而不是当地公司,而且地方性的分散经济也不适用于它。英国、西班牙、葡萄牙、意大利、荷兰与法国的封建领主加入了资本主义企业家的行列。新阶级于17世纪与18世纪在政治权力、财富和地位上的崛起,意味着他们可以使圈地合法化并加速发展。

在资本主义的这一"重商主义"阶段,受地理大发现的刺激,正如采矿、炼铁与工艺生产一样,贸易加快了发展的步伐。货币的传播与标准化不仅使交易更为便利,也促进了用于再投资的无限制积累,同时也推动了作为资本主义之标志的商品化进程。土地与工艺生产中的劳力,之前与地主或行会雇主束缚在一起,现在就跟自由市场上的商品一样可以"自由地"买卖。土地与其他自然资源也成为商品,也就是说,其价值主要取决于它们的可买卖性,尽管并非全然如此。今天,不仅土地,就连那些饱含历史的风景,也在旅游业和遗产"产业"的包装中被商品化了。

当然,在那些以积累资本为生的人的心目中,成本价不是商品价值的唯一测度标准。价格与生产成本之间的差距(也就是利润)才是有价值的。所以说,要想让资本积累达到最大化,就必须使利润达到最大化——因此,一切可以增加劳动力与土地产出的手段,都必定会被不懈地加以探求(Johnston,1989)。这样,随着封建主义向资本主义的转变,当生产力概念日益明确化且不可避免,之前从土地中获得更多产出的压力,也就大大地加强了。科学的农业改进思想获得了势力。

自17世纪起,沼泽地的排水也在加速。麦茜特(Merchant,1982)将湿地生态系统、生活方式以及人们所从事行业的综合性破坏后果,视为"早期资本主义农业对生态与穷人产生影响的一个显著的例证"。与土壤"改良"相伴,沼泽地的排水主要是使有田有产的阶层受益。

此外,麦茜特还认为,资本主义的扩张也使林地受到加倍的压力。为了造船(贸易以及贸易激发的与其他国家的战争),为了熔炼或处理金属所需的燃料来源(16世纪采矿业增长迅猛),重商资本主义耗尽了木材资源。造船毁灭了地中海的橡木林。到17世纪时,随着煤炭使用的增加,污染成为资本主义发展中浮现出来的一个问题。麦茜特认为,资本主义在欧洲与美洲的兴起,直接依赖于对自然资源的开发。

而在12世纪时,英国有一半的土地属于村民所有,它们无需篱笆的防御,且以不同程度的集体化形式得到耕作和管理,到1876年时,英格兰与威尔士0.6%的人口就拥有98.5%的土地(Goldsmith et al.,1992:132)。在1649—1660年的英国革命中,受益于圈地运动的地主获得了更多的权力,而之前的蚕食过程又精神抖擞地重新开始了。从18世纪早期到1845年的《普通圈地法案》,英国议会通过了4 000个圈地法案,包括

700万英亩的公地和公用林,还有近似数量的土地,没有得到议会的许可就被圈占了。因此,在18世纪与19世纪,大量的荒地与森林被破坏,一无所有的城市无产阶级产生,为服务于正在形成中的工业资本主义所必需的工厂制做好了准备。

戈德史密斯等人认为,这一过程横贯世界而延续至今日,它回应了资本主义所固有的扩张性动力,对环境稳定性与社会正义也导致了相似的后果。正如E.P.汤普森(Thompson,1968:14)所指出的那样:

当今世界的大部分区域还在遭受着工业化引发的问题……在很多方面与我们自己在工业革命中的经历相类似。在英格兰败局已定之事,可能在亚洲或非洲仍会红火下去。

作为物质变革之反映的科学世界观

在那些正显现出来的科学世界观诸要素,与成为新教和资本主义精神(马克斯·韦伯的分析,1976)之组成部分的实践与思想兴趣之间,阿特金森(Atkinson,1991:135)识别出了某种联系:

科学开始时是促进特定个体、阶级与国家之利益的一种工具——最终成为一种独特的文化——与所有其他文化相对立的文化。

阿特金森引证C.S.刘易斯(C.S.Lewis)的《人的见弃》(*The Abolition of Man*,1947)说:"我们所谓的人对自然的权力,原来是一种某些人运用的以自然作为工具凌驾于其他人之上的权力。"这就意味着对自然之权力的意识形态(培根哲学的信条),并不如培根设想的那样反映出所有人的利益,而是相反,可能只服务于少数社会精英在物质上的既得利益。

科学与意识形态的联系将在第五章予以讨论：现在就足以断言的是，最终转变成为西方传统智慧的科学世界观的兴起，与上面业已述及的物质变革是密不可分的。约翰斯顿（Johnston，1989：83）描述了

16世纪以来大多与资本主义转向相结合的农业和工业革命，是如何见证了技术专家统治论这一环境解释的诞生。

麦茜特所强调的是，随着资本主义的兴起，这种解释如何跟大多数人在如何感受自然上所发生的变化——如同被机械工艺改变一样——联系在了一起。

人们被从土地上驱逐出去，这就疏离了他们与大地径直的有机关联性，而与之相伴的，是关于人类在自然中位置的一般看法上的转变，特别是官方意识上的变化。对很多16世纪的欧洲人而言，关于自我、社会与宇宙的核心隐喻仍然是有机体，强调相互依赖性以及个体对（大）家庭、社群和国家的共同目的的服从。这些观念与封建的社会经济组织都十分协调。这一隐喻以及将地球比作女性的相关意象（通常是养育性的，但有时也是野性十足无法控制的），就转变成为自然的机械隐喻，麦茜特认为，这种主导性意象上的变化就与行为上的转变径直相关了。地球作为母亲的形象已然限制了对她的开发。采矿就是在掘进"她"的内脏。如果矿石与金属是在地球的子宫中成熟，那么，采矿就导致了流产。因而，矿工们经常在采矿之前，对土地与地下的神灵进行安抚，执行仪式性的献祭、斋戒，净身并禁欲。在数个世纪中，这种有机体框架都与相对来说低水平的开采、商业开发以及技术革新相适应。

但当开发水平在16—17世纪上升时，基于新的隐喻之上的一组新形象，作为一种剥夺自然的文化约束力就更加适合了

　　在商业化和工业化的进程中,社会需要利用这些新形象,依靠采矿、排水伐木、开荒等活动来直接改变地球的面貌……随着经济的现代化和"科学革命"的进展,这一支配性隐喻的传播超越了宗教领域,并在社会与政治领域中也呈现出上升趋势。①

(Merchant,1982:2—3)

然而麦茜特在著作中坚持认为,这一变化并不像上面描述的那样简单。有机体隐喻具备有几种可能的社会与政治经济意义。

　　其中之一所强调的,就是被某种等级制社会所全然效仿的自然巫术中的等级性宇宙观念。通常情况下,社会被比作身体:农民阶级处于脚底部,而贵族与神职人员则是灵魂的组成部分。以蜜蜂和蚂蚁为例作一自然的类比,那么,每一个体都必须服务于共同的利益,而蜂后或蚁王却是指挥者。较低阶层的目的就是服务于较高阶层,而后者的责任则在于引导前者接近共同的道德善。对有机体类比的这种解释在16世纪时相当普遍,它明显支撑了一个保守的封建社会。甚至可以说,这一模式的诸种要素,连同它那种从高层及于低层的位高则任重的观念,在当今那些传统的保守派中间仍然可以辨别出来。

　　有机体隐喻的其他一些方面也得到了发扬,比如说在自然巫术中就假定,通过操纵"她"(炼金术)自然就能够被加以改变,以及物质是被动的(女性的地球)这样一些看法。这种观念虽然被天主教宣布为异端,但它最终还是连同它对于控制自然的强调,而被科学世界观所吸收。甚至培根最先对科学所作的明确表达,也是为了帮助他成为一名成功的炼金术士。

　　对机体论的第二种解释,就使其成为马克思主义与社会主义左派之基本主题的先声。通过强调其统一性,承认整体大于部分之和,并认为各部

---

① 参考[美]卡洛琳·麦茜特:《自然之死》,吴国盛等译,吉林人民出版社1999年版,第2—3页。——译者注

分的价值是等同的,它就向等级性宇宙的观点提出了挑战。它认为自然是不断成长和变化的观点,反映出欧洲部分地区(如西班牙、意大利)旧的社会阶层的瓦解。而且,变化来自物质与精神的对立与统一。辩证法的先声奏响了,冲突成为历史发展与平等主义的原动力:社会主义的整个奠基石。

在麦茜特看来,机体论的第三种解释认为,物质和精神在某种单纯而活跃的精气中结合在一起(生机论与一元论)。它开始与激进的自由主义观念相交接:如它所做的那样,暗示出一种反正统派的观点,即个体能够自为地理解和操纵自然(同样出现在巫术中)。牧师或术士并不是能够这样做的唯一人群:这是一种民间传统。这些观念在 17 世纪中期持不同教派见解的派别的激进主义信条中复活。掘地派①(Diggers)成员掌控了公地并建立起平等公正的社群。浮嚣派②(Ranters)实践着泛神论的宗教——每一创造物都是上帝,而了解自然就是了解上帝的行为。此等神秘主义、生机论与无政府主义也不断被加以推进,但终归是西方文化主流中的涓涓溪流:直到它们在当今的生态中心主义中再现之前,至少是如此的。

上面所描述的对机体论的第一种和第二种解释,虽然都遭到机械论者的非难,最终却被采纳而成为科学世界观的主流。为什么前两种被"选择",而与自由主义相关的第三种解释却没有被选择呢? 麦茜特指出,其原因乃在于更为广泛的社会与经济变化。

对于一特定的时代而言,存在着一批可资利用的观念;其中一些观念因为无法言说或无意识的原因,看上去对个人或社会群体来说似乎很合理;其他则不然……社会变革的方向及其蓄积在各种可能性中开始分化,某些观念因而在这一批观念中就承担了较中心的任务,而其他一些观念则走向外围。

---

① 17 世纪资产阶级革命时期代表无地、少地农民利益的一个急进派别。——译者注
② 英国共和制时代狂热地排斥一切教会、牧师、宗教仪式的教派。——译者注

培根信条强调通过控制自然这一机器以开创文明。与此相一致的社会变革中,就包括有上面提到的对林地、荒野和沼泽的开垦与"驯化",与重商主义相系的地理大发现之扩大以及殖民主义的增长,还有与此极为相关的采矿业。麦茜特认为,新的经济与社会秩序将这一观念作为其意识形态的核心,即自然与女性(生产与繁衍的领域)应当是被动的和可控制的,以便于开发。因此,当不能被加以控制时,荒野与野蛮(非文明)的看法就扣在了二者身上。比如,土著居民中那些真正被共同拥有的土地,却被欧洲殖民者冠以"荒野"的绰号(Young,1990),从而使得对它们的占有合法化。就那些反对等级化、崇拜自然的万物有灵论的治病术士这样一些女性而言,则被烙上了野蛮和邪恶的印记,把她们当成巫婆来迫害并置之于社会控制之下,就是合法的了。

麦茜特指出,"当旧等级宇宙的联系纽带被切断时,欧洲日益从代表自然的所有东西之外建立起文化"。培根科学中经常性的性别语言、风格、微妙之处和隐喻,使女性的自然成为经济生产的一种资源:借助于"强硬"的事实、穿透性的心智与"推力强大的"辩论,自然的子宫秘密被曲解,而自然被强奸。麦茜特很清楚培根的家长制与阶级分化观点,它们将自身融合于《新大西岛》中的科学乌托邦这一远大图景之中。在这里,培根将进步交托给懂科学与技术的男性。与此同时,笛卡尔提到使"我们自身成为自然的主人和占有者"。此种态度

强化了内在于早期资本主义之中的进步和增长倾向……对深入地球母亲的限制,被转化成了对完全剥夺的赞许。[1]

(Merchant,1982:185,190)

---

[1] 《自然之死》,第204、208页。——译者注

在法国，机械论哲学的兴起也与政治权力上以"理性管理"自然名义进行的集权化相一致。正如我们所提及的那样，到 17 世纪时，存在着大量的污染与资源耗竭的问题。作为回应，英国的约翰·伊夫林（John Evelyn）在其《林木志》（Sylva，1664）中，提倡对森林的保存性管理。

麦茜特描述了更为古老的机体论（我们现在所称谓的整体论、系统和互相依赖的观念）与机械论中理性化趋势的联合，如何产生出环境管理的概念。环境管理与"系统"方法将人类的（效率与生产）价值观应用于自然，却抵制自然中的内在价值这样一些"非理性"的观念。这就是支撑起 19 世纪保存运动（其中，吉福德·平肖的实用主义而非约翰·缪尔的浪漫主义被应用于美国的荒野）的功利主义伦理，它也是 20 世纪科学生态学的基础。

为了可持续的经济收益而进行长远规划，目的就在于通过生态系统的模型化、预测与操纵，使能源生产、经济产量以及环境质量达到最佳化。与相关的社会—自然关系的生态系统观念一道，这些操作恰好就迎合了某种更为"发达的"资本主义热望：也就是说，人们已然充分意识到，持续无节制的资源开采会引发破坏他们资源基础的经济矛盾。从基督教的宰制神旨到管家姿态——即为了上帝而"修饬"世界并对之加以改善，流行中的这样一种缓和倾向，也适用于资本主义的这一发展阶段。

因此，历史的教训在于，观念、态度与价值观的根本转变，通常是与社会和经济安排的根本变革相适应的。这一观点不必成为拙劣的经济主义，认为一切变化都简单地由经济来决定。然而，历史与文化变革中的经济因素绝不可忽略。就此点来说，正如麦茜特（Merchant，1987：265—266）在其研究中所表明的那样，新英格兰的生态变迁在 17 世纪给当地印第安人的生态造成了崩溃性的后果，在 18 世纪则给欧洲资本主义的耕作方法带来了深远影响。

生态革命是人类与非人类自然关系上的重大转型,它们源自某一社会的生产方式与其生态,以及生产方式与生殖模式之间渐次而来的变化、张力与矛盾。这些推动性因素又相继支撑起新型意识、观念、形象与世界观的领受。

因此,"社会的实在观与价值观,就很微妙地支配了欧洲哲学家在面对真理与确定性时的选择和走向"(Merchant,1982:227)。

此外,或许最引人入胜的是:

1500—1700 年间,一个难以置信的转型发生了。一个关于世界的"自然的"观点,即物体除非被一个内在的有机推动者,或被一个"反自然的""力"推动,否则就不动的观点,被一个非自然的、非实验的"定律"所代替,该定律认为,除非受到打扰,物体总是在匀速运动。地球处在一个有限宇宙的中心这种"天然的"感觉,被以太阳为中心的无限宇宙这种"非天然的"常识化的"事实"所取代。资源、货物、钱或劳动被用来换取生活日用品的那种生存经济,在很多领域被国际市场上利润的无限积累所代替。活的有生气的自然死去了,僵死无生命的钱却被赋予了生机。日益增长的资本和世界市场,将会采纳增长、力量、活动性、孕育、孱弱、腐败和衰落这样一些有机体的特性,而将那些使经济增长和进步成为可能的社会生产和生殖关系背后的观念弄得含混不清……也许这一转型中根本的讽刺在于它们被给予了一个新名字:合理性。[1]

(Merchant,1982:288)

---

[1] 《自然之死》,第 320—321 页。——译者注

但正如我们所表明的那样,社会—自然关系的前现代观点,在现代时期并不是都销声匿迹了。现在我们将要继续考察的是这些观念中的一部分如何继续保持活力,并成为现代生态中心主义的根源。

第四章 生态中心主义的现代根源

生态学的早期发展

回应资本主义的发展

第三章所强调的是,有必要在人们对待自然这一现实背景下,不断调整对待自然的态度。它描述了资本主义对自然的开发利用,是如何支持了科学世界观中所固有的开发利用态度,以及如何为后者所支持。但它也提到,在17世纪期间,任何对自然肆无忌惮的开发利用观念如何已经被缓和。森林与沼泽的破坏已很严重,为了可持续的、合理的开发利用,对剩余部分加以管理的必要性逐渐为人们所接受。因此,在转变成为现代科学与道德哲学的生态学中,发展出一重要的分支——这一分支强调作为管理战略的保持。

在理查德·格罗夫(Richard Grove,1990)看来,海外而非欧洲的发展,给予了我们现在所谓的生态主义主要的推动力。欧洲人对待自然的态度,因扩展的殖民地中对自然的体验而得以修正。

一方面是伊甸园神话的复苏:旅行者与商业开拓者的记述暗示,伊甸园可能存在于印度、非洲或是美洲的殖民地那里,那里的"荒野"景观显然未受人类的改变。这就促成了自然的神秘化,使得热带雨林与岛屿成为"西方想象中理想景观与热望"的象征地,就像《暴风雨》(*The Tempest*)中那样。

另一方面,森林采伐以及其他一些商业开发活动的破坏性影响,却是显而易见的。这种情况早在1300年就已出现。但直到17世纪中叶时,对资本主义生态代价的察觉,才开始成长为一种有关地球上自然资源的有限性以及保持之必要性的完善理论……颇为讽刺的是,这种新感受的形成,却是荷兰与英国东印度公司商业拓展所导致的生态破坏这一特定条件下的产物。

(Grove, 1990:12)

这一拓展并非是一场混战(free-for-all),而是为国家所行使的"殖民规则之专制主义本性"所控制。通过保持这一策略,那一控制得以实施——比如,1768 年到 1810 年期间对毛里求斯森林就是如此。它们之所以为人们所周知,就在于一个成长起来的专家团体在热带地区"生态学"上的观念与观察("生态学"这一术语事实上直到 1866 年才被杜撰出来)。这些科学家与决策者——"现代环境主义的先驱"——不只是出于实用主义以及害怕有用物种灭绝这一动机;他们也是让·雅克·卢梭"浪漫主义"的追随者,是"与 18 世纪中叶法国启蒙运动时期的植物学相关联的那种严格经验主义的信徒"。他们"相信,对环境负责任的管理在道德与审美上是当务之急,同时也是经济必然性的问题"。从 1820 年起,他们的观点因亚历山大·冯·洪堡(Alexander von Humboldt)的著作而得到加强,洪堡本人深受精通东方文化的思想家的影响。

在接连不断出版的著述中,他努力传播一种人与自然世界之关系的新生态学概念,这几乎全部吸取自整体论者以及印度哲学家的统一性思维。他将人类附属于宇宙中其他一些力量的做法,对于因人类的无限制活动而造成的生态威胁来说,就构成了一种范围广泛且科学合理的解释。

(Grove, 1990:12)

受此类"生态学者"的影响,东印度公司的董事们对人为引发的气候变化

之危险,在 1847 年时就表达了关注之情。1852 年时,英国科学促进会
(British Association)就报道了热带雨林采伐的经济与物质影响,而在
1858 年时,它就针对全球气候干燥以及大气构成上的变化而刊印了一些
论文。格罗夫总结说:

时至今日,对全球环境威胁的认识,几乎全是一套观念的重复,这套
观念在一个世纪以前就已完全成熟了。

生态学的折中主义

在生态学思想及其相关的生态主义政治哲学的发展过程中,所受影
响多种多样。某些可被认为是"科学的":特别是那些生物学与生态学中
的经验主义以及理性思维继承者,以及为全球贸易与旅游的增长所激励
者。其他一些则是"非科学的":部分来源于 19 世纪的浪漫主义思想。

这样一种二分法立马就引发出一堆问题:像梭罗或是拉斯金这样的
浪漫主义者,也认为自身是"科学的"(比如,对自然极为翔实的经验记
录),而像马尔萨斯或是海克尔(Haeckel)这样的科学家,并不总是与培根
派的陈规相一致。虽然如此,静下来想一想生态中心主义的科学与非科
学根源,在使我们注意到这一思维方式的折中混合色彩方面,会有些
益处。

生态中心主义两面作风的倾向,在唐纳德·沃斯特(Worster, 1985;
也可参见 Worster, 1988)令人着迷的 18 世纪生态学发展的记述中被加
以强调。两条法则的外形就是一种矛盾混合体的象征,也就是沃斯特所
谓的对待自然的"田园主义式"与"帝国主义式"态度。我们可以将前者看
作是生态中心主义的第一条法则,所寻求的是自然与生命中的内在价值、
秩序与目的。第二条是技术中心论的,通过自然的非神圣化以及将之视

为一种机器,从而强调为了人类而对自然出于工具目的的管理。

怀特与林奈

作为一名博物学家以及南英格兰白垩高地(chalk country)塞尔彭(Selborne)教区牧师的吉尔伯特·怀特(Gilbert White,1720—1793 年),更是一名田园主义者。他的《塞尔彭博物志》(*Natural History of Selborne*,1789)不仅记述了当地的植物与动物,而且也"领悟到了造就塞尔彭郊区为一生态整体的多样性之统一复合体"。他提到,牲畜的粪便如何为昆虫从而最终为鱼类提供了食物,以及"自然乃一伟大的经济学家,它将某一动物的消遣转变为另一动物的生计"(Worster,1985:7)。而且他发现了每一看似卑微之生物对于"生物链"的重要性。

在对诸如相互依赖以及食物链这样一些生态学的入门概念加以说明时,怀特意识到自然科学对于人类的潜在价值。但他更想要做的,是重新发现与自然相融的精神,而在诸如维吉尔(Virgil)的《牧歌》与《农事诗》之类的古典作品中,他已发现到此点。正如考珀(Cowper)、格雷(Gray)以及汤普森这样一些诗人一样,他视英国的乡村为维吉尔田园牧歌理想的对应物:"一种充满惬意与宁静的令人神往的田园生活"。

作为怀特的一名解读者,H.J.马辛厄姆(H.J.Massingham)所强调的是,怀特如何将塞尔彭描绘为一处人与动植物的共同体。除了塞尔彭,同时代的那些发展——法国与美国革命、立足于工厂之上的产业制度、科学农业——对怀特来说无足轻重。但就此类发展所造就的大环境而言,怀特的著述最终被广泛认定为医治现代主义祸害的一剂良药。

从根本上来说,由怀特所引发的科学—文学这一整个流派,一直延续到 20 世纪[比如,尤克斯-布朗(Jukes-Browne,1895)、奥斯朋·怀特(Osbourne White,1909)或是伍尔德里奇和尤因(Wooldridge and Ewing,1935)的地质/地理学考察]。它所展示的是一种对于乡居生活的"感情",

（相比于现代地质学专门研究而言）丝毫没有那种更客观、冷静、分析的科学色彩。沃斯特说，这可以被认为是一种从工业主义转向自然的回归之路，但却是经由科学的而非浪漫主义的途径。

假如说怀特的生态学因而就属于一种"田园主义"传统，林奈（Linnaeus）就代表了那种对其研究目标更为纯粹"理性的"与工具性的路径。尽管他也是某种融合的产物，且深深地敬畏着他在斯堪的那维亚当地的乡村生活，他主要的贡献在于把自然划分为"板板正正的序列"（Worster，1985:32）。他的《自然系统》（1749）是"在生态学观点仍旧幼稚的时代唯一最重要的概括"。它描述了地质学和生物学的交互作用之循环本性，以及这一模式贯穿自然始终的统一性。自然是出自上帝设计的一种理性秩序与和谐：上帝仁慈地赋予每一生物一特定的地位（小生境），因而在一种和平共处与丰富充裕的群落中，对资源的竞争就可以达到最低的限度。"自然之中无短缺"，是他对霍布斯主义者所传达讯息的反对。

但人类具有特殊的地位，由此他们能够并且应该为了自身的利益而利用物种伙伴以自肥："万物皆为人类而设。"由此，世界就成为一个理性地加以管理从而获得最大产出的经济体。相比于怀特的生态中心主义生态学而言，此处的政治—经济弦外之音就是技术中心论。

沃斯特（Worster，1985）对林奈学派的描述是，指望通过理性与自然，来传达其基督教的讯息［威廉·德汉（William Derham）的《物理神学》（1713）一书，或是威廉·佩利（William Paley）的《自然神学》（1802）一书的标题就是这种缩影］。其公理之一就是，上帝在自然中创设的完整秩序，其功能就像是一架高效的机器。

某些更进一步的拓展，就带来了精气的观念——有机物借此就与无机物区分开来，因而也就不能被解析、还原，或者反过来说，分列为某些组成部分。这是一种神秘的力量，唯有上帝可以作为依赖。比如说，约翰·雷（John Ray）在《造物体现的上帝智慧》（1691）一书中，引进了"可塑力"

的概念,因此,众生就不能被仅仅认作为自动的机器。沃斯特说道,源于造物者的仁慈,从生物链的顶部所流溢而出的这种生命力,就是自然的机械论模式与异教徒万物有灵论的一种折中。

此种生机论从前近代的传统中延续而来,而且在近代的大部分时期里也可以发现其不绝如缕地接续下来。麦茜特(Merchant,1982)认为,安妮·康韦(Anne Conway)是这一运动中主要的中继性哲学代表人物之一。她的《古今哲学原理》(1690)从根本上是反对笛卡尔哲学的。她是位一元论者,认为物质与精神、肉体与灵魂只是同一物质的不同方面:一种贯注有精气的物质。她的许多想法与哲学家戈特弗里德·莱布尼茨(Gottfried Leibniz,1646—1716年)不谋而合,后者认为实在由独立的单子(不可分的单位)所构成,它们相互镜像却不相影响。虽然莱布尼茨对古典科学中逐渐成长的唯理论与机械论有所贡献,但他同样也熟谙生机论。他认为生命与知觉渗透于万物之中,而且单子按照其自身内在的意志去活动与反应。所以,麦茜特视其为"动态生机论"谱系中的一部分,这与古典科学中死板的机械宇宙隐喻正相对立。莱布尼茨有关自然的内在独立发展原则,与自然朝向日益无序的热力学观点相抗衡,在当代主流绿色文献以及默里·布克金(Bookchin,1990)的生态无政府主义中也有强有力的重申。

林奈学派的另一公理是,通过小生境——生物链中确定地位——的创造,上帝的仁慈业已为每一生物确保了富足。等级制度、反民主以及个体献身于礼俗社会的保守观念,(再次)获得了这一(前现代)原则的帮助。

但是,第三个公理却全然是进步的与现代的,即上述提到的观念,上帝准许人类为了自身的利益管理自然的经济——它的生态。这样一种源于对原始主义的技术中心论式的厌恶,以及对物质进步的渴望,是对那一时代发展起来的主流功利主义文化的追随。沃斯特指出,这是对工业主义价值观以及林奈弟子亚当·斯密的回应,斯密认为自然是一座原材料的宝库,等待着社会的智识去开启。

马尔萨斯与生态中心—技术中心论争的根源

生态中心主义者与技术中心论者在某些方面可能是截然相反的,但矛盾的是,他们都以马尔萨斯主义的前提为出发点。作为技术中心管理主义基础的新古典经济学认为,经济学从根本上来说就是对天然稀缺的资源加以配置。生态中心主义一样,也是"立足于这样一种基本的认识,即稀缺原理是生命不可克服的事实,且随之而来的,就是此有限系统所强加的增长极限"(Dobson, 1990:80)。此外,它还相信,"环境影响不只是技术与富足的一项函数,而且也是绝对人口数量的函数,这就是我们何以承受不起仅仅等待着'人口过渡'的原因"(Eckersley, 1992:159)。

要想找到现代有关增长极限这一辩论的根源,我们需要了解托马斯·马尔萨斯(Thomas Malthus, 1766—1834 年)。我们可以更进一步地回溯到人口增长与生存之间可能存在的冲突这一问题。林奈学派主张,在某一领域存在着承载能力的极限。但是,就像霍林斯沃思(Hollingsworth, 1973)所说的那样:"对人口增长这一进退维谷的境地加以明确化与精确化的努力,正是马尔萨斯对这一想法的特别贡献。"正如沃斯特(Worster, 1985:152)所言,"马尔萨斯史无前例的"论断,就在于铁定的比率以及他对于迫在眉睫的国家灾难之警告。

马尔萨斯的《人口原理》,因而可被视作为对这一论争作出某种科学贡献的尝试。它也是采取一种全球视野的首次尝试:一种现在看来很具生态中心主义色彩的论断。

马尔萨斯的写作是在 18 世纪的末期,当时的工业资本主义在科学与技术的支撑下,开始占据优势。关于社会的进步能够达到何种程度的辩论已经开始了。这一论辩先于近代生态中心主义者与技术中心论者的论争,而且它包含的某些基本原理,是与自由意志与决定论的基本哲学问题相关的。

在这一论辩中,很多人发现,被一群壮大的技术乐观主义者所环绕的马尔萨斯,是一位悲观论者。他的主张是,地球为人口与物质福利设定了增长的极限。在格拉肯(Glacken,1967)看来,马尔萨斯的悲观,源于同时代的旅行者与探险家对于一个拥有如此多变生命的地球究竟有多丰富的观察。生物体的这种丰富与多产——地球的丰饶——是如此不寻常,以至于可以说,若是没有抑制繁衍的手段,每一物种都可无限制地繁育下去。这导致人们走向格拉肯所说的"可笑的放纵",像是布封(Bouffon)伯爵在1794年的观察那样,假如其前进的道路上没有障碍,单一物种就能够覆盖整个地球,或是像达尔文的观点那样,在数千年之内,大象(最为缓慢的繁殖者)就能够填满整个地球——或者像马尔萨斯自己在其《政治经济学原理》中所说的,从理论上讲,人类不仅能够挤满地球,而且能挤满太阳系中的所有星球。然而再清楚不过的是,这一放纵并未发生,乃是因为人口正为战争、饥荒和其他某些必要却"不卫生的职业",以及物种之内与物种之间的竞争所控制着。

的确,一些人以为,此类事件曾是如此有效,自古希腊罗马时代以来,地球上的人口数量事实上在下降。自然衰老论这一主题站在了进步观念的对面。它伴随着这样的有机隐喻,认为地球正在衰落下去,就如所有的有机体自其诞生之日起那样:

你很惊讶的是,世界正在失控? 世界正在老去? 想象一下:一个人他出生了,长大了,变老了。老年了疾病就很多:咳嗽、颤抖、失明、焦虑、可怕的疲惫。一个人变老后:他浑身是病。世界变老了:它灾难重重。

(Mills,1982:243,援引自 St Augustine,AD 410)

1755 年,罗伯特·华莱士(Robert Wallace)主张,古代的人口众多乃是因为他们在道德上优越于现代人。他的论点是,环境限制了人类的数量与福利,而马尔萨斯将此看法发展为这样的观点,即通过人类制度的改革以实现无止境社会进步的那种乌托邦梦想,受到了无法逾越的自然屏障的阻挡。

马尔萨斯的立场在很大程度上是对威廉·戈德温(William Godwin)与孔多塞的反对。这两位都以为,与生存需求相比,"人口过剩"从不会严重威胁进步,这是因为,如果此类事件在遥远的将来偶然发生了,也会被技术手段所克服,或是为能够发现危险并制止过度繁衍的未来社会的智慧所克服。正如所建议的那样,此种乐观的断言是与那一时代相吻合的,而且,它们也与欧洲燃烧起来的资产阶级革命热情这一现实联系在一起。

正是为了反击这一革命,马尔萨斯在其《人口原理》第一版(1798)中所鼓吹的,本质上来说就是一种针对戈德温、孔多塞以及像汤姆·佩恩(Tom Paine)(《人权》,1791)这样一些革命者的论战。这些部分就构成了该书稍后一些版本中的第三卷与第四卷,而且它也没有"科学数据",这些数据是在 1803 年(第二版)及后来一些版本中作为第一卷与第二卷出现的。在最终引用这些数据的过程中,马尔萨斯表明了他自身也至少有几分他那一时代人的特色。因为正如彼得森(Petersen,1979)所观察到的那样,这是一个道德哲学(直接将基督教价值观运用到当时的议题中)让步于政治经济学的时代:在越来越与神性无关的事物之"自然"秩序这一背景下,捍卫"自然"权利。换句话说,相对于超自然事物而言,在宗教到世俗的观点之间存在着明显断裂的情况下,这是一个源于经验的自然法则(以及亚当·斯密所阐明的古典经济法则)占据优势的时期。

确立这种法则需要数据的收集。由于他谈论的是自然法则而非基督教律法,马尔萨斯因而被一些人看作是一名无神论者——尤其自从他似乎对《创世记》中的训喻"要生养众多"加以警告之后。然而,我们在这里需要对主要原因与次要原因加以区别。马尔萨斯相信,自然法则对社会来说是次要的原因或决定因素。主要原因或者说最终的决定因素,仍旧是通过自然法则现身的上帝。

马尔萨斯的论点

马尔萨斯说,人口

> 若不加抑制,每25年就会翻一番,或者以几何级数增长……支撑这一增长的食物……则绝不会同样容易获取。当田地一亩一亩地增加,直到所有肥沃的土地被挤满,人类就有必要加以收敛,年复一年的食物增长就依赖于已然拥有的土地的改良。这样的一种储备,从所有土壤的本性来说,替代增长的必定是逐步的衰减。但是人口若能够被供给以食物,其增长将会永不疲倦地继续下去;某一时期的增长将会为下一次的更大增长提供动力,而且这是没有任何限制的。
>
> (参见《人口原理》第七版,1872年,卷一,第一章)

人口冲击食物供应之限度的趋势,源自"两性之间的情欲",尽管可以对之加以抑制,但却不可逃避。农业生产最多只能以算术比率增长。不妨假设一下:

> 人类种群将以1,2,4,8,16,32,64,128,256这样的数量增长,而生活资料的增长则是1,2,3,4,5,6,7,8,9。在两个世纪内,人口与生活资料的比率就将是256:9;在三个世纪内,是4 096:13,而在2 000年后,这一差异将是无法计算的。

对于农业生产来说,即便按照算术级数来算,也由于对边际耕地越来越多的需求,使得马尔萨斯对其可能的无限期增长也表示怀疑。所以很明显的是,这一"原理"或人口法则就意味着对"通往幸福的人类进步"的阻碍。

然而,当植物与无理性动物的数量增长到极限,而因空间或食物的匮乏又反转过来时,人类则通过理性的运作,以一种更为复杂的方式,对"所有充满活力的生命突破已有食物的限制而不断增长的恒定趋势"作出反应。在增长本能的驱使下,人们禁不住要问,若养活不起孩子的话,是不是会使自己在经济上崩溃且被迫去寻求救济。这样的推理就预先阻止了早婚,而且对无节制的人口增长而言,这种"道德抑制"就成为一系列"预防性抑制"中的一种。马尔萨斯赞成此类有道德的抑制,在他看来,其他一些像是避孕、堕胎、乱交、同性恋之类的预防性抑制却构成了"罪恶"。

马尔萨斯认为,他所发现的预防性抑制的运用是不均衡的:与"未开化"的社会相比,欧洲尤其如此。就前者而言,对食物供给的控制是微不足道的,因此,人口就倾向于围绕生活资料做持续周期性的摆动(就跟动物一样)。

马尔萨斯同样相信,预防性抑制很少为欧洲贫穷与无知的"阶层"所习成,而更为富有与更有教养的人们则结婚更晚且家庭更为小型化。他们的财富是无害的——甚至是一件好事,但对穷人来说,收入上的丁点增长就会导致家庭规模的扩大,因为他们不太可能习惯预防性抑制,也因为其他一些对繁育的限制,像是饥饿、疾病等已被解除。这样一些种类的限制与战争一道,被马尔萨斯称之为对人口增长的"积极抑制"或"苦难"。在预防性抑制无法实施的地方,积极抑制于是就自然而然且不可避免地发挥更多的作用——除非是对贫困的救济以其作用临时加以干预。

如今,反对马尔萨斯人口论的技术中心论者辩论说,虽然人口可能倾向于以几何级数增长,人类规避这一问题的创造力与技术才能,却能够无限制地增强。同时,人口统计学家常常批评马尔萨斯论点的经济学一面。批评者认为,对于某些群体而言,人口增长率是随着收入的提高而有规则增长的。尤其是在对穷人有利时,普遍经济增长因而将自动地带来生育的增加,这将会挫败经济增长的目标,因为总的财富不得不为如此之多的人所分享。人口增长因而就带来了"苦难"的增长。它使工资降低,因为人口越多时,劳动力市场就萧条下来。低工资促使耕作者与地主雇佣更多的劳动者,农业生产力因而就回升,从而提高了承载能力并促成了更进一步的人口激增。直到达到终极限度,否则这一切将继续下去。在萧条期,穷人们往往推迟生育("结婚"),但随着繁荣的回归,更多的人将组建家庭,从而就增加了生存的人口压力。马尔萨斯认为,由于在农业生产与婚育数量之间所存在的这种正相关主要适用于下层社会,这一切因而就被人口统计学家与历史学家所遮蔽了,因为大多数的历史叙述的往往是上层社会的历史。

尽管生态中心主义者常常坚守着马尔萨斯的论点,但历史似乎证明其是错误的。因为随着西方社会的经济增长,避孕者增多,人口稳定性增强,且/或在所有的社会经济团体中人口都有下降。现代的人口统计学家使用"人口过渡"这一术语来描述所观察到的事实,即当一个国家的平均家庭收入与生活水平上升且死亡率下降时,出生率也会下降。

马尔萨斯的政治批评者从左与右的(Chase,1980;Simon,1981)两种立场出发,通过剖析他极为明晰的意识形态讯息后指出,正如其他一些自由主义的与社会主义的社会改良观念一样,由于科学的人口法则(且不是因为漠不关心的或不能胜任的政府)的存在,从总体上提升穷人的经济地位的任何尝试注定都是弄巧成拙的。马尔萨斯将其科学研究转化为意识形态,本书将在第五章探讨。

作为一名科学家的马尔萨斯

尽管马尔萨斯表面看来是为其政见所推动,但从培根哲学的意义上来说,他的《人口原理》被认为是一部科学著作的理由非常充分。因为他的"原理"或科学规律表面看来是对事实的总体概述,其方法是在观察与实验基础上确立起来的归纳,而且常常……以精确的形式予以表述……从理论上来说,科学规律在形式上具有严格的普遍性与确定性,是对某一特定种类的事物全体成员的断定。

(Bullock and Stallybrass,1988:761)

现代的传记作者与批评家们似乎并不怀疑的是,马尔萨斯的确可以被看作是一名科学家。作为人口统计学家的霍林斯沃思(Hollingsworth,1973)将其描绘成一名道德家与政治家,而且也是一名社会科学家与人口统计学家,"尽其可能地精确追踪不同国度中的人口趋势,并讨论种种差异的原因"。施奈伯格(Schnaiberg,1980)称马尔萨斯为一名"早期的与杰出的"社会科学家,而且马尔萨斯似乎在同时代科学家中也获得了某些声望,成为一名皇家学会会员(FRS)、英国皇家统计学会(RSS)特别会员、政治经济学俱乐部(PEC)成员。

他的《人口原理》看来可能已通过其所发展的归纳法取代了演绎法。充满论战的第一版以两条"永恒性法则"开篇:"食物为人类生存所必需",以及"两性间的情欲是必然的,且几乎会保持现状"。由此推论出,人口的增殖力远胜于地球提供食物的能力,从而引进几何与算术比率作为补充原理。

然而在第二版以及后来的几版中,研究途径发生了变化,马尔萨斯以经验为主,罗列出所收集的证据,从中归纳出人口原理。艾尔弗雷德·马歇尔(Alfred Marshall)评价马尔萨斯是一位不折不扣的经济学家(Petersen,1979:53)。在霍林斯沃思的描述中,卷一与卷二所专注的是那一时代了不起的完整的人口统计学调查,尽管彼得森承认,有些人认为人口数据"性质可疑",但他还是提到,"马尔萨斯终其一生都在努力改进他的理论陈述,搜集事实以作为修正的基础"。

的确,调查看上去很完整,因此,从中得出的任何法则都可被认为是普遍适用的。卷一所论及的,是在"世界未开化地区"以及过去时代的人口抑制。卷二论述的是近代欧洲的人口抑制,范围及于斯堪的那维亚、俄罗斯、中欧、瑞士、法国以及英国。

在人口数据一般来说稀少又难以获得的情况下,这些论据的来源各种各样,而且主要都是二手的。有来自传教士、航海者、探险家的报道,有地理学与历史学的纪录,以及对遥远国度风俗习惯的观察资料。还有人口登记簿与物价指数。詹姆士(James,1979)说,马尔萨斯还请教过 102 位权威人士。此外,从旅行者那里孜孜不倦地收集趣闻轶事;尤其是他终身的朋友爱德华·克拉克(Edward Clarke),曾游历俄罗斯与其他一些地方,始终在寻求对马尔萨斯所论及的人口抑制问题的解答。而且,马尔萨斯本人在 1799 年也到法国与瑞士以及挪威旅行过。彼得森(Petersen,1979:50)将他描绘成一名充满热情的科学家,"诚挚而不迂腐;对任何事物都充满了兴趣",而且对金融、经济趋向、利润与工资以及人口——包括防止早婚的制度安排都做了一些札记。

然而彼得森还是承认,马尔萨斯的斯堪的那维亚之旅是"一件相当偶然的事件",他并不懂挪威语,而且只是游历了那个国家的部分地区。当然,我们今天可能认为他的论据是如此无系统,且充满了轶闻趣事。詹姆士(James,1979:97)记载了马尔萨斯在对瑞士进行论述的章节中,如何使用了

我们雇佣的马车夫对于其国家中人口过剩的理性对话,他(马车夫)对那些过早的婚姻抱怨很大,认为这是"国家的陋习"。

[摘录自哈丽雅特·埃克瑟尔(Harriet Eckersall)的日记]

而第一卷第四章对美洲印第安人人口抑制的论述,则典型地属于那种冗长散漫的记述,概括细腻而全面,对于现代的读者来说,很难从中感受其作为一名科学家的力量所在。

一般都说美洲妇女生育得太少。有人把这种少育的原因归结于男子们对他们的女人缺乏热情……可能在很大程度上存在于一切食物粗劣而不足且经常感到饥荒或敌人的压力的野蛮民族中。布鲁斯(Bruce)屡次注意到这一点,尤其是关于阿比西尼亚(Abyssinia)边界的野蛮民族格拉(Galla)和上格拉(Shangalla)的这种情况,而韦郎(Valliant)则提到赫登多特(Hottentots)(南非洲的一个民族)的滞钝性情是他们人口稀少的首要原因,乏欲好像是由野蛮生活的困苦和危险所产生的。[①]

论述就是这样继续下去,有婚姻中的风俗与习惯之轶闻,有不同国度中的各种常见病,有同类相食(积极或是预防性抑制),有战争的嗜好,有农业与土壤以及气候。然而,尽管存在着这种经验主义的努力尝试,我们也不得不同意霍林斯沃思的话:"作为一名人口统计学家,对于现代意识而言,马尔萨斯的真正弱点在于,他太喜欢一般理论了,而对于经验的结果则兴趣不浓。"马尔萨斯写给维也纳统计局局长的一封信,为这一判断作出了印证,援引自詹姆士:

正如您极其正确地观察到的那样,奥地利帝国属下的广大地区极少进入我的视野。原因之一在于……与之相关的统计资料不是那么容易就能得到的;另一原因在于,对我而言,不太费力就能搜集到的资料,看来可能就有足够数量的例证来证实我所考虑的原理。

这就证实了蔡斯(Chase,1980)的看法,即马尔萨斯"不是一个为纯粹事实所胁迫的人,直至其死,他还是坚持其中心法则"。这就是为自然法则所确定下来的人类食物与人口增殖之间的比率。

---

① ［英］马尔萨斯:《人口原理》,子葙、南宇、唯贤译,商务印书馆1961年版,第21页。——译者注

的确,马尔萨斯在他的世界调查中所主张的,无疑是去寻求一种自然法则的建立:一种历时空而不变的普遍适用的原理。正如格拉肯所言,整个地球被作为恰当的研究单位,而人口原理则被认为是无处不在地发挥着恒常的效力。霍林斯沃思把那种将"人类的人口统计与社会的发展还原为两个数学法则,即几何与算术级数"的意愿,归结为马尔萨斯的数学训练。

然而,马尔萨斯所假定的关系在准确性上有多高,它们是否是从数学的角度加以精确地建构,这些问题依然存在。尽管马尔萨斯可能已经发现了在经济增长与穷人中婚姻数量之间所存在的正相关关系,但是,声称这一关系显示了某种因果逻辑,却完全是另一回事。当然,从可资利用的数据中,马尔萨斯或许会作出不同的解释与结论。事实上,将经济增长与更多的财富、更进一步的文明以及人口增长的衰退联系在一起,在那一时代几乎是没有什么经验来验证的。甚至从可视性证据来看,似乎只有肮脏与过度拥挤的城镇才与经济增长联系在一起。但从另一点来说,马尔萨斯确实有证据表明,更有益于健康(且更富有)的社区,死亡率更低,出生率也更低。他可能已在二者之间归纳出某种因果关系,并继续作出包括物质财富再分配在内的适当的社会建议。他似乎并不提倡社会与经济现状中的大量变革,这也许可归因于某种自由价值的缺失。然而,这样一种缺失是否使他不被认为是一名合格的科学家,却是令人怀疑的,而且这一主题在第五章中会重新加以探讨。

达尔文与海克尔:生命之网与机体论

达尔文

跟马尔萨斯一样,查尔斯·达尔文(Charles Darwin,1809—1882

年)可被认为是 19 世纪杰出的伟人,除了别的以外,他的观念还启迪
了现代生态中心主义中的科学学派。尽管生态系统观念与系统理论的
历史是复杂的,且受到诸多的影响,但任何人都能够在《物种起源》
(1859)的第三章中,看到它们的基本轮廓。在达尔文学说中,人们还能
够发现

> 两种相互对立的道德内涵:占主流的支配自然的维多利亚道德观,以
> 及一种正脱颖而出的深植于田园主义与浪漫主义价值观中的生物中心主
> 义态度。①

(Worster,1985:114)

与托马斯・赫胥黎(Thomas Huxley)的《人类在自然界中的位置》(1863)
一书一道,《物种起源》诞生于一个对自然界进行大量经验观察的年代。
达尔文写道:"我是按照真正的培根原则进行工作的,在没有任何学说偏
见的情况下,大量收集事实。"(援引自 Ferris,1990:233)因此,达尔文进
化论是在古典科学的模式中陶铸出来的——但其结果与内涵却和那种人
类与自然相分离的笛卡尔科学观相反。因为它将人类径直放在了剩余自
然之中。

达尔文与华莱士,特别是赫胥黎一道,指出了人类与动物之间的亲缘
性,比如说,强调智人与猿以及他们共同祖先之间在结构上的相似特征。
而且,人类仅仅是构成地球上众多物种中的一种——不多也不少。更为
重要的是,所有物种都在一张"生命之网"中密切地联系在一起:前近代生
物链更为复杂(因为不只是线性)的近代等价物。

达尔文的方案,作为 19 世纪(参见 Oldroyd,1980)极为盛行的众多

---

① 参考[美]唐纳德・沃斯特:《自然的经济体系:生态思想史》,侯文蕙译,商务印书馆 1999
年版。——译者注

进化理论中的一种，认为某一物种成员之间发生的变异完全出于偶然。成员个体之间在生存斗争中的获胜者，将那一物种传递（被选择）下去，而这一斗争源于马尔萨斯主义的难题，即天生就没有足够的资源加以分配：达尔文阅读马尔萨斯著作后所接受的一个"难题"。

因此，"最适合"的个体，也就是说那些所具有的特征最适合于某一环境者，要比那些无力适应者更有可能存活下去。后者的灭绝也就是正常的了。从其理论的这一方面来看，达尔文与赫胥黎明显且公然认可资源的固有斗争，以及来自马尔萨斯的竞争及最适者生存这一观念。由此之故，从人类社会的观察中所获得的观念就被达尔文运用到了自然中去，他宣称，对于动物来说，以充满竞争性的霍布斯主义方式去行动是"合乎自然规律的"。事实上，"适者生存"这一短语取之于赫伯特·斯宾塞（Herbert Spencer），构建出社会进化理论的一位社会学家。达尔文以隐喻的方式将社会实践的特征转换到生物学中去。这样做的意识形态内涵在第五章中有更深入的探讨。

达尔文本人并不否认其社会影响，但与此同时却可以提出某些要求，认为应把他的理论建立在艰苦卓绝的科学探究所获取的庞大经验依据上。他的归纳法立足于16世纪开始的探险航海时代，以及对"遥远"地区与欧洲的自然分类。动物学家、植物学家、地质学家——都在进行着一场盛大的经验主义演习。布封、林奈以及冯·洪堡是其中的一些领军人物。这当然也是不能与其社会背景相脱离的——是与探险与殖民主义以及帝国主义的时代相关的，彼时西方工业主义的扩张动力，使得新资源、廉价劳动力来源以及最终是新市场的发现成为必需之事。

达尔文的著作十分强调异域中的观察〔比如，贝格尔号（Beagle）皇家军舰的航游就帮助他发展了他的珊瑚礁理论〕。他在《物种起源》的第一页上这样写道：

归国以后的 1837 年我就想到,通过耐心搜集所有相关的事实并对之加以反思,也许可以获得某些成果……经过五年的工作之后,我专心思考了这一问题。

这是对其出类拔萃的归纳过程的描述。

系统的观念在他的著述中特色明显——它传递了这样一种讯息,即包括人类在内的自然中所有物种间具有关联性。《物种起源》第三章的题目是,"在生存斗争中一切动物和植物相互之间的复杂关系"。他在这里写道,当斯塔福德郡(Staffordshire)极度荒芜的荒地被转变成为冷杉林地时,鸟类与昆虫的生活是如何随之而发生了改变。在费勒姆(Farnham)他注意到,牛是如何决定了苏格兰冷杉的存在——当牛群被关在荒地之外时,冷杉就成长起来。在巴拉圭(Paraguay)他观察到,食虫鸟的数量是如何制约着寄生性昆虫的数量,后者又制约着它们作为食物之源的蝇的数量,后者又制约着在初生的牛犊、马以及狗的肚脐中所产下卵的数量。如果这种蝇产下的卵的数量下降,就会导致家畜生活习性的改变(它们将成为野生的——脱离栅栏、成群游行)。这将使不同地区的植物群落大为改观:"反过来,这又将在很大程度上影响到昆虫,从而又影响到食虫鸟,这种复杂关系的范围便继续不断地扩大。"[①]这样的话,他就描述了巴拉圭的"生态系统",强调这一系统之内所有部分间的相互依赖性。他也说过:

从长远看,(竞争与斗争)的各种势力是如此协调的平衡,以至自然界可以长期保持一致的面貌;虽然最细微的一点差异肯定能使一种生物战胜另一种生物。

---

① 　参考[英]达尔文:《物种起源》,周建人等译,商务印书馆 1995 年版。——译者注

这就是处于动态平衡中的系统观念。而且当描述到猫与花之间的关系时,他突出了自然中此类关系的错综复杂性。猫决定着野鼠的数量。野鼠则决定着土蜂的数量,因为它们毁坏土蜂的蜜房与蜂窝;而土蜂通过授粉又决定着三色堇与红三叶草的成长。这样的话,

> 生物彼此的依存关系,有如寄生物之于寄主,一般是在系统颇远的生物之间发生的……每一生物的构造,以最基本的然而常常是隐蔽的状态,和其他生物的构造相关联,这种生物和其他生物争夺食物或住所,或者它势必避开它们,或者把它们吃掉。①

而且,我们对于"一切生物之间的相互关系"实在无知,部分就在于这些关系的复杂性,相比于对非生命物体的控制而言,这些关系更难确定。

> 将一把羽毛向上掷去,它们都依照一定的法则落到地面上;但是每枝羽毛应落到什么地方的问题,比起无数植物和动物之间的关系,就显得非常简单了,它们的作用和反作用,在若干世纪的过程中,决定了现今生长在古印第安废墟上各类树木的比例数和树木的种类。②

与物理和化学法则相比,达尔文在此也描述了生物学法则的相对不确定性,由于游离于单一因果关系之外所带来的困难,后者的预言能力因而就大打折扣了。

考虑到达尔文地位的举足轻重,探求他对于生态学以及此后的生态中心主义的影响,就显得尤为重要。在沃斯特笔下,回答却是晦暗不明的。就像 18 世纪的博物学家一样,对于自然以及社会与它的关系方面,

---

① 《物种起源》,第 89、91 页。
② 《物种起源》,第 89 页。

达尔文的生态学中包含了几种时而冲突的看法。

　　一方面，达尔文的早年经历使他倾向于一种"反田园主义的"令人绝望的自然观。在加拉帕格斯群岛（Galapagos Islands），他所看到的是一幅阴郁、邪恶且充满敌意的景象。在南美洲，他所看到的是为生存空间而展开的残忍竞争，欧洲入侵者对当地物种的大量毁坏，以及一幅化石记录所证实的大量灭绝。在伦敦的暂住，目睹人性以及那种经济竞争与斗争过程所导致的一切，使他感到厌烦。因此，当他在 1838 年读到马尔萨斯《人口原理》一书的时候，他已"为欣赏到处都在进行着的生存竞争而作好准备"（援引自 Worster，1985：149）——视这一进程为普遍法则。

　　在影响达尔文的几个人物中，最为重要的就是马尔萨斯。博物学家查尔斯·莱尔（Charles Lyell）是另一个。在他的《地质学原理》（1830—1833）第二卷中，莱尔探讨了动物与植物散布的过程，以及这种无处不在的散布如何将个体与物种置于激烈的食物与空间竞争之中。结局就是暴力——一种普遍的自然法则。沿着"物竞天择"这一路线，莱尔主张暴力是正当的，而且这也包括人类对自然的暴力在内。

　　达尔文的理论遵循并从根本上促成了生态学中这种"帝国主义式"传统的延续。这样的话，它所反映的就不只是来自某些个体、"伟大思想家"的影响了，尽管他们可能曾经如此。它也反映出主导那一时代的智识氛围，反过来说，这又是与经济发展活动，也就是说，是与人们通过工业资本主义而在相互之间以及对待自然上的所作所为分不开的。

　　麦茜特（参见第三章）所确认的宰制与控制"野性自然"的道德规范，在 19 世纪更晚些时候的绘画、诗歌、音乐中普遍盛行。沃斯特所称的"大量的恐怖"，在自然的描绘中很容易就能找到，"腥牙血爪"。在这里，坦尼森（Tennyson）的警句就在天才画家埃德温·兰西尔（Edwin Landseer）所描绘的自然屠场景观中展示出来。正如戈尔德（Gold，1984：26）在谈及他对嗜杀、暴虐、残忍的动物的印象时所言,"如果没有感受到这些动物的暴力形象实际上就是对于社会的描述的话,就很难看穿他作品的主题"。对于这种对自然——以及,通过社会达尔文主义——对社会的解释,达尔文以与个人喜好无关且客观(即源于经验)的"事实"给予支持。

但是,正如上面所提到的,达尔文主义中的其他主题,也反映出当今生态中心主义者更加喜欢的良顺生态传统。最为重要的是,生命之网对于达尔文来说,就意味着自然是协作整体的"一项伟大计划",其中最不起眼的生物都至关重要。从根本上来说,具有共同起源的"共同的家系"中,达尔文的"生物中心观"看到了创造物的手足情谊。

达尔文同样为现代生态中心主义对于多样性的认识打下了基础。他辩论说,为了避免对某一小生境的竞争,物种能够开拓新的小生境(该术语在此不只是指某一特殊的空间,也是指在生态系统之内的某种功能或角色)。他理论中的这一(不太成熟的)方面,可能不仅意味着生物间的和睦,也(正如赫伯特·斯宾塞所赞成的人类社会那样)意味着功能数目的增多与复杂性的加深,是高度发展的精致社会的标志。

沃斯特察觉到,达尔文思想中的那种"田园主义"思路,是被博物学家冯·洪堡影响的结果。达尔文满怀热情地阅读洪堡记录其拉丁美洲见闻的《自叙》(1799—1804)。它提供了一种整体论的自然观:比如在植物的地理学那一卷中,洪堡认为,植物不只是特别的物种而已,而且也是一种大组合,相因于不同的(气候)环境而聚集在一起。在这一点上,洪堡本人深受浪漫主义哲人歌德的影响。的确,沃斯特称洪堡的著作是科学与浪漫主义的欢聚,所带来的是生态和谐而非冲突的讯息。

然而,这一点对于达尔文的影响似乎还是被冲突的主题所淹没。因为,即使当达尔文提到变化多端的小生境乃避免竞争的途径时,他也不认为这种方法是恒久不变的:某一小生境的老迈占有者迟早会被新来者赶出去。毫无疑问,由于这是进化"机制"的一部分,所以这也是所有生命朝向更高效率与尽善尽美这一过程的一部分。相对于生态中心主义者试图将其作为理想社会一部分的那种温和的、田园主义关系而言,这样一种机制可能很难说是对它更多的反对,反而是现代生态模式所继承下来的传统的一部分,而且生态中心主义对此往往十分着迷。

海克尔

"生态学"这门科学更进一步的发展是由埃内斯特·海克尔(Ernst Haeckel,1834—1919 年)做出的,他在 1866 年出版的《普通形态学》一书中首次使用了这一术语。他从希腊语的"oikos"一词发明出"oecologie"一词,意思就是"家务",这也是语词"经济"的来源,现代环境主义者就强调过这一点。海克尔对生态学的定义是,对一切存在的环境状态的研究,或是"一门关于活着的有机物与其外部世界,它们的栖息地、习性、能量和寄生者等的关系的学科"①(Worster,1985:192)。生态学所研究的是"自然的经济体系"。

安娜·布拉姆韦尔(Anna Bramwell,1989)认为,海克尔对现代生态主义的影响相当可观。他促使生物学从其与古典科学哲学的姻亲关系中转移出来,朝向一种整体论的视角,从而给人类传递了某种关于社会—自然关系的讯息。海克尔对其政治意图并不讳言。他建立了"一元论者联盟",是一名拥护共和政体的无神论者,且力行自然崇拜。D. H. 劳伦斯(D. H. Lawrence)深受其影响,且通过劳伦斯,影响又波及土壤协会(现在是一个代表有机农场业者与园林业者的主要组织)的创建者。布拉姆韦尔认为,海克尔开创了生态主义的科学源头,使得那些为工业资本主义的后果及其价值观所疏离的浪漫主义者为人们所信任,并具有了科学合法性。

---

① 《自然的经济体系:生态思想史》,第 234 页。

她说,海克尔作为一名生态学者的政治意义,体现在三个方面:

首先,他视宇宙为一统一而稳定的有机体……由此就有了他的一元论,不管被界定为全是物质还是全为精神。其次,他同样相信,人与动物具有同等的道德与自然地位,所以他是不以人类为中心的。第三,他鼓吹的信条为,自然是真理以及人类生活明智指南的源泉。人类社会应根据自然世界的科学观察所表明的路线被组织起来。

我们在这里就会认出当代生态中心主义的某些特征,尤其是在深生态学中此点最为有力。它们就是整体论(一元论),生命伦理,以及"自然界最有智慧"那一原则。

海克尔极力反对古典科学中心身割裂的二元论,以及其中所蕴涵的人类—自然、情感—理性的二元论。正如布拉姆韦尔所表明的,"一元论对于二元论的反抗在于,精神与物质是同一的,因为世界存在于同一水平上"。你可以将世界都视为是精神的(就像在现象学与唯心主义中那样),或者都是物质的(如同在科学唯物论中那样),是哪一种都无关紧要——它总是同一的。海克尔吸取了歌德、卢克莱修、布鲁诺以及斯宾诺莎的观念,并且说他们展示了"宇宙的同一性,能量与物质间不可分解的连接"。并不存在像真空这样的事物,它充满了"以太"与原子。

作为一名热情洋溢的进化论者,海克尔也赞成动物与人类之间的平等,二者在第三纪中拥有共同的起源(他甚至还是那些认为在人类与猿之间必定存在某一"缺失环节"的人们中的一员,参见 Coleman,1971)。他否定了人文主义那种人类具有唯一性与特别性的自负,而是相信,更高等的脊椎动物同样展示出"理性的萌芽"与"宗教和伦理行为……社会美德……意识、责任感以及良知的迹象"。

一元论教导我们说,我们是……地球的孩子,在一代或两代或三代的时间里,很幸运地享用其宝藏。

(援引自 Bramwell:49)

海克尔在百年前就写下了这样的文字,而今天的生态中心主义者不过是在逐字逐句地重复而已。稍后的生态中心主义者也与海克尔一样,对佛教充满兴趣,"一种给予众生平等地位的宗教"。海克尔甚至早就对林恩·怀特对于基督教的抨击作了回应,认为基督教将人类提升到动物之上并使人类与自然相分离。他赞成一个充满神性的自然——而非一个脱离并超越于自然的上帝。进一步说,既然我们也属于自然,我们因而就是神——一种弥漫于当今新纪元主义中令正统的基督徒懊恼的信仰。

在海克尔与现代生态中心主义,尤其是深生态学之间,存在着为数更多的关联点。比如,作为民众运动(Volkish movement)的先知,他的主张是,每一个体都可以属于比他或她更伟大的事物。也就是说,人们与他者以及宇宙整体有神秘的统一。而且正如达尔文所发现的那样,进化过程没有被视为一种机械的过程,而是作为一种宇宙力量——自然创造力的显示(Gasman,1971)。海克尔的进化一元论在当代生态中心主义的观念中被再次提炼出来,不仅呼吁着浪漫主义,而且也呼吁着 20 世纪的科学,去关注人类与自然的关系以及社会变革与进化。

加斯曼(Gasman)说,与工业主义和科学革命的发现一道,进化构成了海克尔所向往的新泛神论宗教的基础,在一批生物学精英的领导下,形成强势的国家权力之核心,就能够使德国人民与自然法则处于和谐之中。

在所有这一切中,海克尔显然为"人民群众那些根本上来说非理性与神秘的观念"披上了科学权威的外衣(Gasman,1971:xxiv)。他的"重演论"的"生物发生律"宣称,有机个体的生物发展,必定是以一种简缩的形式对其祖先——进化——发展过程的重演。每一个体因而就再次经历并

221

再次体验了进化过程,参与到永恒的轮回与自然整体之中。这一理论,现在虽名声不佳,但过去却影响了半个世纪。在对此点以及其科学的其他方面加以发展的过程中,海克尔"习惯于对科学真理予以滥用,以确定他的学说更容易融合在一起"。这些学说是"一种最为拙劣的哲学体系……大量的矛盾……披着宗教的外衣,他在其中即刻成为主教与会众"(Singer,1962:487—488)。海克尔的科学因而似乎为某种意识形态的原则所驱动:这也许是他与今天的生态中心主义者所共享的另一特性。

特别是在某一点上,海克尔并没有完全同意那一时代其他一些主要的进化论者的观点。赫胥黎和其他一些人是机械论者,但海克尔是一名生机论者。他以为,包括人类在内的自然所具有的那种生命力,是不可以通过还原与分析去理解的。布拉姆韦尔告诉我们说,海克尔的一个学生是汉斯·德里施(Hans Driesch),他在20世纪头10年还继续为生机论作辩护。他的主张是,在任何具体的事物背后,都有一种目的论(某种固有的目标)的存在,不管我们将之认作为有生命还是无生命。的确,后面这两种状态的唯一区别就在于,在有生命的事物中,生命力的运转是在一种更为强烈的水平上进行的。生命为一更高的意志和目的所掌控——这种意志和目的就是生命力。

在此类观念中,海克尔就将前近代有关自然的观念注入到了现代科学中去,而且他的机体论是现代性中反传统文化的一部分。继续发展了这一传统的有青年马克思(社会—自然的辩证法),亨利·伯格森(Henri Bergson,1859—1941年,他提出了生机这一假说),德里施、威廉·赖希(Wilhelm Reich,1897—1957年,他在生命力的基础上发展出如同性能力的"生物能")、简·克里斯琴·斯马茨(Jan Christian Smuts,1926)、阿尔弗雷德·诺斯·怀特海(Alfred North Whitehead)以及20世纪二三十年代的"生态学"运动。这是生态中心主义中盖娅主义者那一派的一部分。布拉姆韦尔说,在20世纪早期,生机论从科学视野中消失并"回撤到哲学中去,它仍旧是一种充满活力的亚文化,第二次世界大战以后在存在主义与大众科学中都有所表现"。

人类生态学与地理学

达尔文与赫胥黎径直将人类置于自然界之中,人类因而就成为"生态系统"的一部分。从 1910 年开始,"人类生态学"这一术语被用于人类及其环境的总体研究(Stoddart, 1966)。这是一种描述地理科学的方式,而巴罗斯(Barrows, 1923)在其对美国地理学会所作的极富影响的主席致辞中,为地理学以及地理学家描绘了一种未来的范式。他说道:

地理学将致力于弄清楚自然环境与人类的分布及其活动之间现有的关系……从人类对环境的适应这样的观点来看。

对于这种确定性的人类生态学范式而言,其组织性概念就是区域。在区域地理学中,人与环境应以一种综合的、整体的方式被加以研究。自然与人类的系统以及它们间的相互关系,将被认为是某种具有独一无二特征、定义明确的空间认同图像——一个存活的生态系统——之产生。这一类型的区域地理学遵循的是法国地理学家维达尔·白兰士(Vidal de la Blache)与让·白吕纳(Jean Brunhes)的传统,在 20 世纪初的时候,他们从独具特色的文化区域这一视角来描述法国。

整个区域被看作是活的有机体,就如同国家那样。因为假如地球是活的有机体,那么,它的自然区域也将是有生命的。而且,如果国家立足于自然区域之上,那么,它也必定是一生物体了。这一想法在国家理论上从而具有了险恶的政治内涵,就如同达尔文的生物体一样——为了"生存空间"(*lebensraum*)而与他者斗争——而受到纳粹的支持。

德国的社会达尔文主义在 19 世纪成长起来,且与德意志国家的崛起相关联。在贝赫尔(Biehl，1993)看来，它的主要发言人之一就是海克尔，"一位神秘的种族主义者与国家主义者"，由此之故，德国的社会达尔文主义几乎就是直接与生态学密切结合在一起。贝赫尔认为，海克尔赋予了民众主义的非理性神秘主义以科学合法性。

民意(*volkisch*)亚文化视德国国家的新生为德国民族的真正成熟。它试图在重新统一的德国中，重建那种理想化的异教徒与中世纪的黄金时代。格里芬(Griffin，1991:88)说，这是一种"再造的神话"——一种宣扬新造的人的神话(参照新纪元主义)。

民众主义者梦想着使每一个德国人都担负起对其自然环境与地形环境，简而言之，对其区域景观的责任。

(Gasman，1971:xxiv)

于是，海克尔期望人类回归自然的那种想法，就转化为对民众主义神话的支持，不管过去还是现在，人们本质上来说还是扎根于他们的家园、故土以及国家之中。这又转化为"鲜血与祖国"这一意识形态，由此，在"传统民族"与其国家之间所设想出来的这种紧密联结，在 20 世纪就被加以利用，来煽动起那种以法西斯主义为特征的极端民族主义：这些看似"生态中心主义"的观念，受到了处于领导地位的纳粹分子的狂热支持(Bramwell，1985，1989)。部分出于这一原因，但更主要是因为"自然"区域越来越难以识别与保持，地理学家在其学科中放弃了这种地方主义。

但是，随着生态中心主义的兴起，它又重新流行起来：尤其是通过生物区这一观念。这就是某些生态中心主义者[比如，约翰·帕普沃斯(John Papworth)和柯克帕特里克·塞尔(Kirkpatrick Sale)]所认为的应该成为基本政治单位的空间单位，用以取代民族国家。它将是自给自足的，而且它的居民及其特色都将是作为一个紧密的有机整体的一部分。

其疆界将由明确的地理特征所组成,像是山脉与水域那样。就像那些民众主义者一样,生物区域主义者如今梦想着把我们都系缚在我们的区域景观上。他们的论断也是对如下观念的复活,即利奥波德·科尔(Leopold Kohr)在20世纪50年代提出的,以自然区域的真正联盟取代民族国家。

浪漫主义、自然与生态学

浪漫主义的本质

浪漫主义在两种意义上滋养了现代生态中心主义。首先,它是一种独特的心理倾向,在今天就意味着想象力的释放、情感、激情、非理性主义以及主观主义(Williams,1983:274—276)。同样,它可能也会对它所设想的一切加以理想化与神化。自然、乡村以及民间社会的浪漫理想化,就构成了艺术与通俗文化中的一个悠久传统,从古典时代延续至今。在沃斯特的生态学历史所探查到的"田园主义"流派中,我们业已与之有过邂逅,而现代的生态中心主义者则往往浪漫地看待自然,就像英美人通常所做的那样。

其次,拥护并发展了这种浪漫姿态的18世纪晚期与19世纪的浪漫主义运动,常常通过某些非凡人物的影响,而与现代生态中心主义建立起牢固而直接的历史关联。比如说,沃尔(Wall,1994:67,90—91)就把威廉·布莱克(William Blake,1757—1827年)描绘为一位"诗人、整体论哲学家以及20世纪众多绿色思想的灵感之源"。他的生命伦理情怀,部分源于西方那种整体论的传统,部分源于东方哲学。沃尔写道:

在综合并传播这种古老知识上,威廉·布莱克的影响不可低估。在

225

布莱克的启发下,金斯堡(Ginsberg)促成了 20 世纪 50 年代避世运动(Beat movement)的开创;避世运动顺而又为 20 世纪 60 年代的反传统文化提供了基础,从中就生长出了现代的绿色运动。

浪漫主义运动是一种艺术与思想的运动,一般来说经由文学、音乐、绘画以及戏剧表达出来。但它不只是一套与现实世界中正在发生的一切毫不相干的观念而已。因为它显然是针对社会中的实质变化而发出的一种反抗,这些变化是与 18 世纪工业资本主义的浮现与扩张相伴随的。在这一转变中,生产日益集中到城市中去,城市不再仅是乡村产品的收集与消费之地。工厂运动与大规模生产,在那种对狂暴的自然力加以释放并控制的过程中建立起来。正如某些人所观察到的那样,与营利动机联合在一起的种种进程,"恶化并破坏了"环境。城市史无前例地成长为肮脏与贫困的中心。它们开始象征着放任主义的自由主义哲学之失败,这一哲学认为,从根本上允许人们遵循其私利,一个完美的社会就会到来。人口从土地上迁移出来,与经济上高效的生产方法之理性探寻(包括劳动分工、计时制与机械化)一道,合伙造成了大批民众与其土地以及相互之间在精神上的疏离。正如马克思与恩格斯所认识到的那样,他们变身为生产单位——一架非人的生产机器上的小齿轮。人类与自然被客体化,被降低到商品的地位。

社会的上流阶层也不断变动。新兴的资产阶级正在取代老朽的土地贵族阶层,拜伦(Byron)、雪莱(Shelley)以及其他一些浪漫主义者就属于后者。部分因为这种亲密关系,浪漫主义者与工业化及其物质主义文化之间没有共鸣。正如罗素(Russell, 1946:653)所表明的:"总体上来看,浪漫主义运动的特色,就在于以艺术来取代功利主义的标准。"浪漫主义者所痛恨的,是工业化如何将往日美丽的风景化为丑陋之地,而且他们对那些贸易获利者的粗野行径表示厌弃。他们不仅使自身与庸俗的资产阶级区别开来,也与工人阶层的无产阶级(但不是那种"传统"农业中的小农阶层)有所区别。他们所倡导的观念是,他们自己的劳动——与那些资本主义中的不同——是不可被还原为商品价值的。他们的劳动是思想性的,且超乎寻常。他们的劳动是艺术的,而熟练工人的则是技工式的。技工拥有普普通通的实利技巧,而艺术家具有审美技艺,而且因为他们那种敏感能力的运用而与众不同。机器生产以及相关的唯物主义哲学遭受到强有力的拒斥,

> 真相在于,人们已经丧失掉他们对不可见事物的信仰,所相信与期望的,只是在手头事物中打转……只有那些具体的、直接实用的而非那些属于神圣与心灵的事物,对于我们来说才重要。德性那种无限与绝对的特性业已变得有限;不再有对美与善的崇拜;只有功利的算计了。
>
> (Thomas Carlyle, *Signs of the Times*, 1829)

浪漫主义者也赞成个人自由。应该通过清楚地表明一个人与另一个人是如何地不同,从而将这种自由展示出来。结果呢,这种对个体精神的强调在感情与激情(对于每一个人来说各不相同)中显示出来,从而与科学理性主义的思想潮流正相反,后者总是企图寻找定律,也就是说,寻找有关自然与人类的一般法则,通过该法则,人类的行为就能够被加以预测。作为一个独一无二、充满热情、富于感情的个体,你未来的行为是决不能被预知的;但作为某一团体的一员,经过科学的调查就能预测。浪漫主义因此而受到科学理性支持者的批评:

> 他们对无比强烈的激情艳美不已,而不管是什么样的激情,也不管会有什么样的社会后果。浪漫的爱情是如此浓都,以至赢得了他们的心……但是,大多数强烈的激情都是有害的……由此之故,被浪漫主义所

怂恿的此类型的人……暴力且反社会,是无法无天的叛逆者或喜欢征服的暴君。

(Russell,1946:656)

许多浪漫主义者,特别是梭罗与拉斯金,沉浸于自然的科学研究之中:他们是吉尔伯特·怀特传统下的野外博物学家。然而,浪漫主义过去是、现在也是站在与古典科学相关的许多事物的对立面:比如说,合乎逻辑的行为、秩序、中央控制以及主体—客体/人类—自然的分离。正如怀特海(Whitehead,1926:106—108)所说明的,浪漫主义者从直觉上拒绝接受科学那种从整体上对自然的某些方面加以抽象的方式:他们的抗议就代表了那种有机自然观。的确,这被看作是一种对理性主义与启蒙运动的全面反抗。浪漫主义者坚称,科学不足以解释人类所面临的所有现象。他们认为,那些通过直觉、本能以及情感而领悟到的人类生活最为高贵。当科学家们对之加以贬抑时,浪漫主义者则提升了它们。与自然合一的主观认识,在很大程度上经由艺术表达出来:相比于那种客观的、经验的、冷静算计的古典科学,以及它的那种笛卡尔式二元论而言,这是知识的一种高级形式。

浪漫主义者陶醉于狂想、幻想以及不受压抑的深层情感之中。自发性、内心的真诚以及那种独一无二的艺术眼光所展示的空间:所有这些就是标准,他们以此来评价他们的工作与生活。一名浪漫主义者也"对新奇事物与冒险有敏锐的感觉与渴望",着迷于无序与无常(Edwards,1972)。浪漫主义者对于科学与"文明"可能导致的非人化充满恐惧。玛丽·雪莱(Mary Shelley,1818)笔下那可怕的科学产物——弗兰肯斯坦(Franken-stein)怪兽,就是这一恐惧的象征,此怪兽不再是社会的奴隶,而是成为社会的毁灭者。

理性与浪漫的这种二元论不是西方思想的一个新特征。尤其是18—

19世纪大多数人的实际状况,促成了对理性主义的某种激烈反应,但是自古典时代以来,二元论的两方一直存在。罗素说,他们以激情与灵感对抗方法与条规,以美术中的内容与色彩对抗形式与线条,狄奥尼索斯对抗阿波罗(前者是酒神,迷醉之神,与本能和激情相关;后者是日神,据说是数学家毕达哥拉斯的父亲)。

许多现代的生态中心主义者对这种二元论表示担心。波西格(Pirsig, 1974)对浪漫如何与"古典"相脱离哀叹不已:"技术的问题在于,它无论如何都不会与精神和心灵建立联系⋯⋯因而它对丑恶的事物视而不见。"卡普拉(Capra, 1982)认为,在创造一个生态社会的过程中,二元论是一种需要被克服的实际障碍。斯可利穆卫斯基(Skolimowski, 1992)也将环境与社会危机归咎于理性知识与(浪漫主义)价值观念的脱离。

浪漫主义的另外两个原则源于它对理性主义的反对,后者在自然与文化中的运用,就产生出工业的、"文明的"社会——"进步"的集中体现。首先,这样的社会复杂而精致,但浪漫主义者所敬畏的是(艺术)形式、行动与观念上的简约。简约等同于真诚,自然之美在于它的纯朴与真实,"美即是真,真即是美,这就包括你们所知道和该知道的一切",济慈(Keats)就是这样说的(《希腊古瓮颂》)。

其次,对于往昔民间社会的兴趣植根于此:想象中的它们,相比于现代的、腐败的城市社会来说,与自然更亲近,也更为纯朴和真实。同样贯穿于无政府主义(某些浪漫主义者也是无政府主义者)政治理念之中的这种观念,在卢梭(Rousseau)"高贵的野蛮人"以及他在《社会契约论》(1762)中的格言,"人生而自由,但却无处不在枷锁之中"那里,有集中的体现。人类本性是善的,而且生来如此,但文明腐蚀并败坏了它。

这一概念唤回了为吉尔伯特·怀特对塞尔彭的感受奠定了基础、浪漫主义者使之不朽的田园诗般的乡村社会这一神话。这常常意味着对远古时代的理想化。浪漫主义中的这种趋势,在济慈、沃尔特·司各脱

(Walter Scott)、威廉·莫里斯、约翰·拉斯金以及中世纪精神的爱好者所表达出的关注中有所体现：骑士精神与英雄主义，以及在那种"有机的"——且分等级的——社会中，人民与土地在想象中的统一。从这样的信仰(实际上是衰老论的重述)而来的返土归田理想，随后就成为西方反传统文化运动中一个持久稳固的特征。科沃德(Coward，1989)说，在 20世纪 90 年代的替代健康运动中，这一理想同样又出现了。

欧洲的动向

在理性思维中，笛卡尔哲学的二元论意味着自然中的诸种属性——浪漫主义者极为推崇的——美、色彩、壮丽，被认为是"次要的"：客观上不具有真实性，是人类心智的产物。然而，浪漫主义者对此完全加以否定：像色彩或是美这样的属性不是次要的，而是固有的。这很重要，因为它意味着浪漫主义者将一种不依赖于人类的意义与完整性归属于自然。内在价值这一概念，就成为现代生态中心主义生命伦理中的关键一点。

以非功利的方式尊重自然，荒野态度上的这一转向，是意义深远与范围广阔的变革的一部分，大约滥觞于浪漫主义时期。因为一直到 18 世纪时一般都认为，未被开发的野生自然令人惋惜，而与开垦、种植、圈隔以及与其他一些农业生产相关的有规则的与对称的形式，则是颇受欢迎的文明标志。当驯服自然成为进步的一种象征，当色彩、口味以及情感都成为次要的属性时，整齐匀称和精确就击败了野性。17 世纪 60 年代的凡尔赛花园是这场胜利的顶峰，但威廉·吉尔平（William Gilpin，援引自 Thomas，1983）认为，在经历了一个世纪以后，多数人仍旧觉得，自然状态下的荒蛮国度完全令人生厌，"数量再巨大的自然产物"也比不上人们对于耕作的繁忙景象之喜爱。

吉尔平是 18 世纪"如画派"的一位美学家与理论家。照字面意思理解，这是指我们在图画中所欣赏到的风景，且在这个世纪中，旅行者对于景观的评价,要以这一景观在多大程度上使他们想起了先前在绘画中所见到过的精心创作的图景为依据。他们尤其受克洛德·洛林(Claude Lorraine,1600—1682 年)作品的影响,洛林"第一次使人们注意到自然的崇高之美"(Gombrich,1989:310)。反过来说,他又从尼古拉斯·普森(Nicolas Poussin,1594—1665 年)那里以及他本人对罗马坎帕纳(Campagna)的直接研究中吸纳甚多,普森的绘画中传递了某种充满纯洁与平静的引发乡愁的田园牧歌景观。尽管说洛林实际上所表现的是自然事物,但是,他选取的只是那些符合那种远古时代梦幻般景象的主题。富有的英国人在"如画派"看法的影响下,通过天才的设计师兰斯洛特·布朗(Lancelot Brown)与汉弗莱·雷普顿(Humphrey Repton)之手,依照洛林意大利风格的美丽乡村之构想,仿造出他们的乡村庄园。于是,与此类仿造相比,没有植被的山野习惯上就被认为不具有自然之美:人们对(英国的)"荒凉、贫瘠与极其恐怖的"湖泊地区,"丑恶的"奔宁山脉以及苏格兰高地"令人绝望的"贫乏抱怨不已(Thomas,1983:257—258)。

在 18 世纪晚期以前,威尔士一直被不屑一顾,或者受到类似的诋毁。1747 年的《绅士杂志》中说,威尔士被公认为是一片"凄凉之地,往往有 10 个月在下雪,11 个月阴云密布"。对于 18 世纪的理性人来说,比例恰当且充分耕作的土地就是美的,而荒野引不起人们的兴趣。

但是在 18 世纪就要画上句号的时候,这一心态发生了戏剧性的变化。部分出于艺术家们对这一日益显明的事实的回应,即他们不过正变成为中产阶级风景画市场中的生产者而已,而非受命于某些享有声望的个人或团体之委托——商业主义的僭盗使他们感到厌恶(Cosgrove,1984)。"野性、贫瘠的景观不再是嫌恶的对象,相反,成为心灵重整的一处源泉。"在 17 世纪,山脉被

充满憎恶地认为是毫无价值的"畸形""赘疣""疮疖""骈拇""地球上

的垃圾""自然之阴沟",在大约一个世纪后,却成为审美中最高级的对象。

(Thomas,1983:258—259)

"如画"的定义在浪漫主义时期也发生了改变。相比于模仿(人为的)物而言,自然(野性的)事物更受青睐,不对称胜于对称,不规则的曲线胜于直线,粗糙胜于光滑的表面,复杂性胜于简单性,多样性胜于千篇一律(Hargrove,1979)。

与这种转向相符合的,恰恰就是语词"自然"与"荒野"的意义改变:原本被认为是与人类本性与理性相同一的前者,获得了善良、纯洁以及某些人类未曾谋面的观念;后者则从其所承载的恐惧与丑恶寓意那里,转而与纯洁挂上了钩。先前与宗教敬畏或畏惧相关联的世界之"崇高",开始被用于山川美景的描述之中:它的庄严、高贵与不同寻常激发出敬畏与讶异。"有害的"也与合乎人意一道,在审美上被认可。"人们开始对粗犷、庞大、混乱和不协调的事物留下深刻的印象"①,哈格罗夫(Hargrove)说:

一个欣赏崇高的人不会认为,世界是完全出于人类的所用,或者竟至于完全为了人类的目的而被创造出来。从这一意义来说,对崇高的欣赏就标志着这样一个时代的结束,即自然事物的价值完全视人类的利益与需要而定。

浪漫主义者因而就从庄严而遥远的事物中收获灵感。斯诺登峰(Snowdonia)成为"英国的阿尔卑斯"。扎林(Zaring,1977)认为,"在那些正与其父辈的观念相抗衡者的眼中,人口散落且几未耕耘的饱经风雨的高地,无比美好"。整个威尔士境内原本最荒芜与最粗鄙的地带,梅里奥尼思郡

---

① [美]尤金·哈格罗夫:《环境伦理学基础》,杨通进等译,重庆出版社2007年版,第110页。——译者注

(Merionethshire)，取代了文明的肯特郡而成为理想美的标准。柯勒律治（Coleridge）、雪莱、华兹华斯（Wordsworth）、索锡（Southey）：在19世纪前10年都体验到北威尔士的那种孤寂。

埃德蒙德·伯克（Edmund Burke）在《对崇高观念和优美观念之起源的哲学研究》（1756）中，规劝其读者在庞大、粗糙、黑暗、阴郁及其所触发的痛苦与危险观念中，去领会那种崇高。从此种风景中，"就涌来了那种令人高尚、敬畏以及庄严之类的观念"。高低不平的岩石、悬崖与阴暗的山中激流，对某些浪漫主义者来说，就成为审美体验的集中体现，因为在它们那黑魆魆的巨大耸立中，传递着那种与上帝相系的广大与无限。于是，"崇高"这一美学范畴就不但看重安全，也看重"有害"以及庞大、巨大、无序与失调：也就是说，世界不是全然因人类而被创造出来的，而是在他们之前就久已存在（Hargrove，1979）。

在J.M.W.特纳（J.M.W.Turner，1775—1851年）的画笔下，雪崩、洪水与风暴中洋溢着对崇高景象的颂扬。他在画中试图描绘大自然中的力量，而不是那种即刻呈现在眼前的写实画面。

就像科学将物质转换为能量一样，他将对象消融于色彩与光线之中，而且通过设想一个由力量漩涡或场域所构成的世界，他预料到了物理学与天文学中力的存在……对浪漫主义者来说，基于诸要素之可转化性之上的自然统一性这样一种一般理论，其吸引力就跟那种立足于自然现象之相互依赖性之上的理论差不多了。

（Rees，1982：264，269）

特纳那种超越于亲知之上的描绘世界的方式，可以与约翰·康斯特布尔（John Constable，1776—1837年）作对比，从而阐明里斯（Rees）所宣称的19世纪科学中一种基本的分野。如果说特纳代表着对一般与普遍力量的探寻,康斯特布尔则是自然主义的化身:世界就是如此,或者说看上去就是这样。他追求的是"自然"事物的逼真映像(即使在低地农业景观而非群山中,他感受到了那种精神上的压抑)。这就要求对它们的形式有相当翔实的了解——由此之故,自然科学的发展就与风景画中的自然主义结合在了一起。作为一名博物学家,康斯特布尔在某种程度上与普森及洛林的新古典派田园主义传统决裂了,因为他不去选择理想化的主题。然而,他对于劳动的描绘可能被认为是一种理想化,因而他的那些图像当然就没有成为新英国田园牧歌神话的基础。

华兹华斯:一种原始绿色主义?

作为一种最为典型的新浪漫主义运动,现代生态主义这一概念在贝特(Bate,1991)那种绿色视角下对威廉·华兹华斯(William Wordsworth)的再审视中,得到了进一步的强化。贝特总结说,华兹华斯实际上应该是生态主义的守护神,因为他通过教导他的读者去观察、凝思并尊重自然世界,同时对物质与经济的"进步"保持怀疑,就将自身径直投入到绿色传统中去了。

贝特视华兹华斯为梭罗的呼应者。美国的浪漫主义生态学当然与大片的荒野密切相关,而英国的对等物则是地方性以及"小地方的封闭价值观"。虽然如此,它们都极富整体论色彩,并且鼓吹自然经济体系与人类活动间的互利互依,这一切在华兹华斯与梭罗那里尤为明显地体现出来。作为华兹华斯作品的一个主要部分的《湖区向导》,是"浪漫主义生态学的一种理想型"(Bate,1991:45):一部极富整体性的作品,从自然到湖畔的居民那里,表明了后者对于前者所造成的渐具破坏性的影响。在《远足》中,华兹华斯写到了宇宙中所有事物间的活力与统一。每一事物都与其他事物联系在一起,而且人类的心灵必定与自然相连接,也必须给予其道德上的尊重。

除了此种生命伦理的情感之外,通过约翰·拉斯金(John Ruskin,1819—1900年)的努力,华兹华斯式生态学也成为一种更加广泛且显然具有政治内涵的传统。贝特说,这是对那种手艺人、家庭手工业中与自然相和谐的劳动方式的支持——与资本主义劳动形成了对照。华兹华斯与拉斯金都赞成并致力于恢复那种地方性的小规模产业。这种"原始生物区域主义"(proto-bioregionalism)在华兹华斯对乡土(place)的依恋中被不断加强。乡土在他对它们特征的翔实描述中得以界定。在《抒情歌谣集》的某些篇章中,他的"命名诗"中就包含有丰富的当地地名及其特征:它们"发展出一种对特殊地方以及自我与地方之关系的高度原创的意识"(Bate,1991:99)。这一传统为"华兹华斯的后继者"沃尔特·司各脱、约翰·克莱尔(John Clare)、托马斯·哈代(Thomas Hardy)、A.E.豪斯曼(A.E.Housman)延续下来。

贝特急于从政治上来捍卫华兹华斯,因为有些人指责他是一名极端保守的唯心主义者;而另一些人则指责他是一名革命的唯物主义者。像雷蒙德·威廉斯(Raymond Williams)这样的左翼批评家就谴责浪漫主义及其田园诗歌,认为它们遮蔽了农业经济、封建制度以及资本主义中压迫与剥削的真相。它们因而就像那些田园牧歌景观的描绘者一样,在一种"崇高的田园牧歌骗局"中倡导那种安慰的、保守的贵族幻想(Bate,1991:18)。

正如拉斯金、莫里斯以及雪莱这样一些人所刻画的那样,由于那种反资本主义、反实利主义的立场,其他一些人因而将华兹华斯与浪漫主义径直划在左派一边。比如说,雪莱在《麦布女王》中公然抨击金钱对人类关系的玷污。而在《暴政的假面游行》(1819)中,他严厉批评"资本主义的诸种腐朽面孔,它的法律,它的司法,它的牧师,它的寄生阶层以及它压迫的罪恶":这是"真正的社会主义著作"(Montague,1992)。

然而贝特却争论说,这两种人物特征的描写都是不恰当的。既不是恼羞成怒的激进分子,也不是保守派、反对革命的逃避主义者,华兹华斯的思想意识立足于某种与自然相和谐的关系之上:"它要比我们所习惯于遵奉的政治模式更为深刻(在这一辩护本身之中,就有一个关于绿色政治的熟悉论点:从根本上来说,'既非左又非右,而是绿色'就是这种主张)。"在《序曲》的第七卷与第八卷中,华兹华斯表示出他对城市的惧怕,也展示出对于格拉斯米尔(Grasmere)乡村社区的生态学视角。后者是一处理想的"国度",在那里,劳动者就像是《迈克尔》中的牧羊人一样,不会被僭盗与异化,而是为自己劳作。但他们所亲近的自然,却不是那种新古典主义的田园牧歌式世外桃源。它是一块荒芜之地,也是勤快者的天堂。华兹华斯对平民百姓颂扬不已,并将他们载入史册,在《序曲》的第九卷中,进而作出了与法国革命精神相一致的那种人类之爱更为普遍的表达。

尽管贝特的论点看上去很有说服力,但也有必要考虑科斯格罗夫(Cosgrove,1984)对浪漫主义政治学的看法。尽管表面看来,浪漫主义是反资本主义的激进主义,但事实上,它所赞美的却是"资本主义的神话主题":这就是"孤独个体的自然"与高贵。当然,在自然中而非在变化的社会中去寻找答案,浪漫主义的这样一些因素就与任何激进的左翼政治教条产生了分歧。贝特眼中的革命的华兹华斯,更大程度上是一名自由主义者、资本主义政治理念以及法国革命的拥护者。

美国浪漫主义者

正如欧洲一样,像缪尔(Muir)、梭罗以及爱默生(Emerson)这样的美国浪漫主义者所表达的荒野之爱,在一定程度上转移了更早时期那种极端对立于自然的情绪。纳什(Nash)指出,荒野首先给予了那些试图在西部寻找第二个伊甸园的早期拓荒者当头一棒,而且它"成为黑暗与险恶的象征"。拓荒者因而就与那种"将荒蛮地带想象为一片道德真空、邪恶与混乱的荒地"的西方传统有了共同语言。边疆开发者"以国家、种族与上帝之名",通过消灭荒野并将之转化为围垦景观,认为自己就是在使新世界走向文明。这就成为"其奉献之奖赏、其成就之解说及自豪之源泉"(Nash,1974:24—25)。以此种方式与自然相抗衡,其实就是这么回事,即把那些在美国需求解放的各种各样的人团结在一起。

相比之下,美国的浪漫主义者秉持欧洲人的观念。像夏多布里昂(Chateaubriand)、托克维尔(de Tocqueville)以及拜伦这样一些欧洲人拜访了美国,并对其荒野赞叹不已。他们在公众感受中逐渐引起共鸣,即便是丹尼尔·布恩(Daniel Boone)这样的边疆开拓者也认为,荒野具有审美价值。在 19 世纪,针对荒野丧失而日益高涨的关注——像 J.J.奥杜邦(J.J.Audubon)那样的鸟类学家在其旅行中观察到森林的破坏那样——"必然就走在了第一声保护号角的发出之前"(Nash,1974:96)。这样的呼吁最终促成了国家公园运动,这一运动深受亨利·戴维·梭罗(Henry David Thoreau,1817—1862 年)的警句"世界存乎野性"的启发。

梭罗被认为是生活于自然之中并摆脱各种社会依附的孤立个体之价值观的缩影。作为一种尝试,他使自己游离于社会之外达两年之久,而且,事实上在一无所有的情况下,他在马萨诸塞州的瓦尔登湖畔(Walden Pond)建造了一座木屋,依靠自然生存下来。这段经历的日记 1854 年出版,他在日记中对那种只看到自然的货币价值的物质主义提出了批判。

我所尊重的,不是他的劳动,也不是他的农场,只要那里的任何事物都具有某种价格,假如他能从中为自己谋取到点什么的话,他会把那山与水,把他心中的上帝运送到市场中去……在他的田园上,没有一件生长的东西不是为了钱……在转变为金钱之前,他的果实对他来说都不是成熟的。让我来过那真正富有的贫困生活吧。

(Thoreau,1974:145)

沃斯特（Worster，1985：58）认为，梭罗之所以总是被挑选出来作为现代绿色主义者的一种启示，乃是因为他"看待自然的浪漫主义方式基本上是生态学的"。作为一名无政府主义者，以及古典科学、资本主义和具有反自然因素的基督教的颠覆者，梭罗与激进绿色主义的宣传完全合拍。

作为一名自修的博物学家，梭罗继承了吉尔伯特·怀特的田园主义遗产，沃斯特认为1850—1861年间的日记（而非《瓦尔登湖》）更能代表其成熟的生态哲学。他设法找出并保护那种人类存在以前的荒野，抵制其对立的一面——美国东部的清教徒"文明"。因为这种"文明"损害了自然。他对工业社会的准则及其野心的批判尖锐、中肯，对20世纪末来说完全适当。比如，他观察到：

> 我们急于在大西洋底下铺设隧道，使旧世界能缩短几个星期，很快地到达新世界，可是传入美国人的软皮搭骨的大耳朵的第一个消息，也许是阿德莱德公主害了百日咳之类的新闻。①

（Thoreau，1974：48）

这完全可以换成是当前的卫星电视这一技术"奇迹"。这一情感所预示的，恰恰就是舒马赫对于那种"知道怎么做"（know-how）甚多却缺乏道德指引——即"知道是什么"（know-what）——的文明所怀有的生态中心主义的担忧：话虽然多，却了无意趣。

因此，像《瓦尔登湖》这样的文献，就没有被认为是一种浪漫主义的空想，事实上，它所蕴藏的深刻的社会批评是如此丰富。另一方面，梭罗作品中有关自然的内容也很多。他们对林奈学派宗教与科学观念的综合不屑一顾，而是特别突出那种动态的自然演化图景，且最为重要的是采取了

---

① ［美］梭罗：《瓦尔登湖》，徐迟译，上海译文出版社1997年版。

一种整体论的视角。在冯·洪堡作品的极大影响下，梭罗坚持不懈地强调植物、动物与人类这一共同体中相互依赖的存在。他声称，我们应该尊重松鼠在世界经济体系中所扮演的角色，而不是去猎杀它们（Worster，1985：70）。

梭罗先声夺人地预示了朴门农业①，并赞成那种在自然分界线周围再种植的科学的森林管理。而且他也预示了生物区域主义，提倡那种对自己出生地的忠诚，一个人们可以居住且能够收获一切的地方。在旅行中，当他声称徒步都要胜于乘坐火车的速度时，他那具有整体论视域的观察，就像是出自一位绿色经济学家的手笔。因为一个人为挣够旅费而工作的时间，可能足以使他徒步到达目的地了。

> 铁路线尽管绕全世界一圈，我想我总还是赶在你的前头；至于见见世面，多点阅历，那我就该和你完全绝交了。
>
> *(Walden*：48)

他那不加渲染的散文，常常歌颂那种"对大地内在活力的感官上的亲昵……一种属于大地及其有机物的本能上的坦诚"，还有对生机论的赞美："我脚下的地球不是一种麻木的惰性的物质，它是一个实体，它有精神，是有机的。"（援引自 Worster：77—79）就像一名盖娅主义者一样，他用"伟大的生命中心"来言说存活的地球；就像一名深生态学家一样，他不以人类为中心："那位诗人说，最适于人类研究的是人。我则说，学会忘掉那一切。"（援引自 Worster：85）

尽管存在这种唯灵论甚至是神秘主义的倾向，经验科学家还是会赞成梭罗对于自然的翔实描述。正如埃里斯曼（Erisman，1973）提到的那

---

① 由澳洲学者提出的朴门（permaculture）是 permanent（永恒）、agriculture（农业）和 culture（文化）的缩写，用最天然健康的方式，达到人与自然的可持续发展。——译者注

样:"尽管存在直觉般的洞察与神秘的冥思之嫌,《瓦尔登湖》日记中仍旧充满了第一手的丰富材料。"梭罗强有力地传递了这样的观念,即在细致与系统的自然观察中,有快乐与收获。详细的观察将揭示自然那无穷的多样性、复杂性以及丰饶性——它的富有——而且这就是美国浪漫主义者们所着迷的品质。他这样说道:"我爱看大自然充满了生物,能受得住无数生灵相互残杀的牺牲与受苦。"

在拉尔夫·沃尔多·爱默生(Ralph Waldo Emerson)那里,生命伦理情感也是显而易见的。在他的短文《自然》(1836)中,爱默生写道:

> 这就是万物的构成……那本原的形式,就如天空、山脉、树木、动物一样,在它们的自在自为中给予我们欢乐。

而且,像某些后起的生态中心主义者那样,人们所感受到的强烈印象是,野性的大自然是那么完整与纯洁,人类的到来是对它的玷污。梭罗说,"这个湖泊(瓦尔登湖)很少为船夫玷污,因为其中几乎没有吸引渔夫的生物",这使人想起 20 世纪 70 年代人口零增长(zero population growth,ZPG)运动的名言"人是污染"中所露出的那种反人本主义迹象。况且总的来说,浪漫主义以往就与那种更富人文主义色彩的对于自然的理想与设想不一致。在彻底保护主义者的浪漫主义中有这样一种认识,即经济活动破坏了自然。

> 塞拉保留地(Sierra Reserve)……自身,最值得政府去给予细心的照管……然而它一点也没有受到关照……伐木工人可以随意将它毁坏,不负责任的贪婪的游牧部落羊群对它践踏蹂躏,所到之处毁坏殆尽。
>
> (Muir,1898)

超验主义

与野性大自然的接触激发着浪漫主义者,使他们的思绪超出或者超越于物质生活之上,在精神的世界中徜徉。对华兹华斯来说,不必非得与基督教的上帝挂钩,群山就唤醒了灵性与神圣。对拉斯金和其他一些人而言,自然所触发的那种原本属于上帝的敬畏与尊崇,也使他们想到了他。

佛朗索瓦·夏多布里昂(Francois de Chateaubriand)在1802年写道:

> 我微不足道;我只是一名孤独的流浪者,而我常听那些科学之士在上帝这个主题上争论不已。但我总是说,唯有在自然那崇高景象的眺望中,不可名状者才向人类心灵显示他自身的存在。

看来,要想发现上帝并与之亲近,人们必须找到他的创造物——"未被损坏的"自然。

超验主义的浪漫主义者于是相信,与野性自然的接触会净化并更新人们的灵魂。对于那些宗教徒来说,野性自然是上帝的现身(泛神论)。梭罗写道,"我们需要旷野来营养……我们绝不会对大自然感到厌倦",在瓦尔登湖畔,他"有一种别样的感触,就像站在那个创造了我的大艺术家的画室里一样"。爱默生的《自然》将森林称作"上帝的庄园",他在那里发现:

> 世上的生命潮流围绕着我穿越而过,我成了上帝的一部分或一小块……田野与丛树所引起的欢愉,暗示着人与植物之间的一种神秘关系。

爱默生在这里所指的生机论——宇宙的生命潮流,既是对中世纪存在巨链的强烈回应,也是对当今深生态学的有力前瞻。称大峡谷为"上帝在人间最为壮观的殿堂"的约翰·缪尔,在堪称为今日美国中产阶级圣歌的一段名文中,极大程度上提升了荒野的陶冶与精神价值,

成千上万的、心力交瘁地生活在过度文明之中的人开始发现:走进大山就是回归家园,荒野是一种必需品,山地公园与山林保护区的作用不仅仅是木材基地以及灌溉合流之源,它还是生命的源泉。当人们从过度工业化的罪行与追求奢华的可怕冷漠所造成的愚蠢恶果中警醒的时候,他们使出浑身解数,试图将他们的微薄作为融入大自然中,为它增色添辉,摆脱锈迹与病痛……在终日不息的山间风暴里,人们洗掉了自己的罪孽,荡涤着恶魔编织的欲网。①

(Muir,1898)

"在远方的地平线上有一桩财产——它不属于任何人,除非有人能以自己的目光将它所有的部分组合起来——此人必定是个诗人"②,爱默生的这种看法就是对整体论的召唤。我们注意到,综合者是诗人——艺术家,而不是科学体系下的生态学者。

但是作为超验主义者,梭罗、拉斯金以及爱默生对科学研究的确也很着迷。然而,这却不是为了科学而科学——即在地质学、植物学或是气象学这样一些学科中那样,扩大"客观"知识的储备。由于和古典科学家不同,他们遵循的是歌德与冯·洪堡的传统,认为主体(他们本身)不可以与探究的客体(自然)相分离。而且像特纳那样,他们试图超越于形式与形

---

① [美]约翰·缪尔:《我们的国家公园》,郭名悼译,吉林人民出版社 1999 年版,第 1—2 页。——译者注
② [美]吉欧·波尔泰编:《爱默生集》,赵一凡等译,三联书店 1993 年版,第 9 页。——译者注

态学之上来主观地体会景观的本质。也就是说,他们希望通过个人对自然原生力量的直接体验,获得某种现象的知识。

所有这些追求都在于一个更高的目的:在自然中发现"上帝对人类意图的象征"。而对拉斯金来说,自然中特定形式的恒常复现(比如说,一处碎石斜坡的弧度类似于一只鸟的翅膀的曲率),就显示出"宇宙万物的内在特征与理型的符号,万物皆以此理型为目标,而且只有在上帝那里,这一理型才能获得完美的实现"(Cosgrove,1984:244—245)。

比如说,在他对瓦尔登湖畔泥流以及它们的叶状结构,如何在动物的重要器官、树叶、苔藓、珊瑚、美洲豹的脚爪或是鸟足,大脑或是"肺或者肠子以及各种各样的粪便"中重复出现所进行的详细描述中,梭罗也体悟到自然中某些形式的反复。

拉斯金认为,自然在有关个体与社会生活的恰当行为上带来了某种道德启示:真正存在着"木石垂教",因此说来,比如云朵,就象征着神圣的仁慈与正义。在《自然》中,爱默生同样重申了前近代那种形象学说以及自然在宣讲道义这样一种信条:"一座农场,其实不就是一本无声的《圣经》吗?糠麸与小麦、野草与庄稼、作物枯萎病、降雨量、病虫害、阳光——这便是大自然的神圣徽记。"

超验主义者于是认为,人是被创造出来而生活在自然之中的,上帝设计出来的自然通过信号与象征,教会人们如何正当地生活。今天的生态中心主义者在"自然最有智慧"原则中,业已将这一训诫世俗化了。在巴里·康芒纳的推广下,"生态学第三法则"认为,"任何在自然系统中主要是因人为而引起的变化,对那个系统都可能是有害的"(Button,1988:288)。由此自然而然的就是,我们必须研究生态学原则(承载能力、多样性之力度),以此奠定我们的生存。是生态学而非上帝,在自然中给予了我们如何生活的启示。

沃斯特察觉到超验主义中的一个矛盾、一种张力,他认为这一点对生态学(从而也对生态中心主义)来说十分重要。一方面,包括超验主义者在内的浪漫主义者着迷于自然中事物的具体状况。对某些浪漫主义者来说,走上异教徒的万物有灵论就不足为奇了,在诸如树木之类的崇拜中,要求"与宇宙的鲜活生命进行直接的交流"。结果就是一种相信异教、不信基督的宗教,"神性"就与生态系统里的一个生命相等同起来(Worster,1985:86)。

但是从另一方面来说,浪漫主义的超验主义者更喜欢将灵性提升至物欲的动物本能(实际上就是启蒙运动的传统)之上。因而对他们(比如说,布莱克、柯勒律治、爱默生、费希特)来说,自然不过就是实现目的的一种手段:一种不具自在与自为价值的低级种类。当爱默生的《自然》将充满生机的世界作为人类畅想的一处源头,当拉斯金重申自然信号这一教义时,他们都将人类心智放在了万物的中央:它赋予了世界以美丽与意义。这一议题就构成了是否能够有一种基督教的生态/生物中心主义这一现代难题的另一版本。而且它进一步引发的主要问题在于,生物中心主义是不是一种人类实际上能够达到的立场,更不用说它能悦人心意了。

乡村、城市和田园牧歌神话

对浪漫主义者来说,工业资本主义的赘疣在城市中有集中的体现。正如它在当代某些生态中心主义中的持续存在一样,反城市主义是浪漫主义思想中的一个主要特征。就如同对待荒野的态度,浪漫主义运动折射出某种对城市的腻烦感受。段义孚(Tuan,1974)表明,古代与中世纪城市的设计使得城市不仅成为神圣的殿堂(shrine to God),而且也是那一社会最为高度的文化与技术成就之展现。如上所提,这种"神圣性"与野性自然的"亵渎性"形成了鲜明的对比。然而,随着城市中制造工业地位的不断加强,它们的地位就颠倒了过来,而当荒野变得神圣时,城市就被认为是——尤其是在浪漫主义那里——渎神的了(Tuan,1971)。

于是爱默生就描述道，"当商人和法官从闹市的喧嚣中脱身，重新看到蓝天和绿树时，他们便恢复了人的身份"，而且那些为自然所哺育的诗人，在"城市的喧嚣或是政治的纷争"中，都不会遗忘大自然的教诲。梭罗认为，"在大自然中，而不是在城镇的浮华与炫耀中，人们就可以与宇宙的建筑师结伴而行"。

在这里，美国的浪漫主义者再次呈现出一系列的态度转变：

　　在文艺复兴时代，城市与文明的内涵相同，乡村则与粗野和土俗相应……然而在1802年以前的很长一段时期内，认为农村地区比城镇更优美的看法，就已是再平常不过的事情了。

（Thomas，1983:243—244）

这一反转一定程度上与城市环境的恶化相关。在13世纪与16世纪，伦敦那满是灰尘的空气成为抱怨的对象，而17—18世纪的牛津（Oxford）、纽卡斯尔（Newcastle）以及谢菲尔德也感受到大气的污染。然而托马斯却断言，关注常常更多地放在道德败坏上，而不是有形的污秽上。他援引约翰·诺里斯（John Norris）的话，后者这样写道：

　　他们的生活如同污染了的空气

　　从腐败的蒸汽中升腾

　　用讨厌的水汽熏黑邻人的天空

同样地，在《19世纪的暴风云》中，拉斯金观察到，气候恶化与污染正在创造出一种新型的烟云，一种"令人讨厌的闷热而污秽的大堆尘雾，就像……一种疫病之风"（援引自Cosgrove，1984:251）。在某些人认为是温室效应的某种前兆中，拉斯金表面上提到的来自弗内斯巴罗（Barrow-in-

245

Furness)的鼓风炉的污染,在湖泊地区的空气中也是显而易见的。对此来说,他最为关注的似乎是某种象征意义:对他而言,烟云是工业与市场所造成的道德滑坡之物质表现。

这一城镇与乡村的二元论,常常就包含有对后者的浪漫化。正如我们提到的那样,田园主义的那种乡村而非荒野的浪漫化趋向,可回溯到浪漫主义时期之前(Short,1991)。威廉斯(Williams,1975:9)注意到:

> 乡村业已获得了一种自然的生活方式之美誉:宁静、率真、简朴。城市则被认为是知识、交流、开明的成就中心。强有力的敌对关系也形成了:城市是一处喧嚣、庸俗与野心勃勃之地;乡村则是落后、无知与狭隘之所。作为基本的生活方式,城市与乡村之间的明显差异可追溯至古典时代。

在历史的长河中,这种二元分立中的某一方时而浮出水面,而另一方则相对沉寂下去,但这两股潮流总是处于一种根本的紧张状态之中。威廉斯向我们表明,在西方社会中存在的一种很强的意向,就是将乡村那更为良顺的意象与远古时代联系在一起:在远古时代那里,事物总是比它们现今的存在更佳。在这里,我们所竭力效仿的就不只是浪漫主义者了,而是那些自古典诗人以来就总是在散播田园牧歌幻象的艺术家们:那种简朴、充满美德且社会与自然和睦相处的浪漫无比的乡村生活。正如利奥·马克思(Leo Marx,1973)所写的,那是远古的"黄金时代,食草的羊群,宁静的池水,还有平静如镜的天空,处处都是人与自然完美和谐的景象",这样一幅(老朽不堪的)幻象。

这种虚构的田园牧歌生活不需要人类的劳动,因为那些富有的艺术资助人不愿使人想到生产的那些悲惨场面,而他们的财富就是由之而来的。"在农牧经济中,自然满足了牧人的大部分需求,甚至更好的是,自然事实上完成了所有的工作。"在某些浪漫主义绘画中,通过将劳动者完全从田园图景中清除出去,"劳作苦难之不可思议的去除"就实现了。

　　那些事实上在喂养动物并将它们赶进畜栏,杀死它们并把它们作为食物的男人和女人们……都已不复存在:他们的工作都由自然之手为他们做好了。

(Williams,1975:45)

对于普森与洛林那种延续了维吉尔《牧歌》传统的古典欧陆田园主义者来说,这尤为符合。1700 年之后,由于外国的竞争搅乱了乡村经济,为了响应那种对英国乡村黄金时代的怀旧之情,当那种对更具英国特色的田园生活的迫切要求被提了出来时,这一切就发生了改变(Cox,1988)。

　　这样一种本质上来说源于政治的需求,最终就使得康斯特布尔的作品被吸收到乡村牧歌的神话中来,尽管他的绘画很大程度上并不是浪漫化的映像(Gombrich,1989:392—393)。而且与田园主义者不同的是,英国田园主义作品的贵族赞助人即刻就想要的,是劳作在他们乡村中的展示——即使是令人愉快的群体诚实而辛勤的劳作——以便使那种"改善"并管理自然从而获得更大产出的现状,得以体现并披上合法化的外衣。在他的低地英格兰山水画中,与他那乡村保守分子的身份相一致,康斯特布尔笔下的劳作者遥远而模糊,展示出

　　一种劳作者与风景和睦相处的精致图像……一种失落而去的有机共同体之芬芳的图景……一个消费者与生产者、游手好闲者与勤奋者尚未明确划分前的时代。

(Cox:26,援引自 John Barrell,1980)

这样的话,康斯特布尔就将英国乡村描绘为一处工作、发展与进步的场所——拒绝那些非人为的因素——但相比于城市而言,也是一种更新与改造。

当然,苦工也是田园影像中一个虽未被注意到但却重要的组成部分,因为在这些图景中,构成"自然"的其实不是荒野。即便在湖泊地区的那些景观,也显示出羊群放牧的那种不可抹除的印记:理想化的低地景观甚至更是农作的产物。它们过去都是,现在也都是介于城市与真实荒野之间的"中态景观"(middle landscapes)(Tuan,1971)。这种作为一处花园的"文明的"自然,不仅曾在田园主义的神话中被浪漫化,而且在基督教的伊甸园中也是如此。当亚当与夏娃犯下了原罪,他们不得不离开伊甸园。从那时起直到现在,基督教召唤我们通过劳动与道德的生活,或者以其最为保守的形式,通过对十足的工业与物质主义势力之奋勇反抗,重新获得应该属于我们的伊甸园。威廉·布莱克试图在"英格兰绿色与快乐的土地"上再造"耶路撒冷"。这种对工业主义的浪漫反抗,仍旧是当代英国人内心深处的一种写照(Wiener,1981),而且在乔纳森·波里特(Jonathan Porritt,1984)所表达的那种自由主义生态中心主义中也显而易见。

伊甸园或是中态景观,也是对美国拓荒者思想意识强有力的刻画。托马斯·杰斐逊(Thomas Jefferson)说:

那些在土地上劳作的人(从荒野中开辟出一片安然的农场风光),是上帝的子民……耕作者群体中的道德败坏这一现象,在任何时代或任何国家中都未曾有先例……(然而)大城市里的乌合之众对纯洁的政府带来的麻烦,就像是伤痛对于强壮的人体一样多。

(援引自 Marx,1973)

浪漫主义因而就将社会寓意粘附在城市与乡村的环境意象上，正如当今那些生态中心主义者所习惯于做的那样。

空想社会主义

定义与先驱

当谈到社会纲领——有关理想社会及其如何实现的观点——时，生态主义者时常对空想社会主义加以重申。社会主义中的乌托邦"意向"遗传自工业化以前的梦想家：从中世纪到南北战争，相信太平盛世的农民、艺术家以及知识分子，向往一个平等主义的地方自治社会（communalist society）。在拿破仑战争与 1848 年革命期间，这一理想于是就获得了强有力的发展。与博托莫尔（Bottomore，1985：504—506）所称的社会主义历史之"第一阶段"，尤为相关者有三位：克劳德·昂列·圣西门（Claude Henri de Saint-Simon，1760—1825 年）、查尔斯·傅立叶（Charles Fourier，1772—1837 年）与罗伯特·欧文（Robert Owen，1771—1858 年）。接着就是 19 世纪的无政府主义者，特别是那些发展了无政府共产主义而非自由主义的个人无政府主义的人。所有这些人中，彼得·克鲁泡特金与生态主义的关系最为密切。接着还有维多利亚女王时代的空想社会主义者，其中威廉·莫里斯（1834—1896 年）是最为明显的"绿色主义者"。贯穿整个 19 世纪并延续到 20 世纪之中，也存在着一些对"达到目的"（doing it）颇为关切的作家与活动家：理念村（intentional communities）与返土归田（back-to-the-land）运动。

从两个方面来看，空想社会主义者过去和现在都是"空想家"。首先，他们创造出了他们理想社会的美景。其他一些社会主义者，尤其是马克思主义者，对此并不赞成，理由是，社会主义所格外关注的，是使人们能够控制并塑造他们自己的社会——去"创造他们自己的历史"。所以说，是为了实现那种社会，而不是出于我们的想法，才去说它应该像什么。

然而，就像无政府主义一样，马克思主义自身实际上也不可避免地包含对未来的乌托邦展望。一定程度上出于这种考虑，自由主义者反过来又抨击马克思主义，认为它倾向于为未来创造蓝图。他们的刻板僵化将使得反对者与"离经叛道者"得不到宽容。换句话说，这是极权主义的一种秘诀（Goodwin and Taylor，1982）。

其次，在如何实现社会主义社会这一目标上，社会主义者可能是天真与不切实际（正如马克思与恩格斯所预见的那样）的"空想家"。他们避开传统政治，幻想他们能够消除个人主义、竞争以及私有财产，而无需在一场无产阶级扮演了某种至关重要的革命角色的阶级斗争中，直接与资产阶级相对抗。而且他们是理想主义者，认为道德理念的王国是所有其他人类行为的决定因素。所以他们就以为，他们的战斗尤其针对着那种先已存在的宗教与政治的理论与观念。他们呼吁人们从思想上加以转变——改变他们的价值观念——从而作为彻底的社会转型之先驱者，而不是推翻资本主义社会的物质基础（它的经济组织）。而且他们还设想，如果他们设法预见到那种理想社会——并在像理念村这样的组织中存活下来——其他人看到这一点后，将奔涌追随而来。我已在其他地方（Pepper，1993）指出，这样一些批判，如果它们真是这样的话，就可与当今的生态中心主义平起平坐了。

工业化前的空想主义者

麦茜特对于工业化之前的空想主义者的描述表明，他们所认为是自然生活方式的平等主义公社制，也是"生态健全的"。在托马索·康帕内拉(Tommaso Campanella)的《太阳城》(1602)中,自然与社会是一个有机的整体,通过有规律与多样化的饮食与天然的药物,自然的和谐就在那里的人们中保持了下来。在约翰·凡·安德里亚(Valentin Andreä)的《基督城》(1619)那里,由于视城市为更为广阔的宇宙的一种复制品,所以这一主题在城市规划与环境设计中就重新浮现了出来。在这些乌托邦中,自然被加以效仿,而不是被改变或"拷问",就像麦茜特所说的那种与培根的技术中心乌托邦《新大西岛》(1627)相一致的对待自然方式一样。

在英国内战期间,宗派主义运动油然而生,以反抗圈地运动。在克伦威尔时代,就有浮嚣派。他们是那个时代唯一不视人类为善恶交争之战场的空想主义者(Manuel and Manuel,1979)。他们那种泛神论的信仰听起来就是新纪元主义,而且他们拒斥唯理论以及那一时代的道德伪善。

在 17 世纪与 18 世纪早期,平均派(Levellers)在英国很活跃。18 世纪 20 年代,在加洛韦地区(Galloway)出现了平均派,那些被剥夺了放牧畜群权利的人否认地主有权驱逐他们,并且拆毁了那些围墙。

平均派中的一部分人形成掘地派(Diggers),在 1649 年时,他们开垦了靠近沃尔顿(Walton)萨里郡(Surrey)境内乔治山(George Hill)上的公地。他们在上面种植庄稼,依靠农产品过活,修建集体宿舍,直到 1652 年被迫停止。此类行动在接下来的几个世纪中余波连连,反复地奏响与激进左翼的返土归田运动以及当今生态中心主义者相共鸣的和弦。

其煽动者是杰拉德·温斯坦莱(Gerrard Winstanley),一个沉溺于宗教神秘主义与乌托邦幻想的破产布匹商人。在《以纲领形式叙述的自由法或恢复了的真正管理制度》(1650)中,他勾勒出一套围绕村社原则彻底重建社会的完整方案。普通人所知道的反对贫穷与苦工,以及反对以私有财产的方式买卖自然,在他常常矛盾的著述中却显得前后一致(Manuel and Manuel,1979)。

憎恶暴力并希望富有的地主以掘地派为鉴,心甘情愿地与他们的兄弟一起工作、共同分享,在这样的提议中,温斯坦莱的乌托邦理想也暴露无遗。此外,他还视上帝为内在而非外在的动因:一种人民心目中的精神,他们对救世主的认识将创造出一种神秘的交流。他们将造就的那种世界运动,是由那些圣洁之光所担保的少数精英发起。如今的新纪元运动对于社会变革的看法与此十分相似,那些人认为自身就是生态健全的宝瓶宫时代的启蒙先驱。

19 世纪早期的空想社会主义者

圣西门、傅立叶与欧文试图设计出的,不仅是某种社会演化方案,而且还有对这一演化的最后结果中应当包含的一切的一种说明。在阿特金森(Atkinson,1991:115—125)看来,这一结果似乎与生态主义高度吻合。在三者的视野中,都强调权力分散对小规模社团的重要性。就像生态中心主义者一样,就工业主义与私有制而言,他们常常是含糊其辞。正如那种取消领导人、等级制以及城乡对抗的希望一样,平等主义、生产资料的公有制是常见的话题。与某些稍后的马克思主义者的提议相反,实现理想社会的道路被认为与实现的目标同等重要,比如说,一种和平的社会不可以通过暴力来实现。个人与整个社团的需要同等重要,具有某种"恰当"特点的科学与技术被接受,而且据说工作将使人们的创造本能获得实现。此外,阿特金森说:

自然与地球上的万物将获得尊重与谦逊的对待……同时,"生态学"

被提升至一关键的地位,可能也是乌托邦理想所展示出来的一个崭新方面……事实上,对自然的尊重总是构成乌托邦思想与行动中的一个重要原则。

曼纽尔夫妇(F. E. Manuel and F. P. Manuel)描述了圣西门如何草拟出世界组织的蓝图,人类三种不同的"天然类型"中的每一种在这里都有体现:科学家、管理者以及艺术家与充满感情的道德家。因此,一个美好的社会,根本上来说就是千差万别的人们的和睦协作。但是,每一类型的人都应该能够把他们的真实本性表达出来,因而悲惨与无知将是不正常的。那么,这就是一种有机的、充满活力的社区,与那种原子论式的平等主义的社会有所不同,像是孔多塞之类的启蒙运动理性主义者就赞成后者。圣西门认为,至关重要的因素就是爱与归属感:由于人人都在做适合他们本性的事情,所以将不存在阶级冲突。相反,有的就只是阶级之间的互助:社会不再听命于统治者,而是由管理者来主持,后者与科学、艺术以及工业阶级中的精英在有关全人类的设想上是一致的。因此,在这个兄弟般的社区中,政治权力、国家就是不必要的了。约尔(Joll, 1979:37)认为,即使圣西门极大地影响了马克思,但真正继承他的远见的,是银行家与资本家这一社会团体。

圣西门主义是19世纪二三十年代圣西门追随者的学说。在其后嗣中,有充分的理由可以将浪漫主义的生态中心主义者包括进来,正如他们那一栏信条所表明的那样(表4.1)。列表里面所反映的,是巴特尔米·安凡丹(Barthélemy Enfantin)为主导的圣西门主义,此人赞成感情主义、自由性爱、纵欲,并且为了唤醒人类那休眠了的爱情,而去寻觅一位女性弥赛亚。针对18世纪唯理论者的这种反动,不仅可以引导我们走向浪漫主义,而且(在其唯心主义的历史观与个人观中)会走向20世纪60年代与当代的新纪元主义。

表 4.1 圣西门主义运动中的某些信条与价值观念

1. 妇女的解放
2. 反对财产的继承
3. 痛恨斗争与革命
4. 对同时代自私的、毫无爱情可言的生育之控诉
5. 对导致人们远离他们那爱好和平、协作、联合之真实本性的放任政策之控诉
6. 工业与科学的全盘规划之必要
7. 赞成艺术家之中的浪漫主义的爆发
8. 在一个美好的社会中,物质与精神、肉体与灵魂之间将会存在着某种平衡
9. 对价值观缺失的科学思想之控诉
10. 世界历史在于爱的散播
11. 相对于对工人的剥削和国际冲突而言,联合与合群日益占据优势
12. 历史正在进入一个有机的时代——这样的时代在历史中不断重演,但不时为某些更危急的、破坏性的时代所打断
13. 新道德秩序的主要原则将是"各尽所能"
14. 每一个人都应受到尊重而且道德崇高
15. 但是,由于人们之间存在的差异,他们的报酬因而是不平均的

资料来源:Manuel and Manuel,1979:616—635。

另一位空想社会主义者傅立叶,更将我们带向那种无政府主义的、女性主义的、地方自治主义以及享乐主义(其基础在于以快乐为主要目标)的生态中心主义中去。他设计出一种立足于"法朗吉"(phalanstery)之上的社会组织体系,而不存在统治一切的国家来管制他们。曼纽尔夫妇说,这种至多为1 700人的理想社区,遵循着柏拉图主义的传统,认为美好的社会根本上来说是小规模的。在其中,传统的家庭关系将会瓦解,代之以某种更为广泛的性关系;资本、私有财产以及遗产会被保留下来;物质财富的差距将依然存在,但所有人的情感都得到了满足,而且精神生活丰富。社会流动性将会更高,没有以财产为基础的阶级阵线。创造性的天才将激增,进餐与儿童保育也将是公共的事情,而"产业大军"将完成重要的环境项目。傅立叶声称,法朗吉是针对"文明"社会中不正常压迫的唯一出路。后者那无缘无故的罪恶阻碍了物质需求的满足,人为地压制了

快乐,而且通过工业化浪费了自然资源。

　　如今,我们可以认为傅立叶是红绿理论(red green theory)的一位发起者与灵感之源。他的著作阐明了基本的绿色主义原则:小的是美好的;展示爱,而非战争;稳定的国有经济;无需耐用消费品堆积的生活品质;工作作为娱乐;"父系社会后的价值观念";废除等级制;真正地尊重自然;以及其他……与当代世界完全相关的解决办法,就是集体消费,相对于单个家庭的体制而言,他认为这样会更经济、更环保而且社会化程度更高……傅立叶看上去是意欲将世界"女性化",因此,和平、协作、环境保护、抚育、慰藉、快乐、修饰、艺术、浪漫关系以及食粮就占据了最高的地位。(这听起来让人怀疑像是"绿色"计划。)

(Roelofs,1993:70,84)

傅立叶所鼓吹的,不仅是激情的最终胜利,还有经济规划以及通过改变社会形态以使其与"人性"相适应的社会工程。相比之下,罗伯特·欧文则认为,环境塑造了行为举止:他由此而建议,通过改变人们的教育、社会、工作以及生活环境,去改变人性。1800 年到 1812 年间,他是一名成功的商人与工厂主,从那之后,他对当时的社会与经济开始加以批判,公然抨击家庭与有组织的宗教。

　　他为自己新拉纳克(New Lanark)工厂里面的工人改善了条件,接着提议说,大约每 500—3 000 人成立一个自给自足的社区,其中没有私有财产,在制造工厂的附近组织成矩形的方阵,所有这些社区都环绕以集约耕作。这种模范性的社区将带来新的协作社会主义,将由新一代的理性存在者建立起来,并且最终会遍布全球。工人阶级的状况因而将获得一劳永逸的解决。

　　尽管欧文的乌托邦带有某些家长式作风与反城市文化的色彩,但它

255

认为人们出生之日乃清白之身，并无原罪可言。它同样认为劳动是价值的最终来源。因此说来，即便是欧文陷入个人主义行为心理的分析视角之中，即便他避开了革命与政治行动，即便是他在印第安纳州新协和村（New Harmony）建立其理想城镇的实际尝试也失败了，他还是有很多地方吸引住了马克思。

古德温与泰勒（Goodwin and Taylor，1982）对于早期空想社会主义——伊卡洛斯主义（Icarianism）①、圣西门主义、傅立叶主义、欧文主义、德国手艺人、美国早期的社会主义——的回顾表明，它们没有一个是现代工人阶级的径直表达。更确切地说，它们是中产阶级的知识分子与领导者针对工业资本主义早些时候工人的困境，而形成的关切之体现。照此来说，马克思与恩格斯对他们的批判就是理所当然的了——作为精英阶层、唯心主义先锋，而非纯粹的马克思主义者所要求的那种自发的无产阶级决定性革命的一部分。正如马克思与恩格斯所称呼的那样，空想社会主义因而就是一种"超然物外的幻想"。但是，古德温与泰勒说，马克思与恩格斯自己的社会主义具有早期空想主义者的所有因素；他们都不属于工人阶级，而且他们的社会和谐以及结束阶级对抗的看法都是空想。

无政府主义与空想社会主义

我已在其他地方表明，当今的生态主义往往是对不同形式的无政府主义思想体系的重申（Pepper，1993；也可参见 Eckersley，1992）。大多数生态中心主义者将会与无政府主义同好恶（表4.2）。或许生态主义也与无政府主义一样，对简单划一的分类具有抵制的倾向，并且作为一场"新社会运动"，已然在信念上发生了转变，且乐意见到那些在其他方面看上去几乎没有什么共同点的诸多团体（Scott，1990）。从历史上来看，欧洲

---

① 意指蛮干、过分冒险的作风。——译者注

乡村农民、澳大利亚城市团体、美国移民以及其他一些团体都曾追随过无政府主义。

表 4.2　无政府主义诸原则

无政府主义者广泛支持的社会生活的特征包括：
1. 个人主义或集体主义
2. 平等主义
3. 唯意志论
4. 联邦主义
5. 分权
6. 农村生活方式
7. 利他主义/互助

无政府主义者广泛反对的社会生活的特征包括：
1. 资本主义
2. 好巨大作风（大资本主义）
3. 等级制
4. 中央集权制
5. 都市生活方式
6. 专业化
7. 竞争力

资料来源：Cook，1990。

曼纽尔夫妇注意到了 19 世纪的无政府主义者与 17 世纪内战时期平均派、掘地派以及喧嚣派文献之间的关联性。但是，无政府主义理论的主体，则是从 19 世纪 40 年代以来，由普鲁东（Proudhon）、施蒂纳（Stirner）、巴枯宁（Bakunin）以及克鲁泡特金所构建起来的，而且无政府主义在浪漫主义运动中也有相当的表现，尤其是在索锡、柯勒律治以及雪莱那里，而雪莱更是赞成动物权利与素食主义。

雪莱的岳父威廉·戈德温在《政治正义论》（1793）中阐明了无政府主义的出发点。这就驳斥了为某一政府（国家）所看管且世世代代都有效力的（洛克或卢梭所主张的）社会契约观。

因为它们侵犯了个人自由行动的权利：它们与国家一道创制出一种等级制的、充满竞争与分裂的不自然的社会。相比之下，自然的社会充满了和睦的协作与自发的联合。

克鲁泡特金在《互助论》(1902)中试图加以系统说明的是,与马尔萨斯—达尔文的侵略性竞争模式相比,人类与动物之朝向互助的本能如何成为进化中的一个主要因素。然而,无政府主义者与社会达尔文主义者以及当今许多生态中心主义者,却共同拥有这样的观念,即存在着某种一成不变的人性,身外的自然就为人类社会提供了一种样板。无政府主义者再次与生态中心主义者相仿的是,他们也捍卫个人的权利,认为相对于国家中央集权的社会而言,人们在小规模的社会中,就能够对他们自身的生活有最大程度的控制,从而实现最高质量的生活。

但是,在诸如马克斯·施蒂纳(Max Stirner)或皮埃尔-约瑟夫·蒲鲁东(Pierre-Joseph Proudhon)那样一些倾向于个人优先于群体的人,与那些像是克鲁泡特金或米哈伊尔·巴枯宁(Michael Bakunin)之类的,认为人们的自我实现只能依据他们与群体可能的密切相关性来衡量的人之间,在无政府主义思想上无论过去还是现在都存在着基本的分裂。在这一差别的基础上,伍德科克(Woodcock,1975)对无政府主义作了划分(表1.10),而且将更为自由主义的(比如说蒲鲁东的互助论)形式与社会主义的形式(尤其是无政府共产主义与无政府工团主义)区分开来。"社会生态学"作为当今那种真正绿色主义的无政府主义,往往在自由主义的与社会主义的政治哲学以及社会解决方案之间举棋不定——它的社会主义内容明显是乌托邦式的。

蒲鲁东并未对自由意志论的资本主义中的某些特色加以排斥,他的看法也很具"绿色"。只要人们相信那是有益的,自由的个体生产者就会与他人相互间缔结契约。所有人都有权贷款,或许可将劳动支票作为交易媒介。大规模的垄断资本主义与国家限制了个人的自由交易,与之一道的就是财产的巨大蓄积——所有这些都应被废除掉。

对克鲁泡特金而言,无政府主义就通向了共产主义,这也是吸引马克思最终所设想出的那类乌托邦——生产者的自由联合,没有阶级划分、工资奴隶或者甚至是货币,每一个体各尽所能、按需分配。克鲁泡特金最初将其公社设想为某种特定的空间形态(以俄国的米尔为基础),但随后就与马克思一样,他认为它们就是成千上万城镇与乡村中的人之类聚。

马克思和恩格斯这一方与巴枯宁和克鲁泡特金的另一方之间的差异,就说明了后者何以被马克思主义者轻蔑地称作为天真的空想社会主义者。因为大多数的无政府主义者都反对直接的政治较量,尤其当这一切意味着那种控制国家的斗争时(表 1.5)。相信人们不会使用那些与目的不相一致的手段,因而对于暴力能够有助于一个和平世界的创造,或者国家可以被无产阶级的代表所接管并被用来反对统治阶级,最终完全废除国家与阶级社会,进入共产主义的"高级阶段"这样的社会主义观念,他们是加以拒绝的。他们感到政治权力的腐蚀性,不管是谁掌控还是为了什么目的都是如此。因此,一种压迫将会取代另一种:因此,在革命后的最初发展阶段——甚至在革命以前,在示范性的公社中——无需利用什么国家,"高级的"无国家阶段势必就已到来。而

在(自发的群众起义而非一个精英构成的革命先驱所发动的)天启革命到来之前,真正的无政府主义者怀着崇高的美德躲在一边,或者说,在革命前的时期,他至多可能与他的伙伴一起,组成一些自愿的互助团体。

(Manuel and Manuel,1979:740)

这一论断依然反映出"赤色分子"(马克思主义者)与激进绿色主义者(空想社会主义者与其他一些无政府主义者)之间时而发生的令人不快的对话。后者常常对准苏联,认为那是马克思主义缺陷的一种例证。

然而赤色分子却否认苏联的马克思主义(也就是马克思—列宁主义)是社会主义,认为那是国家资本主义。他们赞成"英国首位马克思主义

者"威廉·莫里斯所开始的那种马克思主义传统(Morton,1979)。当莫里斯描绘出一幅乌托邦美景时,他并不怀疑无产阶级革命中推翻资本主义的必要性,以便实现他小规模、权力分散、真正民主且生态良顺的社会。

在《乌有乡消息》(1890)中,他那番理想的社会主义前景之描绘,与克鲁泡特金《田园、工厂、手工场》(1890)(参见 Pepper,1988)中的描述十分接近,也与当今的"生物区域主义者"的看法很相似。塞尔(Sale,1985:85—86)对生物区域社会一连串特征的列举,事实上就使得它无法与他们的乌托邦区分开来。

威廉·莫里斯

奥沙利文(O'Sullivan,1990)认为,莫里斯对马克思主义的实际运用表明,我们如何能够消除某些社会丑恶现象。而且

他同样获得的那种绝非附带性的成就,就为激进环境主义提供了一种文献,用浅显的英语展示其众多的基本观念……不管是对革命思想还是对环境主义来说,都(作出了)无可匹敌的贡献。

沃尔(Wall,1994:9—10)承认莫里斯的生态资质(ecological credential),而莫顿(Morton,1979:30)也同样强调了这一点。

为地球找到一种真正自我评价的生态基础,就有充分的理由可以成为摆在人类面前的下一项任务,这样的一种任务对资本主义来说是无能为力的,对社会主义来说尽管不是那么容易,但还是有可能的。对于我们的尝试而言,威廉·莫里斯的深邃智慧可能具有无比巨大的价值。

当然,要把莫里斯与梭罗式的生态中心主义者区分开来,有时也是不可

能的。

> 除了那种对可爱地球的恬淡之乐的病态不满，奢侈还带来了什
> 么？……是否我该告诉你，现代欧洲的奢侈对你有何影响？奴隶的小棚
> 屋遮盖了令人快活的绿色原野，有毒气体毁坏了鲜花与树木，河流成了下
> 水道……自由人一定得过上单纯的生活，拥有单纯的快乐。

（Morris，1887a）

对于那种纯粹为了如画派探寻者的利益而对建筑加以修复的做法，莫里
斯也表示担心：

> 那些人本身不会给人以希望，他们理解不了往昔的期望或是那些期
> 望的表达。因了别墅业主的钱包，风景之美丽将被加以开发利用与人为
> 造作，那些地方如此引人注目，以至于触动了那些人疲惫不堪的欲望；但
> 是这样一些静谧之地，在最为卑下的商业主义侵袭下，将年复一年地消失
> 下去（正如现在发生的那样）。

（Morris，1889）

第一段引文所表明的，是莫里斯对消费主义之产物的污染之敏感反应。
但是，既非马尔萨斯主义者也非禁欲者，他的经济学始于那种对所有人而
言的潜在充裕这一前提。然而，这一切所依赖的，却是地球资源被用来实
现使用价值而非市场中的商品价值：生产为的是满足需要而非"人为诱导
的需求"，正如现代的绿色主义者所称呼的那样。在第二段引文中，通过
将资本主义制度下的自然商业化与商品化认定为自然枯竭的原因，莫里
斯展示了其生态社会主义的资质。莫里斯本质上并不反对工业的成果，
尤其是手工艺生产的那种小作坊，而且他也不憎恶人类给予自然的改变。

事实上,只要那种接触不是像资本主义中的那样充满侵略性,自然就会因与人类的接触而增辉并改良。

这样的话,在大约一个世纪之前,莫里斯事实上就详细阐述了那些激进环境主义者在过去的 1/4 个世纪中所"发现"的所有主题。而且他是在一种马克思主义的框架内做出这一切的,但这绝不能被认为是为 20 世纪东欧那些中央集权国家的官僚体制铺平了道路。

莫里斯指责大规模住宅区、自然与人类劳动的商品化、劳动者与他/她创造力的异化以及消费主义所带来的污染、乡村的城市化。他拒绝物质上的奢华,但却赞成一种卓越的生活品质,在教育中,自然之乐趣中,社区中,以及与那些"无用功"比起来具有创造性且"有益的劳作"中。

他对于艺术与手工艺的专注不是那种精英主义式的:倒不如说,他更认为它们是所有人借以表达其个性以及与他者和睦共处的途径。奥沙利文认为,这种对于工作的看法也是他最为重要的生态观点。莫里斯(Morris,1885)在此强调说,我们的劳动不应被他者所僭越,它理应产生出有益且优美的事物,理应给我们带来精神与身体的快乐,理应总是具有创造性且对于真正的需要而言不会过剩。工作场所应该规模小些,专业化程度低些。机器与所有的科学成果应被保留下来,以使我们免于那些真正艰巨与不舒适的工作,

> 以便教会曼彻斯特如何消除其自身的烟雾,或者教会利兹(Leeds)如何消除其过多的黑色染料,而不是将之倒入河流中去。
>
> (O'Sullivan,1990:171,援引自《文集》)

然而,在他的《乌有乡消息》——一个大多数无政府主义者也可以接受的乌托邦中,曼彻斯特与利兹之类的地方消失了——转换了,就像伦敦那样,成了林地间的一连串村庄。巨大的工业制造区分崩离析,自然将治愈

它们所留下的伤疤，而我们也不再"用污秽与肮脏去玷污地球了"。尽管这样，并且机器与劳动分工都减少了，日常必需品仍是如此丰裕，以至于交易不再必要。不存在法定的私有财产，从而就没有以此为基础的等级制。

尽管莫里斯的大部分作品，尤其是他的政治著作，展示出某种分析的锐利眼光以及超前于生态中心主义甚多的洞察力，但在某种共有的缺点上，《乌有乡消息》堪与生态中心主义比较（至少是一种人文主义的立场）。它那乌托邦式的中世纪遗风将乡村与往昔理想化，以之作为和谐社会关系的框架。但是，它回避了如何改进劳苦大众的环境这一难题，而只是嘲笑那些维多利亚女王时代遍布于乡村的"伦敦佬别墅"的激增。《乌有乡消息》里的男主人公在伦敦的泰晤士河畔入睡，在 20 世纪时醒了过来，那个时候，资本主义、丑恶的城市环境、商业主义、工资奴隶以及污染，都已烟消云散。曼纽尔夫妇认为，《乌有乡消息》与爱德华·贝拉米（Edward Bellamy）那种傅立叶主义式的《回顾 2000—1887》（1888）一道，置工业—科学文明的推动力于不顾，是一种怀旧式的社会主义乌托邦传统。他们构想出纯朴、优雅的社区：一种"未来的黄金时代"，实在是对那种免于恐惧的梦幻往昔之重温。就像其他一些拉斐尔前派画家（pre-Raphaelite）一样，莫里斯在《乌有乡消息》中将中世纪的手艺人加以理想化了。但是，相比于他在对资本主义的拒斥中所做的而言，他的著作从总体上来说要更为深邃，所以说，他根本上就是某种生态社会主义未来而非浪漫主义生态乌托邦过去的先知。

公社与返土归田的社会主义

19 世纪与 20 世纪早期的许多公社与社区试验，都与空想社会主义和无政府主义相关联。它们也都展示出诸多与现代生态中心主义相应的原理与实践。罗伯特·欧文的理想公社就体现了诸如自足、混合以小型工业的农业基地、公共食堂以及共同的饮食与儿童保育、将城镇与乡村融合起来以及满足社会需求的生产等这样一些"绿色主义"原则。哈迪（Hardy，1979）对位于哈莫尼山（Harmony Hill）的欧文主义者公社（1839—1845 年）的描述中，提到其精细而系统的有机农业，而位于萨里郡的"和谐学院"（Concordium，1838—1848 年）则被描绘成一座禁止食用盐、糖和茶的卫生改革中心。"和谐学院"也充满了神秘，相信"爱魂"改变社会的力量，而且在 1843—1844 年出版了称为《新纪元》（*New Age*）的杂志，刊登了许多有关神秘主义与素食主义的文章。乔治·里普利（George Ripley）于 1841 年在波士顿附近，创建了非宗教性的欧文主义式的布鲁克农场（Brook Farm）公社，他被默瑟（Mercer，1984）描绘成为一名超验主义的引领者、自然神秘主义的浪漫主义追随者。

哈迪进而认为，尽管不是出于某种对自然的根本关注，但从某种表面的意义上来看，农业社会主义在生态上还是健全的。共同劳动以及对土地的集体占有，被认为是所有经济力量的来源，从而也成为建立社会主义的关键。它那种农民实现自身价值以及村民相互协作的田园生活，与掘地派所抗议的那种久已既成的农村圈地以及普通百姓与土地的疏离这一普遍现实之间，形成了鲜明的对比。

农业社会主义的第一股潮流是宪章运动，其中就包括了费格斯·奥康纳（Feargus O'Connor）的尝试，即以两到三英亩的小块土地为单位，建立众多自给自足的家庭，在这上面进行集约的有机畜牧业，以马铃薯、猪、羊作为每块殖民地的主要产品。宪章村（Charterville）的新移住民保证每户会有 40 吨的粪。

第二股潮流以约翰·拉斯金浪漫主义的社会主义为基础，常常对封建共同体充满了向往。迷失的价值观念通过手工艺品的生产而得以恢复；土地通过劳动密集型耕作而恢复了它的全部潜力，从而使人们免受工业主义所导致的异化，并拉近了人与自然之间的距离。拉斯金有些中世纪色彩的圣乔治商社(Guild of St George)进行了几处公社试验,比如在托特利(Totley)、谢菲尔德。但是,由于移住民与托管人中某些非生态的争论,它所立足的生态原理就触礁沉没了。

农业社会主义中的第三股潮流,就存在于 19 世纪八九十年代的家庭移住/返土归田运动之中,古尔德(Gould,1988)认为:

> 1980 年之前是绿色政治学最为丰产与重要的时期。……在那一时期中,工业主义的哲学、个人与社会及物质环境的关系,以及城市的功能性与成效性,也受到了极大程度的批判考察。

面对日渐增长的失业、农村社会的衰落以及对英国在世界政治与经济中角色的关注(一种与 20 世纪七八十年代绿色主义意识上涨时期明显相类似的背景),人们转向自然世界与乡村地区,以获取个人与社会问题的解决途径。

回归自然与返土归田的主题为社会主义者所采纳,以作为激进社会变革的部分解决方案。他们乞灵于简朴的生活,一种替代都市生活的选择,与自然和睦相处,性与社会关系的自由化,仁慈地对待动物,以及渴望过去那种黄金时代,人们能够自由地在自己选择的土地上生产并享受其成果。社会主义者爱德华·卡彭特(Edward Carpenter)赞成那种"需求有限的小型社区"在整个国家的散播,而工业也应在公共或协作的方针下被加以运营(Gould,1988:24)。卡彭特对于良知与世界意识,以及人类、动物、山峦、地球与星座之间这一有机整体的关注,与"深生态学"当前的关注如出一辙。

古尔德说,作为社会主义者报纸《号角》的编辑,罗伯特·布拉奇福德(Robert Blatchford)试图"将社会主义与自然看作为既成的建制"。就如当今的绿色主义者那样,布拉奇福德对于自由主义的、放任主义的经济学之环境后果表示反对,并且认为,对于工人阶级来说,物质生活的改善应该从属于生活品质的提高(比如说,简简单单的快乐与自自然然的享受)。他支持并参观了位于威斯特摩兰郡(Westmorland)的斯坦斯威特家庭移民队(Starnthwaite Home Colony,1892—1901 年),那是为了容纳城市贫民与失业者而设立的众多聚居区之一。他把它描述为一所"充溢着自然之美的小型乌托邦"。哈迪说,它实践了真正公社式的生活与饮食,并且在自然美景中实行混合农作。

古尔德指出,将新型的低密度人口住宅区建在乡下以取代城市,是返土归田社会主义者的最终目标,而且与马克思在《共产党宣言》中的号召完全一致,即取消城乡对立是共产主义生活的首要条件之一。然而,它也具有反革命的一面,是一种应对失业并平息资本主义所造就的不满的途径。

那一时期最大的聚居地之一,就在埃塞克斯郡(Essex)的珀利(Purleigh)。托尔斯泰是其最有力的灵感之源,而且它 1898 年时的 75 名成员,打算把 100 万人组织成为一个自愿协作的共同体。尽管逐步抛弃了集体主义并采纳了私人所有权,1898 年,一个独立出来的团体还是在怀特韦(Whiteway)格洛斯特郡(Gloucestershire)创建起来,而且它延续到了 20 世纪 20 年代。但是,从一开始,它的成员就信奉女性主义、素食主义及互不侵犯,共同劳作并且财富共享。

这一绿色主义色彩十足的谱系,对于哈迪所描述过的 19 世纪 90 年代其他一些无政府主义公社而言,似乎乃寻常之事。比如说,谢菲尔德的诺顿(Norton)聚居区就是以"回归自然"、实用园艺与手工艺(制作凉鞋)为基础。它主张素食、绝对禁酒、禁止吸烟,并且反对食用盐、化学制品、药品、矿物以及发酵与腐烂的食物。与某些社会主义者的公社不同,这些公社中没有领导者,不分等级,没有多数投票一说,而且赞成那种小团体的协作关系。或许与那一时期其他的公社相比,这些无政府主义者在他们的社会、经济以及政治关系上，与绿色主义生活方式是最为接近的。

进入 20 世纪

美学与科学

欧美的环境保护意识分为三个明显的阶段：从 19 世纪 80 年代中期到 20 世纪初，两次世界大战期间，以及从 20 世纪 50 年代晚期到现在（Lowe and Goyder，1983）。在 19 世纪与现今的环境运动之间，存在着某些很直接的联系。比如说，约翰·缪尔（他曾受梭罗的影响）在 1892 年时与他的朋友们组建了峰峦俱乐部（Sierra Club）以捍卫美国的荒野。就像许多维多利亚女王时代的其他一些环境保护组织一样，峰峦俱乐部今天依然存在着。此外，作为其领军人物之一的戴维·布劳尔（David Brower）1969 年时领导了一个分裂出来的小派别，目标就是更为直接的行动。那个团体就是地球之友，现在已成为国际性的组织。

业已提到的生态学中"田园主义"与"帝国主义"、浪漫主义态度与古典科学的态度、生态中心主义与技术中心论之间思路上的种种区分，在所有这三个时期中都有显露。那些以物质进步的名义寻求变革者，因而会采取一种管理者的保持主义看法，这就遭遇到那些采取防御性保护主义态度的抵制变革者的反对。

而"在那种根本上属于对景观的审美与基本上是对自然保护的科学理解之间所存在的区分……在英国文化中依然显著"，考克斯（Cox，1988）如是说。这一点依然存在于战后英国政府所资助的两个团体，英格兰自然署（English Nature）（科学）与乡村委员会（Countryside Commission）（审美）之间。其 19 世纪的前身就是康斯特布尔（自然主义）与湖畔派艺术家们（浪漫主义）在如何解释自然上的差异。正如我们业已提到的那样,康斯特布尔的风景描绘是写实的与科学的(严格描绘事物的"客观"存在),尽管后来沦落为浪漫化的英国田园牧歌神话。这一"理解"自然的方法,是对 18 世纪"改良"自然之内驱力的进一步补充:创造一个开垦过的、有人居住且经济上更为丰饶的整洁、对称、工整的风景。这种精心打造的设计,只是那种除了作为一种取悦于崛起中的资产阶级的审美对象之外,还要制造产品的乡村的一部分而已。

但随后且在某种程度上与这一转向一道,在华兹华斯、罗斯金以及其他一些人所描绘的全然不同的风景中,就涌来了其他价值观的表达。它们与某种浮现出来的带有精英主义色彩的保护伦理紧密联系在一起。比如说,华兹华斯在 1844 年对于拟建中的肯德尔—温德米尔(Kendal-Windemere)铁路的反对,就立足于他这样的观点,即对诸如湖泊地区的自然之美,只应属于那些拥有"会意的双眸与激赏的内心"的有教养之士,而非那些只具"俗解"的技工、劳工与店主们。华兹华斯在《兄弟》中说道,"我的天哪,这如许多的旅行者"。讽刺的是,他也开创了"那种旅行指南类型的写作,致使自然以一种根本上就是毁灭性的方式倍受挥霍"(Harvey,1993)。

在阻止曼彻斯特公司将瑟尔米尔湖(Lake Thirlmere)变成一个水库的早期不成功的尝试之后,1883 年,在罗斯金、威廉·莫里斯、托马斯·卡莱尔、奥克塔维亚·希尔(Octavia Hill)、哈德威克·罗恩斯利(Hardwick Rawnsley)与罗伯特·亨特(Robert Hunter)的帮助下,湖泊地区防卫协会(Lake District Defence Society)成立了。这就促成了 1895 年时(历史古迹和自然风景区)国家信托社(National Trust)的成型,这一设想源于最古老的国家环境保护团体公共用地及乡间小路保存协会(the Commons,Open Spaces and Footpaths Preservation Society)的工作(Evans,1992)。议会在 1907 年时通过了一项法案,给予信托社宣示其不可剥夺的财产权利以反对开发。

考克斯、洛（Lowe）以及戈伊德（Goyder）都同意的是，像这样一些保存团体共享有英国文化特色的反城市主义与反工业主义（Wiener，1981），而且像我们之前提到的那样，它们也是拒绝接受经济自由主义与唯物主义的一分子。洛（Lowe，1983）相信，这

反映出英国上层社会及其上流社会的价值体系，对城市资产阶级的吸纳……那就是蔑视贸易与工业。

尤其是为了对抗城市化与造林工程对乡村的"威胁"，随着英国乡村保持（现在是保护）协会在1926年的成立，保护主义的传统在20世纪20年代又得到了伸张。乡村保护协会（CPRE）与其他团体联合起来，迫切要求建立国家公园。考克斯提到了这一运动中文化精英论的基本假设，尽管其阶级基础在不断扩大，以至于将诸如散步者协会（Ramblers Association，1935）之类的社会主义群众（mass-access）团体也囊括了进来。这有点像是从"民族"的角度出发，以"公众"的形式对乡村的保存，人们试图"发现"一个充满田园风味的英格兰农村，"与那一时期甚嚣尘上的农业包围之现实几乎全然不同"（Newby，1987）。

两次世界大战期间，生态学研究（英国生态学会建立于1913年）的发展，激发出对野生动植物与景观保持上更加科学的管理方法，这就与那种保护主义形成了鲜明的对比。第二次世界大战以后，生态学成为一种惯制：从表面上看，就博物学家所关注的栖息地破坏问题，政治家们甘心给予认真的对待。大自然保护协会（稍后的英格兰自然署）在1948年成立，以向政府通报那些应赋予"特殊科学意义"（SSSI）的地质遗迹。这一组织为科学家所管理，并且对通过"积极的管理"来改变景观持赞成的态度。

对景观的浪漫主义解读则明文昭示于国家公园委员会（National Parks Commission，1949）之中，在1968年时它变身为乡村委员会。它

的责任就是调查与监督,正如 SSSI 所被毁坏的那样,它的许多目标也受到了采矿、农业、旅游观光以及其他一些商业利益集团的侵害。考克斯将委员会看作是一种防御与保护,以及维系"传统"农村生活方式的某种努力。

保持与保护

唯理论与浪漫主义也纠缠于美国环境史中:前者展示出某种"资源保持论者"的姿态;后者则是"自然保护"(Petulla,1988)。

对保持的兴趣起因于 18 世纪美国东部早期的土壤耗竭,而美国农业部(US Department of Agriculture)则是在 1862 年才成立。乔治·珀金斯·马什(George Perkins Marsh)的开创性巨著《人与自然》(*Man and Nature*,1864),记录了人为引发的土壤侵蚀,并且从整体的视角论证了为保护土壤与水源而再植森林的必要性。出于对木材匮乏的担心,某些森林保护区在 1897 年时被建立起来,但与此同时国会却规定,那些更适宜于采矿与农作的土地,不应被用来作为保护区。这样的立法所反映出来的,是商业利益集团在反对约翰·缪尔之类的自然保护主义者时,那种早期的政治影响力。

来自后者的压力促使美国早在 1916 年时就建立了 16 个国家公园。但国会对于公共休耕地的态度却依然吝啬而傲慢。在保护主义者与保持主义者之间的一场拉锯战中,后者的价值观念通常是占了上风。在缪尔从前的峰峦俱乐部同仁、世纪之交时的林业局局长吉福德·平肖(Gifford Pinchot)身上,这些价值观念有集中的体现。他赞成土地的多用途利用以及科学的管理,而不是放在一边不管不问。1910 年时他这样写道:

关于保持的首要事实在于,它支持发展……保持当然意味着为后代未雨绸缪,但也意味着且首先是认可当代人对所有资源的充分需求这一权利,幸好我们的国家在这方面是如此富足。

（援引自 Opie，1971）

奥佩(Opie)注意到,这一观点"在如今的联邦土地使用项目中仍旧占有主导的地位,尽管 20 世纪 60 年代的生态运动激励了保护主义者'为荒野而保护荒野'"。

这种"利用者—保护主义者"间的分歧,在约塞米蒂国家公园(Yosemite National Park)美丽的赫奇赫奇峡谷(Hetch Hetchy valley)问题上所展开的论争中凸显了出来,1912 年时,旧金山市打算在那里修筑水坝。1914 年,当国会最终批准了水库的建设时,峰峦俱乐部在平肖的"明智利用"哲学前就战败了,而现在呢,"自其首次上演以来,赫奇赫奇一幕已经再次上演了数十次,或许是上百次之多"(Petulla，1988:321)。

平肖的"理性""高效"管理的保持主义理想,构成了进步主义政治运动之主要政纲。西奥多·罗斯福(Theodore Roosevelt，1901—1909 年)总统是其主要的发言人。沃斯特(Worster，1985)说,它那种将国家经济置于自然经济之上的传统,穿越了英国农业革命的"改良"哲学,最后直达那种以功利为目的的管理自然的培根主义工程。

颇为讽刺的是,这一"保持"运动以高效率农业的名义,成为野生动植物大规模灭绝的罪魁祸首。"有害生物"以及像狼、熊、郊狼那样的食肉动物,妨碍了有利可图的农业劳作,因而在政府的宣传活动中被描绘成可鄙的怪物。消灭它们就成了政府的职责。与此同时,为那些捕猎游说团维护诸如猎鹿之类的运动的努力,常常也处置得很不恰当。在 20 世纪 20 年代中期,成千上万的鹿因为过度繁殖以及掠食者的缺乏而死去。

但是,尽管 20 世纪 20 年代以来,科学界就日益针对食物链中的物种消失发出警告[比如说美国哺乳动物学家协会(American Society of Mammalogists)],"进步主义的"方法却依然延续下来。沃斯特提到,他们的论证主要在于"自然平衡",以及它所能承受的干预程度:他们是实用主义者。

但是在 20 世纪 40 年代的时候,关于动物权利存在与否的一种更具道德意义的论证就被提了出来。其支持者从他们所认作为的整个共同体出发,试图在人类利益与其他生物的利益之间加以平衡。奥尔多·利奥波德,作为一名进步主义环境管理的追随者以及平肖所属林业局的一名成员,在 20 世纪三四十年代期间,其自身的立场发生了转变。在 1933 年时,他著成了《猎物管理》一书,详细叙述了某种精确审慎的保持方法。但是在 20 世纪 40 年代时,他写了一篇专论"土地伦理"的短文,即《沙乡年鉴》的最后一章,该书是一系列乡村博物志的草稿,在他去世后于 1949 年出版。麦茜特(Merchant,1992)称之为现代生态中心伦理学第一次明确的表达。沃斯特认为,它标志着"生态学时代的到来",的确,所有的生态中心主义基本原则这里都有了:反物质主义;对土地的爱和尊重;作为一有机体的土地;"自然权利"从人类向剩余自然的延伸;生态良知的必要而不仅仅是农艺措施;呼吁回归到某种野外的整体博物学。最令人难忘的是,利奥波德写道,掠食者不应只是出于某些实用的理由而受到宽容,而是着眼于它们作为一个共同体的成员身份,人类只是这一共同体中的普通成员和公民——一种拓展及于所有存在物的合力协作的共有关系圈。

田园牧歌神话的持续

在洛与戈伊德所描述的环境保护论第二与第三阶段中,那种对于英国乡村生活、野生动植物以及生态关系的关注,就从上流阶层延伸至中产阶级。但是在第一个阶段,即维多利亚女王时代时,如上所述,有更多的精英人士对荒原上观光客的涌入表示反对。人们观赏风景的愿望在某种程度上就反映出博物学家与户外团体的人气渐旺。但是,还不止如此,观光客们在如画的景观中,探寻自然与乡村生活的特殊意象。丹尼尔斯(Daniels,1993)提醒我们说,这些意象有力地唤醒了人们内心的情感,产生了某种政治上的可能,使各色人等汇集在一起,以捍卫乡村与荒野以及与之相系的价值观念。

早在 19 世纪 90 年代时,托马斯·库克(Thomas Cook)就已经游历了位于东英格兰斯陶尔峡谷(Stour Valley)中的"康斯特布尔乡村",康斯特布尔的风景很快就成为英国乡村最为典型的代表,而不必再限于特定的地点。

康斯特布尔乡村以干草车的形式,将"南部乡村"描绘成为完美英格兰的形象,自 19 世纪晚期以来,这一形象在政治领域中变得引人注目。

(Daniels,1993:214)

对景观与"自然"的这种强烈情感,可能会在政治上被加以窃用——最为明显的就是民族主义的借口。比如说,正如丹尼尔斯所描述的那样,在 1916 年《乡间生活》的一篇文章中,那种激励着男人们为英格兰绿色与美好的土地而献身的爱,就使得《干草车》与莎士比亚、斯宾塞、济慈以及华兹华斯汇聚在了一起。置身于丑陋且可怕的战壕中的人们,就梦见了丹尼尔斯所称的那种"舒缓的、小的可爱的英格兰田园景色"。

这种田园景色在第二次世界大战时又派上了用场:

康斯特布尔业已永久地记录下来……乡村生活,抗击那无边地狱之门乃是我们的荣幸。

S.P.梅斯(S.P.Mais)在巴茨福德(Batsford)主编《英伦掠影》(*Face of Britain*)系列的 1942 年卷中如是说。丹尼尔斯说,康斯特布尔所刻画的那种顽强的乡土文化,植根于都铎英国,被认为是民族的缩影。鸟类学家彼得·斯科特(Peter Scott)1943 年在无线电广播中这样表白(援引自Wright,1985:83):

> 对我们每一个人来说,"英格兰"意味着某些些微不同的事物。比如说,你可能会想起多佛(Dover)的白色崖壁,或者你可能想起了一场普利茅斯岬(Plymouth Hoe)的保龄球比赛,或者也许是老特拉福德(Old Trafford)的一场板球赛,或者是特威肯汉姆(Twickenham)的一场英式橄榄球比赛。但是,或许对我们大多数人而言,它带来的是一幅特定种类的乡村生活图景,英国的乡村生活。假如你待在海上的时间够长,那种根本上就是英格兰特色的原野、树篱与森林的某种特别结合,似乎就具有了新意。

即便是康斯特布尔的天空景色画,也因为战事而被征用,在一系列的绘画中,展示那带着水汽尾迹的喷火式战斗机从农村乡野上空的乌云中猛扑下来。在格鲁法德(Gruffudd,1991)称作"英国皇家空军的田园主义"风格中,英国的天空被视为国民性格的反映。

极端爱国主义也挪用了康斯特布尔,在彼得·肯纳德(Peter Kennard)制作的一组被大量复制的 20 世纪 80 年代反对使用核武器的集锦照片中,所描绘的巡航导弹就被置于《干草车》这幅画之中。在这一点上,丹尼尔斯认为,正是撒切尔政府的美国作风,受到了左翼与右翼批评家的抵制:美国化,或者正像许多人心知肚明的那样,英国文化的"现代化"。

英国田园牧歌的言辞,从世纪之交时起就被用来反抗现代发展的入侵洪流。《笨拙》(*Punch*)漫画描绘了英国士兵带有怨恨的嘲弄,他们远离家乡去保卫自己的国土,保卫他们的乡村,归来后却发现,田地已被破坏——开发所到之处,混凝土覆盖了一切(见图 4.1)。

1914年,威廉·史密斯先生响应故土不可侵犯的号召。

1919年,威廉·史密斯先生返乡,目睹其战果。

资料来源:《笨拙》。

图 4.1 爱国主义与乡村保护

这种农村沙文主义的环境主义自觉,或是无意识中加以辩护的阶级利益,属于那些土地贵族与农业界,而在迈步进入 21 世纪时,则越来越属于富有的中产阶级,他们与乡村利害相关,而且现在不想让进一步的开发来"毁掉"它。

两次世界大战期间,人们所忧虑的主要是城郊居民以及与之相伴的道路和广告招贴板,尤其是那些无序混乱的开发更是如此。

在成排令人发呆的城郊小屋与平房间,同一时代的那些股票经济人的郊外住宅区在萨里山(Surrey hills)上散布;实业家们也来了,地球突然出现了发炎的红色皮疹,怎么说也不过分,它仿佛就是患上了麻疹一样……突然出现我的面前,就像我最近在七月的一个炎热中午患病时一样,我再次被它那脓疮般的污秽、全然的令人恐惧所刺痛……然而,机器才是真正的恶棍……在今天的英格兰,无论哪里有大路,在整个道路两边大约两英里宽的地带上,乡村生活已被彻底地粉碎了。

(Joad,1933:190,193,196,199)

丹尼尔斯认为,尽管乔德(Joad)对于"有车一族"与"新工业革命"那种冲天怒气听来很熟悉,但大多数两次世界大战间的环境保护论却不具有反现代性的色彩。国家电网、国有公路以及国家公园所体现出的那种理性的、现代的、有计划的开发,与时代的精神是相吻合的。

然而,随着第三帝国在艺术、建筑以及计划体制上对现代主义的窃用,这一切都发生了改变。第二次世界大战以后,工业主义、计划体制以及中央集权国家日益扮演了反面的角色,成为农村英格兰与"自然"生态系统之遭受劫掠的原因。霍斯金斯(Hoskins,1955)哀叹道:

千疮百孔的英格兰，没有树木，有的是柴油的恶臭、要命的卡车……
核威慑笼罩下的英格兰……科学家、军人与政客左右下的野蛮英格兰。

（援引自 Daniels，1993：224）

比如，在肖德（Shoard，1980）令人印象深刻的反对农业综合企业以捍
卫"传统"景观的表白中，以及在许多具体的环境计划说明中，此类措
辞鲜明地预示了当代乡村保护主义者的思想情感。1970 年《乡间生
活》上的一篇文章（援引自 Daniels，1993），支持特别利益团体设法去
捍卫萨福克（Suffolk）乡村与戴德汉谷（Dedham Vale）免受开发，并将此
举描述为"每一个英国人心目中完美乡村景观的具体落实"。此外，在
1969 年罗斯基尔（Roskill）对伦敦第三座机场的质询中，历史学家阿瑟·
布赖恩特（Arthur Bryant）在为北白金汉郡（Buckinghamshire）的一个反
机场建造团体作证时，是这样谈论这一地区的："整个英国的历史——它
的力道、它沉寂的激情、它持久的连贯性——都蕴藏于它那沉睡般的静
默中。"一座机场就将破坏掉"英格兰永久遗产的一个有机组成部分，就
如同当前存在的类似事物对其完美性的破坏一样"。诗人约翰·贝奇曼
（John Betjeman）宣称，这是一处"对英格兰来说重要的区域"（Pepper，
1980）。

　　然而，尽管诉诸遗产保护，此类环境团体的成员不能不说带有偶然
性——那些有足够的钱移居到乡村地区的都市人与城郊居民（在那里，随
之而来的房价上涨与失业，就妨碍了"原住"居民家庭的继续存留）。这些
新人口真正是在寻找田园主义式的英国牧歌：

远离于高层公寓和中式外卖，有一处和平宁静、恰似神话般的田园生
活，假如那些快乐的英国乡巴佬还不曾过上的话，至少它也已成为这样一
种族群居住地：据信他们与更为永恒的真理相和谐，而不是与什么汇率浮

277

动的英镑以及国际收支危机相一致……在 M4 或是 A12①另一端的某个
地方……有生活在"真正的"英国乡村中的"真正"乡民……从此种田园诗
般的意义上来说,"真正的"英国乡村仅是处于那些致力于寻求它的人的
心中,在一些日历和巧克力盒盖上——在全然误导人的约翰·康斯特布
尔绘画中。

(Newby,1985:13—14)

通过布艺设计、"乡村"生鲜食品、广播中的"乡民琐事",以及书籍、电影和
电视连续剧中无数才子佳人的风流韵事,这一探求受到了日常商业主义
的鼓动。浪漫主义者的逃避现实、反城市化以及反现代性倾向存留持久:
在诸如经济衰退与战争之类的民族危机与苦难时期,似乎更为强烈。这
种事不是只在欧洲才有。乡村、自然以及荒野,与城市文明之间浪漫化的
两极对立,在两次世界大战期间以及战后流行的文化显像——美国电影
的西部片中,再次现身(表 4.3)。

　　当然,和超验主义者对灵性复兴的追求一样,乡村逃避主义在某种程
度上也是英国与美国国家公园运动兴起的触媒。肖德(Shoard,1982)描
述了英国的这场运动并且发现,低地公园并没有被建立起来。在某种程
度上,这是"浪漫主义的遗产"所致,它促成了那些在保持主义运动中迫切
要求公园建立的核心人物之感受的塑造。比如说,作为一名"浪漫主义运
动的典型追随者",沃恩·科尼什(Vaughan Cornish)认为,群山与大海怀
抱中的海岬构成了至高无上的景观。而约翰·道尔(John Dower)呢,本
质上来说就是一个"高地人"——在诺森伯兰郡(Northumberland)以及约
克郡(Yorkshire)的代尔斯(Dales)地区长大,他 1945 年在政府委托下所
做的国家公园可行性报告,对于何种乡村可被纳入其中而言,这一点就带

① M4、A12 指金融学中货币层次的划分。——译者注

来了影响。

表 4.3　西部片中的两极对立

荒　野	文　明
个 体	**社 群**
自由	限制
敬意	惯制
自知	蒙蔽
正直	乡愿
利己主义	社会责任
唯我主义	民主主义
自 然	**文 化**
清白	腐败
亲历	学问
经验主义	墨守成规
实用主义	理想主义
粗鄙	优雅
野性	人文
西 部	**东 部**
美国	欧洲
边地	美国
平等	阶级
平均地权	工业主义
传统	变革
过去	未来

资料来源：Kitses，1969，援引于 Short，1991。

肖德觉察到热心于高沼地者所认为的这些高地的魅力特色之所在。它们几乎全是浪漫主义者所同样称颂的荒野特性。那儿有野性，与驯化对立，有自然，显然也无人工痕迹（即使那些热心者完全知晓，高沼地乃4 000 年前的人类成果）。那儿有他们的高贵，或许会实现那种超然绝尘的梦想和恣意信步的自由,二者都是对孤独与个性之渴望的满足。还有那种以形式均一性展现出来的备受赞誉的简朴品质。那种天幕下开阔与壮丽的景观,便利了与造物者的交流,提供了"一种近乎宗教般的体验"。

右翼浪漫主义的遗产

激进的生态中心主义者可能会声称,现今的生态主义与乡村沙文主义的保护主义无关。这可能是实情,但保护主义并未成为生态中心主义者心目中可能的常青树,或是一场他们可能应招加入的运动。

针对安娜·布拉姆韦尔对两次世界大战期间她所认为是"生态学者"的知识分子团体的描述,生态中心主义者再次提出了批判——理由是,在生态主义"真实"本性上会带来误导。然而,在对当代生态主义之潜能加以考虑时,留心地看一下这样一些人是有益的。尤其是布拉姆韦尔的研究首先表明,在当前生态中心主义的诸种观念中,究竟有多少是流行于那个时代的"聒噪阶级"中的。其次,布拉姆韦尔论证了此类观念如何能够通过折中主义运动,引导自身走向极右思想——与左派思想。对于今天来说,这很有理由成为一个足资教训的实例。正如阿利森(Allison,1991:21)所指出的那样,绿色

运动及其组织常常将非常正统与令人尊敬的观念与人士,和那些极其古怪或者甚至根本上就是声名狼藉的人相提并论。

如同许多绿色主义者那样,阿利森似乎认为,这种矛盾是某种活力的所在:然而,其他一些人可能认为这是一个缺点。

布拉姆韦尔(Bramwell,1989:104)坚持认为,"20世纪30年代见证了我们现今称之为生态主义的那一类观念的充分发展"。在那些她称为反资本主义的"温和右派:托利无政府主义者"的人当中,这些观念很盛

行。属于它们的是一场返土归田的游说活动,其中约翰·哈格雷夫(John Hargrave)的童子军方案,即 KKK(Kibbo Kith Kin),最为重要。哈格雷夫的信仰——泛神论、社会主义、贵格会、优生学、东方宗教以及盎格鲁—撒克逊民族主义——表现出"一种政治态度上令人困惑的综合"。围绕家族(Kin)的团体也是如此:比如帕特里克·格迪斯(Patrick Geddes)、H.G.韦尔斯(H.G.Wells)、哈夫洛克·埃利斯(Havelock Ellis)、弗雷德里克·索迪(Frederick Soddy)以及罗尔夫·加德纳(Rolf Gardiner)。他们对于民间寻根与东方宗教的兴趣,酷似 1890 年到 1933 年间德国发展起来的反主流文化的解决办法(alternative counterculture)。有一股民族主义的思潮贯穿其中——"条顿精英主义"(teutonic élitism)。

1931 年时,哈格雷夫把 KKK 与失业群体合并在一起,组成一个无业游民军团,他们最后称自己是"绿衫党"。就像他们与之关系密切的法西斯主义者一样,他们在资本主义与国家社会主义之间寻求"第三种道路"(一个耳熟能详的生态中心主义用语)。其中就包括像是社会信用说(国家将信用发放给劳动者,以保持经济生活中的需求增长)以及至关紧要的亲乡村而反城市主义的观念。他们相信,在"传统"乡村中的那种反资本主义的民间价值观念会兴旺起来。新的起点就能够被摆在面前。

在布拉姆韦尔看来,支持有机农作的土壤协会在 1945 年时的共同创始人罗尔夫·加德纳,是另一位政治上采取折中主义的原始生态中心主义者。在影响他的人们之中,就有 D.H.劳伦斯(他本人受到海克尔的影响),而后者是一名自然崇拜者。布拉姆韦尔将加德纳描绘成一名基尔特社会主义者、亲德的生态学家,纳粹乡村政策以及异教信仰的支持者、有机农场主,社会团结、自然与社会和谐且平衡、英国民间舞蹈以及个人精神重生的热心者。加德纳的第三条道路之梦想,就包括一个联合的、无宗教信仰者的英国与德国。布拉姆韦尔说,英国知识界内仍旧具有相当名望的亲德、亲纳粹的同情心,并非造作而来:对于加德纳的信仰来说,这一点至关重要。

加德纳对另一位盎格鲁—撒克逊国家主义者利明顿勋爵（Lord Lymington）喜爱有加，后者是一位纳粹同情者，其系统计划的立足点在于健康的食物、健全的土壤，而且还有乡村再造。他的农业家族（Kinship in Husbandry）组织信奉鲁道夫·施泰纳的生物动力农业。这是对那种与施泰纳的生机论、新纪元、活力地球之远景下的耕作相一致的自给自足农场的鼓吹，其中的土壤是一件浸透有生命力的真实器官。利明顿将所有的社会罪恶归咎于城市化：他对贸易与金融（以及那个时代不可避免的反犹主义潜在因素）的怀疑，属于那种"广泛意义上的绿色主义传统"，阿利森就是如此看待的。利明顿"真正绿色、相当正确且非常精明"，阿利森将利明顿与乔纳森·波里特现在持有的生态与社会信念进行了逐点详述的比较。"尽管两位作者是从传统政治连续统的相反目的出发，"他总结道，"但一致性相当可观。"顺便提一下，相比于波里特"油腔滑调的优柔寡断"而言，阿利森更喜欢利明顿。

某些保守的原始绿色主义者是反纳粹的，像是 H.J.马辛厄姆（H.J. Massingham，1888—1952 年），农业家族的另一名成员。他的那种农村移民的设想，意在数百万小农场以及一个小型化区域编组的欧洲。尽管他憎恶机器与城市化，且希望乡村的工艺产业被保存下来，他还是不喜欢那种视乡村为风景如画的馆藏品那样一种观念。他试图在一种与他认为是更加有益的某些现代发展相协调的形式中，再造英国的乡村生活传统。

然而，其他一些人，像是亨利·威廉森（Henry Williamson，1896—1977）等，倾向于更加极端的右翼观点。威廉森在书中处心积虑地"推敲出一种环境观点"（Bramwell，1989：136），他支持奥斯瓦尔德·莫斯利（Oswald Mosley）的英国法西斯联盟（British Union of Fascists），以及希特勒的乡村计划，并将后者作为"我们的英格兰——我们民族的伟大母亲"所追随的榜样。布拉姆韦尔说道：

作为一名他那一时代的生态学家,植根于他的准确分类之上,威廉森那些我们今天看来无法容忍的观念却有其容身之所:虽充满痛苦,却是他真实信念的编织,一个围绕自然地球之上自然人类导向的社会。

这一诊断强调了某些生态学信条可能导致的滑动扭转。

比如说,地理学者 H.J.弗勒(H.J.Fleure)与植物育种家乔治·斯特普尔顿(George Stapledon),都歌颂乡村生活所谓的合群感、内在的自然智慧以及那种地方性的非异化性生产。但是他们也都赞成国家的种族计划——利用这一国家的纯正血统以"改善"种族的优生计划。斯特普尔顿,新纪元的一位先知,渴望新的导师将欧洲带入这一时代。

这就使我们面临布拉姆韦尔颇富争议的描述:第三帝国的领导阶层是"绿色主义者"。她提醒我们说,希特勒与西美尔(Himmel)都是素食主义者与动物权利拥护者。希特勒的副手赫斯(Hess)是一名顺势医疗论者,而且倡导施泰纳的生物动力农业。而农业部长瓦尔特·达里(Walther Darre)则同意那种生态健全的、有机的土地利用规划。

他们都对德国的自然主义哲学表示赞成,它的基本特征就包括对技术文化与过度理性的批判;对作为社会结构之基础的自然律以及作为人类导师的自然的认可;甘地主义与托尔斯泰主义的无政府状态;对农村生活的偏爱。布拉姆韦尔说,最后的这一条,就将农民视为一切正直而永恒的价值观念的宝库——国家的生命力之所在。如果说这种对于乡村生活的田园主义解读,与英国式解读相比在感觉上不同的话,那么,它依然是一种浪漫化的虚构,以民间神话、异教信仰以及神秘主义为荣。它最为神秘的观念就是"鲜血与祖国",这一想法不仅将某一种族与其国家间那种虚构出来的不可分割的历史纽带——或某一住民与其乡村——而且将那种以领土、国家与领土的要求这一名义而杀人的合法性都包容在内。

如果这些不完全是现今"深生态学"意义上的生物中心主义、生物区域主义、反城市主义以及自然崇拜的直接历史先驱，那么，它们就不过是对于绿色主义者的有益告诫了。沉溺于浪漫主义与自然主义之中，不顾及社会正义的优先考虑，忽视对社会、政治以及经济结构之本性的理性思考，可能就会倒向这种"生态法西斯主义"。海克尔可能被引证为"首位生态学家"，但在某些人看来，海克尔并未如传统上所认为的那样，体现出理性主义、进步、自由主义以及社会主义的精神。

　　对海克尔及其信徒主要观念的细致考察，就揭示出一种浪漫主义而非唯物主义的生物学研究进路，以及一种与国家社会主义意识形态而非社会主义的自由主义之间惊人的密切关系。

(Gasman，1971：xiv)

海克尔创设的进化论运动（Darwinist movement），是进化科学与浪漫主义的民众主义之综合。加斯曼同样认为，它是"国家社会主义的先驱"。

　　其他一些人也已注意到了新法西斯主义与某些生态中心主义观念之间所存在的亲和力，以及现今的"生态学如何在很大程度上被某种意识形态的特洛伊木马所瞄准，以便将法西斯观念带入传统政治辩论的大本营"（Griffin，1991：171；也可参见 Wall，1989）。贝赫尔（Biehl，1993）记述了这一切的发生过程。如同 20 世纪 30 年代的民众运动一样，今日美国的新右派以及欧洲的新法西斯团体，公然对现代性加以抨击，并呼吁那种平等主义民主与种族融合的普适均质文化。反过来说，他们又赞成"族类多元主义"，所有的文化在它们"属于自己的"土地上，将借此而拥有对自身以及目前环境的独立自主权。贝赫尔认为，这就与生态主义以及生物区域主义的原则巧妙地结合在一起。她还详细描述了几个具有强烈"深生态学"取向的德国新法西斯政党。就如同他们之前的民众主义一样，他们为施泰纳的"人智说"运动和生物动力农业所吸引。贝赫尔说道，如今，甚至是鲁道夫·巴罗（Rudolph Bahro）也在鼓吹"精神上的法西斯主义"，呼吁那种引领德国走向生态救赎的"绿色阿道夫"（Green Adolph）。

生态经济学与系统观

能量经济学

生态中心主义意欲将经济学与生态学结合在一起。这是将生态学概念应用于社会的那种普遍愿望中的某一特定方面。A.G.坦斯利（A.G. Tansley）于20世纪四五十年代所发展出的生态系统概念，所研究的不是作为孤立分量的自然，而是它各个组成部分之间的关系。往往是依据各部分间物质与能量的交换，这些关系就得以显示出来。

生态中心主义建议将这一分析框架应用到社会，尤其是经济学中去。它视能量的使用与散逸为生产的根本。确实，经济过程的那种能量暗示如此至关紧要，以至于有些人已经建议，能量单位应该替代会计制度中的货币，而且经济效率应该主要依据能量来加以评定[Georgescu-Roegen，1971；查普曼（Chapman，1975）对"沙丘"的经济学说明]。

至少自19世纪中叶以来，这一观点就有了拥护者。布拉姆韦尔（Bramwell，1989）与马丁内斯-艾莉尔（Martinez-Alier，1989，1990）认为，那些鼓吹者大体上来说都是社会主义者，下述说明很大程度上是对他们二者观点的吸收利用。他们的出发点，就是对传统经济学与正统马克思主义如何找出价值尺度这一问题的一番批判。比如，塞日·波多林斯基（Serge Podolinski，1850—1891年）寻求某种能量的而非劳动的价值论，依据人类热量的输入与他们工作中的消耗这一比值，设法为生产效率建立模型。他认为，物理学与生物学的现象可被看作是太阳能的转换，而人类劳动的目标就是提高地球上太阳能的蓄积。爱德华·沙加（Eduard

Sacher)也将人类想象为热力机,在 1891 年时就作出估计,认为每一个体每天至多可以做 1 000 大卡的工作量,而为此需要摄入 3 000 大卡的食物量。

弗雷德里克·索迪(Frederick Soddy, 1877—1956 年)发展了一种资本主义的能量批判。他认为,能量而非"资本"才是最基本的生产资料,但传统经济学的语言使得有关财富的这一真理晦暗不明,从而以为资本就代表了财富的累积与储藏。然而这是不理智的,因为真正的财富——太阳能,是不可能被储藏起来的;它只能流动。一大袋小麦,一架机器,一座楼房:如果仅是无限期地储藏下去,所有的一切都将毁坏,这是与热力学第二定律相符合的。对这些事物而言,若要继续维系其价值,能量就必须不断地被加以消耗。因此之故,传统经济学那种财富可作为金融资本存储起来,且其价值会因复利而增大的观点,乃是一派胡言。那些股票与债券的持有者,实际上所享有的是某种迟滞甚至是跌落的价值。所以说,靠投资来过活就等于是靠那些不可再生资源的毁灭来过活。索迪在此重申了罗斯金的观点,即交换中不存在真正的利润,而经济交易中的影子却被误认为是实在的东西。

潜伏于这种观点之下的,过去是,现在也是那种视热力学第二定律为统治一切的普遍法则之观念。它所确定的那种朝向无序、随机以及惰性的趋势,意味着曾经做功的自由能在散逸后,从总体上来看将会减少。亨利·亚当斯(Henry Adams, 1838—1918 年)认为,最终将会是宇宙的"热寂",那时将没有可供做功使用的能量。

展开来看,衰老理论这种科学上的复兴,悲观地暗示了社会最终的衰退。鲁道夫·克劳修斯(Rudolf Clausius, 1822—1888 年)在《自然中的能量贮藏》(*Energy Stocks in Nature*, 1885)中,留意到第二定律直接而必然的结果。这就是说,正如现代的生态中心主义者经常重复去做的那样,能量应该一直被加以保持:从较低状态到更高组织体的能量再循环是不可能的。但克劳修斯发现,资本主义经济在看待煤炭或是土壤肥力之类的资源时,就好像它们是无穷无尽的,然而第二定律却引人注目地表明了它们的可竭尽性——它们不可避免地衰亡。与此论辩相类似,亚当斯预测说,由于煤炭的缺乏,1950 年时世界将会"终结"。正如马丁内斯-艾莉尔(Martinez-Alier,1990:117)所表明的那样,此类论断与其说是某种基于能流之上的严格的科学分析,还不如说是从第二定律中引发出来的那种人类充满厄运征兆的"玄学"。生态主义满腔热情地支持此种玄学,以增长的极限这一前提为基础,建立其政治学与经济学,并且令人想起了第二定律那死神般狰狞的面孔,比如说,

> 现今的通货膨胀与我们不可再生的能量基地的耗尽之间,有直接的关系……通货膨胀……最终成为衡量我们环境之熵状态的一种尺度。
>
> (Rifkin,1980,转引自 Button,1988)

这些作家中的大多数所关注的,不只是资本主义的能源浪费,而是能源使用上的不平等。亚当斯的成果表明,某些经济与社会团体所使用的能量要远远多于他者。

利奥波德·普福德勒(Leopold Pfaundler,1839—1920 年)也研究了能量在不同的社会之内以及之间的流动与分配。他所关注的是承载能力,而且他认为互助(与贸易)可能会增强一个地区的承载能力,但代价高昂。在货物运输中就会存在能量的损失——"运输工具的摩擦系数"毫无疑问是需要克服的[比较一下,舒马赫(Schumacher,1973)对于现今那些事实上是些汽车之类的相同产品的国际交易在能量浪费上的责难]。

社会主义者认为,他们特有的经济学与资本主义不一样,其合理性足以克服此类缺点。资本主义经济学所犯下的一种分配不公是针对后代人的,这是因为他们不可能在当今的市场中表达他们的偏好,而贴现则意味

着未来的资源消费与现在比起来回报更低。

经济学批判中突出反映出来的此类代际问题,被作为生物学家、城市规划师、返土归田的分权主义者、KKK 成员、极大地影响了另一名原始绿色主义者刘易斯·芒福德的、典型的原始绿色主义者帕特里克·格迪斯(Patrick Geddes,1854—1932 年)揭露出来。

就像索迪一样,格迪斯努力使能量核算成为一种整体论经济学的一部分。他赞成生物学、物理学以及心理学对传统经济学的施压,批评当代那种在效用与财富定义上的狭隘性。他对于工业都市化的生态学批判,得益于索迪对资本概念的理性揭示,也从更加浪漫的罗斯金那里受益匪浅:他说,市场不能满足人们对审美的需要。价值因而大概就不是狭隘的物质效用问题:它应将审美包含在内。经济学理应致力于生活品质的改善。而工业财富也不仅仅是资本投资的当前回报问题,而是不得不将未来的资源储备之当前利用的后果考虑进来。格迪斯(在城镇规划中,他的理念是"原始绿色主义")认为历史乃一出生产增长的谎言,而矿石燃料的耗尽将不可避免地使增长放缓,因此,可再生资源应得到开发。

约瑟夫·波普尔-林库斯(Joseph Popper-Lynkeus,1838—1921 年)提议某种只能立足于恰当的非再生资源利用的经济学。他那无政府主义的社会安排,将通过国家组织的国家征募,为所有人"免费"提供基本的需求,每个人要出让 12 年的劳力。只要人们需要,经济体中的剩余者就可以依据市场原则被组织起来。

卡尔·巴罗德-阿特兰蒂库斯(Karl Ballod-Atlanticus,1864—1933 年)设想将土地重新分配为 500 公顷的机械化农场,城市垃圾运到土地上做肥料——每一个农场就能养活多至 2 000 人的公社。1927 年时,他也强调了私人汽车对于资源的影响[斯万特·阿累尼乌斯(Svante Arrhenius)早在 1903 年时就猜测到了温室效应]。相对于威廉·莫里斯的浪漫主义而言,此类先见之明完全是技术中心论式的,因而与克鲁泡特金更为相似。这其中的许多因素,在现今的"生态乌托邦"(Callenbach,1978,1981)以及像是基本收入计划等绿色政治纲领中,都占有重要的地位。

还原与机械论

推导出某种整体论式能流经济学的诸种企图,可能产生出与那些生态中心主义者的愿望正好相反的结果:不是什么整体论,而是将万事万物还原为能量——跟资本主义中将万事万物还原为货币一样糟糕。格迪斯与索迪之类的著者不是还原论者,因为遵循着罗斯金的方向,他们承认许多不同种类的价值。然而其他一些人却是还原论者。

比如,威廉·奥斯特瓦尔德(Wilhelm Ostwald,1853—1932 年)就是一名"极端的'一元论式'还原论者,他陷得如此之深,以至于相信'心理'或'心灵'的能量能够通过物理单位加以衡量"(Martinez-Alier,1990:183)。他将文化进步定义为能量的可利用性之提高与代替人类的其他形式的能量之增长。马丁内斯-艾莉尔提及这一点的荒谬性:如果这一理论是正确的,那么,得克萨斯的奥斯汀(Austin)在 20 世纪就将是一座比文艺复兴时期的佛罗伦萨都更加"文明"的城市了。

这样的话,发源于生态学的某些观点,其缺陷可能恰恰就与生态中心主义者所蔑视的古典科学一个样了。20 世纪的生态学的确披上了古典科学机械论的、分析的、还原论的外衣。沃斯特认为,雷蒙德·林德曼(Raymond Lindeman,1942)在"生态学的营养动力论"方面的成果,在此就值得注意。它企图将所有相关的生物活动还原到能量项上,服从于抽象的分析。它视生态系统为能量生产者与消费者的集合。当能量传递到更高的营养级时,其大部分就已丧失。事实上只有 10% 的换能效率,因此,植物净产出的每 100 单位的卡路里中,预计只有 10% 转化到食草动物,1% 转化到食肉动物(生态中心主义者常常视此为素食主义的最有力论据)。

沃斯特说,这种"生物经济学范式"现在起着支配作用,生态学这一"硬"科学谈论什么能量"收入"、营养"资本"以及能量"预算",反映出更为广泛的社会价值观念。能量经由系统而流注的观念,表面看来类似于东方那种神秘而浪漫的看法,但坦斯利(Tansley)的生态系统模型与歌德以及梭罗的生命力毫无共同可言。沃斯特认为,它实际上也绝非起源于古典的机械论科学:它源于近代的热力学。这就使得生态学与经济学合流了——变成一门定量的还原论科学,服务于那种客观的、操作性的农事管理哲学——而且它实际上与民众的生态主义意识之高涨也没有什么关系。

坦斯利希望从生态学中清除掉那些不服从于量化与分析的一切,至少是从浪漫主义时代以来就已成为累赘之一部分的所有那些含糊其辞。

(Worster,1985:301)

意味深长的是,在 20 世纪 60 年代,当诸如地理学者之类的社会科学家渴望将他们的学科建设成为一门"硬"科学,以便与时代的精神(以及自主机会)保持一致时,他们中的一些人就提议采纳"生态系统的方法"。其所谓的利益在于

生态系统的研究……要求对某一社群及其环境的结构与功能作出明晰的阐述,以组成部分间联系的量化为终极目标……带有一般系统论特征的生态系统,能精确地建构这一潜在可能……生态系统是物质的有序排列,能量输入其中就可以做功。

(Stoddart,1965)

但是对于社会科学来说,很难视人类社会为"物质的有序排列,能量输入其中就可以做功"。生态中心主义者戈德史密斯(Goldsmith,1978)所发展的那种与社会相关的"控制论"方法,似乎同样不能令人满意,只能使人回想起结构功能主义那种决定论与反应论的倾向。他说,社会与诸如细胞或其他生态系统——"生物圈内的行为单位"——之类的生物有机体完全相似。控制论表明,系统为控制机制所制约,此类机制侦测到"那些对系统及其环境之稳定关系的维系至关重要的"信息。这些信息可以被分解为"某种指令的模式与集合",确保了"一只狗或一个人之类的生物有机体日常行为的正常"。就社会而言,此种模式或模板就是一致同意的世界观,而且戈德史密斯充满赞许地说道,其控制机制就是宗教信仰。宗教信仰可以确保社会的基本结构得以维系下去;宗教信仰"极好地满足了控制论的要求"。它鼓励有序,提供了社会系统所需的稳定性。在印度,种姓制度"为不平等提供了一种宗教基础",且有助于维系"一个贫富差异悬殊的多元社会之稳定"。

　　社会生态学家可能会说,这不是很好,而是很糟。他们将感到不安的,是针对人类社会的此类操作方法:可以从生态科学当前的范式中顺理成章得出的方法。布克金(Bookchin,1980:88)在严厉的指责中表达了其根本的反对观点:

　　如果能量成为一种解释实在的手段……那么,我们将屈从于一种机械论,那将与牛顿那作为钟表的世界图景一样不适当……二者都将性质还原为数量……都倾向于一种肤浅的科学至上主义,视纯粹的运动为发展,变化为增长……系统分析将生态系统还原为一种处理能流的分析范畴,仿佛生物纯粹是卡路里的容器与导管,而不是那种以自身以及彼此间生死攸关的发展关系为目的而存在的丰富多彩的有机体。

有机系统

然而,除了机械论的传统以外,机体论也已被推进到生态思考中去,尽管只是一股弱流(表 1.6)。机体论认为,复杂整体具有

> 某种有机体所特有的系统统一性。某一有机体不同于那种纯粹的聚合机制,因为部分的本性与存在取决于它们在整体中的地位。只有当其与人体结合在一起时,一只手才是只手……(此外)整体具有有机体所特有的生活周期这一特性。

> (Bullock and Stallybrass,1988:613)

卡普拉(Capra,1982:37)希望系统科学将这种有机世界观纳入进来,"突出表现为精神与物质现象的相互依赖,以及个体需要对社群需要之从属"。有机系统形成

> 多层次结构,各层次在复杂性上有所不同……在复杂性的每一层次上,我们都会遭遇到那种综合的自组织整体,它由那些更小的部分所组成,同时成为了更大整体的一部分(参见图 4.2)。

卡普拉的《转折点》重申了这种机体论以及对古典机械论科学的批判,而在 20 世纪,此种观点最为著名的表达就是由阿尔弗雷德·诺斯·怀特海、简·斯马茨(Jan Smuts,1926)以及刘易斯·芒福德(Lewis Mumford,他对于"有机观"的简明概括翻印于 Wall,1994:100—101 中)作出的。

同时期且直至 20 世纪 70 年代,路德维希·冯·贝塔朗菲(Ludwig von Bertalanffy,1968)发展了他一般系统论中的"机体论概念"(参见图 4.2)。对于那种调节整个宇宙中所有类型系统的运作与发展的普遍原

理,有必要加以辨别与描述。该原理是说,宇宙不是某种决定性的机器,
而是有其意图和目的的。它展示的是自我调节、自主与自我定向。因此,
像是反馈、伺服机制、循环系统及其过程,都有助于系统体内平衡的维
系——这是一种动态平衡的状态,稳定性由此得以维持下来,尽管围绕移
动平均数也持续存在着上下波动与左右摇摆。

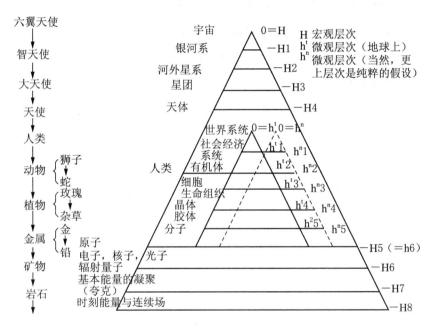

注:左边是中世纪存在之链的略图,在一种金字塔式与等级制秩序中,生命与
非生命世界被排列起来,形成一种宇宙论。这样一种排列,在右图那种 20 世纪一
般系统论的宇宙观中也可以见到。

资料来源:Laszlo,1983。

图 4.2　存在之链

各种各样的方法都有助于发现这些普遍的原理,像是经典的系统理
论、集合论与图论、控制论、信息论、排队论以及博弈理论。

翻来覆去,要点在于,先前那些没能被正视、不易处理或被认为是超

越科学之上抑或完全是和哲学相关的那些问题,渐次被予以阐明。

(von Bertalanffy,1968:23)

这就是那些仅对系统做局部理解就不能充分加以解释的问题。比如说,它们是秩序的问题,全然不同的结构(原子、蛋白质、城市)由此而展示出类似的组织原理与模式。如此看来,

指数增长律就适用于动物或人类的某些细菌细胞、细菌群落,而且适用于以出版物数量来衡量的科学研究之进展……这些实体……全然不同,所包含的因果机制也是如此……然而数学定律却是相同的。

(von Bertalanffy,1968:33)

或许这再次说明,生物学与经济学双方分享有同样的“竞争法则”。

通过公理的寻求,一个细菌菌落与一座城市从根本上就可被视为相似物。对于那些他同样以公理加以链接的现象而言,强调它们之间所存在的差异的重要性,就表明冯·贝塔朗菲意识到了这里面存在的问题。在某些 20 世纪科学的解读者眼中,机体论是一个重要的主题,我们随后就转而论之。

生态中心主义者对于科学的暧昧态度

就科学之本性及其社会功能而言，所有激进的环境保护论者都应该对此有所考虑。因为正如我们已经提到的那样，科学构成了"文化过滤器"的主要组成部分，西方社会正是通过这一过滤器去审视自然与环境的。人们大多倾向于将科学作为了解自然的最"可敬"方式：在环境问题上的非理性或感情用事态度，会冒被嗤之以鼻的风险。相比之下，人们常常视科学为环境问题上绝对的、完整的"真理"的来源：一条通往我们能够以之作为决策依据的客观"事实"的道路。

但是，我们很快就遇到了麻烦。我们已经指出，生态科学告诉我们这样一个"事实"，人是自然系统的一部分。人类必须服从于同一的基本规律，而且必须与自然和谐共处。他们不应当剥削自然。然而，培根式的"古典"科学似乎完全不这样认为。它断言，科学知识等同于征服自然的能力，而且，如果知识管理得当，我们就能够并应当利用科学来改变自然以促进社会的进步。一种统一"真理"的科学肯定不会同时告诉我们一些矛盾对立的事情。为了理解某些明显悖谬的事情，就需要我们对若干科学的历史进行考察，正如第三章和第四章所做的那样；而对于现代科学的某些社会和哲学层面的考察，则是这一章要做的事情。

生态中心主义者对待科学的态度是暧昧的。一方面他们宣称，在关于自然以及所有社会应该如何去仿效它的问题上，生态科学（尤其是它的"田园主义"要素）确实传达了某种绝对的智慧、真理和普遍原则。另一方面他们又宣称，对于自然的浪漫主义——非理性的、情绪化的和直觉的——认识，也与科学知识一样合理。同样，他们一方面抨击那种将自然作为分离的、机器般且可还原为能被了解和预测的基本组成部分的古典科学观点。他们也批评那些与现代时期相系，即获得大科学与大技术之助的（如大都市圈、杀虫剂、核能）诸多发展。但另一方面，为了使自己的抱负和兴趣合法化，他们也乐于进步、超然的观念以及与古典科学之典范形象相系的崇高目的的支持。如果环境保护论者能够表明，他们的事业获得了科学证据、科学研究和科学专家们的支持，并且遵循着科学方法，那么，公众将更可能认为他们是超越局部利益的、合法的、值得尊敬和值得支持的。

对一些生态中心主义者来说，这些暧昧可以通过求助于 20 世纪科学，尤其是物理学而得到调解。他们认为，这种科学从根本上使他们的世界观得以合法化——它是有机的、一元论的、主观的、神秘的，而且相信进化中的设计与目的而不是偶然性。但主观主义可能会暗示说，不存在关于自然的"客观"事实，也就是说，自然的属性与我们的解读不可分离。然而如果真是那样的话，比方说，所谓的工业社会如何使生态系统退化的生态学"事实"，就不再具有权威性，而仅仅成为观察者解释的一项功能了。

正如斯蒂芬·耶雷（Stephen Yearley, 1991）所指出的那样，这些暧昧可能会引得我们将科学当作环境保护运动的"不可靠的朋友"。作为一名社会学家，耶雷充分意识到社会学家、历史学家和科学哲学家们所揭露的一切，即那种通常是与科学专家结合在一起的权威，可能已被不公正地加以夸大。在培根哲学的传统中，这种权威部分源于科学家是"无偏见的"这一信念，他们没有去偏袒特定的利益群体，不管是社会的、政治的还是经济的，都是如此。他们投身于一代代人跨越国界的真理追求之中，不会屈从于流行、风尚或来自社会的不当压力。然而耶雷强调，科学是一种社会活动，它极少与培根哲学的理想相一致。在没有对科学家们所工作的社会背景加以了解之前，对科学家们所追问的那些问题以及他们所得出的答案，是不能充分加以理解的。科学内部以及社会中的经济和政治权力关系影响了这种工作，使人对绝对真理与权威的声称产生了怀疑。

科学家们有时候抨击社会学家，认为他们夸大了科学与其社会背景之间的联系。在这一争论中，科学家可能采纳了"素朴实在论"与自然主义的哲学立场（见 Martell，1994：3—4，121—124；Dickens，1992）。这就意味着他们认为自然具有客观属性，对之可加以研究和了解，直接视作关于世界的独立真理。自然的这些物质属性涵摄并且决定了人类的思想和行为。

相比之下，社会学家可能会采取一种社会建构主义的、相对主义的观点，这就表明，科学发现从来都不是完全客观的，因为它们反映甚至依赖于来自社会的影响。在社会建构主义中，科学发现、"事实"与"真理"因而都不是绝对和普遍的，而是与科学家所属的社会相关联。

潜伏于社会建构主义之下的假定可能是，我们无法直接并"客观地"知晓自然的"客观"属性，因为它们将不可避免地经过了人类感知的过滤和转手。这一步可能走得更远：某种唯心主义观点声称，自然不具有独立、客观的属性——它们全是心灵的创造。

20 世纪科学的生态中心主义解读，倾向于这种唯心主义（这意味着我们与自然之间确实有一种非常亲密的联合）。可是，这种信奉主观知识与相对主义立场的生态中心主义倾向，就与自然具有内在（客观）属性并因而拥有不依赖人的价值这一备受青睐的观念，再一次不安且暧昧地碰撞到了一起。

绿色批判的 20 世纪先驱

生态中心主义科学观借用了 20 世纪前半叶某些作家的一些看法：例如，艾尔弗雷德·诺思·怀特海（1861—1947 年），简·斯马茨（1870—

1950年),亨利·柏格森(Henri Bergson,1859—1941年),路德维希·冯·贝塔朗菲(1901—1972年)与刘易斯·芒福德(1895—1990年,见Mumford,1934,1938)。格里芬(Griffin,1993)甚至认为怀特海的观点是"深生态学式的",因为他的宇宙论支持生物平等主义、自我的生态本质、内在价值的概念,以及每一个体事物构成它与其他事物之联系的观点——最后一点成为机体论的宗旨。

机体论

怀特海(Whitehead,1926)提出机体论(见表1.6)以取代古典科学的机械隐喻。后者认为,自然乃是由具有基本属性的物质所构成,如位置与尺寸(基本的固体微粒),怀特海认为,这种看法是"相当难以置信的"。因为真正说来,这些"客观"属性乃是与它们的背景相分离的部分属性。该背景是一种"流",或者是宇宙的整个连续统一体,而我们只是其中的一个密切组成部分。正如斯马茨(Smuts,1926)指出的那样:

> 物质和生命都是由单元结构构成的,后者的有序群产生我们所谓的身体或有机体这样的自然整体。这种"整体性"特征随处可见,并表明了我们宇宙中某些至关重要的事物。整体论……是为这一根本因素造设的术语。

> (引自Clarke,1993:178)

怀特海因而认为,虽然人与自然其余部分相分离的客观性概念极其有用,但从根本上来说,它表现出的是"独眼理由,欠缺深度"(one-eyed reason, deficient in depth)。从18世纪开始,这一理由嘲弄了一切不适合其框架的事物,并且抵制后来生物学给哲学以有机性思维的尝试。

怀特海"机体机械论理论"的整个大纲,与当代生态中心主义者对现代物理学的阐释极其相似。他说，我们所看见的所谓"事物"，实际上不过是"事件"而已（举例来说，大概就是基本粒子之间一系列的相互作用）。而且每一事件都吸纳了其他事件的某些方面，从而造就它自身的统一，而其他事件也是如此而成就他们自身的统一。因此，机体论的自然哲学自然取决于那种对生态中心主义者来说十分重要的相互作用概念。

像某些后来的物理学家，如大卫·玻姆（David Bohm）一样，怀特海把"客体"想象为一个动态的流动宇宙中的暂时性结构，就像溪流中的漩涡一样（其中漩涡是"客体"，而溪流是能量与物质的普遍流动）。而且

同一个模型在事件整体中被实现，并被那些溶于事件整体之中的每一不同部分展示出来。

也就是说，正如玻姆现在所指出的那样，宇宙的每个微小单元都在结构上映现出整体。因此，"客体"或实体之所以存在，部分在于其自身的历史，部分因为它们源自形成其周遭环境的其他实体的方方面面（包括作为观察者的我们）。由此可以得出，观察者在某种程度上促成了被观察事物之本性的成型。

有机科学与技术，以及整体性知识

芒福德（Mumford, 1934）与怀特海一样，对古典科学世界观抱有怀疑。然而，他以一种准技术中心论的方式，至少对科学和技术的潜能产生了有保留的乐观（在后期著作中则少点，见 Guha, 1991）。科技不仅能够为每个人提供充足的物质需要，而且也已经扩充了非物质生活的丰富性（创造更强的通讯，一个美妙而刺激性的人类环境及与之伴随的"机器美学"）。

与怀特海倾向于将历史想象成主要是思想观念之斗争不同的是，芒福德是名唯物主义者，因而对他来说，妨碍科学与技术去实现人性潜能

的,是占据优势的经济体系——资本主义的物质生产方式。但是,此一生产方式是某一特定历史时期的产物,芒福德期待着未来某种不同的方式来取代它。这将是"共产主义式的"——以共同所有权为特征——而它将是"有机的"。

所以,与其说将有机论简单化以使之变得可以理解(追随还原论的古典科学与资本主义),还不如说是将机械论复杂化,使之更为"有机化",并从而因与我们环境的更加和谐而更为有效。在这一即将来临的"站在生命一边的新鲜力量的积聚"之中(Mumford,1934:117),那种在盲目而无意义的宇宙中为生活而奋斗的维多利亚神话,将被互助的合作关系图景所替代(可与 Kropotkin,1902 相比拟)。

而且,更具整体论的观点将会降低对机械的总体需求。比如在医学中,对身体的更好了解、更均衡的营养、有益健康的居所和更合理的消遣,会削减必要的高技术外科手术的数量。生态中心主义现今为"国民健康绿色化"所提供的恰是这一论证(比如,可参考 Kemp and Wall,1990)。

正如它也是对威廉·莫里斯的回应一样,芒福德的未来共产主义乃"生态乌托邦"之先声。变化的步伐将缓和下来,

> 未来的重心必定不在于速度和即刻的实践征服上,而在于彻底性、相互关系和融合上……(在机体时代)我们生活中的成功将不会由我们所产生的垃圾堆大小来评判:它将取决于我们业已学会去享用的非物质与不可消耗品来评判……美观的形体,杰出的心灵,简单的生活,高尚的思想,敏锐的洞察力,微妙的情感回应,以及使上述事物得以可能的关键:团体生活。

反对科学唯物论

与当今的深生态主义者有几分相似的是,怀特海认为,古典的"科学

唯物论"尽管主张理性主义,实际上却是反理性的(anti-rational),反之,它之前的前现代宗教思想却是真正合乎理性的。因为适当的"理性的信念,就是相信事物的终极本质是聚集于一种没有任何武断情形的谐和状态中"(Whitehead,1926:23)。①换言之,认为世界具有设计和目的,就是有理性的——而古典科学对此则加以否定。此外,知识不是来自列举式归纳,而是通过直接地审视"我们自身当前的直接经验所透露出的事物本性"。从某种程度上来说,我们的经验是直觉的和形而上学的,因此,真正的理性就必须包括有对事物本性的形而上学分析,从而充分显示出它们的功用。理性不只限于前因与后果(因果关系的孤立链条)的"经验"事实之研究。在这一点上,怀特海先期预料到生态中心主义对智慧的呼唤——将形而上学的"知道是什么"与技术性的"知道怎么做"(舒马赫)结合在一起,并使得事实与价值经历现代时期的分离之后再次团聚(斯科利莫夫斯基)。

设计与涌现进化论②

怀特海指出,有机体极为重要,而且有机体的进化"依赖于某种与目的相类似的选择活动"(Whitehead,1926:135)。在这一点上,怀特海和斯马茨、柏格森以及当代的生态中心主义者一样,拒绝了那种仅仅是偶然性和随机性就使得世界如此这般的古典科学观念。柏格森(Bergson,1911)主张,就某些结构的进化趋势而言,比如说眼睛——许多物种所共有的复杂结构,不是像新达尔文主义者主张的那样是偶然变异的结果。它反映了在某种确定方向上朝向更高复杂性的变化过程。生命的某种"原始冲动"一代一代地以一种有目的的方式有规律地传递,正是它引导着新的和

---

①　引自《科学与近代世界》,第19页。——译者注
②　Emergent evolution 有多种翻译方式,如突发进化论、层创进化论以及涌现进化论等,本书采纳涌现进化论这一译法。——译者注

更复杂的有机体的涌现。

斯马茨(Smuts，1926)认为："在进化的背后，不仅仅是一种模糊的创造冲动……而是在其运作中包含有某些相当明确和特别的东西。"它不仅产生出更复杂的有机体，也是使得生命从无生命中涌现的原因。从纯粹的物理混合物中产生出复杂的化合物，从这些化合物中产生出有机体，从简单的有机体中产生出心智和意识，其中就存在进化的设计，而从意识中则产生出

人格，它是宇宙结构中进化最为完善的整体，而且成为实在的一个新的引导性、原创性中心……整体论不仅是创造性的，也是自主创新的。

（引自 Clarke，1993：178）

正如第六章第一部分所表明的那样，这已成为有关社会变革的深生态学与新纪元思想的基础(Russell，1991)。

此外，怀特海认为：

进化机构的关键在于，必须有良好的进化环境……任何自然客体如果由于自身的影响破坏了自己的环境，就是自取灭亡。[1]

（Whitehead，1926：138）

早在普里戈金(Prigogine)与拉伍洛克之前 50 年，怀特海就倡导了盖娅主义的协同进化理论。他们紧随怀特海之后，认为最适宜环境的产生，就在于每一有机体为其他有机体制造出最好的条件，而"环境自动与物种相进展，物种也与环境相演化"。

---

[1] 引自《科学与近代世界》，第 107 页。——译者注

路德维希·冯·贝塔朗菲也相信，一般系统论有助于揭示自然中的"涌现"特性。这些特性不能被定义成系统中个别属性的简单加和。它们是"协同的"，也就是说，整体大于部分之和。

涌现进化论由芝加哥社会学派所创造，在 20 世纪 20 年代到 40 年代有其影响。劳埃德·摩根（Lloyd Morgan）提出，自然经由突变而进化。正如斯马茨提出的那样，无机物产生生命，生命接着产生出心智。每一新的、高级的层次都是比那些较低层次的总和更大且不可还原的整体。正如柏格森的生机论所陈述的那样，生命不能被仅仅还原为非生命事物。

从既定的进化过程而来的结果，可能与之前的事物大相径庭，这样一番理论上的论证，就对诸如因果关系之类的古典科学前提形成了挑战。他们也挑战了熵的概念，因为进化随时间之步伐而产生出更庞大而非更微小的组织与结构：开放系统能够做到的这样一件事情，现在已得到认可（与显示出无序之增长的封闭系统正相反）。

所有这一切，都使得复兴自前现代时期的"非科学"观念，成为现时代科学观察和探索方式上的合法要求。这就包括设计的概念，自然致力于终极完善的概念，以及在一个共同体中含摄万法于"一"的观点（可参照一下存在巨链——生命世界与非生命世界以金字塔式和等级制序列获得安置），见图 4.2 以及 Laszlo, 1983。

在指出所有这些先例之后，我们现在可以考虑的是，它们如何在生态中心主义者对 20 世纪"后现代科学"的种种发现的诠释中再度现身。

20 世纪的科学

挑战一览

古典科学告诉我们说，自然是一架机器，其组成部分相关但是不连续。它的基本粒子,比如原子、电子或夸克,是虚空中的实心体。作为与之(客体)相分离的自然的观察者(主体),我们在这一点上因而能够保持客观。这种心物二元论,就在绝大部分西方文化的理解上设立了范式。西方将自然看作机器的观点本质上是决定论和宿命论的。因为,如果自然律决定事件,那么,假如对这些定律有充分的认识,我们就能够对当前准确地加以预知。我们的未来已经设定,而自由意志不过是个幻觉(Zukav,1980:51—52)。

带着这样一些观点的古典科学,就与"顽固不化"的唯物主义哲学相啮合了,怀特海如是批判。这种哲学认为,物理世界由各自具有独立属性的独立物质客体所构成;根据永恒不变的定律,一切事件都由之前的物理原因所决定;一个复杂整体的行为由它的组成部分得到说明(Powers,1985:2)。

但某些科学家(决不是全部)现在认为,20世纪科学对上述看法产生了质疑。比如说,他们认为相对论摧毁了客观性的概念。我们所认为的独立粒子,实际上与宇宙其余部分的更大的不可分整体联系紧密。分离是我们的头脑所强加的一种人为构造。

对某些解释者而言,20世纪物理学显示,观察者即是被观察者,万事万物相互影响,宇宙整体是流动的事件,实在是多维的而自然律是易变的(Briggs and Peat,1985)。这些原则也已成为生态中心主义(尤其是盖娅主义者)观点的一部分。它们也被用来支持泛心论的观点——即一切物质,不管有生命还是无生命,皆具有基本的意识——以及唯心主义的观点——头脑中的观念构成世界存在样式以及世界如何发生变化的基本实体。

亚原子物理学

卡普拉(Capra,1975)与祖卡夫(Zukav,1980)各自论述了亚原子物理学上20世纪的最重要发现。他们说,这些发现表明,原子并非不可分割的实心建筑切块物。它们是广阔的"空间"区域,像电子这样的亚原子粒子就在其中依特定的轨道("电子壳层")绕核子高速(如 600 英里/秒)旋转。通过对它们加速并且引发它们的碰撞,亚原子粒子可以更进一步分裂为其他粒子。

在一个粒子加速器中,记录仪器上的合成轨迹不是一系列的"事物"(比如说固体粒子),而是一个特别事件——已经发生的一次碰撞,了解这一点是非常重要的。轨迹记录下来的,是在一个过程终端发生的事情,其中人们进行了特殊的安排,以便以某种特殊的方式记录和发现某些事情。这种预先策划的与自然相互作用的过程,会观测到实验自始至终发生的事情,但并不因此就提供给我们关于自然的直接和客观的经验,提供的不过是那些当我们设置某种仪器并发动特别步骤时发生的事件。

既然这些仪器不过是我们自身视觉、触觉之类的延伸,显而易见而又十分重要的推论就是,我们对自然——"实在"——的察觉绝非直接获得的,而是以我们的感觉和心智为中介:它们决定了我们的观察所得,以及我们的解释和构建。因此,正如祖卡夫提出的(使我们想起现象学)那样,既然我们从未直接地认识到它,因此,某个绝对真理是否"在那里",乃是不相干的:心智所沉思的,只是自身经由感觉传递出来的对于实在的观念,而从来不是直接的实在自身。

然而我们仍意欲追问的是,我们的心智经由感觉而与之相互作用的实在到底是什么? 一个亚原子粒子是"量子",它意味着某物的量。但是,某物是什么,乃是一个值得推敲的问题。有些人说,即便去探求宇宙的最终极"质料"也可能是无意义的。祖卡夫认为,1927 年哥本哈根那次重要的物理学会议宣称,量子力学所描述的是"何物"的行为乃是无关紧要的,因为正如上述探讨所表明的那样,此物永远无法被"客观地"加以了解,也就是说,以一种不经我们心智为中介的方式。因此,对于描述来说,最重要的是我们的心智如何解释"它"。对某些人来说,自然而然就是向主观性的偏移,它否决了笛卡尔那种将我们与自然的其余部分相分离的概念。(同样也应认识到的是,其他一些人猛烈地批判这种偏移的有效性,视之为一种"所有属性都取决于观察者的本体论上的夸大",而哥本哈根诠释完全没有对之加以证明。事实上,奥尼尔指出,该诠释否决了用任何其他概念代替古典物理学概念的可能性,见 1993a,184)。

卡普拉说,物质外观上的固态是电子围绕原子核高速旋转的效应,近似于一个旋转的飞机螺旋桨。但我们真正感觉到的不是固体粒子,而是被限制在有限区域的驻波图样,就像震动的吉他琴弦上的波。尽管这些波不像无线电频率或水波那样处于三维空间。它们是"概率波",其形状告诉我们在某一特定时刻,"粒子"最可能在何处出现。它反映出这一事实,即"粒子"并不确定地存在于任何地方,而是显示为在一个特定空间存在和突然出现的趋势。因此,卡普拉推断,在亚原子层次上,古典物理学的固体物质转换为概率性的波状形式或云状物。比如,它们不是事物的或然性存在,而是像某一科学实验中,在某一事件之开端与随后的测量之间所形成的相互联系那样。

所有这些都很难想象,尤其对我们这些已经被古典科学规范所普及的头脑来说更是如此。同样"奇怪"的是,当电子吸收能量或者放出能量时,它们是如何从围绕原子核的一个轨道跃迁到另一个轨道的。因为当电子在一个轨道和另一个轨道之间移动位置时,要追踪其路径是不可能的。在某一时刻电子在一个轨道的某个位置,下一刻在另一个轨道上。没有中间位置:它发生了"量子跃迁"。

20世纪的科学家以这样或那样的方式发现,他们在亚原子层次上关于自然行为的疑问,其回答似乎是某种与"常识"相矛盾的佯谬。然而,如果它们被当作一个更深层次且更宏大的多维实在的外在表现,它们可能就更易于理解,而我们现在只能通过科学来理解这一实在;但是,我们对此却已经能够不时加以直觉地瞥见。卡普拉尤为热心于表明,神秘思维已经提供了对实在的洞察,而摆脱掉其古典习俗的科学现在才觉察到而已。

一系列的"佯谬"中就包括有这样的情形,即"粒子"可以显现出似乎相互矛盾的二象性(玻尔称之为"互补原理")。举例来说,像光这样的"物质"亚原子单元(量子),就可以显现为粒子(光子)或波。发现光之"本性"的实验,能够显示出它"是"由粒子构成,或者它"是"波,或者它可以同时显示出两种属性。然而这似乎是不可能的,因为粒子是某种禁闭于某个狭小、离散空间中的事物,而波却是相反的样式,在相当大的范围传播。

同样,根据海森堡的测不准原理,一个亚原子粒子的位置与它的动量(质量与速度的乘积),不能同时精确地被我们像测量一个足球或行星那样去测量。我们或者准确地知道其位置但却不知道它的速率与动量,反之亦然,或者粗略地知道这两个量。一些物理学者对这一佯谬的解释令人惊讶。卡普拉(Capra,1975:145)指出:

重要的一点就是,这种限制与我们测定技术的不完整性无关。它是原子实在所固有的一种根本性的限制。当我们想要精确地测定粒子的位置时,粒子就纯然不具有确定的动量,而当我们想要测定动量时,它就没有确定的位置。①

同样,对"光由物质构成还是由波构成?"这样的问题的回答是:"如果你准备将它记录作粒子,它就是粒子,如果你决定将之记录成波,它就是波。"

言外之意

卡普拉(Capra,1975)继续指出:"因此,在原子物理学中,科学家无法扮演超然的客观观察者角色。"

---

① 引自[美]卡普拉:《物理学之"道":近代物理学与东方神秘主义》,朱润生译,北京出版社1999年版,第124页。——译者注

对于量子原理来说,没有什么比这一点更为重要,它摧毁了这样的概念,就是认为世界"坐落在一旁",而观察者可以用一块厚厚的平板玻璃与它隔开。①

因为在观测电子(自然)时,科学家们成为一名"参与者",构建并改变着诸种属性:真相即在于此。

祖卡夫(Zukav,1980:117—118)将之明晰化。我们在所谓"双缝干涉"(double slit)实验中观察到的像波一样的性质,在"光电效应"(photoelectric effect)中探测到的粒子般的特征,或者在"康普顿散射"(Compton scattering)实验中展现出来的二象性——所有这些都不是光自身的属性。它们是我们与光相互作用的属性。而且,既然我们不能同时并全部了解我们自身与自然相互作用的不同属性,那么,我们就必须在某一特定的时间选择我们最希望了解的那些。现在,他断定,这不仅仅是一个我们影响实在的问题;我们在某种程度上创造了它——当我们决定去测量它们时,我们就创造了这些属性。以类似的方式,当我们在显微镜之下观察细菌时,不得不用光去轰击它们以便看见它们。但这样便改变了其属性。因此,我们不能把我们自身从该画面中排除掉。我们无法客观地了解任何外在的世界。"此处"与"别处"的区别是个幻觉,甚至"我们能够没有观点地存在,这一看法也是个问题"。

从这个角度出发,卡普拉与祖卡夫继续富于理想地辩论道,20世纪的物理学告诉我们,科学"定律"确实是人类心灵的创造:它们是我们关于实在的概念图式的属性,而不是实在本身的属性。同样,对"空虚"与"充实"、"有"与"无"的区分,也是我们所创造出来的错误的区分——从整体宇宙中抽象出来的。此外,

① 《物理学之"道":近代物理学与东方神秘主义》,第124—125页。——译者注

广义相对论最深远的副产品之一，就是发现重力这一我们长久以来一直认为是真实的、独立的存在物，实际上是我们头脑的创作。

（Zukav，1980：206）

生态中心主义者可能会抓住 20 世纪科学的这些诠释不放，因为它们证明了深生态学的整体论是有道理的。

量子论从而揭示了宇宙的一种基本的整体性……自然……表现为由整体的不同部分之间的关系构成的复杂的网络……（这）观察者总是必然地也包括在这些关系之内……在谈论自然界的同时，无法不涉及我们自己。[1]

（Capra，1975：71）

而且，如果是我们自一个更伟大的宇宙实在中创造出了心智所察觉到的结构，那么，在我们与环境之间就不存在显著的分别。

生态学不知道那种超绝于或针对他或她的环境的某种封装的自我……人类的脉管系统包含有动脉、静脉、河流、海洋以及气流。清空一堆垃圾和填补一颗牙齿几无二致。如果是一种隐喻的说法的话，自我的代谢贯通于生态系统。世界就是我的肉身。

（Rolston，1989：23，援引自 O'Neill，1993a：150）

对科学的这些解释，似乎也使得新纪元理想主义、神秘主义与反理性主义值得尊敬了。

---

[1]　《物理学之"道"：近代物理学与东方神秘主义》，第 56 页。——译者注

　　我们在自然界观察到的结构和现象,只不过是我们进行测定和分类的思维的产物。这也是东方哲学的一个基本信条。东方神秘主义者一再述说,我们观察到的一切事物都是思维的产物,它们从特定的意识状态中产生,而且如果我们超越了这一状态,它们将再度消失。①

(Capra, 1975:292)

祖卡夫(Zukav, 1980:117—118)从量子理论中引申出了"迷幻般的"言外之意:

　　既然波粒二象性不过是我们赋予光的属性,既然这些属性现在被认为不属于光自身而是属于我们与光的相互作用,那么看起来光不具有独立于我们的属性。说某物不具有属性即是说它不存在。从逻辑上来说,下一步就是不可避免的了。没有我们,光就不存在……这一非凡的结论不过是故事的一半。在同样的意义或者从寓意上来说,另一半即在于,没有光或任何其他我们与之相互作用的事物,我们就不复存在。

换言之(Zukav, 1980:95):

　　"相互关系"是一个概念。亚原子粒子就是相互关系。如果我们不在此把它们构造出来,任何概念都将不复存在,包括"相互关系"的概念在内。简言之,如果我们不在此处构造之,则不可能有任何粒子。

这些观念不仅与生态中心主义和东方神秘主义,而且也与现象学产生了共鸣。它们都强调盖娅主义的整体论——趋向于一元论。布里格斯与皮

---

① 《物理学之"道":近代物理学与东方神秘主义》,第264页。——译者注

特(Briggs and Peat,1985:69)指出,当今的物理学让我们超越了那种万事万物都由不能分解的亚原子层次上的物质单元所构成的观点。因为它认为,整个宇宙就是一个统一场。(按照爱因斯坦的讲法)质量相当于能量,重力相当于加速度,空间相当于时间。

宇宙是一个运动的能量流,不断地——在"宇宙之舞"中——转换成物质再转换为能量,这一观念对生态中心主义者来说极具吸引力。科沃德(Coward,1989:25)使我们注意到,这一观念如何成为替代性的、"整体"医学的依据,"能量"被认为是自然那充满活力的恢复之背后的力量。它是人与"自然"物,即人与自然的其余部分之间的公因子。卡普拉(Capra,1975:71)说:"万物最终等同于并且最终转化为其他事物。"

但对于深生态学者来说,此种寓意不见得是件好事。因为祖卡夫的分析显然也破坏了自然具有内在(即独立存在的)价值的任何一种"盖娅主义式"概念,而这一价值在没有人在场时,也能够以任何一种有意义的方式继续存在。这就意味着,被赋予包括动物在内的生物群落的所有成员的"权利""利益"以及其他价值尺度,离开了人的存在与意向性就没有意义。

宇宙学之寓意

后现代主观主义者对宇宙的概念,在某些方面与前现代的西方社会有共同语言,其中包括互相依赖的观念,以及人与自然的其他"部分"构成为更宏大秩序下的微观世界这一看法(Cosgrove,1990)。

像大卫·玻姆这样的科学家,提出了将宇宙视做相关事件的动态网络的宇宙学,其中,网络中任何部分的属性都不是根本的。任何部分的所有属性都出自其他部分的属性,因此,一切事物都根据其他事物而获得说明。

像"粒子"这样的事物不过是抽象概念——从一个更大的整体绎出的某样东西。实际上,"存在总是一起在场的全部成员的整体"(Bohm,1983:184)。这意味着我们的感觉通常体验到的(所谓显明的,或"阐明的"),不过是我们没有完全理解的更大宇宙的一部分。玻姆指出,那一更大的宇宙是暗指的,或"象外的"。而我们(或我们的工具)在外在世界中所体验到的表面上的佯谬(像作为粒子与波的光那样),可以通过参照更大的、象外的宇宙而获得理解。

因此,在表面所显现出的混乱、片段或混沌的事件之后,隐藏着更深层次的秩序。玻姆参照三个原则来阐明这种象外秩序的观念,在某种程度上可以通过类比来加以把握。

类比之一是全息摄影。当普通照相底片撕掉一片后,这一片如果显影出来,只能够显示原来图像的一部分。相比之下,从更大的全息干板(holographic plate)上撕下一小块,如果用激光照射,就会显现原来图像的全部(图 5.1)。干板包含着由激光与被全息摄影的物体相互作用产生的干涉图样。而所有图样都包含于干板的每一部分之中。

注:全息干板以同心环的干涉图样进行编码,记录下兔子的三维图像。干涉图样通过记录物体的不同特征的光而产生。图样对这些特征进行编码。用激光照射干板就可以破译编码,兔子似乎就在空间中显现出来。激光即使只照射干板的一部分也可以得到物体的全部图像。

资料来源:Briggs and Peat,1985。

图 5.1　全息图类比

引申开来,既然(爱因斯坦之后)物质即是能量,那么,对那种通常来说构成物体的物质的知觉而言,即是对物体的能量与那种包括在宇宙中流动的光在内的能量之间所形成的干涉图样的知觉。而任何"物体"(全息干板上的一小块)中的能量图样,则反映出那种在宇宙中传播的能量与物质所具有的更广泛的编码图样:"空间的每一区域都包含着整体,涵摄过往预示未来。"(Briggs and Peat:119)

这就是前现代微观世界—宏观世界观念的复兴,用玻姆的原则说就是,宇宙中一切事物都映射出其他事物。

玻姆的第二个原则是,整体即流动的变迁,通过两个不同尺寸的圆筒的类比,这一原则得到了说明。小的圆筒放在大的里面,二者之间倒入一些甘油。然后在甘油中倒入一滴不能溶解的染料。既然它的颜色和形状看得非常清楚,染料滴剂在甘油中就是"显明的"。但是,当外面的圆柱体旋转时,染料滴剂就被拉长,开始分散,最终就看不见了(图 5.2)。它变

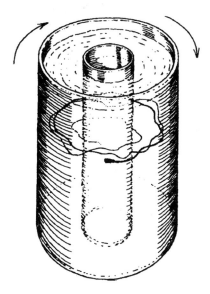

资料来源:Briggs and Peat,1985。

图 5.2　染料滴剂类比

成"隐缠的",或者说被包含在液体中。然而,假如圆筒开始反向旋转,那么,开始的那滴染料滴剂在原始位置再度出现(重新变得清楚起来)。事实上,这可以通过古典科学"老式的"因果解释加以阐明,而在玻姆的计划中,仅仅将之作为一种说明,即物质与结构如何在将它们包含进去的隐缠序的流动变迁中绽放出来。

现在我们可以设想一下,在圆筒不断旋转的同时,几滴染料滴剂被一滴接一滴地滴入相邻的位置上。它们每一滴都将陆陆续续地消失。然而,在此之后,当旋转持续进行翻转时,每一滴滴剂又会重新出现在原始位置上,继而在相反的方向中消失。但对于观察者来说,似乎是一滴在持续地出现,而且居然是在移动(像早期电影的"闪烁不定"一样)。

这里的寓意在于,我们的三维实在中所有貌似的分离对象("局部")——石头、粒子、我们——实际上都是"染料滴剂"。它们是更大的隐含整体的一部分,显明是暂时性的。它们正在(无法完全看见或全部领会的)宇宙的流动整体中经历着相对短暂的稳定期。它们就如同溪流中的涌流、漩涡或涡流一样。它们是由像能量这样的不断运动的"质料"所构成的半永久性结构。古典科学所有定律所描述的,是"局部"之间的表面联系,比如"涡流"与"漩涡"。但真正的联系是无法仅仅通过参照这些结构来完全获得理解的。这些结构必须被视作它们所出现的那条溪流的组成部分。同样,生物与非生物也只是"局部"而已,而且,既然它们属于同一溪流中的结构,它们是紧密联系的——在一瞬间属于某一漩涡/局部(即在其中是显明的)一部分的能量/物质,下一瞬间则属于另一漩涡。这一观念顺带也暗示出前现代的一种观点,即在生物与非生物之间无法作出严格的区分:在某种程度上,万事万物都是"有生命的"。

玻姆的第三个原则是,宇宙的维度是无数的,这"体现出宇宙的整体性"。这就意味着,参照一个较低的维度无法被理解的事物,可以通过参照较高的维度而获得理解。例如,在空间上彼此分离的亚原子粒子有时会表现出相互关联的行为（像较大的实体一样，包括人类在内）。在这一被称为"非定域因果关系"（nonlocal causation）的现象中，两个表面上看来独立的粒子对玻姆来说实际上并不是分离的：它们不过是一个六维实在的三维投影。在这一点上，人们想想照片中两条会聚的铁路线就会有所帮助。照片并没有反映出真实情况。它的二维投影显示，两条线越延伸越靠近，然而在三维"实在"中，这两条铁轨仍然保持起初的间距，只不过延伸远些而已。同样，玻姆指出，时空自身实际上是一个更高维实在的"局部"而已。因此，我们居住在"阴影"的世界中，此与古典科学"界限分明的""实际的""具体的"世界有别。我们知道，当观察一幢建筑在地面上的二维阴影时，阴影的长度并不必然地等于建筑物的高度。为了解此点，我们必须在三维空间中观察这幢建筑自身（但如果我们没法直接地观察，我们可以通过考虑阴影在其背景中的尺寸，即太阳在地平线上的高度以及它与地面形成的夹角，来推导出建筑物的真实高度）。

　　玻姆对当代物理学之宇宙学的描绘所提供给我们的，就是将"空间"当作能量的汪洋大海，其中物质不过是"微小而量子化的波状干扰……有点像微小的涟漪"。"虚无"（能量）与物质就像漩涡与河流一样不能分开——远处看它们似乎是分开的，但近处来看的话，就拿不准一个始于何处而另一个又结束于何处。同样，"事实"乃总流中诸事物的抽象。它们"源自"那些决定其结构与决定其所是的工具与实验：某一特定的科学理论如何赋予宇宙以秩序，这一切就如何产生出来。但是，在这一点上不存在任意性：从一种更高、更隐含的层次上观察时，表面上的混乱实际上是有秩序的。

　　因此，实在就是变迁、流动，或者用玻姆的术语来说，就是"全运动"①。一切事物都在不断地变化着，"存在"即"生成"。基本粒子像知识

――――――――――

①　Holomovement，也译为"完全变易"。——译者注

一样,仅仅是相对稳定的形式:从流中绅绎出的"漩涡"。实际上,固体是不存在的;也没有一系列基本确定的真理。玻姆希望我们的集体意识逐渐开拓出此类新秩序概念。鉴于在笛卡尔式的思维中,我们以部分开始并观察它们如何相互关联以形成一个整体,因此,在"新"概念中我们始于整体并通过整体的抽象以获取部分。要获得这样一些洞察,就包括了直观思维的参与,但并不是神秘主义,后者是玻姆不屑于接受的。

反过来说,其他一些物理学家对玻姆不置一词,认为他的宇宙学与重要理论不相一致而且缺乏实验依据。尽管如此,他的理论还是引起了绿色思想中的新纪元/神秘主义潮流的注意。从某种程度上来说,这是因为他认为,"全运动"的象外秩序不仅将物质而且也将意识含摄在内,这二者来源相同,本质上属于一个普遍秩序的不同方面(Bohm,1983:208)。这自然会吸引新纪元理想主义和一元论的注意力。玻姆将思维当作基本的物质过程;心与物具有相同的来源,而"物质是意识的绽放"。因此,我们即刻的感觉(如对一个"运动物体")之意义,实际上在于两种运动秩序之间的交互作用。首先是光以及我们的神经系统对它(物质)的回应,其次,是那些决定我们如何序次这些回应(心智)的事物。一个事件因而就是一系列显展的运动秩序之构成物。

形态发生

意识与物质之间的关联,正与鲁珀特·谢德瑞克(Rupert Sheldrake,1982)的"形态起因"(formative causation)理论相吻合。谢德瑞克是另一位被主流看法认为是异端的生物科学家。他对生物与非生物如何获得、维持并且传递它们的形态与功能感兴趣。他认为,机械式的 DNA 理论与新达尔文主义进化论并不能充分解释这一过程。与他之前的简·斯马茨相像的是,他主张存在有一种掌控物种之发展的隐蔽"场"(类似于难以捉摸的"生命力")。

在提醒我们去留意在人们周围所探测到的电场的同时，谢德瑞克提议，所有"有生命的"与"无生命的"实体都拥有"形态发生场"（morphogenetic fields）。它们的生长与成形，都取决于这些场对它们所由以构成的"物质"在行为上的决定。场因此而构成一个渠道——和一个蓝图——形态与生长通过场而得以传递。诸种个体的场相互连接，而更大规模的场会为小规模的场谱写出主旋律——例如，存在着掌控整个物种发展的场，以及掌控物种之内诸个体的场。一些信奉谢德瑞克理论的新纪元园艺家满怀热情地认为，健康成长植物之基本原则，就在于与那些掌控它们生长的"神"的沟通（Hawken，1975；Pepper，1991）。要栽培出胡萝卜珍品，就需要与"胡萝卜神"建立起和谐关系。

较大规模的形态发生场，亦由它们所培育而成的诸实体场组成。因此，每一个体的经验就不断地被传输给大场，并且影响着大场的性质。这顺而就改变了场对于他者与未来个体的"指示"。这样的话，进化律就在个体实体的积累经验和习惯的影响下，形成集体"记忆"。

在这一过程中，不同时间与不同地点的场也会相互影响。通过形态发生场的交流，此一时地的个体与群体就可以获悉到彼一时地的个体与群体。"形态谐振"（morphic resonance）是谢德瑞克为之准备的术语——与达尔文理论中的随机突变相比，这会导致更快的适应性。根据形态起因理论，从未了解过传统莫尔斯电码的西方人，相对于一种全新的莫尔斯电码的学习而言，接受速度会更快些，因为传统莫尔斯电码业已为该文化中的其他人所掌握了。也有实验在确定这一说法（尽管在相关变量的分离上存在着困难：Mahlberg，1987，引自 Fox，1990：255）。同样，年轻人将会比他们的父母和祖父母更快地学会使用电脑：一件习以为常的事情，尽管可能有很多理由。

谢德瑞克的场使得行为与本能得以传递，而且这也可能表明，场是意识影响物质的一种方式。用玻姆的术语，一种"隐缠的"更高次序的集体意识,影响了个体与群体的"显明"表现与行为。

　　深生态学之所以对此种理论产生兴趣,乃是因为它们构成了社会变革上理想主义的"个人即政治"理论的"科学"基础。它们显然证实了新纪元的一种主张,即全球不同区域分散的少数族群,通过尝试新的思维、冥想并以新的生活方式去生活,将以与其成员数目不相称的比例,最终对世界历史的进程施加某种集体影响。最终可以预期到的是,当"临界量"的人群已经获得新意识时,这个世界上的大多数人自然就会加入其中。

　　然而,谢德瑞克为其理论所提供的证据是少之又少。莱尔·沃森(Lyell Watson, 1980)"第 100 只猴子"的趣闻被频繁地重述以支持形态谐振。

　　20 世纪 50 年代,日本的一些科学家每天给幸岛(Koshima Island)上的野猴子扔马铃薯吃,然后观察它们的所作所为。其中一只猴子学会将马铃薯洗一下,并开始传授给其他的猴子。然后,当学会的猴子达到一定数量,可能是 100 只时——科学家们称之为"临界量"——奇异的事情发生了。突然间所有的猴子都知道了如何洗马铃薯,即使是数百米之外的其他岛屿上的猴子也知道。科学家们将此视为心灵感应的"群体意识"之决定性证据。

　　(Coleman, 1994:36,援引自 Ken Keyes, 1982;也可参见 Keyes, 1982)

布里格斯与皮特(Briggs and Peat, 1985:251)指出,沃森引证的科学著作什么也没有证实——在猴子的学习中不存在突然或显著的跳跃。科尔曼证实,凯斯与沃森的立场是

　　基于对事实的一种全然的曲解。如果说第 100 只猴子的故事的流行证明了些什么的话,那就不是某种群体意识的力量,而只是一厢情愿的力量。这类故事的流行,暗示着当前社会中人们极端的消极情绪与权力缺

乏,他们适应不了高效的、有组织的行为,转而满怀期望地求助于好想法所具有的想当然的力量。同时,第 100 只猴子的故事也与基督教对于通过信仰获得救赎的强调产生共鸣。

进化

然而,谢德瑞克与玻姆的观念在证据上的缺乏,并不意味着形态、行为与秩序之进化的所有问题都能够更多地为传统理论所解决。首先,在热力学第二定律与进化论之间就存在一个基本的矛盾。前者主张宇宙必定会变得越来越无序,越来越简单(熵),而后者的建议相反——随着时间的流逝,进化会使有序性和复杂性增加。

这里的要诀在于封闭系统在退化至熵的最大化这一事实——也就是说,这是一种由最大限度的无序性和简单性所组成的稳定平衡。相比之下,生命系统是"开放的",有能量与物质的输入和输出。它们因而能够修复和发展自身,以高度有序的、复杂的形态和结构维持自身。伊利亚·普里戈金(Ilya Prigogine,1980)的著作表明,"生命与无生命物质都出现在非平衡态的情境之下,这种情境无处不在"(引自 Briggs and Peat, 1985:179)。

普里戈金认为,新型的更高级结构是从已经存在的实体与形态的"涨落"中发展而来的。首先,个体与群体的随机涨落达到临界点;然后,超越此点后,多数成员开始涨落。涨落被放大,直到越过极限,建立起一个对进一步的涨落来说相对稳定的新的、更高的有序性为止。新的秩序现在来说相对稳定,但如果系统经历更强烈的涨落,就会发生更为深刻的变化。于是就会出现"混沌"的新状态,进而演化出更高级且更为复杂的新秩序(Briggs and Peat, 1985:179)。这里可以做一类比,比如,正如马克思主义的历史变革理论那样,在政治冲突与危机的混乱中浮现出新的社会秩序。

由此来看,生存结构就是"自创生的",也就是说,它们是自生产、自组织、相对稳定的,但却始终充满了变数。它们表面上的独立与自治实际上掩饰了它们与环境中所有事物的相互依赖性,就像溪流中的漩涡一样。在万物涌动的环境中,我们拥有一幅相对稳定的暂时性结构图景。环境中的变化可能导致这样一些过程的发生,即或者使这些结构维持自身的"低有序性",或者向"高有序性"结构转化。然而对普里戈金来说,这些术语并不意味着一个等级性结构的存在,因为(正如前现代的存在之链所表明的那样)较低与较高的层次为了继续的存在而互相依赖:它们之间存在一种辩证法。

由此而来的,是埃里克·詹奇(Erich Jantsch,1980)从普里戈金与路德维希·冯·贝塔朗菲的观念中得出的协同进化理论。

协同进化理论表明,发生于微观尺度上的变化,会即刻影响到宏观尺度上发生的变化,反之亦然。

(Briggs and Peat,1985:207)

因此,低级实体并非步调一致地向高级别发展,两种级别的演化乃是同时发生的。于是,早期地球那种远离均衡的条件,就促成了某种能够通过模板分子进行复制并且传递突变的结构。它们不相竞争,而是互相摄入,共享彼此的化学信息。当它们演化时,它们就改变了地球的整体化学性质,从而允许更多的生命形式演化出来(Lovelock,1989)。

詹奇因而将进化视作是一种整体的绽放,不断扩张的那种复杂形态借此而相互渗透,而非各相分离的部分间交互作用。地球、恒星与星系也协同进化。基于互惠共生论、整体论、生机论以及主观性之提升的这样一种发展观——都得到了科学的证实——对生态中心主义来说,就非常有吸引力。这就与(a)无政府主义社会生态学和(b)盖娅主义深生态学形成了共鸣。这是因为它强调了（a）协作的实质性作用，以及（b）微观结构与宏观结构如何作为一个整体共同进化的。正如第六章第一部分会更进一步讨论的那样，它对绿色运动中的许多社会变革理论是一种鼓动。

科学与社会：问题意识被左右

科学如何发展与转变

西方教育大多鼓吹（古典）科学的至高无上性，认为科学所研究的，是经验上能观察到的"真实"现象，通过常规且可重复的方法将之建立起来，并以法则般的概括得出结论——一整套无可辩驳的科学真理，放之四海而皆准。

对许多人来说，科学本身代表了代际间既成事实的整体积聚，正如一位匿名作者在《经济学人》（*Economist*，1981）中提出的那样：

> 无可争辩的是已知事实的增长。总的看来，科学是"真实的"。否认人对自然运作的了解比中世纪时期更多是不正当的……当今的科学家们站在他们前辈的肩膀上，为知识金字塔添砖加瓦。

对科学发展的这一通俗印象，使人想起了它的培根哲学这一源头。科学家们所研究的事物——他们认为要被解决的下一个重要问题——取决于之前科学家们的发现。这一印象的言外之意在于，超然于社会之外的科学家们，单枪匹马或是团体协作，在永不满足的好奇心推动下，在一贯准确的研究中，从简单问题到复杂问题，一代代符合逻辑地迈向终极真理（比如，基本粒子）。

从卡尔·波普尔（Karl Popper，1965）的结论中会得出另一个观点，即一个理论的证实数量再多（对该理论的实际观察），也不会证明它的绝对正确性。不管怎么说，该理论所预言的一个实例被表明无效（证伪）的话，就使此理论一败涂地。被证伪的理论必须被放弃。结果呢，科学发展的图画就是不连续的——途经一系列的外部剧变，放弃被证伪的理论后继续前进。

范式

托马斯·库恩（Thomas Kuhn，1962）为科学的发展提供了一种"折中的"模式。他的范式概念虽然有时也招致反驳，却被科学史家与个别学科的史家们广泛运用。范式模型提出，"科学工作的发展过程中，科学家们会在很长一段时间内认为，某种世界观是正确的并效忠于它"（Albury and Schwartz，1982）。这一世界观会决定一个学科内的大多数人在研究什么问题。它代表了学科内研究者的一致认可，因此，如果询问他们研究的主题是什么，他们将给出近似的答案。这种一致认可就是"范式"。它

描绘了整体的知识背景，以及那些传授给胸怀大志的科学家的犹如真理般的定律和理论，如果进而想被科学共同体接纳，他就必须接受这些。

（Richards，1983:61）

布里格斯与皮特（Briggs and Peat，1985:24—34）将范式形容成科学家们戴上的一副"眼镜"。眼镜一旦被戴上，它就会调整并左右科学家们的世界观：它会滤入某些事物，滤出另外一些事物。眼镜来自特别的理论（如量子理论，相对论）以及环绕理论的种种预设。这些理论与预设构成了一个镜头，科学家们通过它就认识到自然中值得研究的东西——科学研究的一个目标。

理科生会学习到这些世界观。当他们在自己的学科中前进时，他们就戴上了眼镜。他们因而就受到了那种值得接受、值得做的实验与学科领域——"常规科学"——的驯化。大多数科学家在范式之内解谜，大多数时间内并不会考虑或质问范式背后的基本假设与理论——制成他们那副眼镜的材料。没有范式，科学家们将无法知道去哪儿找问题，如何计划实验或收集哪些数据。因为与培根相反的是，在努力以类似定律的概括方式归纳出世界的结构和秩序之前，人们无法简单地走出去并收集世界的所有数据。调查与取样的前提条件在于，对于何种定律可以运作作出暂定假设，且如果假设成立，推断何种田野的或实验的观察会应运而生。

以考察土地测量员为例。他们很少完全没有偏见地试图对一块土地上的土壤进行取样。首先，通过查阅地质地图与航空像片，他们在工作草图上围绕预期土壤的类型临时绘制出边界——在某种意义上为这片区域设定了"范式"。许多实际的测量工作，只不过是使原先粗略预想的观点得到确认或使之精确而已。

但有些时候（通常当测量员又累又饿，或者在一天的绘图工作结束，感到厌烦时），取样会遇到一些完全意外的事情，从而破坏掉已经成形的整个方案。作为一名虔诚的培根主义者和归纳法优越论者，为保持科学家的一贯名声，测量员会立即重新思考并开始更改或者修订该方案。但作为一个人，他或她可能更倾向于完全忽略掉取样，然后回家喝茶，或者充其量设法使它能够满足于已经得出的结论。

无论如何，当最终出现了太多的矛盾时，整个方案才不得不进行根本的修正或者代之以新方案。反常在范式中引起危机，"眼镜"被打破。然而，新一代的科学家戴着一副信以为"真"的新眼镜——常规科学的新地图——而成长。

人们可以在不同层面上考虑范式与范式的转换。存在着包罗万象的世界观，在调整着"科学"（从字面上讲是"知识"）的构成。从第三章第一部分介绍的中世纪物理世界依照上帝意志来运转的物理—神学宇宙论那里，就存在着向古典科学的转变。

如果范式是一个学科的轮廓图，那么，牛顿的原理就提供了古典科学的轮廓。但到了19世纪时，正当"常规"科学看似填充了大部分轮廓图时，一些工作者发现了某些不相符合的片段（像波粒悖论之类）。生态中心主义者经常主张说，20世纪物理学的发现伴随有科学视角上意义深远的一次转变。奇尼（Cini，1992）将这种变化总结为，从关注简单性、秩序和规则（像在客观性与还原论中一样），到关注和接受科学中的复杂性、无序和偶然性（像在主观性和整体论中一样）。虽然生态中心主义者可能将此次转变称作启蒙运动以来科学探索之合理进展中的巅峰，是朝向宇宙"真理"的更准确表述，但奇尼却采取了库恩式的观点。一个新范式挤走了旧范式。而且，更加意味深长的是，奇尼指出，科学中的这种转变与社会范围内更加普遍的转变大致是平行的——从现代时期的价值观转向后现代主义的价值观。这里有一个例子，说明了科学范式不仅仅是由科学中发生的事情来决定的：科学探索的方向是以更为广阔的社会为先决条件的。

将层次稍稍降低，就会发现范式转换的更多案例。自然科学尤其是地球科学中从灾变说到均变论的转换，就与生物学中神创说到进化论的转变恰相匹配。此外，当这些转换在某种程度上与它们的社会背景联系在一起时，就可能会得到更好的理解，当时，自由主义的新哲学作为某种新经济秩序的一部分，正指望着攀上一些想象出来的自然原理以作为立身之基，而不是像过去一样俯身于上帝的律令。

于是，与特殊学科相伴随的此种变化就出现了（而且几乎总是与那些更为广泛的超越具体学科之外的影响相关联）。比如在地质学中，大陆漂移说让位于板块构造理论；表层沉积的洪积说让位于冰川学说；单一冰川理论被多冰川理论所代替。在生物学中，从那种认为是连续性和渐进性的适应与发展，再到那种对于产生出新物种的一连串相对突然的"跳跃"的认识，达尔文进化论由此而得以修正，从而与那种更为和缓的转变区别开来。这一"间断平衡论"（Gould，1982）范式仍然只是一种可能性而已，且存在着诸多的争议。在气候学中，一轮新的全球冰川期正在来临的理论，决定了 20 世纪 70 年代大多数的常规研究：如今，全球变暖吸引了气候学家们的注意。

正如布里格斯与皮特所强调的那样，所有这一切都表明，科学家们并不总是客观地选择"最佳"范式，即最准确、最稳定、最简易，并且最符合"事实"的那种范式。实际上他们认为，与其说这是一个对于事实与资料"本身"之所是加以评价的问题，还不如说是一个以不同的方式对自然原材料所提供的资料加以研究的问题。因此，通常情况下，

范式争论中的各方各说各话，彼此间皆"议论缜密"……纵然他们按理说是看清楚了罗盘，但他们在指针的方向上也不会达成一致。

提议改变范式，通常会出现两种反应。一种是已确立范式的从业者会激烈地捍卫原有的范式。通过把与之相竞争的理论排挤在"有名望的"出版社之外，这一目的就可以达成。20 世纪 30 年代，地质学者 R.G.卡拉瑟斯（R.G.Carruthers，1939）仍然可以在主流的地质学期刊上推进他的多冰川理论。然而，当他在 20 世纪 50 年代想这样做的时候，他不得不私下里自费出版他的论文了（Carruthers，1953）。

当然，在对冲突观点的压制上，也存在着巧妙不足挑衅有余的路数。伽利略因推进日心说而受到的审判，不仅众所周知，而且也被加以戏剧性的改编［贝尔托特·布莱希特（Berthold Brecht）的话剧《伽利略传》］，同样还有 1925 年田纳西州的中学教师约翰·斯考普斯（John Scopes），因为教授达尔文进化论而不是神创论［斯坦利·克雷默（Stanley Kramer）的电影

《向上帝挑战》]而被审并被判有罪。马格纳(Magner)表明,在里根总统当选的前一年,反进化论者发起了一场运动,要求或者完全取缔进化论的教学,或者在《创世记》所传颂的"特创论"教学中投入同样多的时间。这些团体资金可观,政治权势显赫,他们以此协助里根当选总统,作为回报,里根赞同他们的主张。

19世纪时由乌歇主教(Bishop Ussher)提出的特创论认为,地球以及地球上的一切事物都是在公元前4004年同时产生的。该理论与进化论的冲突,就为我们提供了对新范式的另类反动之例证:常常是徒劳地试图将之涵摄在已有的范式之中。一些虔诚的基督徒,同时也是业余的博物学者,在19世纪的进步中日益不安于自身的立场。达尔文的理论似乎是从化石记录的资料积累中得出来的。然而

有点进退两难。地质学(举例来说,沉积地层,纹泥,树木的年轮)无疑似有其实,但《圣经》是上帝的圣书,也是不假。如果《圣经》说天地间万物都是在六天中创造出来的,那么,它们就是在六天中创造出来的——真真是每天24小时。在无边时空中调试不息的有机结构上,形态、行为的自然变异迹象,似乎是不可抗拒的,但是,这些证据要么必须与六个创造日相一致,要么必须被放弃。

正是作家埃德蒙·戈斯(Edmund Gosse,1907)描述了他父亲一方面作为普利茅斯兄弟会的宗教狂热者,另一方面作为热情的博物学者的痛苦。对菲利普·戈斯(Phillip Gosse)来说,问题精炼成亚当是否有肚脐这一疑问——如果他是由上帝同时创造出来的,那么,就如同产生于公元前4004年的岩石不需要复合地层一样,肚脐也就没有"必要"了。戈斯(Goose,1857)牵强且调和性地宣称,上帝确实同时创造了亚当、岩石以及一切事物,但赋予他们以肚脐、地质层、树木年轮,是为了使得他们看起来好像有

一段过去的历史(Oldroyd，1980：259，note 15)。

同样奇异的一次尝试晚至 1925 年，由信教的博物学者，皇家地质学会的成员因克曼·罗杰斯(Inkerman Rogers)提出，试图调和《圣经》范式与科学范式，使之达成一致(见图 5.3)，他令人吃惊的种族主义解决方案是——给人类设置两个起源。其中一支是"低等的"，如科学所说的那样，与洪积世沉积物一样古老，其中埋葬着他们的遗迹。另一支中，亚当是"高等种族的初生儿"，在公元前 4000 年时被创造出来。将亚当与其余的人分组会使人对《圣经》年代学产生怀疑："但《圣经》年代学是不容置疑的。"

对布里格斯与皮特来说，由于科学受到社会时尚、风俗与事件的影响，因而本质上是人类主观性的延展。

事实上，库恩在那种长久以来所秉持的认为科学会将我们引往终极真理的信念上，揭开了一道意想不到的裂缝……库恩向我们表明，观察者与其理论以及仪器，本质上都是某种观点的表达物——那种实验的结果必定也是一种观点。库恩对科学史的分析，清除了我们所认为的科学即客观的那种传统认识……自然的所谓定律是无常的，追随每一新的范式而转变……中世纪科学家们关于宇宙的认识，对于量子科学家们来说已然陌生。而我们所知的，是一个别样的宇宙。

这样一些观点带有社会建构主义的极端色彩，大多数科学家并不喜欢，因为它们违反直觉地暗示出，科学中没有进步可言。而布里格斯与皮特真正怀疑的是，尽管技术上有进步，我们是否真的就比 14 世纪的人们更好地理解了自然。甚至我们现在可能更少契合于自然的节拍——如今的我们与既往的我们或是现在的美国印第安人相比，更为退步了：我们可能到达了"新层次的无知"。这就很有点生态中心主义的情调了。

人的出现及其在地球上的进步

地质学告诉我们人类在地球上的起源证据。考古学继之以收集的人类史前记录。历史学记录并带给我们在地球上繁衍的不同种族。语言学又追溯出他们的不同来源。人种学标明了每一种族在人类的地球生涯中适当的位置。当亚当及其后裔的历史后来被记录下来以供给我们学习时,《圣经》的纪录显示出神的启示与科学研究间的融洽,并且宣称上帝是创世之主,在精神上与古代的圣人相通。

晚更新世时期

旧石器时代的人类。如何出现,何时出现,出现远早于地球之前,他们的出现远早于人类时代之前,就早已存在了。这些人居住在欧洲西部,在广泛接受的6 000年前的人类时代之前,就早已存在了。在高原与高位河流的沙砾层中,发现了他们的遗迹。穴居者;野猎者;大型的,粗糙凿磨光的石头工具;骨制工具;雕刻与蚀刻。贝丘遗址。死者交付给河流或海洋,或者火葬、穴埋、猛兽、土很。间断。大陆架高于当前海平面300英尺之上。

新石器时代的人类。在旧石器与新石器时代之间逝去的这一很长时期内,现已灭绝的那些动物正在慢慢地从世界上消失。冰川的普遍消融。来自欧洲东部的一个原始未开化的种族出现在地球上,居住在欧洲西部之北部。穴居者。河区居住者。石制工具凿过,平整目光滑。骨制和角制工具。食物:蔬菜和肉。土丘建造者。雕刻和先进的石制工具。死者火葬。

新石器晚期的人类。与早期石器时代人不同,但更加进步的石制工具。穴居者。河区居住者。渔猎。各种不同类型的磨光石加以艺术性凿刻的石制工具与玉石。土丘建造者。冢、雕刻、坟墓、粗糙的巨石和单块巨石遗址。陶瓷。没有文明的迹象。编织和粗陋的陶器。没有谷物的遗迹,也无任何农业知识的迹象。镞状石英与石斧;没有艺术品;没有金属制品。

蒙古人。完全没有推动他自身或他者到达更高文明程度的能力。黑人是未开化的野蛮人,不能靠自己创造文明。美洲印第安人是未开化的野蛮人。这些种族的后代从四处包围着我们。现有的人类种族与创造者的关系不比非洲的粗野原始人更深。直到一些外在的影响施加给他们之间,蒙古种族总是而且一直是野蛮人。蒙古人与高加索人有显著的身体与道德差别。

大陆架的存在。陆地与海洋的分布近乎当前的状态。

晚更新世时期
{
旧石器时代人(旧石器时代)
　阿舍利文化
　阿布维利文化
　莫斯特文化
新石器时代人(新石器时代晚期)
　梭鲁特文化
　马格德林文化
新石器时代人(新石器时代)
史前人
}
乌拉尔阿尔泰语族
突雷尼语族
{
蒙古人
黑人
美洲印第安人
}史前种族
{
比利牛斯的巴斯克人
马札尔人、保加利亚人
奥斯曼土耳其人
高加索峡谷居民
}欧洲后裔

新石器与史前种族与欧洲后裔

- 高加索（印欧语系）
  - 亚当
  - 该隐
  - 诺亚
    - 闪
    - 含
    - 雅弗
  - 闪族
    - 巴比伦人
    - 阿拉伯人
    - 希伯来人
  - 雅弗族（一个独特族类无可争辩的共同起源）
    - 印度人
    - 波斯人
    - 希腊人
    - 拉丁人
    - 斯拉夫人
    - 凯尔特人
    - 条顿人
    - （在从梵语到英语的所有语言中，存在一种独特性的共同标志）

有历史的人类。历史与传统所能回溯的出现于最遥远时期的大陆与岛屿。不同状态的事物出现。人类在制造技巧上更加进步，在铁的熔炼与制造技术之前，用青铜工作几个世纪。河区居住群。谷物，家畜。埃及方尖石塔与神庙中空前绝后的整体雕刻与环列巨石雕群。（铜）

亚当。公元前 4 000 年高等种族诞生的第一个人。亚当并不是所有那些自始以来就居住在这个星球上的人类的祖先。假定他是所有人类的祖先，那么蒙古人以及黑人，还有其他低等种族就成了他的直系后裔，于是，对于那一时期的《圣经》年代学就是不可靠的。这或者不可能，或者古代的亚当必定比《圣经》中记载的更高级更为遥远；但《圣经》年代学不能遭到反驳。（青铜）

该隐向东方迁移。他的后裔被同化于蒙古人之中。其特质遗失于亚洲中心地带。

诺亚，公元前 2300 年。其后裔分布于高度发达文明的时期。建造了城市。金属为人所知且得以利用。土八该隐是冶金术的祖师爷。文明生活方式的引进。石制武器仍在使用，但附加有青铜的器械。有农业和畜牧业。谷类植物，家养的牛、猪、羊。文明正在传播。河区居住群。新石器与史前时期的人让位于青铜时代的人类。死者火化，骨灰入瓮。

雅弗或雅利安族群，逐渐在整个欧洲、印度斯坦的西北部与东部繁衍。

凯尔特人。一个土著种族。新石器时代人的后裔，凯尔特人到达后就在欧洲生活。土著族群屈服，被同化或被毁灭。在进步的高加索人到达前，土著族群消失了。高加索人在全球的居民中，总是独一无二地处于一种积极的、进步提高的状态。艺术与科学得到发展。文明高度进步。高加索人被认为是诺亚家族的成员以及亚当与夏娃的后裔，已经在他们所占据的从欧洲到亚洲的土地上繁衍；而且迁徙与定居的时间不会超出《圣经》中诺亚洪水的时间。想通过寻求人类的始祖与先在的生物体之间的联系，以说明始祖的存在，必定会失败。这种联系永远没有，也从不会被发现。亚当是人类的始祖，但只与第二个人耶稣相关。首先的人亚当，成了有灵的活人，末后的亚当，成了叫人活的灵。头一个人出于地；第二个人出于天。死亡，我们知道在亚当之前已经降临，生命救赎的主要原因——不是一般意义上的死，而是作为对亚当的惩罚由他招致的死亡。（铁器）

高等人出现在地球上——未来。

Inkerman Rogers，F.G.S.，F.R.A.S.，1925

图 5.3　人的出现及其在地球上的进步

社会对于科学的影响

流俗之科学认识通常忘记了科学家与更为广阔的世界的联系。最重要的是,这种关系属于物质依赖的那一种。科学家们不能喝西北风过活。然而,很少有资金不与特定的利益集团相系,尤其是经济利益。

学术界在象牙塔之内的发展,长期以来取决于与经济的温和而持久的相互作用。

巴恩斯(Barnes,1985)指出,留心查看一下 20 世纪 80 年代中每年 1 000 亿英镑的研发投资就会发现,1/3 投给了军事与太空项目。对于消除先前在武器方面的科学研发所引发的后果来说,这一投资是必要的。

科学家们研究的大多数问题,因而依赖于"社会的"需求,实际上主要是社会中支配性的经济(从而也是政治的)团体的需求。阿尔伯里与施瓦茨(Albury and Schwartz,1982)追溯了科学与技术几个不同领域的发展历史,以证明它们如何效力于对之投资的资本家的特殊需要及其意识形态。从某种程度上来讲,资本主义是通过贸易领域的扩张来开拓市场,从而得以发展的。这带来了两种后果。第一,在工业中心地带与边远地区间,不得不发展出快捷的通讯:由此之故,一大批无线电通信工业获致投资并得到发展。第二,这些边远地区务必要加以捍卫,以防备那些限制其与中心地带进行"自由"贸易这一权利的人,因此又促成了"防务"工业的发展。当然,现在这两种工业在彼此养护之时,也为其他一些工业集团的利益服务。

扩展市场的另一条途径在于产品革新,微电子学无疑满足了这一特别的需求。近来,包括那种随电信行业的发展而来的微处理器在内,是奢侈消费品的过剩存在。为了生产力的提高与积累的增长,企业也会尽可能地尝试用机器来取代劳工。于是，必要的自动机械、计算机以及海量处理器的研究，再次被优先加以考虑。

洛克菲勒学院是一个强有力的私人基金团体，而阿尔伯里与施瓦茨则有证据表明，在促成第三世界农业的那场"绿色革命"的进展中，有这一组织的身影。尤为特别的是，学院在 1932 年时就有意识地决定资助植物遗传学方面的生物研究，以便种植出均衡高株的小麦和水稻，能够用农机收割，并且在化学肥料的作用下有特别高的产量。所有这些特性都符合农场农业的要求，有利于跨国公司的农业综合企业的发展，而不是第三世界大多数的人民群众。阿尔伯里与施瓦茨因此指出，这些研究"迎合了跨国公司为海外资本创造富有吸引力的投资机会这一目的"。

免受经济压力的大学里面的研究，显然也不是"纯粹""学理式"的。在 20 世纪 60 年代和 80 年代，社会科学努力将自身建设成为实证且"社会相关的"学科。在这 20 年中，政府已经坦然宣称，最乐意（或至少是不勉强）对科学与技术进行资助——20 世纪 60 年代时是对"科技革命白热化"（一位首相的用语）的促成，在 20 世纪 80 年代时则是使英国在商业上富有竞争力。

即便是早先所提到的气候学范式近来的快速转换，可能也与资助基金相关。1990 年，在第四频道的二分点（Equinox）电视节目中，接受希拉里·劳森（Hilary Lawson）访谈的气候学者无疑就持此种看法，并冠之曰"温室阴谋"（The Greenhouse Conspiracy）。他们系统性地批驳说，在全球变暖理论上不存在任何令人信服的证据：不存在温度或海平面上升的证据，二氧化碳也不是产生温室效应的气体，得出这些预言的模型根本上也不可信。劳森于是发问说，迫近的全球变暖何以会如此有力地取代了长期冷却，而成为当务之急呢。"如果你能显示有迫近的气候灾难的证据，就会更容易得到资助"，美国国家航空航天局（NASA）的罗伊·斯宾塞（Roy Spencer）博士如是回答。其他大多数气候学家也普遍承认并相信，资助会直接或间接地影响到研究本身及研究结果(阿尔伯里与施瓦茨的结论也是如此)。一位麻省理工学院的气候学者甚至因为对大多数的模型预测法提出异议,导致资助被削减。

自科学在 19 世纪成为一种职业,而不是有钱有闲阶层的消遣以来,很少有科学家能够听得进去"特立独行"的前 NASA 科学家詹姆斯·拉伍洛克的忠告。他表示说,为了能够研究自己认为重要的问题,科学家们应当设法自筹经费。

你或许认为学院科学家们就像自由艺术家一样。事实上,几乎所有的科学家都受雇于某些大型组织,比如政府部门、大学或跨国公司。他们很少能够自由地将科学表达为个人观点。他们或许认为自己是自由的,但事实上他们几乎全部都是雇员:他们以思想自由为代价,换取好的工作条件、稳定收入、官职的任期,还有养老金。他们也受制于官僚政治的大军,从基金机构到健康安全组织。他们也受到其所属学科的部落规则的约束……作为一名大学里的科学家,我本应发现,要将全部时间用来把地球当成一个活的星球来研究,这几乎是不可能的……我可能会被传唤……并警告说,我的工作危及院系的声誉以及主管者自身的生涯。

(Lovelock,1989:xiv)

正如我们即将要讨论的那样,这些考虑也适用于科学所交付的答案。

科学与社会:答案寻求被左右

科学权威的古典遗产

现代科学主义的诸原理在 20 世纪 30 年代的正式确立,得力于以"维也纳小组"著称的一个科学家与哲学家团体，这一团体发展出了逻辑实证主义哲学。这一哲学主张，直觉的、精神上或情感上获得的知识，不如观察与实验上证实的知识更加正确和有意义。进而由此得出，经验主义与理性应当形成社会行动的基础，因为这些行动将基于客观而不是主观的判断。价值观、情感、直觉、意识形态（即不能通过观察、度量与逻辑推理加以证实的生活的方方面面）在决策中不应起决定作用。在 20 世纪 30 年代，欧洲社会中弥漫着"反理性与反科学"的法西斯主义，这一切就影响到了小组里的成员，比如伯特兰·罗素（Russell，1946：789），他这样写道：

在混乱纷纭的各种对立的狂热见解当中，少数起协调统一作用的力量中有一个就是科学的实事求是；我所说的科学的实事求是，是指把我们的信念建立在人所可能做到的不带个人色彩、免除地域性及气质性偏见的观察和推论之上的习惯。①

这一模式仍然影响着当今公众对科学的认知。尽管科学的某些产物令人失望，但科学知识与科学方法还是令人肃然起敬，获得了很难动摇的权威。（笛卡尔之后的）科学家通常被认为是自然和社会的不偏不倚的观察者。因此，他们在伦理上与政治上被认为是中立的，而对于其研究结果的理所应当的用途而言，他们不会另有企图，因为那是由政治家与公众决定的事情。容克（Jungk，1982：13—14）相当清楚地传达了这一看法：

他的脸上洋溢着天使般美丽的笑容。他的内心看似沉浸于和谐的世界之中。但事实上正如他最近告诉我的那样，他正在思考一个数学问题，

---

① 引自［英］罗素：《西方哲学史》（下），马元德译，商务印书馆 1996 年版，第 451 页。——译者注

问题的解决对于建造一种新类型的氢弹必不可少……这个人从来没有观看过他所帮助设计的任一枚原子弹的试爆。他也从没有参观过广岛与长崎，即使他曾经被邀请过……对他来说，研究核弹纯粹不过是个高深的数学问题而已，与屠杀、毒害和毁灭没什么干系。他说，所有那一切都与他无关。

但是，因为这种公认的不偏不倚，有种认识也流行起来，即在决策方面，有科学素养的人应该有特别发言权，因为专家们提倡依据客观真理理性地、"符合常识地"解决问题。正如理查兹（Richards，1983）所观察到的那样，科学与科学家现在变成了"真理的化身"；之前由宗教与牧师所把持的地位被篡夺了。科学定律描述了"永恒不变的关系与规律"（像上帝的训诫曾经所说的那样）。经验科学因而务必免受文化因素的影响，比如教义或纯粹的意见：它所强调的，是那些能被所有观察者一致认同的东西。

因此，许多人相信，要赢得一场辩论，要在理智上获得尊重与合法性，就必须利用科学的证据、科学逻辑与科学方法。没什么事情会比你的论证被打上"不科学"或"不过""感情用事"的标签更为糟糕了。

进一步来说，将"科学的"词缀添加到某人的产品、某人的信息或某人的证据上，就是给予他某种类型的砝码与权威，以便给它那种总而言之值得尊敬并必须受到关注的看法打气。对巴恩斯（Barnes，1985：72—79）来说，没有能比 20 世纪 60 年代的米尔格兰姆（Milgram）心理学实验更有力的证据，来说明科学权威的强势了。米尔格兰姆表明，在以普通人作为抽样的研究中，如果受试者在测验中答错答案就给予电击，约 60% 的人准备执行程度越来越高、更令人痛苦的电击（他们被愚弄了，以为自己正在执行电击）。他们被主管的"科学家"告知说，他们所做的一切都是为了一个科学实验。但当主管者表现得像个外行时，只有 20% 的人愿意以这种方式继续施行这种"折磨"。

今天,科学的这一权威为各种各样的利益团体所追逐,宗教的、超自然的、光怪陆离的与特创论的狂热者。而这通常会促进其商业目的,比如说作为一种售卖的手段。我们对广告中的这一手法相当熟悉。产品号称"经过科学检验"。它们被说成是包含了某种听起来让人印象深刻的合成物质,通过配方——"奇异成分,WM7"以及其他诸如此类的冗语——满是神秘地标识出来(尽管现今对化学添加剂的关注使得这一切成为某种明智的策略)。产品确实可以通过那些穿着僧侣式长袍的实验室白大褂的演员们得到提升。想当然的智力诚实以及此类人群与上述利益团体的不沾边,还可以通过让他们显得智力超常(如滑稽可笑的突出前额)且/或行为古怪或"狂热"而获得补证。大意即,"如果他们说这个产品好,那它必定好"。任何属于"科学应用"的产品,必定是值得购买的。

使环境行动合法化

以一种类似的方式

正是对技术专家的利用,赋予了政治精英以权力。他们不仅可以利用那种专家去达成决策,或许更重要的是,赋予所作出的决策以合理性与正当性。

(Barnes,1985:100)

布洛尔斯与劳里(Blowers and Lowry,1987:136—138)证明了这一切如何会发生在环境事务中。提倡核能的英国官僚,以某种实际上乃是科学方法之滥用方式下的科学研究,努力使他们所提议的行动方案——向大海中倾倒更多的核能工业废料——合法化。废料处理政策(HMSO,1979)的某种官方观点称:

我们相信,对于增加海上倾倒物这一计划而言,存在着某种计量工具,而且我们认为,建立一个专门论证此问题的知识体系是一项紧迫的课题。

换句话说:"我们已经作出了决策,现在,让我们找一些科学家来创设出证明此决定的科研成果吧。"它也赤裸裸地这样说道:

国际气候既是如此,因而与当前相比,有必要获取更多的科学证据来证明海洋倾倒物的大幅提升之合理性。我们认为,与此相称的研究与测量迫切需要继续下去,以便建立起处置此种问题的必要的知识体系。

生态中心主义者很快就指出了其中的曲解。比如,他们对诸如美国世界资源研究中心(WRI)之类的如此"负有声望的"实体所使用的科学方法加以谴责。该中心在 1990—1991 年度报告中令人吃惊地宣称,工业化国家与非工业化国家对全球温室气体的排放负有同等责任。然而,帕特里克·麦卡利(Patrick McCully, 1991:157)在《生态学人》中指出:

更近距离地审视 WRI 使用的原始数据以及他们解释这些数据的方式就会发现,该中心对发展中国家温室气体排放的评估存在很大问题,其方法论中甚至包含了一些很不确定的科学因素。

他援引新德里科学与环境中心主任阿尼尔·阿加瓦尔(Anil Agarwal)的话说:"WRI 的结论基于明显不公正的数学花招,政治以科学的名义在此举行假面舞会。"

显然不能设想的是,生态中心主义者会无此歪曲之虞。比如,BBC 第四广播频道的节目在 1989 年("零选择")中声称,绿色和平组织如此急于为其观点（即有毒废料堆会杀死北海所有的生命）寻求科学合法性，以至于该组织以与作者意图全然相反的方式，采用了荷兰科学家在此问题上的研究结果，并在宣传材料中将其作为自身的看法。

使环境斗争合法化

因此，生态中心主义压力团体在谴责古典科学世界观并质疑科学与科学专家之权威性的同时，还念念不忘"科学"的合法化潜能。因此，他们招揽了一些科学专家（包括经济学家）来为他们的环境事业做辩护。韦斯顿（Weston，1989）的地球之友之发展历史表明，其董事会成员是如何想加固那种"伴有可靠科学研究的心声"，如何去"平衡事实与情感"，以及如何"显得专业化"。在公众质询的道路、机场、核电站以及其他一些开发提议上，地球之友与绿色和平组织利用了消息灵通的专家。然而，仅仅是对手——通常是大型的商业利益群体或政府部门——收买更多专家的财务能力，往往就将他们打得溃不成军。

况且，专家们也乐于被收买。巴恩斯认为，科学家们是如此地鱼龙混杂，以至于很难将他们组织起来以达成任何特别的政治目的。但他们在获得（好的）工作酬劳方面是一致的，因此，"或许最重要的是，专家们的区分就在于谁雇佣他们或资助他们"。世上并不缺乏这样的专家，乐于为支持一项新研究计划而准备提供论证，"安全、环保且有利可图的工程……非常确切地说，很多这种类型的专家都是杀人魔"。

内尔肯（Nelkin，1975）业已表明，已有的数据在环境争议中如何被双方的"专家"所利用，从而对提议中的开发结果作出不同的预测。从这个意义上说，"事实"与"技术争议的细节"是不相关的，因为双方都利用它们以体现"自身对现实的主观构建"。

但正如温（Wynne，1982）所表明的，这些技术争议真正有些功用。它们构成一种惯例，以确保公众对那些具有潜在破坏性的项目加以接受，像是 1977 年经过长期的文斯盖公共调查（Windscale Public Equiry）之后获得通过的热氧化物后处理厂（THORP）那样。

温认为，像公共调查之类的决策机构，利用惯例以捍卫自己的可信性。这些惯例以这样一种方式来阐明问题与争议，即他们的可信性毋庸置疑。例如，提倡使用核电站的游说议员再三声称占理，要求只就"铁一般的事实"展开辩论。

然而，这样做确实限制了可能出现的批判与反驳的数量与种类。"只是对'铁一般的事实'加以要求，就排除了对这些事实所以具有意义的解释性社会框架的辩论。"（Wynne，1982：3）于是，某些想当然的假定就不具有任何挑战性，比如，特定级别（当然很少）的放射性照射风险是可以接受的；不允许任何风险的主张都将因"非理性"而遭到拒绝，因此就不值得讨论了。

事实上，通过其技术辩论的惯例，文斯盖调查映射出一种"特别的民主模式——在狭小范围问题的阐明上，需要的只是专家们对客观事实的发现"。这一盲目且不受质疑的（但本质上是不民主的）模式在于，应当是"专家"而非非专业人员来主导决策。而且，既然核工业有能力比对手利用更多的专家，结果就可想而知了。

温坚持认为，所有这一切事实上都违背了公众调查所宣称具备的合理性，因为"理性的技术评估应当审查那些隐藏在背后的所有的利益群体，以及主张方与反对方的议事日程"。

而且，核工业游说议员再三强调的理性，掩饰了其以情感作为武器的自发性。例如，一位英国原子能机构的前主席声称（对于不感情用事有点感情用事），核工业应当"根据事实，根据我们已有的成就，而不是根据那些怯懦者的哀求而得到评判，他们已经失去了我们父辈的雄心壮志，而正是父辈们的雄心壮志让人类主宰了这个星球"。

温指出，文斯盖的反对者在这一惯例中被绊倒，原子能与政府组织借此就确定了可允许辩论的边界。试图跨越这些边界，将会招惹来无知、政治动机或非理性的傲慢谴责——德尔塞斯托（Del Sesto，1980）在美国核电站的游说双方议员的冲突中，也观察到此种羞辱对方的伎俩。

耶雷（Yearley，1989）同样提到，在北爱尔兰一处高位泥潭沼泽地开发的公众调查中，开发者的策略在于，表明对方证人不是资深专家，而且其证词的科学准确度令人怀疑。此外，耶雷还提到，在这种需要"适当"科学争论的公开要求中，缺乏真正的科学理性——因为在适当的科学争论中，当然会存在某些合理的主观因素。它与解释相关，也关乎证据的收集，而解释常常可能出错。但开发者在此却利用了一幅言过其实的科学图像以及对科学的热衷来打动公众。

科学权威的侵蚀

如果撇开这些论争的话，就会把问题过于简单化了。因为就科学强有力的合法性权威而言，尽管科学发现经常受那些需要这种权威的团体的影响和盗用，但这种权威却并非总是在场。比如，在1986年的切尔诺贝利核电站事故之后，威尔士农民开始不信任那些御用的科学家，而后者宣称在排放物的影响上所持有的看法是客观的（Wynne，1989）。在论及那个将自身刻画成为价值中立的、经验主义的、普遍适用的科学从业团体的英格兰自然保育委员会（Nature Conservancy Council），何以也未能获得某些人（在这个案例中，是政府）的信任时，格罗夫-怀特与迈克尔（Grove-White and Michael，1993）也引证了此点。他们相信，科学对公众的权威依赖于社会环境，而社会环境是会变迁的。在后现代时期，作为真理的主要仲裁者与传播者的古典科学模式，或许变得湮没无闻起来（Lyotard，1984）。

随着环境保护主义的兴起，各种各样的裂缝就出现在了古典科学先前颇受尊重的公共大厦上。1991年，爱丁堡科学艺术节（Edinburgh Science Festival）所委托的调查显示，57％的苏格兰人相信科学对环境问题负有责任,只有 31％的人不这样认为(《卫报》,2 月 28 日)。而且在环境问题上,科学专家常常不足为信了。1992 年,题名为"潘多拉的盒子"的 BBC 系列电视节目,用两个个案研究生动而细致地描绘了这一现象。

第一个案例是,在 20 世纪四五十年代,农业化学家在英国和美国都是民族英雄。因为他们研发了除草剂和杀虫剂,他们对于科学的利用,表面上是为了实现"国家安全"(粮食自足)、"经济繁荣"(农业生产力)以及"扶贫"(第三世界的绿色革命)。但从 20 世纪 60 年代之后,他们日益化身为恶棍。普遍而严重的农业化学污染,被攫取公众注意力并促发出有效的压力集团之活动的书籍(Carson, 1962; Shoard, 1980)披露出来。今天的公众对科学的农业综合企业及其食品的猜疑是普遍存在的——至少对西方富有的中产阶级而言是如此。

第二个案例是,核电产业在 20 世纪五六十年代信誓旦旦地宣称,科学家打算提供"贱如粪土"的安全能源,到了 20 世纪七八十年代,却是疲于应付公众对此工业的憎恶。与公众的笨拙联系再多,也不能削弱真实事件的影响,其中三里岛与切尔诺贝利不过是冰山一角。它们使得原子能科学的可信度无可挽救地遭到了损害(见 Blowers and Pepper, 1987:1—35)——包括核武器在内,科学与技术所援助的第二次世界大战导致可怕的破坏这一背景,正与此相对。

科学与社会:社会团体与政治理念的合法化

使政治团体合法化

如果说科学所追问的问题与获取的答案经常会受到社会潮流与利益团体的影响,那么,对科学理论来说可能也是如此。罗列那些通常是关于自然(包括人性在内)的科学理论,去支持特殊群体的政治抱负与意识形

态,乃是一个悠久的传统,而这与培根哲学的理想正相反。温(Wynne,
1982:161—165)指出:

　　政治活动不仅表达先在的价值观念,同时也创造之,甚至(或许是尤
其)使用科学知识作为这样一种暗含的道德劝信的媒介······在英国······
整个政治文化仰赖于专家权威的形象。

古典科学发端之日,即是此开始之时。有些团体试图利用科学的形象去
支持他们的社会与政治主张。撒克里(Thackray, 1974)研究了一批工厂
主与商人——新兴的工业资本家——在 1750 年到 1850 年间,他们在曼
彻斯特发财致富。尽管他们不差"钱",但却没有社会地位与政治代表(曼
彻斯特没有下院议员)。这使得他们与土地贵族仍然有差距。正如安东
尼·特罗洛普的帕利泽小说①所表明的那样,与那一阶级的人通婚或成
为那一阶级的一分子是极其困难的。

　　然而,有一条道路是敞开的,即加入科学组织,比如曼彻斯特文学与
哲学学会(Manchester Literary and Philosophical Society)。撒克里表明,
这一工业资本家团体将科学——研究科学或者与科学研究者联合——视
为获得社会地位的一种方式。

　　因为科学知识与科学活动被认为是特别适合这样一批观念新潮、放
眼未来、进步又生气勃勃的人群,科学与技术就这样与"进步"联系起来。
饶有趣味的是,20 世纪 90 年代一个关于现代科学新发现的电视节目被称

———————————

①　安东尼·特罗洛普(Anthony Trollope, 1815—1882 年),他成名之后,因接触到伦敦上
　　层社会形形色色的人物,对政治人物及议会运作有更深入的了解,故转而向政治小说创
　　作,称作"帕利泽小说"(Palliser novels),包括:《你能原谅她吗?》(Can You Forgive
　　Her, 1865)、《费尼斯·芬恩》(Phineas Finn, 1869)、《尤斯达丝的钻石》(The Eustace
　　Diamonds, 1873)、《费尼斯重返》(Phineas Redux, 1874)、《首相》(The Prime Minis-
　　ter, 1876)和《公爵的子女们》(The Duke's Children, 1880)等。

为"明日世界"。

此外,科学还被普遍地当成"有教养的知识"——有绅士风度,远离粗野——非下层社会所能追求。它与政治无关——它是"价值中立的"。而且,科学是民主的(与旧的社会秩序不同);任何人遵循科学方法就可以成为科学家。科学也是新颖的,它与改造自然和提供物质享受的力量相关。总之,科学因而认可了一种新的世界秩序——其中实业家与生意人是领袖。为使自身适合于这种形象,他们加入到科学团体当中。

有趣的是,对这些人来说,经由科学而进行的合法化过程之目的还不在此。撒克里的研究注意到了他们的社会进阶。两代人之后,他们便达到了预定目标,在财产上巩固了财富,并且获得了社会地位和政治权力。他们仍然是科学活动与科学价值观念的热心赞助者——他们建议所有的年轻人去学习科学并从事科学活动。然而,讽刺的是,他们的根本目的与两代人之前的正好相反。与科学联盟不再是为了打破或毁灭现存的社会秩序,现在,他们将科学作为帮助他们维持现存秩序的某种事物:他们自身现在正从中受益的这一秩序。

从本质上来说,他们认为,如果年轻的一代研习科学,他们将认识到"支配"他们及其社会的法则的真理性与必然性:例如,经济法则和适者生存的自然律。这些普遍的"法则"是不可避免的,因此,显而易见的是,试图煽动和改变一个与这些法则捆绑在一起并由这些法则决定的社会,乃是毫无意义之举。换言之,进入客栈和啤酒馆,试图在下层民众中播撒社会革命的种子,是徒劳无功的——他们之所以在底层,乃是因为那就是他们的自然位置。因此,科学观念的散播与实践会平息社会不满,使那些老资格企业家如今享有领袖地位的那样一种秩序得以合法化。

使政治理念合法化:马尔萨斯主义

占据生态中心主义中心位置的一个科学法则或"原理",就是马尔萨斯的学说。新马尔萨斯主义者认为,人口繁殖比生产力增长更快,而这就是今天把我们引向灾难、挤兑自然的原因所在。绿色激进主义者甚至指出,"人口过剩作为最大的压力,迫使这个星球的生命支持系统超出其容许的极限"(Stein,1993)。与此同时,埃利希们(the Ehrlichs)还在哀叹《人口爆炸》(1990),加勒特·哈丁(Garret Hardin,1993)继续书写着"承载能力"的诗歌。

新马尔萨斯主义者也顽固地宣称,他们的论断超越左与右的政治,所关怀的是所有人的利益,而不是特殊群体的利益。然而,真相绝非如此。

这是因为,马尔萨斯本人和他看似科学的著作具有意识形态的蕴涵,是对某种特别的社会秩序的辩护。马尔萨斯与贵族统治关系亲密,而19世纪早期的英国贵族们,则惧怕广泛的社会革命会从欧洲传播进来。

马尔萨斯的著作——尤其是他的《人口原理》,可以看作是对国家以普遍的贫民救济形式送掉"纳税人钱财"(大量来自贵族的钱)的反驳。它指出,这样做会篡改自然律,即人口原理。

由于一个"福利国家"(恤贫法)的运转会增加穷人的成活率——因此会妨碍对人口增长的积极性抑制的操作(饥荒之类)。马尔萨斯同情穷人,更愿意他们通过节制"早婚",来实现预防性抑制。但他担心的是,无知、道德败坏与国家补助之力将意味着他们不打算那样做。相反,他们会用救济贫民的钱去生养更多的孩子,最终必将会有更多的人口一起分享食物的供给(食物供应可能跟不上人口增长)。因此,普遍的贫民救济背后的良善意图,实际上会增加人类苦难的总和。太多尝试性的社会改革都弄巧成拙了。

与此同时,他断言,贵族受到过教育,道德上足以开明到不会将他们的财富转化成更多的小孩。由此看来,他实际上认为富人是一种人口原理,穷人是另一种原理。

因此,社会改良不能依靠一揽子的恤贫法,也不依赖于制度或法律,或是革命性的变革。对贫困的解决最终掌握在穷人手中,而不是政府。前者应当了解道德抑制的必要性,以缓解自身的困境:虽然通过慈善团体将救济选择性地给予应获得救济的穷人是件好事。

阿兰·蔡斯(Alan Chase,1980)指出,这就是"科学至上主义":"利用语言、符号、研究结果以及其他的科学属性,去推进未经证实的构想和教条。"马克思将马尔萨斯的著作称作为"对人类的诽谤",因为在人类应当将他们的社会与政治经济改进到什么程度上,它提出了限制。马尔萨斯断言:

(1)贫困的主要的和最难消除的原因是与政府的形式或财产的不平等分配没有多大关系或没有任何直接关系的;(2)因为有钱的人实在没有能力为穷人们找到工作并维持其生活,所以,照情理说,穷人们也就没有权利向富人们索要这些东西。十分明显,如果下层阶级的人都知道这些真理,那么,他们就会以更大的耐心来忍受他们所可能遭受到的困苦,就不会由于自己的贫困而对政府和上层社会感到那么不满和怨恨了,在一切场合里也不至于那么容易摆出反抗的姿态或发生骚乱了,如果他们能得到救助,不管来自公家机关,或是私人的布施,他们就会带着更大的感恩来领受,并且也会更恰当地重视这种救济。

如果这些真理能一步一步成为家喻户晓的道理……那么,下层阶级的人民作为一个集体来说,就会成为更温顺的和更守秩序的了,也就不会在缺粮的季节里动辄骚扰滋事,并且由于认识到劳动的价格和养家糊口的生活资料问题的解决多半不决定于革命,他们将永远不易受到煽动性出版物的影响了。对这些真理的认识……从政治上看来,仍将对他们的行为发生最有利的影响。无疑,这些影响中最宝贵的一种就是它将会给社会上的上层阶级和中等阶级带来逐渐改进他们的政府的力量,而无须担心那种革命的过火行为,对这种革命的过火行为的恐惧心目前正威胁着欧洲，要剥夺去它以前觉得切实可行而且长期以来享受着它的有益的效果的那种自由。①

（Malthus，1872：260—261）

有一个权利是一般人认为应当享受，而我却确信他不但没有而且也不可能有的——那就是当他的劳动力不能买到生存时候的生存权。我们的法律诚然说明，人有这个权利，并且强制社会对于那些在公开市场找不到饭吃和工作做的人给予工作和食物；但是这样做就等于企图废弃自然规律……

如果关于这些问题的一番大道理得到更为普遍的传播，使下层阶级信服，按照自然规律，除了为获得大量生产品而绝对必需的财产制度之外，无论存在着任何制度，没有一个人可以向社会要求生存权，如果他不能通过劳动来取得这个权利的话。如果人们认清这点，那么所有对社会不合理制度的抨击，绝大部分都会化为无稽之谈……下层阶级中存在的不满情绪与愤恨一定会比现在少……中等阶级中一些不安分子与不满分子的活动尽可置之度外，如果穷人对于他们处境的真正性质有彻底的了解……②

（Malthus，1972：191）

用这么多的客观事实来说明的，是政府、财富分配不公、有钱阶级的存在何以不会引发贫困。那些同样难以置信的通过"科学"就变得可靠的论断，在当今的保守派和多数自由主义政客那里也广受欢迎。他们尤善使用客观的经济科学法则的概念，把那些对剥削与失业的谴责分摊给被剥削者和失业者本人（通过标明他们的劳动力价格"缺乏市场"），而不是雇主或政客。此外，不出所料的是，英国政府[在新马尔萨斯主义者克里斯

---

① 《人口原理》，第551—552页。——译者注
② 《人口原理》，第484—485页。——译者注

宾·梯克尔(Crispin Tickell)的建议下]在1992年的里约环境峰会上,利用新马尔萨斯主义者的论断,试图将环境退化的责任从西方转嫁给第三世界国家。

马尔萨斯断言,人类在谋生手段上的权利必定不可避免地受制于"更伟大的"自然法则。而且,就像今日的一些生态中心主义者一样,他坚持认为,只要人们了解了"事实",了解了科学"真理",他们就会接受这一切,即使他们并不是很喜欢这些东西。但马尔萨斯主义式的科学"真理"在政治上是反革命的:它捍卫现有的秩序。

使政治理念合法化:社会达尔文主义

如果科学关乎自然法则,那么,在某种程度上来说,意识形态的科学合法化就成为一件诉诸自然以支持某种政治观点及其寓意的事情了。作为一名自由市场的自由主义者,并杜撰了"适者生存"一词的赫伯特·斯宾塞(Herbert Spencer,1820—1903),就是这样做的。有些人将他的观点与达尔文的进化论嫁接在一起,创造出社会达尔文主义的思想。斯宾塞将社会及其构成部分,看作是与产业公司相似的有机体。这种自然与社会之间的有机体隐喻(社会是一个自然有机体),是所有自然合法化理论的一个共同表征。这就是从中获得的发展,即将自然当作社会的模板(后者应当效仿前者)。而且,更加巧妙的是,这些"社会生物化"的理论在得出"自然"是什么样子时,大抵首先根据社会得出。比如,看看图5.4中摩西·罗斯顿的《蜜蜂的再发现》(1679)。该图所显示出来的,是以人类社会的等级模式组织起来的蜂箱中的群蜂,有国王、公爵与平民。但是,过去没有,现在也没有证据显示,群蜂就是这样去审视自身的:每一只蜜蜂可能都有特定的功能,但是,这与权力差序是不相同一的。这是一种换位给自然的社会观。那么,"自然像什么"的观点就常常被反转回来,以证明某种特殊的社会组织的合理性:这一过程循环且无益,然而却频频发生。

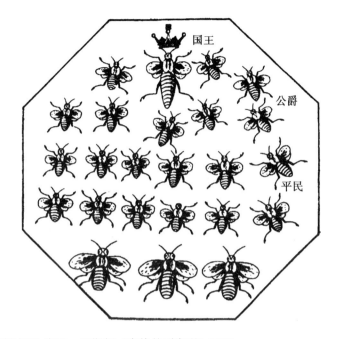

资料来源:摩西·罗斯顿:《蜜蜂的再发现》,1679。

图 5.4　蜂箱里有组织的群蜂

事实上,达尔文将他得自自然万物的生存斗争主题,称作"将马尔萨斯的学说以数倍的力量应用于整个动物王国"(社会应用于自然)(Darwin,1885:59),只不过在这个王国中,预防性抑制是不可能的。因此,他的描述比马尔萨斯的描述具有更多的决定论色彩。在应用于植物与动物界后,马尔萨斯"对人类的诽谤"变得更加具有诽谤性——于是回过头来再应用于人类社会。

社会达尔文主义将人类行为——不仅是在繁殖上还是在种群规模上——与动物行为模式加以比拟。人类"原本充满竞争性"的行为,完全源于达尔文(马尔萨斯)的人口增长会超过可利用资源,从而导致群体间与个体间斗争的模型,其中最适者生存下来,以确保物种的精致化。托马斯·赫胥黎在他 1888 年的论文《论人类社会的生存竞争》——一篇激发克鲁泡特金写作《互助论》的文章中，就提出了这种社会模式。

毫无疑问，除了自由意志哲学与平等主义运动对社会改革的影响外，社会达尔文主义在今天的西方社会中仍然具有深远的影响（关于新达尔文主义、社会生物学与社会生态学以及它们的优点与缺陷的评论，可参见Dickens，1992：91—118）。舒马赫（Schumacher，1973：71）认识到，它们是教育的"隐性课程"的组成部分，通过这些课程，我们就不明不白地记住了人类（天生）固有的竞争性，而且最适者（理应）生存，最弱者（理应）被淘汰。这一切从根本上来说都是一个理想的"进化"过程的一部分，其中一小撮群体和个体起支配作用，而其他的大多数都是受控者。

这种社会化使我们更容易接受人类的那些动物般的行为，假如说不令人满意的话，也认为这是不可避免的，就像任何其他以科学定律为媒介所描述和解释的现象一样。正如科沃德（Coward，1989：15）所指出的："这是一种广泛传播和普遍流行的感觉：如果是自然的，对我们来说必定就是有益的。"当我们审视达尔文所描述的动物行为的某些法则时，我们所看到的，恰恰就是被认为是在人类社会中"对我们有益"的那一切。

> 我们应当记住，在一个白色绵羊群里，除掉一只略现黑色的羔羊是何等重要。①
>
> （Darwin，1885：77）

> 据我想象，这样说法最能令人满意，即把本能，如一只小杜鹃把义兄弟逐出巢外——蚁养奴隶……不看作是被特别赋予的或被特别创造的，而把它看作是引导一切生物进化——即，繁生、变异、让最强者生存、最弱者死亡——的一般法则的小小结果。
>
> （Darwin，1885：219）

---

① 以下四段引文分别引自商务印书馆周建人等的中译本，第 99、311、226、31 页。——译者注

> 自然选择通过生物的竞争发生作用……因此,一个地方——通常是较小地方——的生物,常常屈服于另一个地方——通常是较大地方——的生物。因为在大的地方里,有比较多的个体和比较多样的类型存在,所以竞争比较剧烈,这样,完善化的标准也就比较高。
>
> (Darwin,1885:184)

> 家养动物的精神能力是变异的,而且这等变异是遗传的。
>
> (Darwin,1885:218)

显然,这些引文中的观点如果应用于人类社会的话,通过某些组群在基因上优越于其他族群的"科学"理论,就可使领土扩张正当化——国家显示出"自然"有机体的贪欲——而奴役也是如此。如果有人试着争辩说人类不是如此,达尔文对动物的观察与人类社会不相关,那么,达尔文科学就会坚决予以驳斥说,人类是自然的一部分,因此和自然的其余部分一样,服从同样的自然法则。

社会达尔文主义最为常见地应用于经济生活,在那里,竞争、斗争、自相残杀的全副行头,都在"自由"企业的资本主义那死气沉沉的世界中展示出来。对那些停止反思的人来说,商业与工业行为常常是道德败坏的(我们耳熟能详的例子,就是军火贸易,或者向第三世界国家销售婴儿配方奶粉或香烟)。但是,如果这被看成是与达尔文所发现的自然律相当的科学的"经济法则"得到实施的结果,往往就可能得到原谅或者合法化。因此,

> 百万富翁是自然选择的结果,这适用于人类的全体,以便将那些适合某种工作之需要的人挑选出来。他们收入高,生活奢华,但这一交易对社会来说很好。
>
> [Oldroyd,1980:214,援引自威廉·萨姆纳(William Sumner,1840—1910年),美国政治经济学家]

这一交易之所以"好",乃是因为自然选择会促进社会的进步。商业大亨安德鲁·卡耐基(Andrew Carnegie)毫不意外地说,竞争的"法则"给我们带来

> 奇妙的物质发展……但无论这法则良顺与否……它就是这个样子;我们无法规避它;也没有发现它的替代品,而且,尽管这一法则对个人来说有时难以理解,但对于种族来说是最好不过的。
>
> （援引自 Oldroyd:216）

"替代品"可能包括有政府对市场力量的干预,但萨姆纳警告说,这有害无益。

> 必须知晓这一点,我们无法超越这种二选一的局面:自由,不平等,适者生存;不自由,平等,不适者存活。
>
> （援引自 Oldroyd:215）

于是,与马尔萨斯一样,社会达尔文主义者主张,违反"自然法则",也就是说违反社会"法则",是会坏事的。在遵循这些法则上"别无选择"——玛格丽特·撒切尔和其他一些 20 世纪 80 年代的新自由主义者最爱使用的措辞,他们可耻地将 20 世纪 30 年代大萧条之后就被埋葬的社会达尔文主义重新发掘出来。

社会达尔文主义尤其擅长有机体隐喻:

> 大型企业的成长不过就是适者生存……红蔷薇产生的华丽与芬芳能够给旁观者带来欢愉,只不过要牺牲长在其周围的早期蓓蕾。在商业中,这不是邪恶的风尚。这不过是从自然法则和上帝训诫得出的结果。
>
> （J.D.Rockefeller,援引自 Oldroyd:216）

在 20 世纪八九十年代,当右翼的实业家与政客为其经济手法所导致的苦难寻求委婉的托辞时,这种可笑的比喻就比比皆是了。合乎经济原则与失业是"修剪死枝",以产生出"更节约、更适合"的更具竞争力的产业,这将造就英国财政大臣诺曼·拉蒙特(Norman Lamont)在 1991 年时所称谓的"经济春天的第一抹绿色"。

当守旧的社会达尔文主义在 20 世纪 80 年代占有性个人主义的经济气候中重振旗鼓时,(从意识形态上来说)它从"新生态学"(Worster, 1985：311—313)的发展中获得了一个补充性范式。这不是肉搏式的生存之战,而是以集成电路、地球化学循环与能量转移的方式表达出来：

作为一个现代化的经济体系,自然界现已变成为一个公司实体、一连串的工厂和装配线。在这样一个调节完好的经济体系中,没有给冲突留下什么空间。甚至连罢工也无法听到。①

在讨论到尤金·奥德姆(Eugene Odum)的一幅生态系统流程图时,沃斯特这样说：

一个交通管理员或仓库主管不可能比这设计更完好的世界了——一种自动化的、机器人似的、受到安抚的自然。

因此,主流的科学生态学如今提供给我们的,既不是古老的田园牧歌式信息,也不是帝国主义式冲突的意象(新社会达尔文主义除外)。相反,给予我们的是技术中心论式的、管理上的"生物经济学范式"：自然是某种可以理性操控而不可以任意开采的事物,以便在漫长的岁月中回馈人类。正

---

① 《自然的经济体系——生态思想史》,第 365—366 页。——译者注

如生态学领军人物奥德姆所说的(引自 Worster,1985:311):"对自然界中能量的研究并不必然意味着一种经济学的框架。但这正是它被吸收同化的一种方式。"

因此,就像之前的达尔文学说一样,科学生态学所表述的自然图景与隐喻,归因于更广阔的文化环境,尽管并非全然是经济文化。

对社会达尔文主义最初的批判,常常突出(资本主义)"生产方式"与社会中支配性观念(如达尔文学说的看法)之间的联系。这些批评表明,此种联系不是偶然出现的,而是因为达尔文科学所固有的意识形态特征——因为正如上面提到的那样,它首先就是从社会向自然的转移:

> 达尔文的全部生存斗争学说,不过是把霍布斯关于一切人反对一切人的战争的学说和资产阶级经济学的竞争学说以及马尔萨斯的人口论从社会搬到自然界而已。变完这个戏法以后……要把这些学说从自然界的历史中再搬回社会的历史中去,那是很容易的;如果断定这样一来便证明这些论断是社会的永恒的自然规律,那就过于天真了。①
>
> (恩格斯,1873)

值得注意的是,达尔文在动物界中重新认识了他自己的英国社会及其分工、竞争、开辟新市场、"发明"以及马尔萨斯的"生存斗争"。这是霍布斯的一切人反对一切人的战争。

> (马克思给恩格斯的信,1862 年 6 月 18 日)

第四章中已经指出,沃斯特在对达尔文理论的分析中,发现其关于自然的互相抵触的讯息。达尔文理论有它的"田园主义"因素,比如,物种通过"生命之网"创造出新的小生境,使它们可以避免竞争与战斗。然而,这与

---

① 《马克思恩格斯选集》(第 4 卷),人民出版社 1995 年版,第 372 页。——译者注

竞争替代的观念不相一致,后者认为,小生境的原有居民会被"更适合"的觊觎者排挤掉。而且沃斯特断言,后者才是达尔文最终强调的重点,因为达尔文自己对竞争、斗争和征服着魔了。沃斯特(Worster,1985:168)指出,"私人心理学"解释了达尔文的生态学,尽管如此,沃斯特自己也继续强调社会背景的重要性。因为达尔文在某种程度上受到"维多利亚时代心态"的影响,而后者又是与资本主义萌芽相关联的:很难想象这种观念会出自美国西南部的霍皮人,或者印度人,即使他们可能濒于马尔萨斯的匮乏状态。加斯曼(Gasman,1971:xxix)坚持认为,最终不是科学塑造了达尔文关于自然与人类的观念,而是民族的、历史的与哲学的意识。

然而还有必要解释的是,达尔文进化论何以会从众多贩卖的进化理论中脱颖而出,变得如此流行。这就再次与社会的物质和经济影响建立起了联系。这是因为,达尔文进化论成为了某种进步观念的组成部分,即从野蛮到"文明"的进化。后者的本质意蕴在于,帝国主义式、资本主义式的西方社会乃是标准。而且,这也意味着与自然世界的分离。

> 由实证科学的饰物所装扮起来的,是一个铁的规律,是一个不容改变的、人类所无法阻挠的走向文明的运动,尽管人类可能影响它的进程。这是一种明确方向并赋予急剧变化的环境以意义的思想,同时也为英美在地球表面上的帝国主义扩张提供了新的理论基础。[①]
>
> (Worster,1985:172)

奥尔德罗伊德也论证了达尔文主义是如何与政治文化相互影响的。所有的政治理念,无论左右,都会显示出与它的联系。但奥尔德罗伊德也指出,社会达尔文主义是

---

① 《自然的经济体系——生态思想史》,第211页。——译者注

一种散漫的学说混合体,像是保守主义、军国主义、种族主义、社会福利计划的抵制、优生学、放任主义经济学以及无约束的资本主义等。

换句话说,它主要是与右翼结盟。

使政治理念合法化:环境决定论

国家的有机体隐喻尤其受到了右翼分子的利用,以便为那种与种族主义及领土扩张勾结在一起的侵略性外交政策披上合法的外衣。皮特(Peet,1985)揭示出,在地理学者埃伦·森普尔(Ellen Semple)的著作中,这一隐喻是如何与环境决定论结合在一起,以证明 20 世纪早期美国殖民主义的正当性。

森普尔断言,(a)民族国家就像一个有机体,因此,再自然不过的是,为了生存,它应当与其邻国展开斗争,在这场斗争中,适者生存也是自然的事情;(b)地理科学通过观测显示,就自然资源而论,美国是北美大陆最合适的国家。因此,美国国民继承了欧洲先民优越的文化特征,现在又加上了最适宜人类奋斗的气候——美国。加拿大也具有文化优势,但他们的居住地区太寒冷;墨西哥人,部分上是拉丁人,在领导能力上有限,印第安人则因其规模与远离大陆而仍然存留于"野蛮"状态之中。因此,森普尔在 1903 年说,"没有什么可以阻挡(崭新的)美国国民越洋过海地实现那最显明的占领美洲大陆的命运",然后她继续论证说,美国即将且应当统治加勒比海。美国扩张主义就这样以"自然"法的形式得到了证明。

希特勒当然也利用了类似的国家有机体理论,在某种程度上由海克尔和一些地理学者发展出来的这一理论,就为希特勒在生存空间这一主题的名义下进行领土侵略提供了合法性。海克尔鼓吹竞争与斗争的伦理,认为这是人类社会法则的基石,他沉湎于那种与法西斯主义纠缠在一起的自然宗教信仰之中,构想出"低等"民族与"高等"民族(进化得不太高级或更高级一些）。日耳曼人属于更高等的民族——希特勒在《我的奋斗》中也狂热信奉的一种伪科学理论。

在另一场有关领土利用的思想大战中，作为合法者的生态科学之角色，在沃斯特那里有引人入胜的评述（Worster，1985）。他描述了植物学家弗雷德里克·克莱门茨（Frederic Clements）的动态生态学著作，从 20 世纪 30 年代以来如何"为新的生态保护运动提供了大量的科学根据。"后者主张，"土地使用政策的目标是使这种顶极状态尽可能不受干扰"。克莱门茨还指出，这种"自然的"顶极①群落就是大草原。

克莱门茨发展了生态学中的植物演替与顶极群落概念，描述了一块裸露的岩石表面（或其他介质）如何被更复杂植物的连续波所拓殖，从而需要更特别的环境。最终达到与环境的动态平衡，并维持此状态直至环境发生改变的植物群丛，被称为顶极群落。但在构造这种模型时，他所指的不仅仅是自然。"克莱门茨在形成他的演替与顶极思想的时候，也思考了美国拓荒者的问题。"（Worster，1985：218）赋予其灵感的社会模型是捕猎者──→追猎者──→拓荒者──→宅地占有者──→城市居民（"顶极"），城市居民代表着社会的"顶极"。由此看来，最初来自社会的类比又施加给了自然。此后，自然资源保持论者又将它反过来运用到社会，以使他们关于土地如何得到最佳利用的观点合法化。他们那带有环境决定论色彩的观点是，在 20 世纪 30 年代的尘暴警醒之后，耕种田园（耕地）不再属于"顶极"活动，倒是拓荒者的牲畜放牧与大草原环境保持了平衡。

沃斯特指出，在 20 世纪 30 年代和 50 年代，这种论点遭到了生态学家 A.G.坦斯利与农业史家马林（Malin）的反驳——尤其是后者，因为从政治上来讲，他意欲证明谷农——尘暴岁月中的"农夫"——的活动是正当的。

---

① Climax 一词，也有学者译为"极相""巅峰"。顶极群落在生态学中指的是完全符合当地气候的群落，是生物演替的最终阶段。——译者注

> 隐藏在马林对顶极理论的反对下面的是一种个人动机，他几乎没有真正针对事实或想象的问题做过什么研究……马林拒绝受生态学法则的限制。遵循自然而非征服自然，就是屈从于决定论的枷锁……于是马林宣传起关于人们熟悉的丰饶论者的娓娓说教了。
>
> （Worster，1985：246—247）

马林的观点以科学争论的形式提出，试图反驳大草原曾是自然气候的顶极群落。他与坦斯利都主张说，此种情况部分源于人为的因素：人类（北美印第安人）点火引起的；部分在于最近期的土壤顶极群落（在最新的冰川沉积上生成，等等），因此，与气候的平衡无论如何还没有达成。

"马克思主义者"对决定论的反对，在 20 世纪 20 年代到 40 年代的苏维埃政权中被推进到一种极其可笑的地步。苏维埃开始从根本上改变社会，因此它认定，对凡是暗示着人类社会由外在的"非人类"力量决定的理论进行反驳，都是至关重要的。因为这些理论强调人类行动的局限性，否认那种实现持久与彻底改善的社会潜能。它们因而在政治上是反动的（与革命的理论和实践背道而驰）。

犯了这种"地理绕航"（环境决定论）错误的苏联地理学者受到党的抨击，即使晚至 20 世纪六七十年代时仍然如此。决定论被认为是一种资产阶级的科学武器（Matley，1982）。苏联共产主义者在 20 世纪 30 年代如此迫切地加劲鼓吹人类改造社会的能力，以至于斯大林发出其灾难性的格言，即自然仅仅影响人类发展的速度，而不是方向，共产党"人"正是自然的主人。

> 让西伯利亚虚弱的绿色胸脯穿上城市的水泥盔甲，用工厂烟囱的石头口罩武装起来，还要绑上铁路腰带。让针叶林烧毁，轰然塌下，还要踩躏西伯利亚的大草原……只有钢筋水泥能够加强所有人兄弟般的联盟，

推进全人类兄弟般的情谊。

（V.Zazubrin，1926 年的第一届苏维埃作家代表大会，

引自 Feshbach and Friendly，1992）

实践结果之一，就是为了集体的最大化产出而造成的糟糕管理，从而导致作物歉收与饥馑。在这里，对决定论的厌恶如此强烈，以至于强调苏维埃科学应该替代达尔文进化论，进化论因它的资产阶级（反革命的）寓意而遭到排斥。在 20 世纪 30 年代到 60 年代期间，苏联的遗传学在 T.D.李森科（T.D. Lysenko）的指导下重写。他伪造数据，监禁苏联遗传学者，并坚持认为，通过环境控制就能够引起植物的遗传性改变，最终导致苏联农业的倒退。结果，理应有助于粮食自足的各种植物培育的尝试招致悲惨的失败，大多数的集体农庄也是如此。但是，这种进化理论在意识形态上是可接受的，而达尔文进化论则不可以（Medvedev，1969，1979）。

使政治理念合法化：人性

或许科学与"自然"在思想领域最有争议的用法就在于"人性"一词。当一种人类行为模式被看作是"自然的"时候，人们或者会倾向于说："如果是自然的，那么就是好的、纯粹的、有益的、令人愉悦的"；或者"如果是自然的，我们可能不喜欢，但我们也无可奈何，因此是可接受、可容许和不可避免的"。

人性的观念于是被用来赋予行为以合法化——尤其当它能够基于"科学的"证据时更是如此，比如，根据那种对人类行为的普遍观察，或者依据那种被认为是构成人类之一部分的所谓的因果机械论。

在社会达尔文主义中，右翼分子的人性观念已经多少有所论及。左翼批评家认为，这不过是证明资产阶级的政治经济学及其所获取的特权之合法性的一种方式而已。但是，现代的自由主义右派仍倾向于沿着达

357

尔文主义的路线前进。在康拉德·洛伦兹(Konrad Lorenz)的著作中就可见一斑,他认为,侵略性乃人性所固有。像泰格与福克斯(Tiger and Fox,1989)之类的其他一些人则赞成说,男性和女性的内在差别是人性的一部分。戴思蒙·莫里斯(Desmond Morris,1967)认为,在内心上我们仍然是原始的,并且受私利的驱动。与道金斯(Dawkins,1976)一样,这些作者倾向这种观点,即就一种本质上乃自私的动物而言,即使协作与利他主义也是滋生于私利。

这些言论的反动政治讯息在于:

1. 不平等的产生,源于个体间不可避免的能力差异。某些人在生物学上比其他人更适合或更优,因此,机会平等——尽管令人称心且可敬——不会创造出一个平等的社会(自由主义)。

2. 除去文明的伪饰,我们与遥远的祖先相差无几。

3. 有些人失败有些人成功的事实,可能从基因上就决定了。因此,这种倾向可能会一代代地传递下去。一个等级社会(在财富、地位和权力上)是自然的,因而也就是合理的,跟过去是一个样(保守主义)。

依据心理学家阿瑟·詹森(Arthur Jensen)与汉斯·艾森克(Hans Eysenck)的看法,人在社会中由基因来分门别类。比如说,智力是遗传的,在IQ测验中就可以测量。如果你有一个高智商,对成功就可以有所期待或应该成功。

詹森(Jensen,1969)断言说,白人与黑人在IQ测验中表现出来的大多数差异,都是因基因差异造成的。结论是,没有什么教育规划能够使黑人与白人在社会地位上平等,因此,黑人应当接受更多与机械般的工作相关的教育,因为他们的基因预先已经决定了。黑人基因劣等的主张很快延伸至一般意义上的工人阶级[哈佛心理学教授理查德·赫恩斯坦

(Richard Hernstein)广推此论]。试图为福利与教育经费的削减而寻求合理性的尼克松政府，就使用了这些"科学的"论据。

在英国，艾森克有关种族间智商上的生物性差异主张，成为反对亚非移民运动的有机组成部分。英国民族阵线（National Front）赞成犹太人、非洲人和亚洲人在基因上的劣等性（见 Rose，Lewontin and Kamin，1984）。

这些观点在政治上引发了不同的反响。福利自由主义的立场如下：

1. 虽然个体可能在他们力所能及的事情上有内在的限制，但社会风气可以被改变，以保护那些可能的失败者。

2. 每个人都具有内在价值以及某些方面的才能。

社会主义者的立场是：

有些人可能在任何方面都没有"优点"或能力，但仍应当人人平等——"从各尽所能到按需分配"（注意：平等在此不必然意味着同一性）。

福利自由主义者与社会主义者在很大程度上都反对生物决定论，也反对社会达尔文主义的基因决定论。

然而，与卡普拉之类的众多现代绿色主义者保持一致的无政府主义者，未必就拒绝在我们与自然之间所作的类比，因为无政府主义曾经而且正在受到进化论与现代生态学的强烈影响（见 Pepper，1993）。

可是，无政府主义者宣称，社会达尔文主义因其保守主义/放任自由主义意识形态的严重影响而误解了达尔文。他们仅仅挑选出达尔文在自然竞争上的证据，即便他也写了很多关于合作的内容，而且将合作作为进化机制的一部分。

克鲁泡特金——地理学家与无政府主义者

彼得·克鲁泡特金(Kropotkin, 1902)发展了这一替代性的观点,而且从他对自然的观察中总结出,尽管物种之间的竞争确实发生了,但在动物与人类的进化上,最为重要的影响显然是个体间合作的那一自然趋势。

克鲁泡特金相信,互助是前人类的本能,是一项自然法则(达尔文事实上也这样认为)。他是一位博物学者,而《互助论》是对"动物:原始人/野蛮人:中世纪社会:我们自身"中有关互助的经验证据之收集。

这些证据同社会达尔文主义者尤其是托马斯·赫胥黎所挑选的证据正相抵触。克鲁泡特金论证道,通常被认为是导致进步/进化的物种间竞争,所面对的是与之抗衡的无数的合作例证。他提议,就人类社会而言,进化过程主要是通过种内合作来完成。

与达尔文和马克思一样,克鲁泡特金当然相信作为进步的进化。和达尔文一样,克鲁泡特金也是一名自然科学家——地理学家与生物学家——尤其倾向于经验主义。他也接受(社会达尔文主义的)那一前提,即自然中发生的一切可以成为人类社会的模板。他的著作将历史上关于互助的例子一一分类,比如,动物群居,集体捕猎以哺育弱小;高等脊椎动物的群集度导致智力上的提高(语言、交流、模仿、经验),因此有更大发展和更高的存活率;避免竞争的迁徙;早期部落的资源分享;体现无政府主义原则的中世纪行会;工会、工人合作社、住房合作社以及现代社会中的乡村生活。

克鲁泡特金断定,互助不断地展示出作为进化之一项要素的自身。然而,历史记载之所以不承认这点,乃是因为它们被那样一群人所垄断,这群人从充满竞争与等级性的人性断言中渔利。于是,对克鲁泡特金来说,人性是存在的,而且它是合作性而非竞争性的。

包括生态无政府主义者在内的生态中心主义领军人物,也持同样的主张。西奥多·罗斯扎克（Theodore Roszak，1979）写道，西方文化中的道德观念依赖于那种在我们的道德天性上不断灌输的内疚与罪恶感——我们相信自己生来有罪。

深埋在西方道德意识核心的，是简直不能严肃认真去思考的，而且也不应当喋喋不休地宣扬给我们孩子的，已经积聚到化脓的"罪"……这是我们道德天性的最浅薄的根基，而我们让它激励我们孜孜不倦地追逐"举止优良""成就高超"且"值得尊敬"，一而再再而三地试图证明我们完美、优雅而可爱。

罗斯扎克认为，通过鼓励工作伦理、物质成功与迟来的回报，这种内疚有助于支撑资本主义的发展。因此他认为，在我们能够回到真正自然的状态——我们对自身没有罪恶感——之前，"毒害这个星球"的资本主义就必定继续下去。

布克金（Bookchin，1982）认为，这种状态是无政府主义式的。他认为人是自然的一部分，而自然是多样化且非等级的。因此，人的自然状态是某种允许差异且非等级化的自由。布克金寻求人类学的证据，以此表明原始的"有机"共同体确实曾经生活在自由与非等级制之下。

文化与人性

然而布朗（Brown，1988）指出，所有这些无政府主义的言论都有缺陷，因为它们自相矛盾。因为，如果人天生是合作的，他们怎么会违反天性去建立国家？如果天生具有社会性，他们怎么会违反天性建立起所有权、反社会的宗教以及教会？如果没有罪，他们如何会建立一个让他们感觉有罪的体系（资本主义）？如果是自由且非等级化的，他们如何建立起了等级制度？他们为什么会不断地违反自己的天性？

通过论证所谓"人性"本质上的文化起源,某种传统的马克思主义者的观点会对此作出回答。在对一种基于无政府工团主义(或基尔特社会主义)——一种基于车间的互助组织——而建立的社会的赞许中,伯特兰·罗素(Russell, 1914)就表明了这点。他认为,"人性"主要得力于人们所生活于其中的经济/社会/政治体系的塑造。彼一时之所以是竞争的,乃是因为人们生活于中的体系要求、需要也赞成这些竞争行为。在其他的社会—经济体系中,人性不必然是竞争的、贪婪和好斗的。这类辩论将那种解释和证明人类如何行动与如何能够行动的责任,从自然科学推向了人文科学。

一个人能够通过更深入地追随布朗的论断,并沿着存在主义的路线断言,并无所谓的人性,就完全避免了意识形态吗? 或者,换言之,因为通过我们自己的行动,我们就创造了自身总是在变化的人性,我们就能自为地决定自身的天性。这与马克思主义相当接近,但走得更远。它断言,并不存在我们不得不与之相互作用的(除了死亡)客观的环境因素。与其说我们享有改变文化/环境乃至我们天性的自由,还不如说它认为我们——作为个体的人类整体——对我们自身具有更为直接的控制力。我们的意识形态是我们自己的事,不能通过诉诸普遍的自然或社会科学原理来获得解释或得到证明。布朗通过引证来支持赫伯特·里德(Herbert Read)的看法,后者在 1949 年指出,无政府主义与存在主义本质上是有联系的,因为这两者都是强调个体自由的富于革命性战斗性的学说。里德表示,存在主义允许我们自为地创造出自身生活的意义——不受那些表明我们必须要服从自然律、经济或社会法则的诸观念的束缚。

人,你和我……以及……其他一切事物——自由,爱,理性,上帝——是一种依赖于"个体"意志的偶然事件。

换句话说,我们会因决定的不同而大不相同(唯心主义)。对这种观点的批判指出,这并没有真正超越于意识形态之外。存在主义———一种极端个人主义的哲学———在美国之所以如此流行,恰恰是因为,依赖于人类具有作为某种社会产物(因而能为社会变革所转变)的集体本性而建立起来的任何一种社会主义理论,在意识形态上都是不受欢迎的。

正眼看科学

这一章表明了这样一种情形,即在自然(包括人性)与环境问题上,科学并没有给予我们一种无偏见的、客观的看法。其主张在于,没有一个科学家能够置身于被观察的"事实"之外。正如哈拉维(Haraway,1989:12,引自 Dickens,1992:61)指出的:

像人文科学一样,自然科学逃脱不了产生出它们的那些过程……在自然科学的说明中,了解一下所涉及的利害关系、方法以及权威类型是有意义的……客观科学冷静独立的眼光,乃是一种意识形态的虚构,且势力强劲。

伯德(Bird,1987)提出了某些对环境保护主义者而言的含义:

我们对环境问题的理解是一种社会建构,出自一系列协商的经验。引用"生态学原理"作为理解环境问题的基础,就是依赖于某种特殊类型的社会建构的经验与解释,而它们则具有其特有的政治与道德的基础和含义。"客观"真理是靠不住的。唯一的选择就是从(环境)正义出发,实现互为主体面向、社会协商而成的道德坦诚……环境问题的出现不是缘于对自然的曲解。毋宁说它们是以新型的社会—生态学之实在序列的形式,在自然建构以及与之交涉上的曲解(倒霉或选择不慎)所导致的结果。它们来源于社会实践的道德与政治层面上的曲解。

唯心主义与相对主义的危险

然而,这一切都不应该使我们倾向于极端的社会建构主义、相对主义与唯心主义——在本章第一部分中业已认识到的一种可能性。事实上,怀特海对于古典科学的尖锐批判,已经被那些对古典科学诸概念的批判使他们相信根本不存在客观世界的人的猜疑所抵消。像卡普拉与祖卡夫那样的人,以及那些热衷于对 20 世纪科学进行主观主义解释的生态中心主义者,可以细细反思一下怀特海对主观主义的拒斥。

首先,主观主义同我们的直接经验相抵触。我们体验到一个充满颜色、声音与其他感觉对象的世界,这些对象在时空中相互关联而形成一些持久的事物,如石头、树木、人体。其次,如果这些实体实际上是"幻觉",并且最终依赖于我们,那么,我们的历史知识又当何论,它告诉我们说,有一个这些实体存在而人类不存在的过去? 第三,主观主义否认我们的人性。这里有一种行动的本能——本质上意味着我们想要超越自身,改变"在那里"的事物。相信全部"在这里",从逻辑上就把我们导向不充分的、唯心主义的结论,即我们必须将精力放在如何(尤其是作为个体)解释与感受自然上,而不是从政治行动开始,改变我们对自然所做的一切。这是适合于政治消极性与无能的一剂良方。

也应注意到的是,20 世纪对于科学的主观主义解释曾经而且仍然在科学界中制造着分裂。卡普拉与其团队追随了尼尔斯·玻尔而不是爱因斯坦,玻尔预言一个不确定、或然性的宇宙,其中,存在的一切在于观察者的创造,爱因斯坦则拒绝对自己理论的此种推演。后者主张,虽然个别的观察者能以些许不同的方式观察事物,但通过一组数学规则与数学变换后，他们依然也能够从相互的立场上领会这些事物，因此，存在着一个具有确定自然律的客观宇宙。这会导向一个更为平衡的评价，像马尔特（Martell，1994：175）等人所表明的那样："我们的自然知识……部分来说是社会建构的，但也依赖于自然本身的客观属性。"

至于神秘主义与物理学之间所谓的联系，依照马丁（Martin，1993）的看法，社会学家沙·雷斯蒂沃（Sal Restivo）在《物理学、神秘主义与数学的社会联系》（*The Social Relations of Physics*，*Mysticism and Mathematics*）一书有这样的论断，即卡普拉所选取并加以归纳的物理现象，可以得出与之截然相反的结论。马丁认为，"事实上，通过选取适当的例子，你可以在神秘主义与老旧的撞球式牛顿物理学中发现相似之处"。那么，为何要追随卡普拉的解释呢？他问道。因为很多人想要相信，自然在他们那一边（正如有关人性与社会达尔文主义的争论一样），"自然——核过程与森林和海洋一样——实际上是互动性的、整体性的、非等级化的和神秘的"，而且人与自然根本上是一统一体。

与自然相分离

但我们可能会像奥尼尔（O'Neill，1993a：150）那样提出疑问说，在我们与自然的关系方面，对科学要旨的生态中心主义诠释究竟是否准确。奥尼尔相信，生态学与量子力学并不必然认为，"个体自身与其环境之间不存在明显的差别"——二者也没有要求自我与世界相同一。古典科学也不是说，主—客二元论必将促成对自然的宰制：在度量、预测、技术控制与宰制之间，没有必然的联系。奥尼尔认为，减少温室气体是试图去管理自然，而不是宰制自然：更合适的说法是，养育它。

与马克思的早期作品相一致，他进一步指出（O'Neill，1993b），自然的"对象化"甚至是正确评价自然本身之美丽与价值的必要条件。换言之，我们应当无私地回应自然，而不是总想着它应当服务于什么功利主义的、商业的与人类的既得利益。这听起来很有点像深生态学那种承认自然之"固有"本性的呼吁（我们业已提到的是，这一呼吁与生态中心主义对自然的主观主义阐释很难调和）。然而，奥尼尔的出发点是坚定的人文主义而非生物中心主义立场：

> 对非人类世界客体自身所具有的特性的回应，成为人性潜能得以发展的生命之一部分。它是人类福祉的组成部分。

而且，科学教育开拓了我们对周围客体的认识，从而带来对它们价值的伦理鉴赏。因此，

> 在对非人类世界之价值的正确评价上，科学与人文成为了主要的盟友。的确，对于绿色运动来说，当它发现自身已经陷入一汪流行于大学与"替代"文化之中的反科学的非理性主义泥潭而不能自拔时，这的确是一出悲剧。

价值观念栖身之所

因此，对于耶雷那种视科学为激进环境主义者之不可靠盟友的看法，奥尼尔（O'Neill，1993a：145）拒绝接受。只是因为它的不完全可靠，并不会使它变得完全不可靠。实际上，"科学理论与科学证据是合理的生态政策之必要条件"。没有科学语汇，我们甚至无法界定我们的问题，更不用说什么争论了。温（Wynne，1982：168）得出了类似的结论，并且已经注意到那种仅仅根据科学理性的语言与惯例就去进行决策的不完善之处。

> 合理性的理想标准出点"纰漏"，理应被认为是正常的。得到了科学

史与科学社会学支持的这一看法，将科学的信条视作为集中智力成就的必然与必要的手段。

偏见以及公正的欠缺在科学中因而是可以预料到的，但这并不必然使科学的发现无效。奥尼尔声称这是可能的，因为伦理与政治的价值观念在理论的确证上不需要起什么作用。它们也不必影响到所研究的问题：尽管存在着商业压力，但调查研究什么问题的选择在于科学家而不是社会。严格说来，价值观念栖身之所，乃在于科学家们的目的与动机这样一些问题上。"科学不应完全由社会来决定，也并不意味着它完全是自己说了算。"（O'Neill，1993a：158）

　　奥尼尔的立场可能代表着实在论与社会建构主义这两个极端之间某种可接受的折中。首先，价值观念与社会影响渗入到科学之中，而第一步就是认识到此点，并将之明晰化。其次，包括科学家在内，我们所有人都不应掉以轻心，以确保如下所述是正确的价值观念：科学所致力追求的，乃是社会正义与良顺的社会—自然关系。尽管在这些正确的价值观念为何物上不乏讨论的余地，但偏离太远而奔向相对主义、主观主义与后现代主义则是不可接受的，因为那样的话，我们就不再能够确定这些价值观念的存在与否，且再做什么断言也是不置可否的了。

激进唯心主义

生态乌托邦如何实现以及它可能是什么样子,对于这一问题,指出激进生态学者中存在的两种"极端"观点,将是十分有趣的。然而,每个人的观点对世界上的其他人来说都是"极端的":因此,最好谈谈一系列不同的观点。一端是唯心主义,主张意识与价值观的变化会对人们的行为产生巨大影响。另一端是唯物主义,它所集中探讨的,是从根本上改变社会—经济的安排,以之作为普遍的态度变化的同步条件或先在条件。新纪元主义中弥漫着唯心主义,而生态社会主义则根本上属于唯物主义者。包括环境激进主义分子在内,深生态学与社会生态学的学者通常拒斥这两种极端的观点:他们那种激进的、生态中心主义的对策大概就是"中庸之道"。但他们通常倾向于此种或彼种观点。

新纪元主义关于社会变革的观点,源于(所谓的)东方哲学、后现代哲学(怀特海、玻恩、卡普拉、普里戈金、谢尔德拉克等)以及德日进的天主教纲要(Catholic schema)这样一些观念的汇聚。在堪称"新纪元主义圣经"的拉塞尔(Russell,1991)著作《地球醒来》(*The Awakening Earth*)中,它们被条理分明地展示出来。拉塞尔的唯心论阐明:

意识先于存在,而不是像马克思主义者所说的那样是相反的。因此,人类世界的救赎不在别处,正在人的内心之中……在我们的进化过程的这个危急关头,最重要的斗争不是反对通胀……污染……沙漠化或者……腐败的政府。这些中的每一个都是必要的,不能放松。然而,除非我们能够赢得我们自身内部的战斗,否则这些战斗不会胜利……(反对利己主义思想）……这是我们必须击败的敌人——而且非常紧迫。

拉塞尔指出：“真正的问题，不在于外部世界所施加的物理约束，而在于我们自己心灵的束缚。”抑或像凯斯（Keyes，1982：95—98）提出的那样：

我们的生存之道，在于改变我们的思考方式与感受方式。当我们认识到和平的重要性时，我们必须利用集体意识的力量……核威慑不是真正的问题——它只是我们态度的一个结果。

进化

就促成某种生态社会的唯心主义社会改良路径的特征而言，在这些引用的文句中都有集中的体现。出发点是盖娅的演化——地球是一个活体（living being）。尽管拉伍洛克本人对“存活”的解释非常谨慎，拉塞尔还是认为，盖娅具有其他生活系统所具有的全部 19 个子系统的特征，且可以维持其内生的秩序。他认为，输送养分并带走废弃物的大气与海洋，就如同“我们自身的血液一样，输送营养并带走体内的垃圾”。就盖娅进化至于充满复杂性、多样性与连通性的新秩序而言，乃是一种精心的杰作而非纯粹的偶然：内在于先前秩序的一种发展（可参考 Bohm，1983；Prigogine，1980）。

问题之一是，在盖娅的发展中人类起什么作用。我们是“全球脑”还是“大脑表层”？或者说，我们是“星球的肿瘤”？面对盖娅反都市化与反人类的特征，拉塞尔对那些正“蚕食”着这个星球的郊区蔓延极为不满：他声称，“肿瘤类比不容忽视”。

但拉塞尔乐观地选择了德日进的观点，后者认为，地球在向一个由相互依赖的个体与社会所构成的社会超机体演化。虽然在物理上有差别，但通过思想与观念，它们将一起成长。数十亿计的个体最终会形成一个单一的"网状思维"(interthinking)群。这就是包含所有有意识的心智系统的心智圈,它由具体的活物质(生物圈)进化而来,而生物圈则是由"非生命"物质(地圈)进化而来。当这三种空间最终联合起来,通过"全球文明化"(planetisation)就形成一个有机的统一体,这就是"欧米伽点"(point Omega)①,而盖娅就会显现成为有意识有思想的存在或者"超意识"。过了这一点,更深的可能性是人类的全球意识与宇宙其余部分融为一体的"盖娅之域"(Gaiafield):由 100 亿个盖娅形成的星系超机体。这一概念图式含糊地追随了黑格尔视历史为世界精神之显现过程的看法。

这一过程自身并非总是平缓与难以觉察。在跨过边界而走向新的、未知的层次中,存在有突然的跳跃。迄今为止的大飞跃是从秩序能量到物质、生命的成形,下一次飞跃将会是秩序意识的到来。在每一秩序内部,也存在明显的飞跃——比如,从复杂分子到细胞,到单细胞机体,再到有神经系统的生物。而每一新秩序都包含之前的秩序,但不只是它们的加和。协同作用发生了,新事物就被创造出来。

进化的飞跃是对环境危机的回应。比如,呼吸进化出来,乃是为了应对大气中增长的氧气"污染"。拉塞尔认为,"目前非常明显的是,社会也在经受某些严重的危机":熵的总量或者它所产生的无序性已经暴涨,因此,为了回应生态和谐的新秩序,进化就是必需的了。斯蒂克(Stikker,1992)认为,我们在下一个 50 年就能够跨过这道门槛。他引证了"智能"与通讯速度方面的指数增加趋势来作出说明,这些趋势都预示了 2030 年到 2070 年之间的转换性跨越。这更有点像千禧年主义者:对科幻迷们来说很熟悉——几乎可以听见读《查拉图斯特拉如是说》时开始的腔调(尽管这一特殊的意象并不令人想到神秘的方尖碑,像阿瑟·克拉克的《2001:太空奥德赛》里所描写的那样,由了无影踪的银河系"居民"埋置

---

① 德日进的术语,意即"顶点""极点",人类进化的最终点。——译者注

下,负责着从某个进化的边缘向另一进化过程的跳跃)。

与这种进化图式的普遍原理相一致的是(见表 6.1),拉塞尔为那种在不同层次上不断出现的模式寻求目的论的解释。加速趋势可能导致全球人口稳定在 100 亿上。这一点"饶有趣味",因为"在新层次的进化能够出现前,这一数字似乎就代表了需要集中在一起的元素的近似数目"。这也是一个细胞中原子的数目,而人类大脑皮层中的细胞也是这个数目,因此,

人类可能在快速地逼近这一阶段,即对于下一层次的出现而言,这个星球上有了足够数量的自我反省意识。

表 6.1　汇聚于东方哲学、后现代科学与德日进进化模式中的主要观念

- 地球、人类、宇宙是个一体化的系统
- 心智圈、地圈与生物圈是整个进化过程的有机组成部分
- 这个系统持续而创造性地展现出来
- 展现包括有向新层次的创造力的跳跃
- 爱是进化中的普遍动力
- 宇宙中的心理能是创造精神、物质、灵魂、身体、能量、活力的普遍动力
- 因此,心理能的全部显现都是同一实体的不同形式
- 因此,个体相互包涵,相互呈现
- 多元性与独特性的存在,但在一个统一的整体内
- 全部显现都具有二重属性,但来源于一个整体,也将归于整体
- 因此,恶是善的不可避免的一个方面——它们是同一整体中的差异
- 因此,创造过程中的牺牲就在所难免
- 人类进步构建了心智圈,带来自然整体的进步
- 宇宙间的微观元素与宏观元素之间存在连续的关系
- 个体与人类的发展植根于无限的时间、空间与宇宙能量——"大道",或道之中
- 人类在成熟时,他们的注意力就从大地与精神转向宇宙与心灵
- 当个体达致和谐时,他们就对全人类的和谐与一个和平安宁、生态健全的社会做出了贡献

资料来源:Stikker, 1992:75—77。

社会变革

如果进化真的在走向更高层次的统一,大多数至关重要的变革就将在人类意识特别是自我意识的领域发生。从本质上来说,进化过程现在已内化于我们每一个体之中。

这里,拉塞尔再一次阐明了这种社会变革理论背后的唯心主义,以及它的个人即政治这一寓意。我们首先需要将自身转变至一种"积极的心态",而不总是消极理解事物。但这种个人主义的方法同时也寻求去创造一种包纳集体甚至宇宙的自我观。因此,当我们思考自身时,我们一定不要设想成某一个别的、孤立的个体,而是整体的一部分——仅仅是更大整体的暂时性显现,就像溪流中的漩涡一样。

这样,我们就能够创造出那种对于演化更深的社会秩序之铸造所必需的协同性。因此,时刻意识到我们自己的个体性,我们就能够自然而然地与群体保持协调,相互协助。这听起来有点像是不同背景下亚当·斯密"看不见的手"这一理论,但这并不意味着它是一种自私的个人主义模型,像新自由主义经济学所做的那样。这里对纯粹"自我"的研究,旨在使我们自身那种对于作为整个社会一部分的革命性探求成为必然。因此,

无论是喜马拉雅山洞中的一个瑜伽修炼者,还是伦敦的一个上班族,一个目的在于自我实现的人,都在最根本的层次上促成世界的改变。这些人或许是最终的革命者。

(Russell,1991:141)

或许是这样。然而实际上呢,此种社会变革的途径可能更多地在个人自由主义的传统中,而不是在任何对集体身份与集体利益的社会主义寻求

中展示出自身。因为它易于退化至反省的滥用:通过心理治疗、意识提升、"巅峰体验"、冥想、宗教仪式以及新纪元主义[受到麦克法登(Mc-Fadden,1977)与斯科特(Stott,1988)的有趣讽刺]的所有其他行头,来获得"自我认识"。整个这一方法的问题在于,热衷于通过神秘主义与唯灵论来进行价值转变,可能会在很大程度上无视环境问题的物质维度。当群众的集体行动可能是突破资本之政治权力的更为现实的途径时,它寄予了个体的行动或思想以太多的责任。而且通过不断强调所谓的根本统一性,它天真地漠视了经济与社会阶级的划分所促成的生态退化情形。新纪元主义往往孕育出肤浅的、抚慰性的意识形态终结这一陈词滥调,像是"我们在一起","你与我,大同小异",甚至"即使你在我身上放个炸弹,你的目的也是解决问题,实现和平! 这都是好想法,和我的一样!"(Keyes,1982:109,120,112;对这一批判的发展,参见Pepper,1993)

将拔高的个体意识转化成为世界意识,激进唯心主义的生态中心主义所采取的那些手段业已有所述及。根据谢尔德拉克的"形态谐振"原理,一小群高度觉悟的人能够对社会的其余部分产生不成比例的影响。通过"信息化时代"——电脑、纤维光学、卫星以及其他促进心智圈发展的相关技术,他们的开悟就能够得以传递。但通过超常的感觉手段,传递也会更加巧妙。拉塞尔为相距千里的冥想团体的无线电通讯这一主意提供了理论上的、传奇般的支持。他坚持认为,他们大脑更为高度的同步"相干性",产生出自增强与自提高的每秒7.5次周波的全球性谐振,使地球与新纪元的活力一道"嗡嗡"起来。根本上来说,这是隐缠序变得显在的一个过程。

因此,个体将自身的意识水平提得越高,其他人也就越容易体验到这些状态,从而最终促成每个人都开始转变的连锁反应。第100只猴子的故事,尽管其依据可疑,却明显得到了不断的引证。此时此刻,我们似乎置身于纯粹唯心主义的王国。拉塞尔声称：

> 对城市犯罪的初步统计分析显示,城市中若有1％的人在进行超觉静坐,这些城市的犯罪率就以平均5.7％的水平下降。在同样规模的其他城市中,只有较少的人静修,犯罪率平均上升了1.4％。

这一设想中似乎充斥着毫无根据的因果假定。但唯恐我们过于轻视,我们可以反思一下,此种情况不过是西方文化中一个更为熟悉主题的另类版本,即祈祷者的力量以及"创造奇迹"的信念。

极端唯物主义：改变经济基础

生态社会主义的方方面面在第一章与第四章中已经作过论述。生态社会主义有不同的变种,反映出社会主义自身内部的不同侧重。基于"正统"马克思主义的那一部分,在社会变革上可能被认为是具有强烈的唯物主义观点。它强调,我们在物质上尤其是经济上打理自身的方式,就是我们的态度、行为与社会规约背后的主要调节因素。社会如何运作的某种原模型,因而就可能使得经济安排与结构成为其他任何事物的"基础":强烈影响到社会的"上层建筑"中的一切。比如,竞争与消费主义直接与间接地成为教育与媒体中的强有力主题这一事实,取决于它们对于资本主义经济体系之运作的必要性这一事实(Pepper, 1993)。因此,根除强迫性的竞争与消费主义,就意味着根除资本主义本身。

社会主义者指出,激进社会变革的发生,在很大程度上必须通过改变人们的物质(经济)环境来达成。而且,直到大多数人已经清楚了这一点,即现有的生产方式(资本主义)不再能够满足他们的物质或其他之类的需求时,社会变革才有可能发生。人们大多以为他们缺乏政治权力,除非作为一个集体去行动,否则他们不能做什么。在正统理论中,无产阶级(那些不拥有生产资料,只能出卖劳动力的人)在物质上的赤贫化,被认为是激励他们觉醒,并利用潜在的集体力量去实现社会主义(或共产主义——两个词可以互换)社会的主要因素。显然,这一社会在生态上也将是健全的(Grundmann,1991)。

非货币经济与生态社会主义社会

是利润将人们卷入乱糟糟的所谓城镇的集合体中……是利润使他们在没有花园或绿地的住处拥挤不堪;是利润使得整个地区被笼罩在硫烟雾中,而最为平常的防范措施也将不会采取;是利润将美丽的河流变成污秽的下水道。

(Morris,1887b)

正统马克思主义认为,无产阶级生产出来而为资产阶级(生产资料的所有者)所占有的剩余价值(利润)的积累,是理解资本主义那种令人无法接受的生产关系的要害所在。其必然结果就是取消货币,进而使积累不再可能,而这就是废除资本主义生产关系的关键所在。而且,既然生产中的社会与环境成本之"外部性"对资本主义生产来说至关重要,那么,外部性在生态社会主义中就是不可能的,因为那时是集体所有与公有制,对生产资料实现了真正民主的支配——从而就不存在"外部性"的问题。对创造一个无阶级社会的社会主义目的来说,私有制的终结以及对生产资料的支配是至关重要的:这样的一个社会是与自私的个人主义态度与行为格格不入的。

别克与克伦普(Buick and Crump,1986)说,在社会主义社会中,人人都在平等的基础上对生产资料加以支配:经济之所以如此组织,乃是为了保证社会关系的平等。这进而就意味着一个民主的社会,接下来就意味着一个无阶级的社会。公有制与国家所有制是不相容的,因为在阶级社会中,国家总是代表精英阶层的利益,国家因而在社会主义中没有位置。社会主义的经济也不是一种交换经济,生产的进行也不是为了买卖,因为买卖就意味着私有制。生产将是为了社会的"效用"(意味着生存与享乐),而不是为了商品的制造(即一定要在自由市场中赚钱的那些)。自由主义经济学家总是主张说,为确保产品的供给与需求相平衡(通过价格机制——例如,Hayek, 1949),市场在生产性经济中是不可或缺的。他们论证说,这是一种最为有效的机制,然而在生态中心主义者之类的社会主义者所使用的那种更具整体性且更为长期意义上的"效率"定义中,市场经济被认为是难以置信地不经济、不合逻辑且效率低下,而且其本性就足以促成环境危机。

史密斯(Smith, 1988)很有说服力地强调了这一点,他断言,与一般看法以及经济常识相反的是,人们相对来说没有中世纪那么富裕。他坚称,劳动人口中十有八九根本不会创造出真正的财富,因为产品成本中十有八九来自它们受货币交易的支配这一事实。大规模生产、劳动分工与比较优势带来的所谓效益,很大程度上并不可靠:它们所带来的任何生产力上的提高,都更多地被资本主义运行与管理的间接成本所耗尽。

史密斯仔细考虑了工业的 11 个主要分支,声称每一分支中都存在着大量费力不讨好的事情。他认为,在一种没有生产资料的交换与私有的非货币经济中,表 6.2 所表明的某些职业与活动很大程度上将是多余的。因此,在没有货币或市场的情况下,全神贯注于使用价值的生产以满足基本需要,将更不费力。这已经在广泛的范围内获得了实现,在果蔬园打理、家居环境改善、夜校、慈善团体、护理、保护活动以及通常的"黑色"经济中比比皆是。志愿组织显示,人们基本上出于纯粹的热爱而准备努力付出,为他们的同胞服务。

表 6.2　一种非货币经济

遵循着威廉·莫里斯继承自马克思主义的对资本主义的分析,以及启迪绿色经济学良多的莫里斯那种对于真正财富的认识,肯·史密斯(Smith,1988)赞成某种非货币的经济。人们将从一个中心商店获取其所需,通过一种高度复杂的计划生产体系,这一商店获得其补充。(人们不会获取多过其所需的东西,这是因为,社会主义下的人性与资本主义下的人性是不一样的:而且,人为的需求也不会通过广告加以助长。)有鉴于此,史密斯提议说,在非货币经济中,按需分配(要比按劳分配)更划算一些。他认为,这是因为资本主义与消费主义下的生产成就中十有八九被浪费掉了:它倾向于私有财产与金钱的营造、保护和服务,并说服人们消费那些并不需要的东西。以下是史密斯认为在非货币经济中不需要的某些产业与服务:

- 官僚、金融服务、售货员、广告、军事工业、办公大楼的建造、工薪职员、牧师与法师、精神病专家与精神导师
- 大量的运输、旅行与道路建设
- 与失业相关的产业
- 包装
- 农企产生的农业污染
- 时装
- 财产顾问、房产经纪人
- 大量的能源生产与消费
- 加利福尼亚的梦工厂
- 垃圾电视
- 黄色小报
- 某些治疗而非预防性的保健
- 大多数的信息与 IT 产业
- 财富产业(他列举了 70 种职业,包括银行与审计业、经济学家与收账人、证券交易、贸易)
- 非法产业(100 万的执法人员,以及主要是在财产方面犯罪的数目不清的罪犯)
- 逃税、漏税

或许还可以将众多防止污染的产业与服务添加进来,这是因为,生产资料的公有制意味着不存在产生废弃物的动机,而通过"外部化"就可以将废弃物排除在经济核算之外。

资料来源:Smith,1988。

但是对于这种生态—社会主义经济来说,计划显然是至关重要的,虽然这是通过"自下而上的"、授权的地方与地区议会而不是一个国家来达成的。鉴于人们将会从一个中心商店选取和使用需要的物品(就像在当

今某些替代性社群中所发生的那样——见 Pepper, 1991),而且工作也是各尽所能,近于某种自由选择的合作性活动,因此,经济学与计划编制中的核心问题,就在于如何调整这一切并使得供需平衡。

生产中技术革新的速度和种类,将取决于它对生产者与环境的健康与福利的影响;这将成为效率的量度标准。没有货币,价值的通用单位也将不存在,只有以实物来计算。因此,成本效益分析将不是基于货币价值来进行,而是以集体决定的政策为依据。

政治—经济组织将是区域性或世界范围的存在,而不是民族国家式的。社会主义将不得不在生产者与供应者之间建立起一个有计划联系的合理网络,

库存核算的自动调节系统将允许生产者……(车间会议、工业委员会等等)通过该系统或多或少地即刻确定任何特定产品的存货可供量;确保这一切得以可能的通讯技术也已到位……作为缓冲的任何特定产品的剩余库存,使得无论是消费品或是生产品都能够生产出来,以备该产品在未来需求上的波动之虞,同时为任何必要的调整提供足够反应的时间……某一物品的相对充足与稀缺,将通过那种适当的库存缓冲在维持上的难易而显示出来……从而有可能根据它们的相对充足与稀缺,进而在如何结合不同的生产要素,以及是否利用其中一种而不是另一种上作出选择。通过遵循最不充裕要素的最低所需量利用准则,将有可能确保它们的有效配置……任何可能持续存在的短缺,都能够通过某种直接配给的系统来加以处理。

(《社会主义标准》的编辑评论,no. 1075, 1994:59)

很明显,此种经济与社会借鉴了威廉·莫里斯的乌有乡(Morris, 1890),而且也将成为生态乌托邦的一部分(Buick, 1990)。

态度与价值观

对于这一远景及其所依据的分析来说,存在有诸多恶意的批评。部分来自社会主义自身的成员。新马克思主义者或"人道主义的"马克思主义者普遍为过分的经济决定论而担忧:将所有重要的因素归结到经济学,而对媒体、教育与文化——或者说态度与价值观——在社会变革中的主导作用轻描淡写。一些人也争论说,在正统马克思主义中,自然以及自然的增长极限之重要地位也被忽略掉了(Benton,1989)。其他一些则指出了当今资本主义所实现的高度发达的国际劳动分工,认为以马克思最初所设想的那种自由联合的公社与生产合作社来取而代之是不可能的(Sayer and Walker,1992)。或者他们不能设想的是,社会主义不需要国家,甚至不需要那种即便只起辅助作用的市场(Frankel,1987)。

从自由主义那里出现了更多反对的声音,尤其是那种(无确定根据的)断言,认为市场在某种程度上与普遍的"自由"相等同,因此,市场的缺失会导致普遍的专制。也有技术专家反对说,常用单位的不需要是不能接受的(Steele,1992)。还有一种共识认为,从"各尽所能到各取所需"的原则违背了"人性"——如果人们"不受约束"的话,就会储藏货物,或者说没有金钱的激励就不会去劳动。社会主义者对此的回应是,"人性"不是普遍的或永恒的,而是社会化的产物。他们辩论说,上述的物质变化将会在态度与价值观上促成某种广泛而激进的变革——生态中心主义者想要看到的那一种。《社会主义标准》进而写道:

> 社会主义的确立,预示了大规模社会主义运动的存在以及社会观察上某种深远的变革。认为实现社会主义的热望,以及对于它在相关者身上所施加的重担(这将源于"实践"的后果)的清醒理解,将不会影响到人们在社会主义运动中的行为以及相互之间的关系,这种猜想是完全不合理的。

我们可能设想说,定量配给是"与忍耐共生的——甚至有人会说,是与利他主义的克制相伴的"。显然,使大多数人牵涉进来且为大多数人所欲求的任何革命进程若是如此的话,领袖们所推行的那种"共产主义"革命,像苏联一样,就没有资格作为一条通往生态社会主义的道路。

生态乌托邦畅想

如今,激进的生态主义远离于新纪元中心以及正统的社会主义团体,选择了一种唯心主义与唯物主义相混合的折中主义解决方案。首先,革命性的社会变革策略深受无政府主义者畅想(prefiguring)观念的启发。此种看法以为,创造一个令人满意的社会,就是在你眼下所欲取代的社会中,着手把它活出来——想到并"做到"。通过对你意欲取代的社会的如此"回避",你就创造出一个他人将效仿的榜样。当他们这样去做时,整个社会就为之改观。

此处所展现的无政府状态,与"新社会运动"——绿色主义、女性主义、公民自由、消费者运动——中所表现出来的有几分相仿,这些运动虽不是反资本主义的,却是反国家的。它是自由主义的而非社会主义的无政府主义,因为它关注的焦点,是个体作为消费者在社会变革(参见Scott,1990)中的核心影响力,而非作为生产者的那种集体力量(罢工在推翻资本主义的斗争中就成为主要的手段——参见Pepper,1993)。它倾向于意识形态上的折中主义和行动上的实用主义——它将对主流的压力集团政治以及确立激进替代方案的努力表示支持(Wall,1990)。

其实践纲要中显而易见的要素,是与自由主义的、小型商业的资本主义相一致的。但是,当这些要素在社会生态学的理论框架中呈现出来时,绿色主义者视它们为某种"替代"社会的一部分。

那些要素就包括有以公社或城市街区为基本社会政治单位的小规模组织;强有力的地方主义——比如说,在地方就业与交易系统(LETS)这一方案中所展示出来的那样；以及一种遵循生态原理的本质，来组织且学会适应的决心。

小规模与生物区域主义

对于生态中心主义来说，核心就是这样一种信念，即生活规模的改变，将从根本上解决众多的理论与实际问题。这是因为在小的社群里，人们应该会更容易看到他们自身的行动对于社群与环境的影响。在所有的社会中，地方分权将是推进平等、效率、福利以及安全的最佳途径。此举将带来更多的凝聚力，更少的犯罪，更多公民的政治参与以及对他者需要的更多体贴。帕普沃斯(Papworth，1990)提醒道，这将会防止破坏，并且有助于人类创造力的发展："唯一能够阻止侵略并将人类精神中的创造天赋解放出来的(权力)形式，不是独揽一切的权力，而是公平分开的权力。"

利奥波德·科尔的著作，业已唤起了如此重要的"美丽小世界"主题(Schumacher，1973)。将国家划分为更小些的单位，

> 不仅是件方便的事情，也是神性的计划，而且……正是在这种意义上，万事万物获得了解释。事实上，所构成的这种解释，只是自然中最为基本的有机平衡之政治运用而已。我们越是深入其神秘之中，我们就越能够理解，为何历史变迁的首要原因……不在于生产方式、领导人的意向或人类的性情，而在于我们居处其中的社会之规模。
>
> (Kohr，1957:97—98)

在社会及社会变革的解释中将规模作为关键因素，科尔在此信仰中就顺而复兴了像兰斯洛特·霍格本(Lancelot Hogben)这样一些更早些时候的著者的思想。在20世纪30年代的著述中，"霍格本就认为，规模作为一种决定性的考虑因素，比社会主义与资本主义之间的差异还要重要"

(Martinez-Alier，1990；150)。

一些生态中心主义者建议将生物区域(bioregion)作为小规模生态社会的基本地理单位。生物区域是"地球表面的任一部分，它的边界大致取决于自然特性而非人类的规制"(Sale，1985；55)。生物区域可以在"生态区"(ecoregion)范围内形成规模层次的存在，比如说欧扎克高原(Ozark Plateau)，它有几十万平方英里，而且有"土生土长的"植被与土壤确定其界限。像加利福尼亚中央谷这样一处"地理分区"(georegion)的界定，就尤其着眼于它的自然地理学，比如，河流盆地、山脉以及分水岭。地理分区具有"显明的边界"。

生物区域主义的原则就是释放自我，降低非人力的市场力量与官僚机构的重要性，拓展地方政治与经济的良机，享受合作、参与、互惠以及手足之情的社群主义价值观，并且扎下根来。所有这一切，都是为了某些区域自力更生潜能的开发，以及居处在那里的人们的某种属地感——后者就包含有对民俗与历史以及"传统"民众所拥有的技术的学习。

生物区域主义是对沙斯塔部落(Shasta nation，南俄勒冈与北加利福尼亚——卡伦巴赫的生态乌托邦)，或是那种前诺曼英国的"中古英格兰"(Middle England)之类的古老"郡国"的复兴。自给自足生物区中的小型社群，将与遥远国度所促发的那种起伏不定的经济周期隔绝开来，免受那种来自远方的经济控制。塞尔相信，他们将更加富足，不必为进口或高强度的交通运输进行支付。他们将掌控自身的货币与经济政策。他们的人民将更加健康，更具有"凝聚力"，更关注自我。他们从本地出发所作出的决策，将立足于那种患难与共的合作之上。

在塞尔那种本质上来说是无政府主义的生物区域社会(无疑是克鲁泡特金的翻版)中，生产将是为了满足需要，价值在于社会效益，劳动却没有工资，生产资料的共有以及某种计划经济，是为了进行满足所有人需要的生产。通过公地的共同所有，自然界的财富将成为所有人的财富。尽管每一生物区都将尽可能少地进行贸易，依赖于自然的资产并找到稀缺物资的替代品,但仍将存在"地形区"(morphoregion)的联合,以便维持医院、大学以及交响乐团的存在。"生物区拼图""大概主要由社群组成,它的构织、发展以及错落有致,与我们的想象力一路同行"(Sale,1985:66)。"地球最好可被描述为共同进化、自治的诸社群之交织"(Engel,1990:15)——邻里单元、楼区、街区、城市或乡村公社。

在这种社会视域中,存在着几个问题。第一,很难想象那样一种生态乌托邦,它的计划成分不是更多而是更少,以及市场职能的更少或不存在。因而必定有超区域(supra-region)甚至是全球实体的存在。正如今日欧洲可能正在发生的那样,在民族国家的分崩离析中,这就冒了经济与政治过度集中化的风险:区域对于欧陆规模意义上的中心的抵制力,可能还没有原有的民族国家那么有效。

第二,对于生物区域主义如此之多的推动力,源自"沙斯塔生物区"之类的地区,星球鼓基金会(Planet Drum Foundation)1973 年时即滥觞于此。事实上,这是指加利福尼亚州,它是如此不同寻常地具有得天独厚的地理优势。但是,那些并无天然优势可言的区域怎么办? 举例而言,如果伦巴第联盟(Lombard League)把现今意大利的北部分离出去,这将使得贫穷的南部地区依赖于集权化的欧共体机构,来实现那种值得考虑的资源再分配。

第三,地方主义与分权主义可能就毫不费力地成为极端右翼鼓吹地方沙文主义与种族主义的口实。从历史上来说,在种族或地区的基础上进行自决的要求,已经带来了更多的冲突而非融洽。在欧洲,它们促成了第一次世界大战时期工人阶级对自身的反对,并使得第三帝国进一步合法化。绿色主义者所担心的是:比如,伴随着急切要求一致感的阵阵忙乱而来的,就是绿线(Green Line)组织①对于地方主义的支持(Kinzley,1993)。

---

① "绿线"原本是贝鲁特市区的一条主要的繁华街道,黎巴嫩内战期间达成过无数次的停火,而贝鲁特的每一次停火都是以这一地带作为和平的分界线。于是,这里也被叫作"绿线"。——译者注

第四,假如所有的区域都分享有共同的价值观(至少在环境上是如此)的话,自决的公社、社区、生物区这样一幅拼图观,就只能招致全球生态乌托邦。这就与自决相矛盾。对于那些意欲污染或是拥有核能或一个法西斯独裁政府的社群或区域来说,又怎么办? 正是由于欧洲共同市场中那种大肆吹嘘的辅助性(subsidiarity)原则——允许众多的决议尽可能地向下移交——以至于英国政府能够在 1993 年时继续对颇具生态价值的特怀福特唐(Twyford Down)遗址进行破坏,以建造一条汽车高速公路,尽管欧共体更早些时候就试图阻止这种野蛮行径。

最后,即便在所谓的“自然”特性基础上对区域的界定是可能时,在现代世界中,那些区域的社会与经济意义也是有限的。准政府的保护组织英格兰自然署(English Nature,1993),最近将英格兰划分为 76 个自然区,作为一种设定保护目标而非行政区划的框架。这些都是在地质学、土壤、地形学以及气候的基础上确立起来的(几乎没有为自然植被或野生动植物留下余地)。英格兰自然署(English Nature,1993:3)宣称:

> 这些“自然区”不仅与那些当地社群传统上所认可的乡村地带相符合……它们也与农业土地的利用以及居住模式相一致。

这是极端错误的。现今的土地利用,很大程度上取决于欧共体在农业上的补贴与授权模式,而大伦敦市的住宅区覆盖了至少五个“自然区”。英格兰自然署与生物区域主义者在此所认识到的,可能就是 20 世纪上半叶时老练的区域地理学者不得不作出的妥协。

> 地区主义者的错误……在于区位的唯一性这一概念。但是,这一批判中还另有深意……对于这些生态组带所假定出来的那种亲密性,与工业革命前欧洲的历史地理是很匹配的……随着古老的、当地的、农村的、

很大程度上自给自足的生活方式最终消失,区域内的劳作在地理上的向心性业已受到了永久的影响。

(Gregory,参见 Johnston,1981:287,引自其他一些地理学者)

工业社会中那些仍旧存在地区差别的地方,其立足点更少放在分水岭上,而是置于经济功能以及其他一些诸如语言与宗教之类的标准之上(参见 Alexander,1990)。重新融入并恢复古老的文化区域,更不要提什么自然区划了,这一建议看上去也是很不切实际的。在落实几个以朴门农业为基础的可持续发展项目的过程中,英国生物区域发展集团(British Bioregional Development Group)的确不得不容许悖论的存在。

尽管生物区域主义不是以明确的政治或行政分界线为基础,但郡议会(以及它们现存的乡村与丛林讨论会)可能就代表了那些最为合适地推进其观念的手段。

(Desai,1993:8)

LETS 与地方主义

对于激进生态主义的地方主义及其"绝妙的生活方式政治学"而言,LETS 方案可以作为一种说明(Wilding,1991)。它们的基本特征在表 6.3 与表 6.4 中都有显示(也可参见 Dauncey,1988)。它们是多边贸易而非直接的以物易物方案,而且,尽管没有纸币或硬币,但从作为某种记录交易、负债("承担义务")与借贷("获得报偿")的信息系统的意义上来说,它们还是构成了地方货币(图 6.1、图 6.2、图 6.3)。到 1994 年时,英国就有 200 个这样的系统,成员达到 10 000 人,澳大利亚也是如此,但作为此种现代观念发源地的美国与加拿大,每个国家中只有 10 个这样的系统(地方货币事实上具有悠久的历史,参见 Seyfang,1994)。

385

表 6.3　LETS 方案的特征

　　LETS 是一个地方性的、多选的物物交易系统。它让本地人能够向其他人提供服务,也得到他人的各种服务,而不需要付钱。

LETS 的原理
1. 来自某个会所的人们在内部以物易物,使用他们自己当地的核算体系。
2. 草拟并且流通一个人的技术、产品与资源的指南。
3. 成员之间随时随地地相互贸易,得出确认一种服务的信用记录。
4. 记录被送往一个记录所有交易并且发送定期账目、目录材料与新闻的中央办公室。
5. 该计划是非营利的,既不向"借方"收费,也不向"贷方"支付。
6. 所有成员都有资格知道任何其他人的营业额与余额。

LETS 提供了
- 预算紧缩的情况下节省资金和生存下去的途径
- 无需花钱的货物和服务
- 以信用换取借用设备的机会
- 免于坏账的安宁
- 免息信贷
- 某种当地社交网络
- 对于您的技艺之价值的认可,不管是何技艺
- 对于您的所有天赋之创造性发挥的机会
- 新技能之指导与培训的机会

特征
不需要直接汇兑:你可以为某人织一件毛衫,目的是为了让另一个人给你修棚屋。没有交易的义务,但是如果没有交易,整个计划会逐渐呆滞。你的账户是赤字也可以支付,系统依赖于某些成员成为赤字。货币没有实体代币(虚拟货币?),而是交易的感谢记录。货币单元的价值依赖于 LETS 系统中什么是有用的。大多数服务不需纳税,但用税收安排会费是可能的。服务与产品能够通过 LETS 单位与通用货币来混合支付。

　　资料来源:1993 年 LETS 计划中的 Letslink 资讯。

　　由于它们在其区域以外是无效的,而且因为不存在纸币与硬币,LETS 方案就克服了许多与易货通用币相关的不利条件。货币自身的商品化过程、货币投机或是投机所造成的币值波动,也就不可能存在。而且,通过利润"调拨"将财富从某一地区转移出去的这一资本主义特性,就不可能实现了。所以说,LETS 就保护了社群免于外部的经济程序。而且,由于 LETS 是一个封闭的地方系统,任何源自产品与服务生产的环境或社会"外部性",也就不能不被顾及了(Robertson,1989)。

L E T S stands for Local Exchange Trading System. Each LETS is a nonprofit-making local scheme in which people can trade goods, services or other neighbourhood resources with one another without the need for money, interest payments, or credit. In addition, LETS allows you to do all kinds of things that would not otherwise be possible:

My first love is gardening but I'd like to learn about pottery as well.

I wish someone could sort out my garden then I'd have time to do that typing for Dave.

I can't type but I'm into cars.

Without a car I need help to carry shopping home, particularly the clay I use for pottery.

I want someone to keep my car serviced then Sally could rely on me to take her with me when I go shopping.

LETS is more flexible than barter. You can receive any goods/services offered on the LETS. You can repay whenever it suits you to do so, by providing goods/services to any member (or members) of the system.

Each member:
* makes a list of goods, services or skills they can offer, and
* a list of goods, services or skills they wish to request,
* puts a price, in local units, on their offers
* pays a small joining fee (to cover costs) of £............

Each member receives:
* A Directory of all the members' offers and requests.
* An account, starting at zero.
* A LETS chequebook.

Starting with your account at zero, you can either:
* use a service, paying by cheque in local units from your account. Your account is debited, but no interest is ever charged.
* carry out a service, receive a cheque and send it to the LETS accountant, who credits your account for that amount.

A local unit is not a physical token but simply a measure of value, such as £1, 50p, or an hour's work. Each scheme has its own unit which is valued and named by the local group (eg Green Pounds, Links, Locals). The unit adopted by this scheme is the....................which is worth.......................

To join the local scheme or find out more, contact:

资料来源：Letslink information pack 1993。

图 6.1 LETS

Green Pounds Rench the Parts Other Currencies Can't

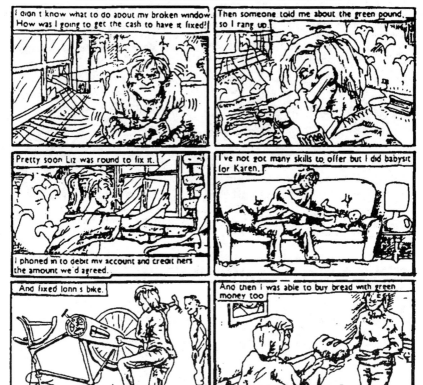

资料来源:Letslink information pack 1993。

图 6.2　LETS 广告

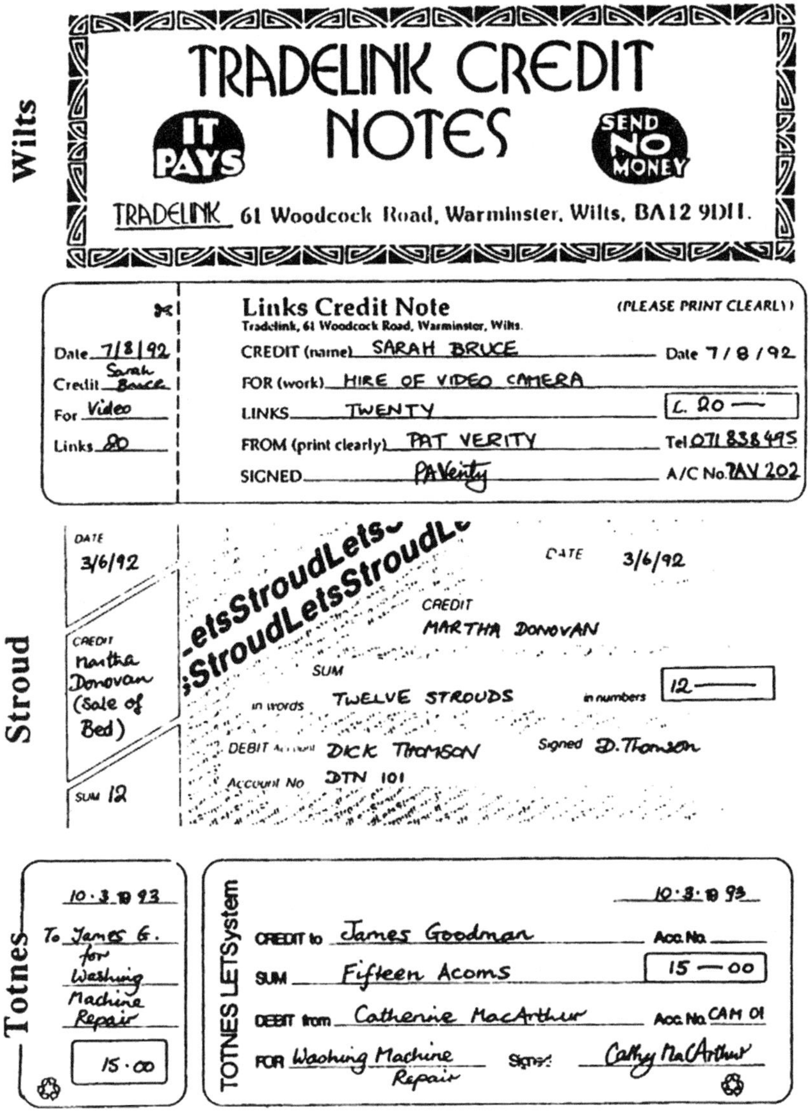

Wilts

TRADELINK CREDIT NOTES

IT PAYS · **SEND NO MONEY**

TRADELINK 61 Woodcock Road, Warminster, Wilts. BA12 9DH.

Links Credit Note (PLEASE PRINT CLEARLY)
Tradelink, 61 Woodcock Road, Warminster, Wilts.

Date 7/8/92
Credit Sarah Bruce
For Video
Links 80

CREDIT (name) SARAH BRUCE — Date 7/8/92
FOR (work) HIRE OF VIDEO CAMERA
LINKS TWENTY | L. 20 —
FROM (print clearly) PAT VERITY | Tel 071 838 495
SIGNED PA Verity | A/C No. PAV 202

Stroud

DATE 3/6/92
CREDIT Martha Donovan (Sale of Bed)
SUM 12

LetsStroudLets StroudLetsStroudLe

DATE 3/6/92
CREDIT MARTHA DONOVAN
SUM
in words TWELVE STROUDS in numbers | 12 —
DEBIT Account DICK THOMSON Signed D. Thomson
Account No DTN 101

Totnes

10.3.1993
To James G. for Washing Machine Repair
15.00

TOTNES LETSystem

10.3.1993
CREDIT to James Goodman — Acc. No.
SUM Fifteen Acorns | 15 — 00
DEBIT from Catherine MacArthur — Acc. No. CAM 01
FOR Washing Machine Repair SIGNED: Cathy MacArthur

资料来源：Letslink information pack 1993。

图 6.3 信用票据样张

表 6.4　一个 LETS 方案中的产品与服务交易实例

树篱修理　4 币/小时

基础园艺　4 币/小时

《睡莲》①　4 币

出租汽车服务　4 币/小时,汽油费另付

洗车　4 币/车

有司机的轻便货车　4 币/小时,外加运输费用

大型活动扳手　2 币/天

汽车与货车离合器置换与服务　8 币/小时

电弧焊与加工　8 币/小时

创造性舞蹈指导　10 币/场

给家庭照相　5 币/小时,胶卷费另付

印第安祈祷歌唱指导　4 币/小时

代人照看孩子　4 币/小时

临时保姆　4 币/小时

临时保姆　5 币/小时

不用灰泥只用石块砌墙　8 币/小时

一般的房屋修理　6 币/小时

建筑计划　6 币/小时

刷漆与装饰　8 币/小时

一对精制铁门　15 币

计算机指导　8 币/小时

打字　4 币,另付 1 英镑

为人代写简历　8 币/小时

土豆　4 币每 25 公斤

风铃　10 币,另付 10 英镑

马术教程　6 币/小时

半天的苦工　4 币/小时

讲故事　8 币/小时

集会的咖啡场地　5 币/小时

阿姆斯特拉德(Amstrad)牌电脑　20 币,另付 150 英镑

注:计量单位叫"币"(Beacon)。

资料来源:《LETS 实物交换目录》,1993 年 2 月/3 月,英国马尔文(Malvem)与英国地区的 LETS 方案。

　　正是 LETS 方案中社会、社群相关的那些方面,使得绿色经济学家对它们情有独钟。在一个地方社群中,有沟通互助的途径,有发现地方需要

---

① 莫奈的画。——译者注

的途径,有以别的方式补偿那些无偿的自愿劳动的途径,有帮助低收入人群获得自尊、自立,以及有权享用那些非得如此就无法企及的产品与服务的途径,还有培育小买卖的途径——这是绿色经济学的所有目标。斯托特(Stott,1993)说道,LETS"不是一种替代的货币制度,但却是货币制度的一种可行之路"。假如正统的社会主义者万一会这样问,为什么还要在LETS上费那么多精力,而不是一种非货币的经济呢?

斯托特提醒我们:

尽管它因为不含有财富的累积而不成其为一种资本主义制度,它也没有去破坏资本主义社会的特别想法。

与此同时,人们在LETS中的所作所为,似乎也与他们在资本主义制度下的作为不太一样,比如,坏账的迅速积累(通过使这一系统陷入赤字之中,所有余留下来的成员因此将承担损失)。通过行为上的体贴周到,成员通常就为那些赋予他们的信用作出了辩护:

信用因如下事实而获得了极大的促进,即团体的大部分成员,包括我本人在内,如果有时我们的给予超过了索取,也是不会在意的。

(一名澳大利亚LETS协调员,引自《独立报》1.5.92,16)

事实上,LETS对众多的思想体系持兼容并包的姿态,故而具有众多不同寻常的优点。赛方(Seyfang)认为,这也许就是那种意识形态多样性(或松散性)的征兆,一般来说,它们在生态主义中都有展现。她业已参考不同价值学说(表2.1)的标准而对LETS进行了评估,而且从中发现了所有主流学说的要素之存在。

很明显,存在着那种以货币为媒介、消费者由此而表达其主观偏好的看法：一种能够使生产与需求相匹配的信息形式。因此，只有当货币（代币）被加以交易时，产品与服务才提供出来，而且，尽管某些成员负债而另一人有贷方余额，总体的"货币"供应是与需求相匹配的。这与新自由主义的货币主义观点完全一致。作为米尔顿·弗里德曼（Milton Friedman）、20 世纪 80 年代的里根经济政策（Reaganomics）与撒切尔主义（Thatcherism）的灵感来源，哈耶克（Hayek）本人在他原创性的著述中对同时进行的货币私有化表示赞成。赛方说，货币主义对于制度稳定的那种压倒一切的关注，顺而就与生态主义中的生物区域主义达成了一致。

另一个广为人知的货币观点，即作为一种价值的贮藏，在 LETS 中是缺席的，因此，利息的支付与收取也是不存在的。赛方说，这是与凯恩斯主义（Keynesianism）相一致的。鼓励尽可能多的经济活动这一愿望，以及"印制"更多"货币"（记录下更多的交易）的意愿，因而也就与活动的增强相一致。此外，就如福利自由主义经济学那样，LETS 试图为了更广泛的社群利益而驾驭资本主义，其中就包括对环境外部性的内部化。

而且，LETS 也对那样一种货币的观念产生了不利影响，即货币作为商品具有内在价值，可以为了财富的增加而被累积或交换。LETS 只认可使用价值，因而与某种非货币经济相差也不远。赛方认为，出于这些缘由，尽管劳动价值论本身在 LETS 中没有获得直接的认可，但 LETS 与马克思主义的价值学说就有了一致之处。（注意在表 6.4 中，临时保姆每小时的价格是 4 币或 5 币。大概只有当临时保姆供应不足时，更高的出价才会被接受；也没有迹象表明，某一个临时保姆的劳动要比其他保姆的更重要。）

尽管在任何一种绿色主义的社会变革策略中，LETS 都居于核心的地位，赛方还是得出结论说，LETS 中偏偏天生所不具有的价值学说就是绿色主义理论。然而，很公平地说，LETS 是与"绿色主义的必然结果"——那样一些社会特征——高度一致的，依照古丁（Goodin, 1992）的看法,它们都合乎逻辑地源自绿色主义价值学说。

朴门农艺、生态城市与公社

经由那种作为替代技术之另一番展示的朴门农艺科学(参见表 6.5),生态伦理学业已转变成为覆盖所有生产与生活的设计原则。这一术语(permaculture)源自"持久的"(permanent)这一语词,意思是无限期地持续下去,以及"文化"(culture)这一语词,它原本衍生自"农业"(agriculture)这一语词,现在却指称所有的文化活动。朴门农艺是多产生态系统的自觉设计与维护,以便由此而赋予其自然生态系统的多样性、稳定性与恢复力。它是景观与那种以可持续方式提供食物、能量、蔽身之所以及物质与非物质需要的人们的和谐统一(Mollison,1988)。

表 6.5　朴门农艺的设计原则

以关怀地球(减少资源消耗,减轻污染)、关怀人类(小型民主社群内的财富平等分配)以及过剩品分发的道德规范为基础。

1. **与自然合作**:化肥、杀虫剂或是过量能源的使用应该都是不必要的,比如,使热量损失最小化的建筑物选址。
2. **万物皆劳作者**:自然界的一切在土地的运转中都扮演了一定的角色,此类行动理应得到极大的发挥运用,比如,蚯蚓疏通土壤并将有机物转化为堆肥。
3. **极小化努力获得极大化效果**:以最小化的养护费用带来高产出,比如,无需耕作的多年生植物的复种。
4. **产量无限**:持续提高朴门农艺体系的产量是可能的,比如,通过发现新的栽培方式。
5. **输出转变为投入**:该体系某一部分的产品应为另一部分提供原料,比如,人类的粪便可产生出沼气并作为肥料。
6. **每一功能都应为众多要素所支持**:系统的所有部分都有支持者,比如,能源产生的(当地)源头之多样性。
7. **每一要素都完成了若干种功能**:比如,一片园林池塘就满足了灌溉、渔业、野生动植物栖息地的需求,向建筑物反射光亮等。
8. **相对位置**:系统中的每一要素,都应居处于对整个系统而言最为有利的位置上,比如,以走廊的形态穿过耕作区域,野生动植物带在审美上、生态上以及有害物的减少上就有利于整个系统。

资料来源:Mollison,1988。

朴门农艺意味着将植物与动物在彼此受益的方式下加以安排,以便创造出那种自我加肥、自我赓续、自我灌溉、自我覆盖、自花传粉、抗病抗虫且能量输入要求低的系统。

朴门农艺最为基本的设计原则,就是自动平衡原则……各种要素或成分于是就以这样的方式(得其安身之所),即每一要素都是对其他要素的需求(构成其成本)之满足与产物(利用其产出)之接收。

(Desai,1993:7)

这样的话,通过那种垃圾场中的沼气提供能量,在蒸馏瓶中将当地森林中的废料加热,木炭制造业就能够在英国得到重生(取代了进口)。

这里的目标不是带来自给自足(因而就成为了岛国状态),而是自我可持续。朴门农艺也不应要求大量的劳力成本。但是,朴门农艺专家声称,通过该系统,农业产量可能会达到传统的 25 倍之多,因此,地球利用当前 6% 的农田就可以养活自身(Dixon,1991)。

尽管其理论的意味胜于事实,而且它的某些理论或是没有得到恰当的验证,或者并不可靠,但朴门农艺的设计还是为一些农民和园丁所践行。比如,哈珀(Harper,1992)已然发现,"任何系统都还没有毫不含糊地显示出定植对中耕的优越",与此同时,他的经验也表明,与其说小的是美好的,还不如说它"常常是效率低下、资源密集且单位产出极端昂贵"。

朴门农艺也适用于城市设计,朴门农艺专家也已经将此牢记在心,从而"瞄准"了地方政府在《21 世纪议程》上的倡导目标,以迫切要求那种与自然合作的城市设计。戴维(Davey,1992)说,这就包含诸如此类的实践,即利用污水来制造沼气与堆肥,使公园、花园以及草坪既具装饰性又具生产价值(在草地上放牧羊群,种植那些能够获取水果与坚果的树木)。

家居与商业建筑可以重新安装水管，以收集和利用雨水，并且对"废水"（沐浴）循环再利用，来冲刷厕所。那样的话，蓄水空间就能够减少并优先考虑饮用水。而且在建筑设计上也应该实行隔热保温与能源节约：可再生能源被嵌入进来（比如说，外表面的光电管阵列）。

绿色理论家常常以为，乡村与城市的替代社群或"公社"，构成为生态社会之畅想的最佳途径。在那里，一个人几乎可以从一张白纸开始，依照朴门农艺的原则与实践，设计出适宜的物理、社会以及经济结构（通过生产合作社）。像布克金、巴罗、塞尔以及戈德史密斯这样一些主要的理论家，都认为公社是他们革命策略的一块基石。

在英格兰与威尔士，至少有 100 个替代（可行）社群（Coates et al.，1993）。许多是在 20 世纪 70 年代民众的生态关怀风潮中建立起来的。有证据表明，它们确实培育了那种符合生态的生活方式。有资源的共享与循环再利用；还有家庭（有机）食品生产与食品政治学的高度自觉（参见 Goodman and Redclift，1991）。通常无法避免的是，公社对于消费主义不予重视，与之相伴的就是环境影响的降低。消费什么是经过考虑的：公社成员努力实行的是符合伦理道德且环境健全型的生活方式。深层生态意识自身的展示，常常存在于整体医疗、自我意识与自我实现疗法、自然意识，甚至是反城市主义与反工业主义之中。许多公社成员也试图共享工作与所得，以实现参与制（也许是共识）民主，聆听并宽容大多数的观点，且不分等级、性别、种族（Pepper，1991）。

但这还远非那种构成生态乌托邦之先锋的替代社群，的确，那是一种大多数公社成员都不会持有的立场。首先，他们谋求公社生活的动机，现今看来主要不是出于生态学的关切：失败的婚姻，孤独寂寞，付不起水涨船高的房价，常常成为人们何以以一种逻辑上必然的困境出路之寻求并生活在一起的缘由。此外，公社作为其一分子的"反传统文化"运动，并不是没有受到它所反对的主流文化的影响。它不是一座独立而不改的灯塔,闪耀着那种坚定不移、一成不变的革命价值之光。它的价值观随着主流价值观的变动而改变。在 20 世纪八九十年代,私有化、个人主义、消费主义、管理主义以及市场、产业化、核心家庭的价值观念,都对替代社群造成了严重的削弱。在 20 世纪 60 年代"退出"的某些核心成员,都回退到主流的价值观念中去了。他们品行端正,喜欢自身的生活空间,可能不愿共餐,不喜欢搭便车者、毒品或是"无法无天的"无政府主义,认识到从外界赚取收入以平衡预算的必要性,且喜欢小汽车、电视与激光唱盘(谁又会指责他们呢?)。"与其说是对我们的资本主义文化的一种攻击,"科克(Cock,1985:13)说道:

> 还不如说(澳大利亚的)替代生活主张者通常都肯定右派那种对自由与个人主义的普遍关注,尽管不是全然从实利主义的角度作出说明……过去 30 年间,大多数现世的试验都未能维系住它们那种献身于社群,致力于那种以深层生态学为基础的生活方式之发展的推动力……所有这一切都显示出某种社群凝聚力及其目标的日渐衰微,以及那种环境敏感性的侵蚀。

科克明确认识到澳大利亚主流社会的问题所在:

> 我们是如此社会化,以至于从根本上说,是在一个非人化的世界中过着私人化的生活。我们缺乏那种超越于家庭之上的亲密共享之体验……克服此种社会化力量的努力,都因一种可以理解的矛盾心理而受到极大的限制,那就是,紧紧握住我们所熟知的一切以及它所带来的安全感而不放。

这就暗示出畅想策略的局限性是多么严重,即使这一切都是由社会中那些更有学问、动机更强以及觉悟更高的团体所践行的(他们构成了公社成员的大多数)。革命性的社会变革,不管它是渐进的还是迅速的,和平的还是充满暴力的,如果想要获得认可,都需与主流合拍才行:掘地派以来的无政府—社会主义试验,都已因它们发生时所面对的充满敌意的更广阔背景而招致扼杀。

社会生态学与邦联自治主义

绿色激进主义有必要成为一种自然而然谋求社会变革的民众运动,或是成为某种与民众运动相关的一个不可或缺的组成部分。既然前者是靠不住的,这就意味着要么指望新的社会运动,要么期待既定的工人运动成为创造生态乌托邦的力量。深层及社会生态学家继续以同样的方式回避工人运动:他们的无政府共产主义乌托邦与民粹主义有更多共同的语言,后者是这样一种政治形式,它呼吁人们径直向政府施加压力,并且

> 针对那种职业政客所必备的两面三刀与自私自利,突出普通民众纯洁与纯真的品德……它因而能够以左派、右派或是中间派的形式化身出来。
>
> (Bullock and Stallybrass,1988:668)

民粹主义发源于俄罗斯的知识分子之中,他们认为,社会主义能够在现有的农村公社基础上直接建立起来。在美国,民粹主义也具有浓郁的传统,它可能属于乡村或城市,农夫或中产阶级。这样说来,它与生态主义在意识形态的模棱两可上(按照传统的说法)就是旗鼓相当的了。默里·布克金与其他一些人,已经尝试将之与克鲁泡特金(Kropotkin,1892,1899)的无政府共产主义连贯地融合在一起,成为他们所谓的"邦联自治主义"。

此举意图在多样的"罪恶"间详细地制定一条路线。它拒斥唯心主义、非理性主义、自然神秘化,以及深生态学与生物区域主义的未来原始主义(Bookchin, 1987)。它也拒斥那种或是通过国家"社会主义"或是经由工团主义而在劳动上形成的垄断权力。与此同时,它对资本主义充满厌恶。它的这种地方分权,是不可与当代资本主义中工业和商业的分散经营混为一谈的。那是真正依赖性的分散经营,因为经济实力仍旧在核心区域那里有稳固的集中。邦联自治主义也对绿色经济学那种政府地方化或替代性的全能自给国(经济上的自给自足)这一呼吁加以拒斥。"地方分权,地方主义,自给自足甚至是邦联,"布克金(Bookchin, 1992a)说,"单独的每一项,都不足以确保我们能够达成一个理性的生态社会。"他提醒我们,小的必然是好的或民主的,这其实并不然:小型的公社村落与城镇,形成了印度与中国专制体制的基础(人们可能也会想到戈德史密斯 1977 年提出的"去工业化的"小规模生态社会潜在具有的压制性)。

相反,邦联自治主义代表那种自治、民主、自由意志论的社会主义与激进绿色主义在策略上的综合。它设法使计划之需要与真正民主之必要达成一致,也承认物质资料的无限充裕之不可能。

福托鲍洛斯(Fotopoulos, 1992)将邦联自治主义描绘成一种非国家、非货币的市场经济,基本上以雅典(市民大会中面对面民主)的公民大会为准则。每一个村庄或城镇的大会,都与其余村庄或城镇在勤务性的地区与超地域理事会中结成同盟,并伴之以那种由其成员以特殊的方式选举出来的受托统治的轮流代表(这不是议会或国会体制下的那种"民主",在那里,竞选出的"代表"对他们认为是合适的事物进行投票)。理事会将允诺生产者对整个社群中生产性资源的使用,它所具有的功能,比如说,就像生产合作社一样。生产将是为了满足基本的需要。布克金的提议中也有类似的特征(表 6.6)。福托鲍洛斯更进一步建议某种劳动券的制度

（实际上是基于劳动价值论的一种货币形式）。劳动券将因不同类型的工作而在数额上有等差（创意更少些的工作，工作时间就得更长些），而且劳动成果是可交易的。这并不是什么创意了，斯金纳（Skinner，1948）对此已然有主张，而且在 20 世纪 70 年代时，就在美国的"瓦尔登Ⅱ"（Walden Ⅱ）社群中有过试验。

表 6.6 邦联自治主义的关键因素

- 不等于一个国家或一个可能实现的国家
- 相反，却是一种网状的勤务性理事会
- 它们的代表/成员是从村庄、城镇以及城市社区平民的面对面大会中选举出来的
- 他们受到选举他们的大会的严格授权
- 是可召回的
- 他们纯粹是勤务性的，而非制定政策的"代理人"
- 政策制定是公民大会的权利
- 邦联理事会将村庄、城镇、城市连接在一起
- 权力的流动是自下而上，而非自上而下
- 社群是相互依赖的，而不是自给自足的
- 在资源、产品以及政策制定上，它们共享共担
- 在互相衔接的社群网络之内，当地社群管理其自身的经济资源
- 产品在众多的社群中按需分配
- 工作、工作场所、地位以及财产关系上的特殊利益被加以超越
- 为了积极公民权而进行的道德教育与人格培养
- 由此，无需放弃地方控制，民主的相互依赖：一种"独立与依存的辩证发展"

资料来源：Bookchin，1992a。

邦联自治主义的基本原则，是社群的自立与生产性资源的所有制，以及产品的邦联分配。因此，民主就是这一类型的生态社会的关键所在。公民大会确保了政治权力的直接参与与平等分配。通过所有社群成员在经济决策中的全力参与，也必定形成了经济权力上的平等。这种经济民主中的某些要素在表 6.7 中有所体现，在这里，福托鲍洛斯无疑是在提议某种货币经济：所有这些成分，在"主流的"绿色主义、资本主义经济学中，的确也起着重要的作用（参见 Ekins，1992a）。

表 6.7 邦联自治主义的经济特征

1. 通过当地货币、社区银行、合作社以及信用合作社,实现经济权力的地方分权。
2. 比如,就如同那种为了吸纳储蓄,在现代生产中融资,并提供其他一些金融服务起见,而归属于每一自治市的适宜的银行联盟一样,上述一切皆纵横交错在一起。
3. 贸易是为了彼此间的自立,而非"自由"贸易。
4. 通过那种社群所有成员来决定的模式之下的集体自我管理的企业生产,社区参与到生产决策中去。
5. 所有的生产与发展决定,都立足于那些与当前使用的指标相对的替代经济指标上。
6. 通过诸如社区土地购买信托之类的方式,生产性资源的集体所有。
7. 工人的自我管理是名副其实的,不是通过雇员的股票拥有。

资料来源:Fotopoulos,1992。

　　意味深长的是,福托鲍洛斯将邦联自治主义的诸要素看作是实现这一社会的一种策略。在这里,又一次响起了无政府主义者的畅想观念:为了实现热望中的社会,你眼下就得开始添砖加瓦的工作。布克金(Bookchin,1992b:97)意识到这一点上所存在的显而易见的问题。"我并不认为任何民族国家会心甘情愿地'赋权'于邦联自治主义运动,而没有这种或那种的抵制,"他如是说道,但却拒绝在这一点上给出建议,"(民族国家与这一运动)之间的关系,是一件关乎未来的事情,一件由另一代人来决定的事情。"但他说得很清楚的是,就像某些生态社会主义者一样,他并不认为通过将权力转让到顾问公民与社区团体所掌控的地方政府,就能够实现国家的民主化(O'Connor,1992)。顾名思义,国家被认为是具有等级性与压迫性的存在。

　　正如生态社会主义者所可能做的那样,邦联自治主义者也不愿把对劳动的注目作为一般民众权力的核心。福托鲍洛斯认为,不可能赋予工人阶级这一立场,因为在"后工业"时代,这一阶级正迅速地消失[这就是格尔茨(Gorz,1982)提出的论点,在绿色主义者中极有影响]。况且,无论如何,生产者的既得利益可能都不会与更为广泛的社群利益相一致。正如霍金斯(Hawkins,1992)提醒我们注意的那样,工人取向的共产主义或是无政府工团主义(参见 Devine,1988)与社群取向的无政府共产主义之间的争论,反映出左翼无政府主义运动中早已具有的裂痕。在当今的社会生态学家布克金(Bookchin,1993)与珀切斯(Purchase,1993)之间的某些谩骂式交流中,这一点就有所体现。

邦联自治主义的社会生态学家认为,通往某种生态社会的社会变革之主要力量,是新社会运动而不是什么工人运动。但这些运动在这一任务中的潜在效能之证据,无论如何还是暧昧不明的,甚至是矛盾的。富恩特斯与弗兰克(Fuentes and Frank,1992)将之赋予了西方的中产阶级,南方的工人阶级,以及在东方二者的共同存在。他们共同拥有某种深刻的社会正义感,与国家相对立,且对传统经济学大失所望。尽管他们可以作为社会转型的发动者,但我们也不应高估他们在抵制全球现代化的不利影响等方面的能力。富恩特斯与弗兰克甚至主张,当人们对那一体系采取某种挑战性的姿态时,"社会运动的反体制努力是很罕见的,且在摧毁那一体系方面而言,更是罕有成功":它们的结果可能就是被同化掉。工人运动可能也是如此。但是,一名生态社会主义者将会指出,无论它可能与劳工达成何种的和解,资本主义骨子里就是反对这种运动的,但是对于新社会运动来说,未必是这样。

生态乌托邦还是反面乌托邦? 一己之见

上一部分所描述的诸策略以及社会试验,为生态主义内部诸派别间的众多分歧之解决铺平了道路。邦联自治制甚至可以成为深生态学与社会生态学之间(Bookchin and Foreman,1991),以及后者与生态社会主义之间和解的基础。LETS 计划也在生态主义与改良主义技术中心论之间架设起了桥梁。深生态学或社会/社会主义生态学中的纯粹主义者可能会抱怨,这些策略中的意识形态毫不连贯,但其他一些人则会将就则个。

比如说,费里斯(Ferris,1993)指出,作为破碎散列意识形态之一部分的注重实效的社会试验,可能描绘了最为现实的前进道路:远胜于教条的信奉。在绿色主义的处方中,可能看不出特别的社会政策,合在一块儿,就是些散漫的议题与要求,但它们至少是毫不含糊地要求"生态理性"。与德莱塞克(Drysek,1987)相一致,这将命令所有的社会遵从低熵与自然最有智慧的原则。费里斯认识到生态主义中的两股潮流:这一生态理性主义,同样还对欢乐的、人文化的社群之要求。他期望以那种避免古老的"现代主义之阿喀琉斯之踵"的方式,针对绿色主义与社会民主诸理想,收获某种"后现代主义者"硕果累累的综合。

那种阿喀琉斯之踵的倾向,在所有原教旨主义者的信条中都显而易见——费里斯指出,新自由主义许诺对社会问题的解决,但却自相矛盾地带来了独裁主义并加深了社会问题。费里斯在这里所重申的,是自由主义者对于所有的原教旨主义及乌托邦理想通常带有的抱怨(Goodwin and Taylor,1982):那种你已发现一条通往美好社会的真正道路这一独断信条,不可避免地导致对那些持不同政见者的不宽容与压制。

自由主义在这里有一个很好的建议,而且是一个所有原教旨主义的绿色社会主义者、绿色无政府主义者以及绿色女性主义者都必须加以应对的建议。自由主义相信,存在着多种多样可能的"善",它们无法全部化约到一个"美好的社会"中去。它坚持说,这是因为所有公民个体在美好生活以及价值构建来源的概念上意见不———因而就不存在一套客观上优于他者的价值观念。设若所有个体都是平等的,那么,多元论就必须被加以维护:国家不应试图向每个人去兜售某些普遍的价值观。而且,正如奥威尔(Orwell)所表明的那样,务必要寻找到某些途径,以避免多数人对少数人的"暴政"施加。

　　许多绿色主义者在社会领域都主张这种自由主义的观点。他们说，生态乌托邦应是一处文化上多样化的空间，在那里，每一小型的社群都生活在他们自身的价值观念之中。但是，这里面含有他们的困境，而所有那些也希望民主的原教旨主义者在这一点上也都逃不掉。要是一个社群认为自己并不想成为绿色的，那怎么办？要是人们在他们面对面的市民大会上决定，他们想要往空气中释放含硫的烟柱，那怎么办？或者，他们就是想要生活在一种不平等的父权制社会中，那又怎么办？生态中心主义者所要的，不仅是真正的民主与文化多样性；他们也坚决要求生态法则与上述界定的"生态理性"律令的优先性。显然，将废弃物"外部化"，其影响所及就不只是废弃物的生产者，因此，就不可以允许那些生产者全然为了自身的所作所为的存在：不可以允许他们在其小社群中民主地作出"错误的"决定。

　　社会主义者也支持的那种古典自由主义者的"脱身之计"，恰恰就隐蔽在生态理性主义这一术语之中。这一论证是这样的，只要社会真正的民主，而且只要它的成员都具有理性的素养，那么，生态罪恶与社会不公将完全不会发生，因为这些罪恶根本上来说是不合理的，就如"常识"所展示的那样——只要人们都很通情达理就行。

　　社会不公与环境退化的不合理源于这一事实，即它们没有为最大多数人带来最大程度的善或满足。作为一种观测与归纳的事实，生态罪恶与社会不公产生不出甚是理想的总体善，因此，支持它就是不合理的。以开明的利己主义作为生态罪恶的解决之道，波里特（Porritt，1984）的这种功利主义论证，就构成了此种立场的本质。

　　它由此而断定，如果理性的社会、政治以及自然科学获得充分的发挥，那么，在何为最佳者上将会有一种普遍合理的观点。人们可以自由地去相信他们所喜爱的一切，但是作为理性的存在者，所有人可能会信仰一模一样的绿色主义法则。许多左翼自由主义的新社会运动就持有这一观点。他们的努力往往转变为民粹主义运动,要求更加开放与民主的政府与社会——所依据的设想是,多数人"常识"中盛行的那样一种"真正"训练有素的民主,将会是绿色主义的/女性主义的/和平的,等等。但此种分析通常来说是有局限性的,因为它回避了政治与经济权力之现实,拒绝那样一种可能性,即一个生态与社会公正的社会,大概与确保其他一些自由一样,也是要剥夺自由主义者的某些"自由"(自由市场与贸易,私人拥有生产资料的自由,将成本外部化的自由)的。

假如承认生态乌托邦居民中那种"必需的"生态共识,仅仅通过建设一种人人都富有教养且理性的雅典民主政治也不能确保的话,那就要另当别论了。正如其在工业资本主义中还从未获得一展身手那样,人性中那种基本的无私性与人际相关性,据说在不再倒行逆施的生态乌托邦社会中将大显身手——而且这就是人们为何在实践中都将按照生态适宜的方式思考与作为的缘由。

但这样一些论断,似乎也不能令人完全信服。也许这是因为我们在考虑有关人性的人际相关性这样一些论断时,是从一种极重实质利益的社会这一视角出发的。

奥尼尔(O'Neill,1993a)试图去解决这一进退两难的困境,即在渴望自由的同时,在思维与举止上又具有生态与社会上的"恰当性"。他相信,通过辩论与协商一致的认可,我们在"美好生活"理应如何上就能够拥有一种共同的愿景,而且这种美好生活能够对多种多样的生活方式提供空间。这是因为,只有与他者的幸福相联系,任何人的幸福才能够完满:我们不可能在自给自足且总是全然走自己道路的同时,获得自我的实现。因此,即使我们认为我们的价值观念是"恰当的",我们也将总是想与其他一些不那么相当好的价值观念进行辩论、调和,并对之予以容忍。

况且,如果这最终导向所有人共同的信仰,从固有的极权主义本性这一意义上来说,这也不必然是件坏事。毕竟,信仰的杂乱无章或是人而无信:在很大程度上来说,此二者都不具有内在价值。健全的政治论争之真正目标,的确是要劝说人们朝向一套共享的价值观念。奥尼尔提醒我们,自由主义的始祖 J.S.穆勒本人对于美好社会就有一种别样的设想:它是那种最为充分地实现我们特有的人性潜能的社会。与那些有关"内在价值"以及生命伦理学的繁琐论说相比,这可能为多样化且健全的生态系统之追求提供了最好的理由。同时,对于那种意味着容忍暴虐文化(而且这也包括了资本主义文化)的文化多样性之不宽容而言,这可能是一种有力的论证。

奥尼尔同样认为,那些所有人都不假思索地信仰类似事物的文化——通过盲目的宗教信仰或纯粹的传统,或者通过强行改信与镇压——都是不可取的,因为它们是不成熟的。成熟的文化不必然含有众多不同的观点,相互间争执不休,但是,假如它们同归到某种平凡的"真理"时,这必定已是一种多方论证与民主对谈的结果。

对于自由主义/社会主义的知识分子来说,这是一种颇具吸引力的论证,他们所希冀的,不仅是自由、民主,也有凸显其理想社会的特定价值观与行为。当然,它包含各式各样的价值定位,比如,"发展"是好的,而且为了达成一致,思考与理性论争也是好的,且对于发展来说是必要的。当然,相比于其他一些团体,像是工商业界的企业家来说,这可被视为知识分子的一种诡辩术,前者总是试图让我们相信,他们所特有的世界观与行为模式,构成了"进步"的一切。你阅读了许多的学术著作,它们都提议,更高程度的教育——思想、论争、理性、逻辑、知识、博学、资料与研究——在解决环境或是其他"危机"方面是必要的。它们不可避免地得出结论,学问越深,资料越丰富,必定是件好事:生态乌托邦的拱顶石。

当然了,我本人倾向于这一立场,但是我认为它对于生态启蒙来说,远非一种充分的条件。在确保大多数人参与并同意的清楚明白的生态与社会主义价值观、行为与行动方面,也必定有路可循。我们必须承认此处所存在的独裁主义露头之危险,因而要设法比过去更能够与这些危险做斗争。我的希望是,通过使那种对人道主义、平等主义以及社会主义的热望成为某种生态社会的先决条件,而不是某些被认为是水到渠成的事物,我们就能够避免使生态社会成为一种压制性的反面乌托邦。

生态乌托邦的确具有反面乌托邦的潜在可能性,在 BBC 广播中播放的蕾切尔·卡逊(Rachel Carson)题名为"奢侈的报应"这一有趣短文中,此点被着重凸显了出来。对我们可能很快就要创造出来的那种社会而言,卡逊的故事是否是一次严重的警告呢? 也许还不是:或许它只是提个醒,就像所有的政治激进分子一样,生态中心主义者对于自身所潜具的荒谬性,也绝不应是昏头昏脑的。

强硬的绿色主义政府要求,对于新交通法下犯罪的第一位公民的处决,将给予广泛的报道。通过自行车、三轮车、太阳能滑板车,广播设备被送到了特拉法加广场(Trafalgar Square),在车辆捣碎器一号的附近被架设起来,北面就是抹香鲸纪念柱。

早上很早的时候,人群就开始聚集。八点钟左右,六名强硬绿色主义的生态执法者将一辆黑色的捷豹(Jaguar)推进了广场。车主,也就是那个罪犯,埃塞克斯郡(Essex)凯特韦德(Cattawade)的罗伯特·斯通[①]医生,已被逮捕且宣判有罪,现在他就要因被发现拥有一辆汽车而处以极刑了。这一罪行将足以使人确信,医生会在极不舒适的自然环境中度过其余生。但是,新法令对他大开杀戒的原因,在于他居然敢驾驶自己的轿车……斯通医生于是就被捕了,拴上镣铐,警车把他押解到中央刑事法庭(Old Bailey)。

捷豹被放在了捣碎器的下面。当生态执法者将汽车推到捣碎器下

---

① Robert Stone,暗指机械般、无生命之意。

时,医生坦然地坐在车里。刽子手压下了按钮。捣碎器的隆隆声碾碎了生命。伦敦交通高峰时段的宁静被粉碎了。牧人们也管不住他们在白厅(Whitehall)份地上的畜群了。夏尔马惊厥了。不习惯这种机器声音的成千上万的鸽子惊慌失措地飞到了空中,盘旋拍打着翅膀。即便是肯辛顿公园(Kensington Garden)中就要成熟的小麦,似乎也在战栗。气数已尽的医生仰望苍穹,看到了圣马丁教堂的尖顶上盘旋俯冲的鸟群。接着,他看到左边的乘客车门向他压来。轿车的顶棚变得皱皱巴巴,压过来又退回去。

五分钟后,捣碎器张开了嘴,展现在面前的是一座坚固的黑灰相间的立方体。人们将之抬到特拉法加广场的一角,并放在了一个方形底座上,对面正是国家蜡染美术馆。揉压成一体的捷豹—斯通医生下面,有一个标牌,上面写着:

奢侈的报应

……看到人类——总算是——坚决地不再去越轨,大地满足地长舒了一口气。

（注：术语定义未必完善，但旨在和本书中的用法相对应）

最为常用的资料来源：

B＝Button，J.(1988)

B and B＝Button，J. and Bloom，W.(1992)

B and S＝Bullock，A. and Stallybrass，O.(1988)

L＝Lacey，A.(1986)

OED＝牛津英语大辞典

R＝Russell，B.(1946)

Alienation：异化

一个复杂的概念，在众多不同语境中的使用，意味着分离与疏远。在生态中心主义中，它意指社会与自然的分离，因而前者的生存不再依照"自然"法则。延伸开来，异化包括了"固有"人性及其特征在过于世故与人为的西方社会中所谓的损失。尤其是在马克思主义中，异化就意味着与自我的某些方面的分离。比如，在资本主义的工业组织中，生产线与劳动分工使得工人失去了自身的创造性。在资本主义制度下，为某一匿名市场而进行的生产过程使得生产者与消费者相分离，因而社会的一部分就不能与其他部分达成认同。在资本主义的交换中，将任何事物都还原为货币价值，就掩盖了商品生产背后的社会关系（我们可能将一块电子表看作为值多少钱的一个物体，而不是视之为某一血汗工厂装配线上某个劳工的某件产品），因此，社会再次与其知情会意与引发同情的那些方面相分离。而且在马克思主义中，自然的异化就意味着与那种真正理解的分离，即自然是一种与人类社会相互作用的产物。二者不是且不能相分离。

Analysis：分析

综合的对立面。将事物分解至它更为简单的要素。通过分解为部分，发现事物是如何构成的。

Anarchism：无政府主义

很大程度上是一种左翼的政治运动，除了自治政府以外，它对所有的政府与国家都加以反对。相反，它赞成那些非等级制的自治组织，它们往往存在于小型集体、公社或是社区之中，在那里，所有人都能够参与到协商一致的决议中去。自下而上、直接而非代议制的民主形式尤其受到拥护。任何"规章"与协定都代表了人们真正的集体意愿，而且只要人们愿意就能持续下去。通过个体与团体的自由联合与自愿协作，无政府状态就会取代国家。无政府主义的目的就在于个体"自然"生活的自由，因此，那种个体通过与他人的联合而最大程度地获得自我实现的社会，就是自然的社会。不同形式的无政府主义在一定程度上都反复考虑的问题是，这种联合如何才能实现。比如，在工团主义中，联合的焦点在车间与工会；在无政府共产主义那里，则是人们生活所在的公社。无政府主义的小规模乡村公社、小规模市镇与地区，能够为了某些组织目标而结成超越于局部地区的联盟。

Animism：万物有灵论

将活的灵魂赋予植物、无生命物体以及自然现象（OED）。这样一种前现代的信仰，在新纪元主义与某种程度的深生态学中复活。

Anthropocentrism：人类中心论

一种将人类置于万物之中心的世界观——它"被大多数的西方人认为是理所当然的"（B）。由于价值概念本身是人类的产物，因而这种论点就视人类为所有价值的源泉（也即是说，是他们在赋予自然的其他部分以价值）。因此，人类中心主义就和生态中心主义以及生命伦理学发生了冲突。

Arcadia：阿卡迪亚，世外桃源

伯罗奔尼撒半岛（Peloponnese）地处乡村、经营农业的一片山区，"城里人想象着那里是一片桃花源，但实际上却充满了远古的粗野恐怖"（R）。在谚语与神话中，它是一处在人与自然间充满了田园牧歌风味的简朴与和睦之地——一处介于城镇与荒野之间的完美的中态景观，那里没有恐惧，亦没有二者的缺陷。

Bioethic：生命伦理

一种伦理原则，它认为生物圈具有内在价值。生物圈因而就拥有为自身而生存的权利，且不管它对人类有用与否。

Bourgeoisie：布尔乔亚，资产阶级

在马克思主义的意义上，是指那些拥有并控制着生产资料（包括土地与资源）、分配与交换的人群，与无产阶级相对立。

Cartesianism/Cartesian dualism：笛卡尔主义/笛卡尔二元论

参见客观性。

Catastrophism：灾变说

18/19 世纪的一种理论（稍后为均变论所取代），认为突然而孤立的动乱与事件，使得每一地质学/地层学时代走向终结，大灾难发生之处，所有生物消失殆尽，更新与更多样的生命形态随后就在灾区中形成。诺亚洪水被认为是这样的一种大灾难。

Cosmography：宇宙志

宇宙特征的绘制与描述。

Cosmology：宇宙论

系统性的观念或世界观，宇宙由此而秩序井然且获得了解释。

Creationism：创世论

完全接受《创世记》中所宣称的地球创生之记载。17 世纪时的一种说法基于乌歇主教的看法，即地球及其上面的一切创生于公元前 4004 年。

创世论亦认为,所有存活的物种都具有独立的起源,是同时被创造出来的,而不是像达尔文主义所以为的那样进化自共同的祖先。

Deduction:演绎

一种推理形式,现实世界中有关何者将被发现的结论,可以从世界如何运作的前提中得出来。它是从普遍原理中推出某些特殊的事物。假如前提是正确的,那么,结论必定也是如此;假如前提是错误的,结论可能就是不正确的。如果对现实世界的观察与前提相矛盾,那么,后者就有必要加以修正。参见归纳。

Determinism:决定论

那种认为万事必有原因的看法。某些形式的决定论就暗示说,因果链中决定人类行动与行为以及人类命运的决定性因素,是超出人类的掌控之上的。因此,人类行动与人类命运就不是人类自由意志的结果。存在着外部的力量,像是上帝或自然的律法,或是经济学与历史的法则,对于我们所能做的与不能做的,我们所能实现的与不能实现的来说,它们就是界限。就像是经济、历史、环境等的决定论一样,也存在着生物决定论,它认为人类行动的终极因在于基因。认为我们只要能够悉知法则与程序,由此造成的所有事件都能够被预知,这样的极端决定论将是一种宿命论。无物处于偶然性或自由意志之中,如此看来,既然我们不可能去改变任何事物,我们最好还是接受所发生的一切。

Dialectic/dialectical relationships:辩证法/辩证的关系

这些术语在意义上具有很多细微的差别。其中就包含诸如社会与自然辩证的"对立面"观念,除非相互联系,否则二者都无法加以界定。因此,社会与自然间的辩证关系是十分密切与有机的——作为一个单独的实体都没有意义。而且,一方的变化总是造成另一方的变化,另一方反过来又造成更进一步的持续变化。那么,这种循环的、相互贯穿的、彼此影响的关系,就比古典科学那种决定论关系远为复杂。辩证法也构成了某种关于逻辑与推理的本质以及关于世界、历史与社会变革的本质的理论；其中，黑格尔与马克思的看法就各有不同。

Diluvial theory：洪积说

该学说认为，除了那些河流沉淀下来的冲积物以外，实心岩石（冰碛）之上的表层沉积是"洪积物"——诺亚洪水中沉淀下来的沉积物。随后，它们中有许多被认为是冰河时代的产物。

Dualism：二元论

参见客观性。

Ecocentrism：生态中心主义

一种认为人类受生态与系统法则支配的"思想方式"（O'Riordan，1981）。从本质上来说，它不是人类本位（人类中心主义）式的，而是以自然的生态系统为核心，人类只被认为是别样的因素而已。出于某种注重实效的理由的同时，也存在着某种对自然本身权利（生命伦理）的强烈尊重感。对于现代大规模的技术与社会以及技术的、官僚政治的、经济的与政治的精英，生态中心主义者缺乏信心。

Ecologism：生态主义

包括生态中心主义在内的激进环境主义的政治哲学（Dobson，1990）。

Elitism：精英主义

一种社会决策模式，它是对多元论的一种扭曲，因为某些特定的精英阶层的利益，被不成比例地表现出来并占据了优势。决策结果因而就是不民主的，并且可能就将某些团体的利益全然置之度外了。

Empiricism：经验论

该理论认为，所有确定的知识都源于经验。经验知识完全来自观察，而不是理论或假说。它起源于经验与实验；换句话说，就是源自感觉。或者说它是这样一种知识，即能够通过包括数学在内的归纳逻辑，从此类论据中获得到。

Enlightenment：启蒙运动

"18世纪一场席卷欧洲与北美的运动，它突出宽容、合理性、常识以及科学与技术的促进。"（B and S）技术乐观主义成为下述核心信念的铺垫，即通过对自然法则的了解（经由观察、实验与推理能力）与运用，所有人类的实质处境就能被无限地加以改善，就成为进步与进化的一部分。

Entropy：熵

对于某一封闭系统内随机度的测量标准；宇宙的退化或失序。"热力学第二定律声称，某一封闭系统的熵必定总是随时间而增加：这样的话，热饮冷却到房间的温度。"（B）

Essentialism：本质主义

含义众多，但就本书来说，是指这样的学说，即至少某些对象是具有实质性特征的，这些特征用于它们的识别，并且用来说明它们的特性（B and S）。这些特征是普遍性的，对它们来说是跨越时空的显示。它们构成了事物的内在本质，在历史过程中不断再现（比如，人类本性、男性的本性、女性的本性是什么。有些人说，等级的、宰制的或家长制的关系是人类社会的本质所在）。

Existentialism：存在主义

它是这样一种哲学观点，认为实在性创生于人类的自由行动：不存在"外在的"无法控制的决定因素，像是什么自然或社会之类的法则，在我们想要达到我们的欲求并像我们所欲求的那样去立身时，对我们形成约束——除了那一不可变更的事实，即我们生下来后，注定了会在某天死去。假如我们相信存在着这样的约束，那么，我们就是生活在一种不本真的状态之中。实际上，我们可以自由地创造我们所希冀的世界，这就意味着我们也要对我们所创造出来的世界负起责任，不管它是好或是坏。存在主义认为，"个体的存在必须成为任何信仰系统的出发点：世界本身并无铁定的或前定的意义……存在主义对于个体责任与体验的强调，与绿色思维极为吻合,但那种认为只有人类的介入才能赋予自然以真谛的(相关)观念,对于绿色思想家,尤其是深生态学家来说,则是一种令人憎恶的东西"(B)。

Exponential growth:指数增长

在某一常数时间内,数量的增长依照于恒定比率的那种增长,比如说,x%每年。2,4,8,16,32,64,128 这一系列是指数式的(100%的常数增长)。它所图示的是,一种指数增长曲线在大部分时间内是渐进的,但接着就会非常快速地急剧上升。

Gaia:盖娅

大地女神的希腊名字。詹姆斯·拉伍洛克的"盖娅"理论主张说,在"自创生"的意义上来说,作为一个复杂系统的地球是"有生命的",也就是说,它能够通过一系列响应环境变化的反馈机制,重新组织和修复自身。

GATT:关贸总协定

《关税和贸易总协定》的产生,源于降低关税壁垒并使贸易自由化的国际谈判。自第二次世界大战以来,这些谈判业已在一系列的"回合"中进行。第八次,即"乌拉圭"回合谈判在 20 世纪 90 年代的早期举行,它将第三世界国家更加充分地卷入进全球市场。许多环境主义者认为,对于这些国家的多数群体及其环境来说,这是有害处的。

***Gemeinschaft*:礼俗社会**

社会学家费迪南德·滕尼斯在 1887 年时使用的一个术语,用来指那种在团结的社会关系基础上建立起来的社群理想型。社群在这里就意味着不仅仅是它的诸个体的总和,而且也是具有和睦而有机的亲知关系的。宗教、等级制度、地位不平等可能是这种有机社会的约束力。中世纪社会就是这种整体世界。参见法理社会。

***Gesellschaft*:法理社会**

社会学家费迪南德·滕尼斯在 1887 年时使用的一个术语,用来指那样一种社会理想型,它建立在那种作为孤立个体且据其私利而运作的人们之间所确立的契约关系之上。社会不过是其中众个体的总和,而且关系是原子论式的。所有个体都具有平等的权利。参见礼俗社会。

Holism:整体论

这一观点认为,整体不仅仅是其诸部分的总和,而且也不可能将整体仅仅界定为其基本构成要素的聚集。比如,整体医学就着眼于肉体与精神的整体,来说明某一部位的病变或机能失常。还原论医学可能只盯着某些部位并试图去修复之。

Idealism:唯心主义

一种哲学理论,认为没有什么具体事物独立于精神而存在(比如说上帝或人类的精神)。因此,唯心史观就认为,事件与社会变革的实现,尤其与新观念的引进和/或旧观念及价值观的发展有关。近代历史的变迁可以被看作是理性增长的一种结果。唯心主义的绿色主义者可能将环境"危机"归因于(社会与个人中的)错误的态度与价值观念体系,从而就强调生态社会创造中教育与价值观念转变的重要性(与唯物主义形成对照)。

Ideology:意识形态

泛泛说来,就是一种世界观,或是一套使得世界更容易理解的观念。在这套观念中,有一些设定被认为是理所当然("常识")的,永远不会受到质疑。比如,社会达尔文主义中的某些观念就组成了资本主义意识形态的一部分。更严格加以界定的话,这一术语指的是作为某种经济或政治的理论或体系之基础的那样一套观念、信仰与理想。假如将这些设定大白于天下的话,那么,它们对那些有此种意识形态的人们来说,通常可被认为是其相应的既得利益的反映(比如,竞争乃出于自然这样一种设定,常常就是对那些在经济竞争中做得好的人的意识形态支持)。意识形态作为普遍真理被提上台来,但反映的却是这些更为狭隘的利益。同样,意识形态是对某种业已获得的地位的维护，它可能会含有偏袒与偏见。

Induction：归纳

从大量的经验材料中抽离出可以解释这些材料的普遍原理。从某些特殊的例子中，推断出某种支配世界如何运作的法则。

Intrinsic value：内在价值

某一事物所固有的价值，它并不取决于某个外部评价者的观念、偏好或是偏见。因此，它是客观存在的——是本质性的。自然具有任何人类所授予的价值之外或之上的内在价值，这一生命伦理观念就意味着，假若人类从地球表面消失的话，持续存在的剩余生命以及地球上的一切事物仍将具有价值与目的。

Invisible hand：看不见的手

这一概念往往被归功于亚当·斯密，它是说，假如社会中的每一个体都寻求自身经济利益的极大化，作为整体的社会利益就将达到最大化。就像在一只看不见的手引导下一样，个体的活动合在一起就有助于更为广泛的社会利益之实现，而对于个体来说，却非蓄意之举。

Keynesianism：凯恩斯主义

是对经济学家约翰·梅纳德·凯恩斯(John Maynard Keynes)理论的描述。在 20 世纪后半叶，凯恩斯主义尤其被视作为货币主义(政府调节货币的供应，在其他方面却很大程度上任由经济的自由发展)的一项替代策略。凯恩斯主义认识到，失业窒息了经济中的某些潜在需求，抑制了那种可能会消灭失业的真正的生产增长。为了打破失业——需求低下——更多失业的恶性循环，政府就应通过"公共建设工程"(比如说，道路建设)的就业创造来加以干预，以增加总需求。这最终将会顺而增加对于私企产品的需求。

Market-based incentive：市场激励机制

通过中央(经由政府)来决定环境服务的价值应为几何，而对自由市场加以调节的方式。于是,这些价值被纳入了可在开放的市场中加以贸易的产品与服务的价格中。如果被纳入价格之中的话,某种污染费用或税金就是一种 MBI(Pearce et al.,1989)。

Materialism:唯物主义

这样一种哲学认为,存在物是物质的,具有其特定的时空存在。因此,它否认那种作为抽象实体(而非大脑的物质机体某一方面)的精神的实质存在。在对历史与社会变革的解释中,唯物主义者(比如马克思主义)的分析大抵视发展为物质因素的某种函数——例如,我们对我们的生产活动加以组织,以获得物质生存(经济生产方式)。唯物主义认为,社会中支配性的观念与价值观不是源于抽象的思维与推理,而是与具体事件以及社会组织方式相关联。因此,对于一种在价值观念上要求根本性改变的生态社会而言,其中的任何变革,都必定伴随着激进的社会—经济—政治的变革。(与唯心主义形成对照。)

Modernism:现代主义

一种"国际趋势",发源于 19 世纪晚期与 20 世纪的西方美术与建筑中(B and S)。这一术语也已被引申开来,用以表示与后现代主义相反对的知识方法,科学、技术与工业发展,以及 18 世纪到 20 世纪期间的热望与抱负。所有这一切的背后,是"启蒙运动工程"——启蒙运动的核心信念,它以为,洞悉那些支配自然与社会的普遍的基本原理是可能的,利用并操纵这些原理是可能的,而且通过这样去做,我们就能够改善整个人类的物质处境。现代主义也认为,存在着某些应该奠定所有现代社会之基础的绝对价值观念。至于是哪些观念,可能还存在着争论(比如,社会正义、人类生命的神圣性、尊重个体),但是,存在着这样的危险,即任何相信他们已经发现到"正确的"价值观念与原则的人们,可能使用独裁主义的手段以确保它们被普遍地加以运用。现代时期的特征是持续的变革、革新与危机,而且在它是否业已带来了那种被认为是可能存在的普遍进步上,受到了"后现代主义者"的质疑。

Monism：一元论

"任何宣称在那些看似众多或众多种类的事物存在中,实际上只有一个或仅有一种事物的看法。"(L)各色各异的一元论理论都认为,宇宙中的万物由同一物质"材料"构成,或者要么就是类似的精神观念的不同方面而已。

Monoglacial theory：单一冰川说

此理论认为,实心岩石上所有的冰川沉积物,源自属于第四纪某个冰消期的唯一的大冰原,而不是像现在所公认的那样,来自较温暖时期所分隔而成的几个冰期。

New Age：新纪元

各式各样的概念、信仰以及团体,在一个共同的信念下联合在一起,即世界将要进入一个新时代,其中就包含人类意识与关系的根本转变(就如同卡普拉所称谓的那样,是一个"转折点")。新纪元概念至少可以追溯到 18 世纪(B),而更远则与千禧年主义有关系。新纪元"文化"在 20 世纪 60 年代得到复兴,在环境运动中再次焕发生机,其中与深生态学具有诸多的共鸣。它强调唯灵论、神秘主义以及新型技术,而且对于社会变革持一种高度唯心主义的看法。

Objectivity：客观性

它是独立于研究对象的那种特质,这样一来,正在对对象加以研究的主体无论如何也不会影响到对象的特性。同样,它也是这样一种特质,即独立于任何特殊社会团体的利益、观点与建议或是任何成见,而后者是与那种毫无偏见和价值中立的态度截然不同的——不与任何利益和观点打成一片,或者是与那些能相互间被普遍同意的利益与观点相一致。笛卡尔主张,主体与客体、精神与物质、人类与剩余的自然的确可以相分离。"客观的"或是"主要的"性质,像是方位、大小、形状与运动,从理论上来说，对所有人的显现将是一样的，因此，它们可以获得普遍的认同，而"主观的""次要的"性质，像是颜色、味道、善，则将视观察者（主体）的意向而有所不同，因为它们是人类心智的投射，因此，它们对于每一个体来说，都将会有些微的不同。并非所有人都相信，笛卡尔式的二元论就表征了实在。一些人对那种依据分离的两极对立面来理解事物的想法提出质疑——二元论式的——像是热和冷，好和坏，社会与自然。一元论者可能会争论说，此种"对立面"实际上不过是同一事物的不同表现而已。

Paganism：异教信仰

复活了前现代、前基督教自然崇拜的这样一种宗教，它认定地球（伟大母亲）、她的周而复始与四季变换是神圣的，认植物与树木为其血亲，并且与地球在和平与和睦之中共活（B）。（《牛津英语大辞典》错误地将其界定为"不文明或无信仰者"）。某些异教徒也把他们自身描绘成巫师或信奉巫术者：他们利用巫术来达成和解（B and B）。

Pantheism：泛神论

是这样一种信仰，认为上帝即万物且万物是上帝的一部分——一种"对几乎所有的神秘主义者都具有吸引力的"观点（R）。

Paradigm：范式

当涉及某种科学或学科时，该词就意味着一套规则、设定或是程序，人们依此来学习和研究某一学科的主题。对于某学科来说，范式就是这一学科的大多数从业者将认同的，那种属于该学科所研究的合适主题以及合适的问题。

Phenomenology：现象学

爱德蒙德·胡塞尔（Edmund Husserl）所发展的一种探究方法，它集中关注那些通过人类意识与感知所体验到的现象的本质。它起源于"对个体的精神尤其是心智过程精确而细致的审视，其中所有有关原因、结果以及对那种处于审视之下的精神过程的更广泛意义的设定，都被悬置起来"(B and S)。由于我们决不可能客观地晓知我们周围的世界,因此,唯有以我们自身的意识(个体的与团体的)为媒介,集中注意力在我们如何感知与构建那个世界上为好。既然我们每个人对于世界的体验都有所不同,那么,就像古典科学所试图去做的那样,对之加以类律的概括就是不可能的。那么,与其说是所谓的"客观事实",还不说我们是在试图从直觉上去把握人们的内在体验,以及对于他们来说关于当下环绕的世界的意义所在:他们的"生活世界"。这样去做的话,我们就能够描述那种生活世界以及我们自身的生活世界。

Plenitude:完满

充分、完备、充足。"完满原则"源于柏拉图(Plato)的《蒂迈欧篇》(*Timaeus*)。这一原则认为,地球上生物的存在数量巨大且种类繁多,而且也认可这样一种如此发展的自然趋势。个体与物种往往是如此自由地繁衍,以至于充斥于地球所提供的每一个小生境与栖息地之中。

Pluralism:多元论

在政治学上,这一术语用来描述这样一个社会,即那里不存在政治上或经济上或社会上的优势群体。因此,决策是(或者应该是)经由众多团体之间的某种公开、平等与民主的竞争进程而达成的,每一团体都对其特殊的立场与观点加以支持与辩护。竞争是(或应是)由相对公平的人们(法官、公众调查监察员、政府官员)来裁定的。结果则是那种可以向每一团体都提供某些好处的决议——各方的一种妥协。在一个多元的社会中,通过对那些特殊的、未得到满足的团体所施加"压力"的回应,变革就得以产生,这样的话,通过社会其余部分与每一团体的观点的和解,这些压力在某种程度上就得到了释放。在这种社会模式与自然界的系统模型之间,存在着某种类比。也可参见精英主义。

Populism:民粹主义

这是一种政治形式,它呼吁人们径直对政府施加压力,并"针对那种职业政客所必备的两面三刀与自私自利,突出普通民众纯洁与纯真的品德……它因而能够以左派、右派或是中间派的形式化身出来"(B and S)。美国总统大选中的第三候选人往往发动民粹主义运动(比如,Ross Perot,1992)。

Positivism:实证主义

这种观点认为,就其立足于观察、实验以及理性思维的意义而言,自然与人类事务上唯一正当的知识形式是科学知识。用作为 20 世纪 20 年代一批以"逻辑实证主义者"知名的哲学家所组成的维也纳小组的缩略语。

Postmodernism:后现代主义

"20 世纪四五十年代以来,特别是与后工业社会相系的更近时期的发展中,西方艺术、建筑中实证性倾向的总体特征或方向。"(B and S)更为一般地,且进一步说来,后现代主义拒绝"启蒙运动工程"的合法性或可行性,以及那种值得奋斗的普遍原理的存在。不存在证据确凿的绝对真理或普遍的政治抱负,因此,像自由主义或社会主义之类的意识形态,对于人类来说,只会带来它们表面上宣称可以避免的负面效应。后现代主义对所有观点看法以及所有运动与时代所同样具有的合法性赞美不已。它同样拒绝那种深层的基本经济、社会或是任何其他一些结构以及某些普遍原理的运转,它们解释了我们对周围世界的看法。我们从表面上看到的社会就足够好了:"表面的"印象与经验就是生命的真实。后现代主义是一种"难以归类的发展体,它的标志是折中主义、多元文化主义,以及某种常常是后工业时代夹杂有技术进步怀疑论看法的高科技观点"(B and S)。

Proletariat:无产阶级

在马克思主义中,指的是那些并未拥有也未控制着生产资料、分配与交换,只有劳动可以出售的人群。那么,在此种严格的定义下,大多数的

"中产"与"工人"阶级也被包括在内了,即便他们拥有股票,但对于生产何物、何时生产以及如何生产而言,他们也就鲜有实际的控制力了。

Reductionism:还原论

此一观念认为,整体可通过将自身分解(还原)为更基础与基本的要素而获得理解。这样的话,一个生物体可以被认为是细胞的聚集,一个细胞是分子的聚集,一个分子是原子的聚集,因此,严格说来,是有可能将人类视作为原子的聚集体的。同样,生命可以被还原为分子生物学的问题,后者还原为化学,又还原为物理学,还原为数学。或者社会结构与进程可以被还原为个体的相互作用。正如 B 与 S 所表明的那样,"还原论很难成为一种不具争议的活动",生态中心主义则在支持整体论的同时对此加以抵制。

Relations of production:生产关系

此一术语特别用于马克思主义对人们之间以及人与自然间关系的描述,这一关系源于一个社会为获取其物质存在的手段而做出的特别安排。在不同的生产方式中生产关系也不一样。因此,资本主义是这样一种生产方式,即利用货币作为通用的价值单位,产品与服务的交易主要经由市场来完成。这就使得处于这些关系之中的人类以及自然的价值,实际上以货币的方式被表达出来——它们被商品化了。人们的劳动,顺而及于他们的生命,就在市场中被买卖起来,他们由此就在出售自身中互相竞争。生产者为了提供更为廉价的产品与服务,而和其他生产者展开竞争。所有这些就造成了竞争性的生产关系。相比之下,在无货币的共产主义,生产是通过合作与社群的关系来进行的,而且产品与服务以及自然的价值只是依赖于它们的"用处"。("用处"在此是一个宽泛的术语,它糅合了审美与存在价值的概念。)

Senescence/natural senescence:衰老论/自然衰老论

该理论认为,自从地球被创造出来以后,它正在变老且衰败下去:可能是人类罪恶的结果。这种衰败在诸如人口衰减、土壤侵蚀、道德滑坡等方面都是显而易见的。这一类推是在地球与某一生物机体之间作出的,后者也因为变老而衰弱下去。自然的衰老这一理论在 18 世纪时为这一看法所取代,即认为自然中存在着某种恒定的状态,而且人口也不是在衰减。

Social Darwinism:社会达尔文主义

达尔文自然进化论体系在人类社会历史发展中的运用,在经济学与地缘政治学领域尤为突出。为(所谓)稀缺资源而竞争的观念、生存斗争以及最适者生存的观念皆受到赞许,物种因此进程而获得改良。社会达尔文主义大量吸收了马尔萨斯与赫伯特·斯宾塞所发展的社会概念。

Structuralism:结构主义

这一概念是指,我们在社会事件以及个人与集体行为上的看法,与人类心智与/或社会中更深刻且更不明显的底层结构息息相关。任何理论若认为,深层的、难以察觉且只能下意识领悟到的实在产生出可观测的事实,它就是"结构主义的"。

Subsidiarity:辅助性

决定应该在最基层的层次上作出,这一原则是适宜的,最大限度地摆脱了权力中心的控制。

Synthesis:综合

分析的对立面。从简单的要素出发而成为相互联系的整体,以确立某种事物——将部分整合在一起。

Technocentrism:技术中心论

一种"思想方式"(O'Riordan,1981),它认识到环境问题的存在,但或是毫不拘谨地相信,社会总将会通过技术去解决之,并获得无限制的物质增长("丰饶论者"),或是更审慎地以为,通过谨慎的经济与技术统治,问题能够成功地得以应对("调和论者")。在任一情形下,古典科学、技术以及传统经济学推理的能力与效用,都被赋予了极大的信任。对于决策中真诚的公众参与而言,几乎就没有什么想法,而是主张将决策留给那些以技术精英("专家")为顾问的政客们。

Teleology:目的论

与意图和目标相关,指向于某一目的。对某事物的解释是依据其目的得出的,比如,自然的某一方面就是如此。

Thermodynamics, laws of:热力学定律

第一定律认为,在一个恒量的能量系统中,能量不可以被创造或消灭,尽管它可以做形式上的转变——比如,热就是一种能量形式(能量守恒定律)。第二定律认为,能量总是从系统中更热的地方移动到更冷的地方(一致性增长率(散熵),或某一封闭系统中的无序)。第三定律认为,某个能量系统是不可能达到绝对零度的。

Uniformitarianism:均变论

与灾变说相对立,从根本上来说,现在的地球的成型,是和今天一模一样的运作过程的结果,是一项渐进且持久的工作。因此,"现在就是过去的解答"。

Vitalism:生机论

该观念认为,存在着某种生命的"活力法则",据此使得生命体与无生命物质区别开来,而且,前者不可被还原为与无生命物质相同的基本要素(比如说,它们的化学、物理等特性)。生命过程也不可以"依据活体的物质构成与物理化学特性加以解释"(B and S)。

在做这些推荐的时候,可读性与趣味性是我考虑的最主要问题。详尽的书目题解,只限于不曾出现于参考书目列表中的那些。

绿色主义观点

了解与学习绿色主义观点的途径有两种。一种是"直接来自当事人"——从那些从事绿色主义运动的活动家那里获得了解;另一种途径,就是阅读更多的学术综述,比如本书。

当事人途径可能就包括了 20 世纪 70 年代早期以来的一些书籍,比如,戈德史密斯等人的《为了生存的蓝图》(*Blueprint for Survival*),该书与梅多斯(Meadows)等人的《增长的极限》以及舒马赫的《美丽小世界》一道,构成了一曲经典的三重奏。

《极限》那种通俗易懂与看似科学的探讨,以及它的那些图表所预测的马尔萨斯式黯淡前景,在当时(1972 年)造成了恐慌。虽然它受到了科学界与人文学界的诸多批评,但这也不能阻止它的基本看法在梅多斯等人 1992 年的《极限之后》中再度涌现。更为惹人注目、更富激情的灾难预言者是保罗·埃利希(Paul Ehrlich),他在 20 世纪 60 年代出版的同样易读的《人口炸弹》,在 1990 年以《人口爆炸》现身。爱德华·戈德史密斯也从未放弃其观点,在 1988 年的《大反转》(*The Great U-Turn*)这样一部跨越 20 世纪 70 年代和 80 年代的论文集中,他的看法依然如故。悲观主义的衣钵在 1980 年时被《全球 2000》(*Global 2000*)报告捡拾了起来(环境质量委员会,《全球 2000 总统报告》,1982 年版,Harmondsworth:Penguin):非常难消化的数字与注释堆积,不推荐阅读。然而,西蒙与卡恩(Simon and Kahn, 1984)对《全球 2000》的批判值得一读:在一系列介绍清楚间或论证有力(有时论证得也不是很充分)的论文中,你可以了解到技术中心论、丰饶论的观点。亦有可能激发论辩的,是理查德·诺斯(Richard North)在其《现代地球上的生命:进步宣言》(*Life on a Modern Planet:A Manifesto for Progress*,1995,Manchester University Press)一书中,在我们如何能够应对环境问题并维护启蒙运动的进步理想上的乐观看法。如今,一鸣惊人的灾难预言者通常来说是过时了,但莱斯特·布朗(Lester Brown)的世界观察研究所发行的《世界形势》年度报告(New York:W.W.Norton),却能够使人们更为清醒:一种跟得上时代步伐的绝佳方法。

《蓝图》想要做的,不只是吓唬人们。在一系列编号的段落中,几乎就如同一份计划编制报告一样,对于生态社会将是什么样子,它提供了某种详尽的描述。对于激进的社会变革来说,它也设计了一张计划与时间表:看一看现在已经实现了多少,是一件很有趣的事。更合乎人意的《蓝图》乌托邦版本,是卡伦巴赫的小说《生态乌托邦》(*Ecotopia*):构思或写作虽不尽如人意,但在枯燥描绘上所裹的糖衣却真的令人兴致盎然。的确有些令人不可思议的是,它竟然从未被搬上银幕。

舒马赫的《美丽小世界》(*Small is Beautiful*)笔法更佳,而且更有深度。它的影响波及一代人,有些人说,撒切尔夫人也在其中。它所传达的基本信息是,我们必须指望我们的价值观念和我们的教育,以找到某种出路,来摆脱那种业已造成生态"危机"的错误的经济思维。不管从哲学上,还是从实践上来说,该书是所有书目中最值得再读的一本。尽管学生们现在常常发现,它并不那么容易阅读,但他们至少应该阅读《论教育》的第六章,对于那些从未见识过伊里奇的非学校化社会、隐性课程等概念的学生来说,真的是大开眼界了。

或许在早先的著述中,将价值观念置于环境问题之核心的重头戏,就是卡普拉的《转折点》(*The Turning Point*)。它最大的价值,在于生活的方方面面之间联系的建立:经济学、医学、战争与和平以及生态学。他的系统观点意在将诸方面贯穿在一起,并审视那些如今潜伏于其中的"错误的"价值观念,以及对于那种正在降临的新的生态学时代而言,什么样的价值观念将是"正确的"。或许令人惊讶的是,对其早期著述《物理学之道》(*The Tao of Physics*)加以总结的那一章,却是最不清晰的。即便你可能最终会拒绝接受卡普拉的很多提法,但这仍是一本重要的著述。相比于彼得·拉塞尔(Peter Russell)的《地球醒来》而言,卡普拉的新纪元主义是温和的。但前者的这本书也是不可不看的,因为它几乎就是新纪元的圣经。它将 20 世纪的物理学观念与普里戈金、玻姆、谢尔德拉克以及其余一些人的看法,糅合到了一种连贯且可追踪的社会变革与进化理论中去,假如说这种理论不必然可信的话。

20 世纪 80 年代最受关注的英国绿色活动家就是乔纳森·波里特,他极为平实的《绿色导盲》(*Seeing Green*),就是一份相当激进却备受尊敬类型的绿色主义基本宣言,深受中产阶级的开明受众所喜爱。听起来它倒是如此地"常识":事实上,在政治权力究竟藏身何处以及如何获取之类的问题上,它更多的是能言善辩。肯普(Kemp)与沃尔的《20 世纪 90 年代绿色宣言》(*A Green Manifesto for the 1990s*)更倾向于处理的,是政治权力与社会以及再分配正义之类的结构性议题。尽管它有点像购物清单,却也是非常清晰与易读的。

就深生态学来说,德沃尔与塞申斯的《深生态学》(*Deep Ecology*)仍旧是一种基础的读本:在世界进程上更具民粹主义色彩的深生态学哀叹,就是比尔·麦吉本(Bill McKibben)的《自然的终结》(*The End of Nature*, 1990, Harmondsworth: Penguin)一书,尽管它似乎并未得到充分的理解,但还是获得了众多的声誉。社会生态学仍旧期待着那种真正易于理解的读本。默里·布克金通常来说是难于理解且易于误解的,尽管他能够在谩骂与严厉的呵斥上具有极大的简洁与技巧,如果你喜欢那种风格的话。最好尝试一下布克金的《重建社会:绿色未来之路》(*Remaking*

Society：Paths to a Green Future）（1990，Boston：South End Press）。

最可接近的学术读物之一就是多布森（Dobson）的《绿色政治思想》（*Green Political Thought*），在 1995 年的最新修订本中，对"温和的"与（主要是）"强硬的"绿色主义立场有令人满意的概说。在古丁的《绿色政治论》（*Green Political Theory*）一书中，对于绿色政治理论（绿色价值观）与绿色策略的基础，也有明晰与有趣的展示和探讨。约翰·奥尼尔的《生态学、政策与政治学》（*Ecology，Policy and Politics*）值得一读：他探讨的议题与绿色政治哲学相关，像是内在价值、成本效益分析、多元论以及科学的地位等。你要是不具有政治学或是哲学功底，会发现它的某些方面晦涩难懂，尽管如此，他的风格还是如此俊朗，观点是如此地充满意趣且发人深省。

社会学家对于环境事务的兴趣也日益浓厚，从某种社会学的视角对环境主义所作的最佳评论，就是马尔特的《生态学与社会》（*Ecology and Society*）。它清楚明白，全面广泛，很利于读者的理解。对于社会学系的学生来说，迪肯斯的《社会与自然》（*Society and Nature*）更加深入，而且对于创立如下这样一种社会理论的尝试来说也颇有趣味，即承认人类是生物学与生态学意义上有限度的造物，却也不将当代社会学中那些更具人类中心色彩的看法丢弃掉。

在过去的 5—10 年间，绿色经济学的论著也出现了冗余。到目前为止，最容易理解的莫过于伊金斯为非专门人员所写的《无可估量的财富》（*Wealth Beyond Measure*），全面广泛，插图丰富而有趣。雅各布斯的《绿色经济》（*The Green Economy*）较为深入，但仍旧具有可读性，而且将会存在于许多学生的阅读书目中。他对于该主题的处理是中心偏左一些，而皮尔斯等人的《绿色经济的蓝图》（*Blueprint for a Green Economy*）、《蓝图二》（*Blueprints Two*）（Pearce，D.，1991，*Blueprint 2：Greening the Global Economy*，London：Earthscan）以及《蓝图三》（*Blueprints Three*）

(Pearce，D. et al.，1993，*Blueprint 3*：*Measuring Sustainable Development*，London：Earthscan)，则是偏右一些。皮尔斯的报告的确采纳了一种市场激励机制的方法，在认定何种措施可行的问题上，这一报告已成为英国保守党政府的决策基础。对于问题到底出在哪里(而不是要去做点什么)所作出的某种截然不同的经济分析来说，约翰斯顿的《环境问题：自然，经济与国家》(*Environmental Problems*：*Nature*，*Economy and State*)就不可不看。基于马克思主义对资本主义的分析，在对环境退化的理解上，它集中审视生产方式在其中的主要角色扮演，并抵制那种为某些绿色主义者所如此青睐的个人中心主义式的回应(生活方式主义，绿色消费主义)。它那令人钦佩的清晰、雄辩与简明，就使得那些复杂的政治经济问题对于大学生以及那些在此领域不具先备知识的人来说易于理解。

另一本不带学科偏见且更具北美风味的学术概括，就是麦茜特的《激进生态学》(*Radical Ecology*)：一份清楚而易于理解的文本。

环境观念的历史

任何对生态观念的历史，尤其是自然与环境科学家感兴趣者，都不可错过沃斯特的《自然的经济体系：生态思想史》一书。它探讨了 18 世纪以来的领军人物，生态学中"田园主义"与"帝国主义"分野之演变，以及生态学上的古典科学思维与机体论。该书写得相当不错，令人着迷。奥尔德罗伊德(Oldroyd)的《达尔文主义的影响》(*Darwinian Impacts*)也令人兴致盎然：有关进化观念以及达尔文理论，在诸如政治学、音乐、心理学、文学及人类学等如此众多的思想及活动领域中，被如何加以利用以及如何遍布的历史叙述。另一本读来也很愉快的书，就是纳什的《荒野和美国精神》(*Wilderness and the American Mind*)，该书乃是针对对待美国荒野的态度上的转变而作出的一种描述——从一种令人恐惧与被征服之地，转变成为被保存与珍爱的国家宝藏。在其中，你可以阅读了解到美国浪漫主义运动与早期环境主义的发展。所有这些书籍都可以作为假期的读物,因为它们容易读进去且充满趣味,但它们也是很有分量的学术著作。

更难以把捉的,则是布拉姆韦尔的《20世纪生态史》(*Ecology in the Twentieth Century：A History*)。该书是对布拉姆韦尔所宣称的,特别是20世纪二三十年代生态运动中先驱者的一番探察。批评家们业已就她的那些主人公是否真的就是"生态中心主义者"展开争论,或许因为他们中的许多人太过于右翼,而且/或是过于混杂。她并未使她的材料或者论断在领悟上变得容易,但这依然是一本需要浏览的好书,趣味非凡。麦茜特的《自然之死》(*The Death of Nature*)也有了某些敌对的评论,或许因为她可能把古典科学世界观的发展、女性的附庸与资本主义之间的关系加以夸大或过分单纯化了。无论如何,该书展示出了学识的渊博,而且眼光敏锐,笔法明晰。它总是令人拍案且引人深思。假如你对动物福利感兴趣的话,那么,你就必须看一下基思·托马斯的《人与自然世界》(*Man and the Natural World*),尽管穿插了很多参考、注释、引用、轶闻趣事,从而显得有些支离破碎,但仍是一本读起来令人愉快的书。托马斯也受到了历史学家同行的批评,但对于1500—1800年这一时期内人类对于自然态度的转变来说,他的研究在价值上是巨大的,因而该书当然是发人深省的。

有关自然与社会—环境之关系的观念如何转化到文学、绘画与音乐以及景观中去,在对此问题加以探索的文化研究上,也积聚了丰富的文献。对于那些从前并未接触过此点的人来说,约翰·肖特的《想象的国度》(*Imagined Country*)对于此类事物的研究,就是一本非常引人入胜、有益、简短且易于理解的入门书。丹尼尔斯的《视界》(*Fields of Vision*)一书,更为明确地探讨景观与自然的观念之意象与民族认同的意象,如何在英格兰与美利坚的绘画中表现出来。这是一种很好的读物。

无政府主义—社会主义的观念对于生态中心主义产生过相当大的影

响,连接社会主义历史与生态主义的两种易于理解的论述就很值得去花一下时间了。科尔曼(Coleman)与奥沙利文的《威廉·莫里斯和乌有乡消息:洞察我们的时代》(*William Morris and News from Nowhere:A Vision for Our Time*)是一本编辑过的论文集,探讨"英国第一位马克思主义者"及其社会主义社会的远见。这些清楚明白且具有挑衅性的论文所要做的,就是要表明,恰与那些认为社会主义是落后于潮流的人相反,莫里斯的思想与今日的问题是何等切近。古尔德的书名《早期绿色政治学:回归自然、返土归田和英国的社会主义》(*Early Green Politics:Back to Nature,Back to the Land and Socialism in Britain*)就是不言而喻的了:他追踪了19世纪晚期与20世纪初期的返土归田运动,并且论述了社会主义者是如何被卷入这一运动以及其他一些回归自然的观念中去。他吸纳了布拉姆韦尔所采取的某些立场,但仍然紧扣社会主义思想。

参考文献

Abbey, E.(1975) *The Monkey Wrench Gang*, New York: Avon Books.

Achterberg, W.(1993) "Can liberal democracy survive the environmental crisis?", in Dobson, A. and Lucardie, P.(eds) *The Politics of Nature: Explanations in Green Political Theory*, London: Routledge, 81—101.

Adam, B.(1993) "Time and environmental crisis: an exploration with special reference to pollution", *Innovation in Social Sciences Research*, 6(4), 399—413.

Adams, W.(1990) *Green Development: Environment and Sustainability in the Third World*, London: Routledge.

Agarwal, A. and Narain, S. (1990) *Towards Green Villages: A Strategy for Environmentally Sound and Participatory Rural Development*, New Delhi: Centre for Science and the Environment.

Albury, D. and Schwartz, J. (1982) *Partial Progress: The Politics of Science and Technology*, London: Pluto Press.

Alexander, D. (1990) "Bioregionalism: science or sensibility?", *Environmental Ethics*, 12, 161—173.

Allaby, M.(1989) *Guide to Gaia*, London: Optima.

Allison, L.(1991) *Ecology and Utility: The Philosophical Dilemmas of Planetary Management*, Leicester: Leicester University Press.

Anderson, T. and Leal, D.(1991) *Free Market Environmentalism*, San Francisco: Pacific Research Institute for Public Policy.

Anderson, V.(1991) *Alternative Economic Indicators*, London: Routledge.

Anton, A.(1992) in critical discussion of paper by Johnson and Johnson (see below), *Capitalism, Nature, Socialism*, 10, 111—114.

Ash, M.(1980) *Green Politics: The New Paradigm*, London: Green Alliance.

Ash, M. (1987) *New Renaissance: Essays in Search of Wholeness*, Bideford: Green Books.

Atkinson, A.(1991) *Principles of Political Ecology*, London: Belhaven.

Attfield, R. (1983) "Christian attitudes to nature", *Journal of the History of Ideas*, 44(3), 369—386.

Barbour, I.(1980) "Technology, environment and human values", in Barbour, I. (ed.) *Western Man and Environmental Ethics*, Reading, Mass.: Addison Wesley.

Barnes, B.(1985) *About Science*, Oxford: Blackwell.

Barrell, J.(1980) *The Dark Side of the Landscape: The Rural Poor in English Painting 1730—1840*, Cambridge: Cambridge University Press.

Barrows, H.(1923) "Geography as human ecology", *Annals of the Association of American Geographers*, 13, 1—14.

Barry, J.(1994) "The limits of the shallow and the deep: green politics, philosophy, and praxis", *Environmental Politics*, 3(3), 369—394.

Bate, J. (1991) *Romantic Ecology: Wordsworth and the Environmental Tradition*, London: Routledge.

BBC (1993) "Putting market values on the environment", *File on Four*, transmitted on Radio 4.

BBC (1994) "Fear of frying", *Analysis*, transmitted on Radio 4.

Bennett, J. (1987) *The Hunger Machine: The Politics of Food*, Cambridge: Polity Press.

Benson, J. (1978) "Duty and the beast", *Philosophy*, 53, 541.

Benton, T. (1989) "Marxism and natural limits: an ecological critique and reconstruction", *New Left Review*, 178, 51—87.

Benton, T. (1993) *Natural Relations: Ecology, Animal Rights and Social Justice*, London: Verso.

Beresford, P. and Croft, S. (1992) "Beyond welfare", in Ekins, P. and Max-Neef, M. (eds) *Real Life Economics: Understanding Wealth Creation*, London: Routledge, 283—289.

Bergson, H. (1911) *Creative Evolution*, translated from the 1907 edition by A. Mitchell, London: Macmillan.

Biehl J. (1991) *Rethinking Feminist Politics*, Boston, Mass.: Southend Press.

Biehl, J. (1993) "'Ecology' and the modernisation of fascism in the German ultraright", *Society and Nature*, 2(2), 130—170.

Bird, E. A. (1987) "The social construction of nature: theoretical approaches to the history of environmental problems", *Environmental Review*, 11(4), 255—264.

Blowers, A. (1984) *Something in the Air: Corporate Power and the Environment*, London: Harper and Row.

Blowers, A. (1987) "Transition or transformation? Environmental policy under Thatcher", *Public Administration*, 65, 277—294.

Blowers, A. and Lowry, D. (1987) "Out of sight: out of mind: the politics of nuclear waste in the UK" in Blowers, A. and Pepper, D. (eds) *Nuclear Power in Crisis*, London: Croom Helm, 129—163.

Blowers, A. and Pepper, D. (eds) (1987) *Nuclear Power in Crisis*, London: Croom Helm.

Bohm, D. (1983) *Wholeness and the Implicate Order*, London: Ark.

Bookchin, M. (1979) "Ecology and revolutionary thought", *Antipode*, 10(3)/11 (1), 21—32.

Bookchin, M. (1980) *Towards an Ecological Society*, Montreal: Black Rose Books.

Bookchin, M. (1982) *The Ecology of Freedom: The Emergence and Dissolution of Hierarchy*, Palo Alto, Calif.: Cheshire Books.

Bookchin, M. (1987) "Social ecology versus 'deep ecology' a challenge for the ecology movement", *The Raven*, 1(3), 219—250.

Bookchin, M.(1990) *The Philosophy of Social Ecology*, Montreal: Black Rose Books.

Bookchin, M. (1992a) "The meaning of confederalism", *Society and Nature*, 1(3), 41—54.

Bookchin, M.(1992b) "The transition to the ecological society: an interview by Takis Fotopoulos", *Society and Nature*, 1(3), 92—105.

Bookchin, M.(1993) "Deep ecology, anarchosyndicalism and the future of anarchist thought", in *Deep Ecology and Anarchism: A Polemic*, London: Freedom Press(no editor given), 47—58.

Bookchin, M. and Foreman, D.(1991) *Defending the Earth: A Dialogue Between Murray Bookchin and Dave Foreman*, Montreal: Black Rose Books.

Bottomore, T.(ed.)(1985) *A Dictionary of Marxist Thought*, Oxford: Blackwell.

Boyle, G. and Harper, P.(eds)(1976) *Radical Technology*, London: Wildwood House.

Bradford, G.(1989) *How Deep is Deep Ecology?*, Haley, Mass.: Times Change Press.

Bradley, I.(1990) *God is Green*, London: Dorton, Londman and Todd.

Bramwell, A.(1985) *Blood and Soil: Walther Darre and Hitler's "Green Party"*, Bourne End, Bucks: Kensal.

Bramwell, A.(1989) *Ecology in the Twentieth Century: A History*, London: Yale University Press.

Bramwell, A.(1994) *The Fading of the Greens: The Decline of Environmental Politics in the West*, New Haven, Conn.: Yale University Press.

Brennan, A.(1988) *Thinking About Nature: An Investigation of Nature, Value and Ecology*, London: Routledge.

Briggs, J. P. and Peat, F. D. (1985) *Looking Glass Universe: The Emerging Science of Wholeness*, London: Fontana.

Brown, L. S.(1988) "Anarchism, existentialism and human nature", *The Raven*, 2(1),49—60.

Buchanan, K.(1973) "The white north and the population explosion", *Antipode*, 5(3), 7—15.

Buchanan, A. (1982) *Food, Poverty and Power*, Nottingham: Spokesman Books.

Buick, A.(1990) "A market by the way: the economics of nowhere", in Coleman, S.and O'Sullivan, P.(eds) *William Morris and News From Nowhere: A Vision for Our Time*, Bideford: Green Books, 151—168.

Buick, A. and Crump, J. (1986) *State Capitalism: The Wages System under New Management*, London: Macmillan.

Bullock, A. and Stallybrass, O.(eds) (1988) *The Fontana Dictionary of Modern Thought*, London: Fontana.

Bunyard, P.(1988) "Gaia: its implications for industrialised society" in Bunyard,

P.and Goldsmith, E.(eds) *Gaia, the Thesis, the Mechanisms and the Implications*, Wadebridge, Cornwall: Wadebridge Ecological Centre, 201—221.

Button, J.(1988) *A Dictionary of Green Ideas*, London: Routledge.

Button, J. and Bloom, W. (1992) *The Seeker's Guide: A New Age Resource Book*, London: Aquarian/Thorsons.

Callenbach, E.(1978) *Ecotopia*, London: Pluto Press.

Callenbach, E.(1981) *Ecotopia Emerging*, Berkeley, Calif.: Banyan Tree Books.

Callicott, J.B.(1982) "Traditional American Indian and Western European attitudes toward nature: an overview", *Environmental Ethics* 4, 293—318.

Callicott, J.B.(1985) "Intrinsic value, quantum theory and environmental ethics", *Environmental Ethics*, 7, 293—318.

Callicott, J.B.(1989) *In Defense of the Land Ethic: Essays in Environmental Philosophy*, Albany, NY: State University of New York Press.

Capra, F.(1975) *The Tao of Physics*, London: Fontana.

Capra, F.(1982) *The Turning Point*, London: Wildwood House.

Carruthers, R.G.(1939) "On northern glacial drifts: some peculiarities and their significance", *Quarterly Journal of the Geological Society of London*, 95(3), 299—333.

Carruthers, R.G.(1953) *Glacial Drifts and the Undermelt Theory*, Newcastle on Tyne: Harold Hill and Son, 38.

Carson, R.(1962) *Silent Spring*, Boston, Mass.: Houghton Miflin.

Central TV (1994) *Death of a Nation*, documentary with J.Pilger.

Chapman, P.(1975) *Fuel's Paradise: Energy Options for Britain*, Harmondsworth: Penguin.

Chase, A.(1980) *The Legacy of Malthus: The Social Costs of the New Scientific Racism*, Urbana, Ill.: University of Illinois Press.

Church, C.(1988) "Great chief sends modified word", *ECOS*, 4, 40—41.

Cini, M.(1992) "Science and sustainable society", *Society and Nature*, 1(2), 32—48.

Clark, J.(1990) "What is social ecology", in Clark, J.(ed.) *Renewing the Earth: The Promise of Social Ecology*, London: Green Print, 5—11.

Clarke, J.J.(1993) *Nature in Question: An Anthology of Ideas and Arguments*, London: Earthscan.

Coase, R.(1960) "The problem of social cost", *Journal of Law and Economics*, 3(1).

Coates, C., How, J., Jones, L., Morris, W. and Wood, A.(1993) *Diggers and Dreamers: The 1994/1995 Guide to Communal Living*, Winslow, Bucks: Communes Network.

Cock, P.H.(1985) "Sustaining the alternative culture: the drift towards rural suburbia!", *Social Alternatives*, 4(4), 12—16.

Cole, K., Cameron, J. and Edwards, C.(1983) *Why Economists Disagree*, London: Longman.

Coleman, D. A.(1994) *Ecopolitics: Building a Green Society*, New Brunswick, NJ: Rutgers University Press.

Coleman, S. and O'Sullivan, P.(1990) *William Morris and News from Nowhere: A Vision for Our Time*, Bideford: Green Books.

Coleman, W.(1971) *Biology in the Nineteenth Century: Problems of Form, Function and Transformation*, London: Wiley.

Collard, A.(1988) *Rape of the Wild*, London: The Women's Press.

Commoner, B.(1972) *The Closing Circle*, New York: Bantam.

Commoner, B.(1990) *Making Peace with the Planet*, New York: Pantheon.

Cook, I.(1990) "Anarchistic alternatives: an introduction", *Contemporary Issues in Geography and Education*, 3(2), 9—21.

Cooper, T.(1990) *Green Christianity*, London: Spire/Hodder and Stoughton.

Cooter, W. S.(1978) "Ecological dimensions of medieval agrarian systems", *Agricultural History*, 52, 438—477.

Corbridge, S.(1993) *Debt and Development*, Oxford: Blackwell.

Cosgrove, D.(1984) *Social Formation and Symbolic Landscape*, London: Croom Helm.

Cosgrove, D.(1990) "Environmental thought and action: pre-modem and post-modern", *Transactions of the Institute of British Geographers*, 15(3), 344—358.

Cosgrove, D.(1994) "Contested global visions: one-world, whole-earth, and the Apollo space photographs", *Annals of the Association of American Geographers*, 84(2), 270—294.

Costanza, R., Daly, H.E. and Bartholemew, J.(1991) "Goals, agenda and policy recommendations for ecological economics", in Costanza, R.(ed.) *Ecological Economics: The Science and Management of Sustainability*, New York: Columbia University Press.

Coward, R.(1989) *The Whole Truth: The Myth of Alternative Medicine*, London: Faber and Faber.

Cox, G.(1988) "'Reading' nature: reflections on ideological persistence and the politics of the countryside", *Landscape Research*, 13(3), 24—34.

Cox, S.J.(1985) "No tragedy on the commons", *Environmental Ethics*, 7, 49—61.

Daley, H.(1991) *Steady State Economics*, Washington DC: Island Press.

Daley, H. and Cobb, J.(1990) *For the Common Good: Redirecting the Economy Toward Community, the Environment and a Sustainable Future*, London: Green Print.

Daly, M.(1987) *Gyn/Ecology*, London: The Women's Press.

Daniels, S.(1993) *Fields of Vision: Landscape Imagery and National Identity in England and the US*, Oxford: Polity Press.

Darby, H.C.(1956) *The Draining of the Fens*, Cambridge: Cambridge University Press.

Darby, H.C.(ed.) (1973) *The New Historical Geography of England*, Cambridge: Cambridge University Press.

Darwin, C.(1885) *The Origin of Species*, sixth edition, London: Murray.

Dauncey, G.(1988) *After the Crash*, London: Green Print.

Davey, B.(1992) "Eco cities", *Permaculture*, 1(1), 13—14.

Dawkins, R.(1976) *The Selfish Gene*, Oxford: Oxford University Press.

de Chardin, T.(1965a) *The Phenomenon of Man*, London: Fontana.

de Chardin, T.(1965b) *The Hymn of the Universe*, London: Collins.

Del Sesto, S. (1980) "Conflicting ideologies of nuclear power: Congressional testimony on nuclear reactor safety", *Public Policy*, 28(1), 39—70.

Desai, P.(1993) *Bioregional Surrey*, Carshalton, Surrey: Bioregional Development Group.

Devall, W. and Sessions, G.(1985) *Deep Ecology: Living as if Nature Mattered*, Salt Lake City, Utah: Gibbs M. Smith.

Devine, P.(1988) *Democracy and Economic Planning: The Political Economy of a Self-governing Society*, Boulder, Col.: Westview Press.

Devlin, J. and Yap, N. (1993) "Structural adjustment programmes and the UNCED agenda: explaining the contradictions", *Environmental Politics*, 2 (4), 65—79.

Dickens, P.(1992) *Society and Nature: Towards a Green Social Theory*, Hemel Hempstead: Harvester Wheatsheaf.

Dickson, D. (1974) *Alternative Technology and the Politics of Technical Change*, London: Fontana.

Dietz, F.J. and Straaten, J. van der (1993) "Economic theories and the necessary integration of ecological insights", in Dobson, A. and Lucardie, P.(eds) *The Politics of Nature: Explanations in Green Political Theory*, London: Routledge, 118—144.

Dixon, C. (1991) "Calling a spade a spade", *Green Line*, 87, 8—9.

Dizard, J.E.(1993) "Going wild: the contested terrain of nature", in Bennett, J. and Chaloupka, W.(eds) *In the Nature of Things: Language, Politics and the Environment*, Minneapolis, Minn.: University of Minnesota Press, 111—135.

Dobb, M.(1946) *Studies in the Development of Capitalism*, London: Routledge.

Dobson, A. (1990) *Green Political Thought*, London: Unwin Hyman, second edition 1995.

Doughty, R.(1981) "Environmental theology: trends and prospects in Christian thought", *Progress in Human Geography*, 5(2), 234—248.

Drysek, J.(1987) *Rational Ecology*, Oxford: Blackwell.

Eckberg, D.L. and Blocker, T.J.(1989) "Varieties of religious involvement and environmental concern", *Journal for the Scientific Study of Religion*, 28(4), 509—517.

Eckersley, R.(1992) *Environmentalism and Political Theory: Towards an Eco-*

centric Approach, London: University College London Press.

Eckersley, R.(1993) "Free market environmentalism: friend or foe?", *Environmental Politics*, 2(1), 1—19.

Economist, *The*(1981) "The nature of knowledge", 26 December.

Edwards, P.(ed.) (1972) *The Encyclopaedia of Philosophy*, vol.7, London: Collier-Macmillan, 206—209.

Ehrlich, P.(1969) "Eco-catastrophe", *Ramparts*, 8(3), 24—28.

Ehrlich, P. and Ehrlich, P.(1990) *The Population Explosion*, New York: Simon and Schuster.

Ehrlich, P. and Hoage, R.(eds) (1985) *Animal Extinction: What Everyone Should Know*, Washington DC: Smithsonian Institute Press.

Ekins, P.(1992a) *Wealth Beyond Measure: Atlas of New Economics*, London: Gaia Books.

Ekins, P.(1992b) "Towards a progressive market", in Ekins, P. and Max-Neef, M.(eds) *Real Life Economics: Understanding Wealth Creation*, London: Routledge, 322—327.

Ekins, P.(1992c) *A New World Order: Grassroots Movements for Global Change*, London: Routledge.

Ekins, P.(1993) "'Limits to growth' and 'sustainable development': grappling with ecological realities", *Ecological Economics*, 8(3), 269—288.

Ekins, P.(1994) "Environmental sustainability of economic processes: a framework for analysis", in Bergh, J. van den and Straaten, J. van der (eds) *Concepts, Methods and Policy for Sustainable Development*, Washington DC: Island Press, 25—55.

Ekins, P.(forthcoming) "Green economics" in Paehlke. R.(ed.) *The Encyclopaedia of Conservation and Environmentalism*, New York: Garland Publishing.

Elkington, J. and Burke, T.(1987) *The Green Capitalists*, London: Gollancz.

Elliot, J.A.(1994) *An Introduction to Sustainable Development: The Developing World*, London: Routledge.

Elsom, D.(1992) *Atmospheric Pollution: A Global Problem*, second edition, Oxford: Blackwell.

Engel, J.R.(1990) "The ethics of sustainable development", in Engel, J.R. and Engel, J.G.(eds) *Ethics of Environment and Development; Global Challenge and the International Response*, London: Belhaven, 1—23.

Engel, J.R. and Engel, J.G.(eds) (1990) *Ethics of Environment and Development; Global Challenge and the International Response*, London: Belhaven.

Engel, M.(1994) "Gone with the wind", *Guardian* 2, 11 March, 2—3.

Engels, F.(1963) *The Dialectics of Nature*, Moscow: Foreign Languages Publishing.

English Nature(1993) *Natural Areas: English Nature's Approach to Setting Nature Conservation Objectives: A Consultation Paper*, Peterborough: English Nature.

Erisman, F.(1973) "The environmental crisis and present day romanticism: the persistence of an idea", *Rocky Mountain Social Science Journal*, 10, 7—14.

Ette, A. and Waller, R.(1978) "The anomaly of a Christian ecology", *Ecologist Quarterly*, Summer, 144—148.

Etzioni, A.(1992)"The I and we paradigm", in Ekins, P. and Max-Neef, M. (eds) *Real Life Economics: Understanding Wealth Creation*, London: Routledge, 48—53.

Evans, D.(1992) *A History of Nature Conservation in Britain*, London: Routledge.

Evans, J.(1993) "Ecofeminism and the politics of the gendered self", in Dobson, A. and Lucardie, P.(eds) *The Politics of Nature: Explanations in Green Political Theory*, London: Routledge, 177—189.

Faber, D. and O'Connor, J.(1989) "The struggle for nature: environmental crisis and the crisis of environmentalism in the US", *Capitalism*, *Nature*, *Socialism*, 2, 12—39.

Ferguson, M.(1981) *The Aquarian Conspiracy: Personal and Social Transformation in the 1980s*, London: Granada.

Ferkiss, V.(1993) *Nature*, *Technology and Society: Cultural Roots of the Current Environmental Crisis*, London: Adamantine Press.

Ferris, J.(1993) "Ecological versus social rationality: Can there be green social policies?", in Dobson, A. and Lucardie, P.(eds) *The Politics of Nature: Explanations in Green Political Theory*, London: Routledge, 145—158.

Ferris, T.(1990) *Coming of Age in the Milky Way*, London: Bodley Head/Vintage.

Feshbach, M. and Friendly, M.(1992) *Ecocide in the USSR*, London: Aurum Press.

FoE(Friends of the Earth)(1993) "Sapping the forests", *Earth Matters*, 20, 8—9.

FoE(1994) *Planning for Wind Power: Guidelines for Project Developers and Local Planners*, London: Friends of the Earth.

Fotopoulos, T.(1992) "The economic foundations of an ecological society", *Society and Nature*, 1(3), 1—40.

Fox, W.(1984) "Deep ecology: a new philosophy of our time?", *The Ecologist*, 14, 194—200.

Fox, W.(1989) "The deep ecology-ecofeminism debate and its parallels", *Environmental Ethics*, 11, 5—25.

Fox, W.(1990) *Towards a Transpersonal Ecology*, London: Shambhala.

Francis, L. P. and Norman, R.(1978) "Some animals are more equal than others", *Philosophy*, 53, 507—527.

Frank, A.G.(1989) "The development of underdevelopment", *Monthly Review*, 41(2), 44.

Frankel, B.(1987) *The Post Industrial Utopians*, Cambridge: Polity Press.

Frey, R. G. (1980) *Interests and Rights: The Case against Animals*, Oxford: Clarendon Press.

Fuentes, M. and Frank, A.G. (1992) "Ten theses on social movements", *Society and Nature*, 1(3), 131—157.

Galbratith, J.K. (1958) *The Affluent Society*, Harmondsworth: Penguin.

Gandy, M. (1992) *The Environmental Debate: A Critical Overview*, Sussex: University of Sussex Geography Research Paper No.5.

Gasman, D. (1971) *The Scientific Origins of National Socialism: Social Darwinism in Ernst Haeckel and the German Monist League*, London: Mac-Donald.

George, S. (1976) *How the Other Half Dies: The Real Reasons for World Hunger*, Harmondsworth: Penguin.

George, S. (1989) *A Fate Worse Than Debt*, Harmondsworth: Penguin.

George, S. (1992) *The Debt Boomerang*, London: Pluto Press.

Georgescu-Roegen, N. (1971) *The Entrophy Law and Economic Process*, Cambridge, Mass.: Harvard University Press.

Ghai, D. and Vivian, J. (eds) (1992) *Grassroots Environmental Action: People's Participation in Sustainable Development*, London: Routledge.

Glacken, C. (1967) *Traces on the Rhodian Shore*, Berkeley, Calif.: University of California Press.

Gold, M. (1984) "A history of nature", in Massey, D. and Allen, J. (eds), *Geography Matters*! Cambridge: Cambridge University Press, 12—33.

Goldman, M, and O'Connor, J. (1988) "Ideologies of enviromental crisis: technology and its discontents", *Capitalism, Nature, Socialism*, 1(1), 91—106.

Goldsmith, E. (1977) "Deindustrialising society", *Ecologist*, 7, May, 128—143.

Goldsmith, E. (1978) "The religion of a stable society", *Man-Environment Systems*, 8, 13—24.

Goldsmith, E. (1987) in "Choices", a discussion on the environment, televised by the BBC.

Goldsmith, E. (1988) *The Great U-Turn*, Bideford: Green Books.

Goldsmith, E., Allan, R., Allaby, M., Davoll, J. and Lawrence, S. (eds) (1972) "Blueprint for survival", *The Ecologist*, 2(1), 1—43.

Goldsmith, E., Hildyard, N., Bunyard, P. and McCully, P. (eds) (1992) "Whose common future?", *The Ecologist*, 22(4), July-August.

Goldsmith, E., Hildyard, N., Bunyard, P. and McCully, P. (eds) (1993) "Cakes and caviar? The Dunkel draft and third world agriculture", *The Ecologist*, 23 (6), 219—222.

Gombrich, E.H. (1989) *The Story of Art*, fifteenth edition, London: Phaidon.

Goodin, R.E. (1992) *Green Political Theory*, Cambridge: Polity Press.

Goodman, D. and Redclift, M. (1991) *Refashioning Nature: Food, Ecology and Culture*, London: Routledge.

Goodwin, B. and Taylor, K. (1982) *The Politics of Utopia*, London: Hutchinson.

Gordon, J.(1993) "Letting the genie out: local government and UNCED", *Environmental Politics*, 2(4), 137—155.

Gorz, A.(1982) *Farewell to the Working Classes: An Essay on Post-industrial Socialism*, London: Pluto.

Gosse, E.(1907) *Father and Son*, Harmondsworth: Penguin Classic edition, 1986.

Gosse, P.H.(1857) *Omphalos: An Attempt to Untie the Geological Knot*, London.

Gould, P.(1988) *Early Green Politics: Back to Nature, Back to the Land and Socialism in Britain*, Brighton: Harvester Press.

Gould, S.J.(1982) "Punctuated equilibrium: a new way of seeing", *New Scientist*, 15 April, 137—141.

Gray, J.(1993) *Beyond the New Right: Markets, Government and the Common Environment*, London: Routledge.

Greeley, A.(1993) "Religion and attitudes toward the environment", *Journal for the Scientific Study of Religion*, 32(1), 19—28.

Green, K. and Yoxen, K.(1993) "The greening of European industry: what role for biotechnology?", in Smith, D.(ed.) *Business and the Environment: Implications of the New Environmentalism*, London: Paul Chapman Publishing, 150—171.

Green Party(1994) *European Election Manifesto 1994*, London: Green Party.

Greene, O.(1993) "International environmental regimes: verification and implementation review", *Environmental Politics*, 2(4), 156—173.

Gregory, D.(1981) "Regional geography", entry in Johnston, R.J.(ed.) *The Dictionary of Human Geography*, Oxford: Blackwell, 286—288.

Griffin, D.R.(1993) "Whitehead's deeply ecological worldview", in Tucker, M.E. and Grim, J. A. (eds) *Worldviews and Ecology*, Lewisburg, Pa.: Bucknell University Press, 190—206.

Griffin, R.(1991) *The Nature of Fascism*, London: Pinter Publishers.

Griffiths, J.(1990) "The collective unfairness of laissez faire". *The Guardian*, 14 June.

Grimston, M.(1990) "A critique of green 'science'", *Atom*, 408, 17—20.

Grinevald, J.(1988) "A history of the idea of the biosphere", in Bunyard, P. and Goldsmith, E.(eds) *Gaia, the Thesis, the Mechanisms and the Implications*, Wadebridge, Cornwall: Wadebridge Ecological Centre.

Grove, R.(1990) "The origins of environmentalism", *Nature*, 345, 3 May, 11—14.

Grove-White, R. and Michael, M. (1993) "Nature conservation: culture, ethics and science", in Burgess, J. (ed.) *People, Economies and Nature Conservation*, London: University College Ecology and Conservation Unit Discussion Paper No.60, 139—152.

Gruffudd, P.(1991) "Reach for the sky: the air and English cultural nationalism", *Landscape Research*, 16(2), 19—24.

Grundmann, R.(1991) *Marxism and Ecology*, Oxford: Clarendon Press.

Guha, R.(1991) "Lewis Mumford: the forgotten American environmentalist: an essay in rehabilitation", *Capitalism, Nature, Socialism*, 2(3), 67—91.

Hales, M.(1982) *Science or Society*, London: Pan Books/Channel 4.

Hamer, M.(1987) *Wheels Within Wheels*, Andover: Routledge and Kegan Paul.

Haraway, D.(1989) *Primate Visions: Gender, Race and Nature in the World of Modern Science*, London: Routledge.

Hardin, G.(1968) "The tragedy of the commons", *Science*, 162, 1243—1248.

Hardin, G.(1974) "Living on a lifeboat", *BioScience*, 24, 10.

Hardin, G.(1993) "Carrying capacity", *Real World*, Spring, 12—13.

Hardy, D.(1979) *Alternative Communities in Nineteenth-Century England* London: Longman.

Hargrove, E.C.(1979) "The historical foundations of American environmental attitudes", *Environmental Ethics*, 1, Fall, 209—239.

Harper, P.(1990) "I told you so", *Clean Slate*, 2, 4—5.

Harper, P.(1992) "p-p-Permaculture?", *Clean Slate*, 7, 9.

Harrison, C.M. and Burgess, J.(1994) "Social constructions of nature: a case study of conflicts over the development of Rainham Marshes", *Transactions of the Institute of British Geographers*, New Series, 19, 291—310.

Hartstock, N.(1987) "The feminist standpoint: developing the ground for a specifically feminist historical materialism", in Harding, S.(ed.), *Feminism and Methodology*, Bloomington, Ind.: Indiana University Press.

Harvey, D.(1990) *The Condition of Postmodernity*, Cambridge: Polity.

Harvey, D.(1993) "The nature of environment: the dialectics of social and environmental change", in Miliband, R. and Panitch, L.(eds) *Socialist Register*, London: Merlin, 1—51.

Hawken, P.(1975) *The Magic of Findhorn*, London: Fontana Books.

Hawkins, H.(1992) "Community control, workers, control and the cooperative commonwealth", *Society and Nature*, 1(3), 55—85.

Hayek, F.A. von(1949) *Individualism and Economic Order*, London: Routledge and Kegan Paul.

Hecht, S. and Cockburn, A.(1990) *The Fate of the Forest: Developers, Destroyers and Defenders of the Amazon*, Harmondsworth: Penguin.

Heilbroner, R.(1980) *Marxism, For and Against*, London: Norton.

Heizer, R. and Elsasser, A.(1980) *The Natural World of the California Indians*, Berkeley, Calif: University of California Press.

Henderson, H.(1981) *The Politics of the Solar Age*, New York: Doubleday.

Hirsch, F.(1976) *The Social Limits to Growth*, Cambridge, Mass.: Harvard University Press.

HMSO (1979) *The Control of Radioactive Wastes: A Review of Command 884*, London: HMSO.

Hollingsworth, T.(1973) Introduction to Malthus' *Essay on the Principle of*

Population, seventh edition 1872, London: Dent.

Holton, G. (1956) "Johannes Kepler's universe: its physics and metaphysics", *American Journal of Physics*, 24, 340—351.

Hornsby-Smith, M.P. and Proctor, M. (1993) "Environmental concerns in Britain in the 1990s: evidence from the European Values Survey", *Proceedings of the Conference on Values and the Environment*, Guildford: University of Surrey, 36—41.

Hoskins, W.G. (1955) *The Making of the English Landscape*, Harmondsworth: Penguin.

Hueting, R. (1992) "The economic functions of the environment", in Ekins, P. and Max-Neef, M. (eds) *Real Life Economics: Understanding Wealth Creation*, London: Routledge, 61—69.

Hughes, D. (1992) *Environmental Law*, second edition, London: Butterworths.

Illich, I. (1975) *Tools for Conviviality*, London: Fontana.

Ingham, A. (1993) "The market for sulphur dioxide permits in the USA and UK", *Environmental Politics*, 4(2), 98—122.

Irvine, S. (1989) "Consuming fashions: the limits of green consumerism", *The Ecologist*, 19(3), 88—93.

Jackson, B. (1990) *Poverty and the Planet: A Question of Survival*, Harmondsworth: Penguin.

Jacobs, M. (1991) *The Green Economy: Environment, Sustainable Development and the Politics of the Future*, London: Pluto Press.

Jacobs, M. (1993) "'Free market environmentalism': a response to Eckersley", *Environmental Politics* 2(4), 238—241.

Jacobs, M., Levett, R. and Stott, M. (1993) "Sustainable development and the local economy" in *Local Economy*, Luton: The Local Government Management Board.

James, P. (1979) *Population Malthus: His Life and Times*, London: Routledge and Kegan Paul.

Jantsch, E. (1980) *The Self-Organising Universe: Scientific and Human Implications of the Emerging Paradigm of Evolution*, Oxford: Pergamon Press.

Jeans, D. (1974) "Changing formulations of the man-environment relationship in Anglo-American geography", *Journal of Geography*, 73(3), 36—40.

Jensen, A.R. (1969) "How much can we boost IQ and scholastic achievements?", *Harvard Educational Review*, 39, 1—123.

Joad, C.M. (1933) *The Book of Joad*, London: Faber.

Johnson, D.K. and Johnson, K.R. (1992) "Humans must be so lucky: moral prejudice, species and animal liberation", *Capitalism, Nature, Socialism*, 10, 83—109.

Johnston, R.J. (1981) *The Dictionary of Human Geography*, Oxford: Blackwell.

Johnston, R.J. (1989) *Environmental Problems: Nature, Economy and State*,

London: Belhaven.

Joll, J.(1979) *The Anarchists*, London: Methuen.

Jones, A.K.(1990) "Social symbiosis: a Gaian critique of contemporary social theory", *The Ecologist*, 20(3), 108—113.

Jukes-Browne, A.J.(1895) "Origins of the valleys of the chalk Downs of North Dorset", *Proceedings of the Dorset Natural History and Antiqities Field Club*, 16.

Jungk, R.(1982) *Brighter Than a Thousand Suns*, Harmondsworth: Penguin.

Kamenka, E.(1982) "Community and the socialist ideal", in Kamenka, E.(ed.) *Community as a Social Idea*, London: Arnold.

Kay, J.(1988) "Concepts of nature in the Hebrew Bible", *Environmental Ethics*, 10(4), 309—327.

Keating, M.(1993) *The Earth Summit's Agenda for Change: A Plain Language Version of Agenda 21 and the Other Rio Agreements*, Geneva: Centre for Our Common Future.

Kemball-Cook, D., Baker, M. and Mattingly, C.(1991) *The Green Budget*, London: Green Print.

Kemp, P. and Wall, D.(1990) *A Green Manifesto for the 1990s*, Harmondsworth: Penguin.

Keyes, K.(1982) *The Hundredth Monkey*, Coos Bay, Oreg.: Vision Books.

Kimber, R. and Richardson, J.(eds)(1974) *Campaigning for the Environment*, London: Routledge and Kegan Paul.

King, Y.(1989) "The ecology of feminism and the feminism of ecology", in Plant, J.(ed.) *Healing the Wounds*, London: Green Print.

Kinzley, M.(1993) "Here come the regionalists", *Green Line*, 111, 10—11.

Kitses, J.(1969) *Horizons West*, London: Thames and Hudson.

Koestler, A.(1964) *The Sleepwalkers*, Harmondsworth: Penguin.

Kohr, L.(1957) *The Breakdown of Nations*, London: Routledge and Kegan Paul.

Kropotkin, P.(1892) *The Conquest of Bread*, London: Freedom Press.

Kropotkin, P.(1899) *Fields, Factories and Workshops Tomorrow*, London: Freedom Press.

Kropotkin, P.(1902) *Mutual Aid*, London: Freedom Press.

Kuhn, T.(1962) *The Structure of Scientific Revolutions*, Chicago, Ill.: Chicago University Press.

Kuletz, V.(1992) "Eco-feminist philosophy: interview with Barbara Holland-Cunz", *Capitalism, Nature, Socialism*, 3(2), 63—78.

Kumar, K.(1978) *Prophecy and Progress*, Harmondsworth: Penguin.

Lacey, A.R.(1986) *A Dictionary of Philosophy*, London, Routledge.

Landes, D.S.(1969) *The Unbound Prometheus: Technological Change and Industrial Development in Western Europe from 1750 to the Present*, Cambridge: Cambridge University Press.

Lang, T. and Hines, C.(1993) *The New Protectionism*, London: Earthscan.

Laszlo, E.(1983) *Systems Science and World Order*, Oxford: Pergamon Press.

LeGuin, U.(1975) *The Dispossessed*, London: Grafton Books.

Leopold, A.(1949) *A Sand County Almanack*, New York: Oxford University Press.

Levin, M. G. (1994) "A critique of ecofeminism", in Pojman, L. P. (ed.), *Environmental Ethics: Readings in Theory and Application*, London: Jons and Bartlett Publishers, 134—140.

Lindeman, R. (1942) "The trophic-dynamic aspect of ecology", *Ecology*, 23, 399—417.

Lone, O.(1992) "Environmental and resource accounting", in Ekins, P. and Max-Neef, M.(eds) *Real Life Economics: Understanding Wealth Creation*, London: Routledge, 239—254.

Loske, R.(1991) "Ecological taxes, energy policy and greenhouse gas reductions: a German perspective", *The Ecologist*, 21(4), 173—176.

Lovejoy, A. (1974) *The Great Chain of Being*, Cambridge, Mass.: Harvard University Press.

Lovelock, J.(1989) *The Ages of Gaia: A Biography of Our Living Earth*, Oxford: Oxford University Press.

Lovelock, J.(1990) in conversation with Roger Dounda, Findhorn, Forres, Scotland: Whole World Productions video.

Lowe, P.(1983) "Values and institutions in the history of British nature conservation" in Warren, A. and Goldsmith, F.(eds) *Conservation in Perspective*, New York: Wiley.

Lowe, P. and Goyder, J. (1983) *Environmental Groups in Politics*, London: George Allen and Unwin.

Lucardie, P.(1993) "Why would egocentrists become ecocentrics? On individualism and holism in green political theory", in Dobson, A. and Lucardie, P.(eds) *The Politics of Nature: Explanations in Green Political Theory*, London: Routledge, 21—35.

Luke, T.W.(1993) "Green consumerism: ecology and the ruse of recycling", in Bennett, J. and Chaloupka, W.(eds) *In the Nature of Things: Language, Politics and the Environment*, Minneapolis, Minn.: University of Minnesota Press, 154—172.

Lutz, M.(1992) "Humanistic economics: history and basic principles", in Ekins, P. and Max-Neef, M.(eds) *Real Life Economics: Understanding Wealth Creation*, London: Routledge, 90—120.

Lyotard, J.-F. (1984) *The Postmodern Condition: A Report on Knowledge*, Manchester: Manchester University Press.

McCloskey, J., Smith, D. and Graves, R.(1993) "Exploring the green sell: marketing implications of the environmental movement", in Smith, D.(ed.) *Business and the Environment: Implications of the New Environmentalism*, London: Paul Chapman Publishing, 84—97.

McCully, P. (1991) "Discord in the greenhouse: how WRI is attempting to shift the blame for global warming", *The Ecologist*, 21(4), July/August, 157—165.

McDonagh, S. (1988) *To Care for the Earth: A Call to a New Theology*, New York: Cornell.

McEvoy, A. F. (1987) "Towards an interactive theory of nature and culture: ecology, production and cognition in the California fishing industry", *Environmental Review*, 11(4), 289—305.

McFadden, C. (1977) *The Serial: A Year in the Life of Marin County*, New York: Knopf.

Mackintosh, M. and Wainwright, H. (1992) "Popular planning in practice", in Ekins, P. and Max-Neef, M. (eds) *Real Life Economics: Understanding Wealth Creation*, London: Routledge, 358—368.

McRobie, G. (1982) *Small is Possible*, London: Abacus.

Magner, L.N. (1979) *A History of the Life Sciences*, New York: Marcel Dekker.

Mahlberg, A. (1987) "Evidence of collective memory: a test of Sheldrake's theory", *Journal of Analytical Psychology*, 32, 23—34.

Malthus, T. (1872) *An Essay on the Principle of Population*, seventh edition, London: Dent.

Manuel, F.E. and Manuel, F.P. (1979) *Utopian Thought in the Western World*, Oxford: Blackwell.

Martell, L. (1994) *Ecology and Society: An Introduction*, Cambridge: Polity.

Martin, B. (1993) "Is the 'new paradigm' of physics inherently ecological?", *The Raven*, 24, 353—356.

Martin, C. (1978) *Keepers of the Game: Indian Animal Relationships and the Fur Trade*, Berkeley, Calif.: University of California Press.

Martin, J. (1978) *The Wired Society*, New York: Prentice Hall.

Martin, P. (1973) "The discovery of America", *Science*, 969—974.

Martinez-Alier, J. (1989) "Ecological economics and eco-socialism", *Capitalism, Nature, Socialism*, 2, 109—122.

Martinez-Alier, J. (1990) *Ecological Economics: Energy, Environment and Society*, Oxford: Blackwell.

Marx, L. (1973) "Pastoral ideals and city troubles", in Barbour, I.G. (ed.) *Western Man and Environmental Ethics*, London: Addison-Wesley, 93—115.

Matley, I. (1982) "Nature and society: the continuing Soviet debate", *Progress in Human Geography*, 6(3), 367—396.

Max-Neef, M. (1992) "Development and human needs", in Ekins, P. and Max-Neef, M. (eds) *Real Life Economics: Understanding Wealth Creation*, London: Routledge, 197—213.

Meadows, D.H., Meadows, D.L. and Randers, J. (1992) *Beyond the Limits: Global Collapse or a Sustainable Future*, London: Earthscan.

Meadows, D.H., Meadows, D.L., Randers, J. and Behrens, W.(1972) *Limits to Growth*, London: Earth Island.

Medvedev, Z.(1969) *The Rise and Fall of T.D.Lysenko*, New York: Columbia University Press.

Medvedev, Z.(1979) *Soviet Science*, Oxford: Oxford University Press.

Mellor, M. (1992) "Dilemmas of essentialism and materialism", *Capitalism, Nature, Socialism*, 3(2), 43—62.

Mercer, J.(1984) *Communes: A Social History and Guide*, Dorset: Prism Press.

Merchant, C.(1982) *The Death of Nature: Women, Ecology and the Scientific Revolution*, London: Wildwood House.

Merchant, C.(1987) "The theoretical structure of ecological revolutions", *Environmental Review*, 11(4), 265—274.

Merchant, C.(1992) *Radical Ecology*, New York: Routledge.

Midgley, M.(1979) *Beast and Man*, Brighton: Wheatsheaf.

Midgley, M.(1983) *Animals and Why They Matter*, Athens, Ga.: Georgia University Press.

Miles, I.(1992) "Social indicators for real-life economics", in Ekins, P. and Max-Neef, M.(eds) *Real Life Economics: Understanding Wealth Creation*, London: Routledge, 283—299.

Mills, W.(1982) "Metaphorical vision: changes in Western attitudes to the environment", *Annals of the Association of American Geographers*, 72(2), 237—253.

Mishan, E.J.(1967) *The Costs of Economic Growth*, London: Staples Press.

Mishan, E.J.(1993) "Economists versus the greens: an exposition and critique", *Political Quarterly*, 64(2), 222—242.

Mollison, B. (1988) *Permaculture: A Designer's Manual*, Tyalgum, NSW: Tagari Publications.

Montague, R.(1992) "Shelley-poet and socialist", *Socialist Standard*, 88, 1058, 156—157.

Moore, R.(1990) "A new Christian reformation", in Engel. J.R. and Engel, J.G. (eds) *Ethics of Environment and Development; global challenge and the international response*, London: Belhaven 104—116.

Morris, B. (1993) "Reflections on deep ecology", in *Deep Ecology and Anarchism: a polemic* (no editor given), London: Freedom Press.

Morris, D.(1967) *The Naked Ape*, New York: McGraw Hill.

Morris, D. (1990) "Free trade: the great destroyer", *The Ecologist*, 20(5), 190—195.

Morris, Wm(1885) "Useful work versus useless toil", Socialist League pamphlet, in *Collected Works*, Penguin edition, 117—136.

Morris, Wm(1887a) "The society of the future" in Morton, A.L.(ed.)(1979) *The Political Writings of William Morris*, London: Lawrence and Wishart, 188—203.

Morris, Wm(1887b) "How we live and how we might live", *Collected Works*, XXIII, London: Socialist Party of Great Britain edition, 3—26.

Morris, Wm(1889) "Under an elm tree: or thoughts on the countryside", in Morton, A.L.(ed.) (1979) *The Political Writings of William Morris*, London: Lawrence and Wishart, 214—218.

Morris, Wm(1890) *News from Nowhere*, London: Routledge and Kegan Paul, 1970 edition.

Morton, A.L.(ed.) (1979) Introduction to *The Political Writings of William Morris*, London: Lawrence and Wishart, 214—218.

Muir, J.(1898) "The wild parks and forest reservations of the West", *Atlantic Monthly*, LXXXI, 483.

Mulberg, J.(1993) "Economics and the impossibility of environmental evaluation", *Proceedings of the Conference on Values and the Environment*, Guildford: University of Surrey, 107—112.

Mulgan, G. and Wilkinson, H.(1992) "The enabling(and disabling) state", in Ekins, P. and Max-Neef, M. (eds) *Real Life Economics: Understanding Wealth Creation*, London: Routledge, 340—352.

Mumford, L.(1934) *The Future of Technics and Civilisation* (second half of *Technics and Civilisation*), London: Freedom Press edition 1986.

Mumford, L.(1938) *The Culture of Cities*, London: Secker and Warberg.

Naess, A.(1973) "The shallow and the deep, long-range ecology movement: a summary", *Inquiry*, 16, 95—100.

Naess, A.(1988) "The basics of deep ecology", *Resurgence*, 126, 4—7.

Naess, A.(1989) *Ecology, Community and Lifestyle: Outline of an Ecosophy*, Cambridge: Cambridge University Press.

Naess, A.(1990) "Sustainable development and deep ecology", in Engel, J.R. and Engel, J.G.(eds) *Ethics of Environment and Development: Global Challenge and the International Response*, London: Belhaven, pp.86—96.

Nash, R.(1974) *Wilderness and the American Mind*, New Haven, Conn.: Yale University Press.

Nash, R.(1977) "Do rocks have rights?", *The Center Magazine*, November/ December, 1—12.

Nelkin, D.(1975) "The political impact of technical expertise", *Social Studies of Science*, 5, 35—54.

Newby, H.(1985) *Green and Pleasant Land? Social Change in Rural England*, second edition, London: Wildwood House.

Newby, H.(1987) *Country Life*, London: Weidenfield and Nicholson.

New Consumer(1993) Study of Transnational Corporations, summarised in *New Consumer Briefing*, Autumn, 1—3.

Norgaard, R.(1992) "Co-evolution of economics, society and environment", in Ekins, P. and Max-Neef, M. (eds) *Real Life Economics: Understanding Wealth Creation*, London: Routledge, 76—88.

O'Connor, J. (1992) "A political strategy for ecology movements", *Capitalism*, *Nature*, *Socialism*, 3(1), 1—6.

Oldroyd, D. R. (1980) *Darwinian Impacts: An Introduction to the Darwinian revolution*, Milton Keynes: Open University Press.

Omo-Fadaka, J. (1976) "Escape route for the poor", in Boyle, G. and Harper, P. (eds) *Radical Technology*, London: Wildwood House, 249—253.

Omo-Fadaka, J. (1990) "Communalism: the moral factor in African development", in Engel, J. R. and Engel, J. G. (eds) *Ethics of Environment and Development: Global Challenge and the International Response*, London: Belhaven, 176—182.

O'Neill, J. (1993a) *Ecology, Policy and Politics: Human Wellbeing and the Natural World*, London: Routledge.

O'Neill, J. (1993b) "Science, wonder and the lust of the eyes", *Journal of Applied Philosophy*, 10(2), 139—146.

O'Neill, J. (1994) "Humanism and nature", *Radical Philosophy*, 66, 21—29.

Opie, J. (ed.) (1971) *Americans and Environment: The Controversy over Ecology*, Lexington, Mass: D. C. Heath.

O'Riordan, T. (1981) *Environmentalism*, second edition, London: Pion.

O'Riordan, T. (1989) "The challenge for environmentalism", in Peet, R. and Thrift, N. (eds), *New Models in Geography*, London: Unwin Hyman, 77—102.

O'Riordan, T. and Turner, K. (1983) introductory essay on the commons theme in O'Riordan, T. and Turner, K. (eds) *An Annotated Reader in Environmental Planning and Management*, Oxford: Pergamon, 265—288.

Ormerod, P. (1994) "I see, said the blind man", *Independent on Sunday*, 13 March, 21, extract from *The Death of Economics*, London: Faber and Faber.

Osbourne White, H. J. (1909) "Geology of the countryside round Basingstoke", *Memoirs of the UK Geological Survey*, London: HMSO.

O'Sullivan, P. (1990) "The ending of the journey: Wm Morris, News from Nowhere and ecology", in Coleman, S. and O'Sullivan, P. (eds), *William Morris and News from Nowhere: A Vision for Our Time*, Bideford: Green Books, 169—181.

Owen, D. (1993) "The emerging green agenda: a role for accounting?", in Smith, D. (ed.) *Business and the Environment: Implications of the New Environmentalism*, London: Paul Chapman Publishing, 55—74.

Pacey, A. (1983) *The Culture of Technology*, Oxford: Blackwell.

Palmer, M. (1990) "The encounter of religion and conservation", in Engel, J.R. and Engel, J.G. (eds) *Ethics of Environment and Development: Global Challenge and the International Response*, London: Belhaven, 50—62.

Papworth, J. (1990) "The fourth world: the world of small units", *Noah's Ark*, 2, Leopold Kohr Extra, unpaginated.

Parsons, H.L. (1977) *Marx and Engels on Ecology*, London: Greenwood.

Passmore, J. (1980) *Man's Responsibility to Nature*, London: Duckworth.

Pearce, D. (1993) *Economic Values and the Natural World*, London: Earthscan.

Pearce, D. and Turner, R. K. (1990) *The Economics of Natural Resources and the Environment*, Hemel Hempstead: Harvester Wheatsheaf.

Pearce, D., Markandya, A. and Barbier, E. (1989) *Blueprint for a Green Economy*, London: Earthscan.

Pearce, D., Markandya, A. and Barbier, E. (1991) *Sustainable Development: Economics and Environment in the Third World*, London: Earthscan.

Pearce, F. (1992) "Corporate shades of green", *New Scientist*, 136, 21—22.

Peet, R. (1985) "The social origins of environmental determinism", *Annals of the Association of American Geographers*, 75(3), 309—333.

Peet, R. (1991) *Global Capitalism: Theories of Societal Development*, London: Routledge.

Pepper, D. M. (1980) "Environmentalism, the 'lifeboat ethic' and anti-airport protest", *Area*, 12(3), 177—182.

Pepper, D.M. (1988) "The geography and landscapes of an anarchist Britain", *The Raven*, 1(4), 339—350.

Pepper, D.M. (1991) *Communes and the Green Vision: Counterculture, Lifestyle and the New Age*, London: Green Print.

Pepper, D.M. (1993) *Eco-socialism: From Deep Ecology to Social Justice*, London: Routledge.

Petersen, W. (1979) *Malthus*, London: Heinemann.

Petulla, J.M. (1988) *American Environmental History*, Columbus, OH: Merril Publishing Co..

Piercy, M. (1979) *Woman on the Edge of Time*, London: The Women's Press.

Pietila, H. (1990) "The daughters of Earth: women's culture as a basis for sustainable development", in Engel, J.R. and Engel, J.G. (eds) *Ethics of Environment and Development; Global Challenge and the International Response*, London: Belhaven, 235—244.

Pirsig, R. (1974) *Zen and the Art of Motorcycle Maintenance*, London: Transworld Publishers(Corgi).

Plumwood, V. (1990) "Women, humanity and nature", in Sayers, S. and Osborne, P. (eds), *Socialism, Feminism and Philosophy: A Radical Philosophy Reader*, London: Routledge.

Plumwood, V. (1992) "Beyond the dualistic assumptions of women, men and nature", *The Ecologist*, 22(1), 8—13.

Popper, K. (1965) *The Logic of Scientific Discovery*, New York: Harper and Row.

Porritt, J. (1984) *Seeing Green*, Oxford: Blackwell.

Porritt, J. (1992) "Facts of life", *BBC Wildlife*, March, 55.

Powers, J. (1985) *Philosophy and the New Physics*, London: Methuen.

Prigogine, I. (1980) *From Being to Becoming: Time and Complexity in the*

450

Physical Sciences, San Francisco, Calif.: W.H.Freeman.

Prior, M.(1954) "Bacon's man of science", *Journal of the History of Ideas*, XV, 41—54.

Purchase, G.(1993) "Social ecology, anarchism and trades unionism", in *Deep Ecology and Anarchism: A Polemic* (no editor given), London: Freedom Press, 23—35.

Ravetz, J.(1988) "Gaia and the philosophy of science", in Bunyard, P. and Goldsmith, E. (eds) *Gaia, the Thesis, the Mechanisms and the Implications*, Wadebridge, Cornwall: Wadebridge Ecological Centre, 133—144.

Rawls, J.(1971) *A Theory of Justice*, Cambridge, Mass.: Harvard University Press.

Redclift, M. (1986) "Redefining the environmental 'crisis' in the South" in Weston, J.(ed). *Red and Green: A New Politics of the Environment*, London: Pluto Press, 80—101.

Rees, R.(1982) "Constable, Turner and views of nature in the nineteenth century", *Geographical Review*, 72(3), 251—269.

Regan, T.(1982) *All That Dwell Therein: Animal Rights and Environmental Ethics*, Berkeley, Calif.: University of California Press.

Regan, T.(1988) *The Case for Animal Rights*, Berkeley, Calif: University of California Press.

Richards, S. (1983) *Philosophy and Sociology of Science: An Introduction*, Oxford: Blackwell.

Rifkin, J.(1980) *Entropy: A New World View*, London: Bantam.

Ritchie, M.(1992) "Free trade versus sustainable agriculture: the implications of NAFTA", *The Ecologist*, 22(5), 221—227.

Robertson, J. (1989) *Future Wealth: A New Economics for the Twenty-first Century*, London: Cassell.

Robson, B.T.(1981) "Geography and social science: the role of Patrick Geddes", in Stoddart, D. (ed.) *Geography, Ideology and Social Concern*, Oxford: Blackwell.

Roddick, A.(1988) Preface to Elkington, J. and Hailes, J. *The Green Consumer Guide*, London: Gollancz.

Roddick, J. and Dodds, F.(1993) "Agenda 21's political strategy", *Environmental Politics*, 2(4), 242—248.

Rodman, J.(1977) "The liberation of nature", *Inquiry*, 20, 83—131.

Roelofs, J. (1993) "Charles Fourier: proto red green", *Capitalism, Nature, Socialism*, 4(3), 69—88.

Rolston, H.III (1989) *Philosophy Gone Wild: Essays in Environmental Ethics*, Buffalo, NY: Prometheus Books.

Rose, S. (1992) in critical discussion of paper by Johnson and Johnson (see above), *Capitalism, Nature, Socialism*, 10, 117—120.

Rose, S.Lewontin, L.and Kamin, R.(1984) *Not in Our Genes*, Harmondsworth:

Penguin.

Rostow, W. W. (1960) *The Stages of Economic Growth: A Non-communist Manifesto*, Cambridge: Cambridge University Press.

Roszak, T. (1979) *Person/Planet*, London: Gollancz.

Ruether, R. (1975) *New Woman, New Earth: Sexist Ideologies and Human Liberation*, New York: Seabury Press.

Russell, B. (1914) *Roads to Freedom*, third edition 1948, London: Unwin 1977.

Russell, B. (1946) *History of Western Philosophy*, London: Unwin, 1980 edition.

Russell, P. (1991) *The Awakening Earth: The Global Brain*, London: Arkana.

Ryle, M. (1988) *Ecology and Socialism*, London: Radius.

Sacher, E. (1881) *Foundations of a Mechanics of Nature*, Jena: Gustav Fischer.

Sagoff, M. (1988) *The Economy of the Earth: Philosophy, Law and the Environment*, Cambridge: Cambridge University Press.

Sahlins, M. (1972) *Stone Age Economics*, Chicago, Ill.: Aldine Atherton.

Sahtouris, E. (1989) "The Gaia controversy: a case for the earth as a living planet", in Bunyard, P. and Goldsmith, E. (eds) *Gaia and Evolution: The Second Wadebridge Ecological Centre Symposium*, Camelford, Cornwall: Wadebridge Ecological Centre, 55—65.

Sale, K. (1985) *Dwellers in the Land: The Bioregional Vision*, San Francisco, Calif.: Sierra Club.

Sandbach, F. (1980) *Environment, Ideology and Policy*, Oxford: Blackwell.

Saurin, J. (1993) "Global environmental degradation, modernity and environmental knowledge", *Environmental Politics*, 2(4), 46—64.

Sayer, A. and Walker, R. (1992) *The New Social Economy: Reworking the Division of Labour*, Oxford: Blackwell.

Schnaiberg, A. (1980) *The Environment: From Surplus to Scarcity*, New York: Oxford University Press.

Schumacher, E. F. (1973) *Small is Beautiful: Economics as if People Really Mattered*, London: Abacus.

Schwarz, M. and Thompson, M. (1990) *Divided We Stand: Redefining Politics, Technology and Social Choice*, London: Harvester Wheatsheaf.

Scott, A. (1990) *Ideology and the New Social Movements*, London: Unwin Hyman.

Sen, A. (1981) *Poverty and Famine: An Essay on Entitlement and Deprivation*, Oxford: Clarendon Press.

Seyfang, G. (1994) "The Local Exchange Trading System: the political economy of local currencies; a social audit", University of East Anglia: unpublished MSc thesis.

Shaiko, R. G. (1987) "Religion, politics and environmental concern: a powerful mix of passions", *Social Science Quarterly*, 68, 244—262.

Sheldrake, R. (1982) *A New Science of Life: The Theory of Formative Causa-

tion, Los Angeles, Calif.: J.P. Tarcher.

Shiva, V.(1988) *Staying Alive: Women, Ecology and Survival in India*, London: Zed Books.

Shiva, V.(1992) "The seed and the earth: women, ecology and biotechnology", *The Ecologist*, 22(1), 4—7.

Shoard, M.(1980) *The Theft of the Countryside*, London: Temple Smith.

Shoard, M.(1982) "The lure of the moors", in Gold, J. and Burgess, J.(eds), *Valued Environments*, London: George Allen and Unwin.

Short, J.(1991) *Imagined Country: Society, Culture and Environment*, London: Routledge.

Sikorski, W. (1993) "Building wilderness", in Bennett, J. and Chaloupka, W.(eds) *In the Nature of Things: Language, Politics and the Environment*, Minneapolis, Minn.: University of Minnesota Press, 24—43.

Simmons, P. (1992) "'Women in Development': a threat to liberation", *The Ecologist*, 22(1), 16—21.

Simon, J.(1981) *The Ultimate Resource*, Oxford: Martin Robertson.

Simon, J. and Kahn, H.(1984) *The Resourceful Earth*, Oxford: Blackwell.

Singer, C.(1962) *A History of Biology: To about the Year 1900*, New York: Abelard-Schuman.

Singer, P.(1983) *Animal Liberation: Towards an End to Man's Inhumanity to Animals*, Wellingborough: Thorsons.

Singer, P. (ed.) (1985) *In Defence of Animals*, Oxford: Basil Blackwell.

Singh, N.(1989) *Economics and the Crisis of Ecology*, third edition, London: Bellew.

Skinner, B.F.(1948) *Walden II*, New York: Macmillan, 1976 edition.

Skolimowski, H.(1990) "Reverence for life", in Engel, J.R. and Engel, J.G. (eds) *Ethics of Environment and Development: Global Challenge and the International Response*, London: Belhaven, 97—103.

Skolimowski, H.(1992) *Living Philosophy*, London: Arkana.

Smith, D.(1993) "The Frankenstein syndrome: corporate responsibility and the environment", in Smith, D.(ed.) *Business and the Environment: Implications of the New Environmentalism*, London: Paul Chapman Publishing, 172—189.

Smith, D.M.(1981) "Neoclassical economics", in Johnston, R. *et al.* (eds) *The Dictionary of Human Geography*, Oxford: Blackwell, 233—238.

Smith, K.(1988) *Free is Cheaper*, Gloucester: The John Ball Press.

Smuts, J. (1926) *Wholism and Evolution*, 1973 reprint, Westport, Conn.: Greenwood.

Snyder, G.(1969) *Turtle Island*, New York: New Directions.

Snyder, G.(1977) *The Old Ways*, San Francisco, Calif.: City Lights.

Steele, D.(1992) *From Marx to Misers: Post Capitalist Society and the Challenge of Economic Calculation*, Chicago, Ill.: Open Court.

Stein, D.(1993) "Be fruitful and multiply", *Real World*, Spring, 13.

Stikker, A. (1992) *The Transformation Factor: Towards an Ecological Consciousness*, Shafts-bury, Dorset: Element.

Stillman, P. G. (1983) "The tragedy of the commons: a reanalysis", in O'Riordan, T. and Turner, K. (eds) *An Annotated Reader in Environmental Planning and Management*, Oxford: Pergamon, 299—303.

Stirling, A. (1993) "Environmental valuation: how much is the emperor wearing?", *The Ecologist*, 23(3), 97—103.

Stoddart, D.R. (1965) "Geography and the ecological approach: the ecosystem as a geographic principle and method", *Geography*, 50, 242—251.

Stoddart, D.R. (1966) "Darwin's impact on geography", *Annals of the Association of American Geographers*, 56, 683—698.

Stone, C. (1974) *Should Trees Have Standing? Toward Legal Rights for Natural Objects*, Los Angeles, Calif.: William Kaufman.

Storm, R. (1991) *In Search of Heaven on Earth: A History of the New Age*, London: Bloomsbury Press.

Stott, K. (1993) "Discovering an alternative economy", *Oxford Times*, 28 May, 12.

Stott, M. (1988) *Spilling the Beans: A Style Guide to the New Age*, London: Fontana.

Sylvan, R. (1985a) "A critique of deep ecology, part 1", *Radical Philosophy*, 40, 2—12.

Sylvan, R. (1985b) "A critique of deep ecology, part 2", *Radical Philosophy*, 41, 10—22.

Taylor, B. (1991) "The religion and politics of Earth First!", *The Ecologist*, 21(6), 258—266.

Thackray, A. (1974) "Natural knowledge in a cultural context: the Manchester model", *American Historical Review*, 79, 672—709.

Thomas, C. (1993) "Beyond UNCED: an introduction", *Environmental Politics*, 2(4), 1—27.

Thomas, K. (1983) *Man and the Natural World: Changing Attitudes in England, 1500 to 1800*, London: Allen Lane.

Thompkins, P. and Bird, C. (1972) *The Secret Life of Plants*, London: Harper and Row.

Thompson, E.P. (1968) *The Making of the English Working Classes*, London: Gollancz, 1980 edition.

Thoreau, H.D. (1974) *Walden*, New York: Collier Books, 8th printing.

Tiger, L. and Fox, R. (1989) *The Imperial Animal*, second edition, New York: McGraw Hill.

Tofler, A. (1980) *The Third Wave*, London: Collins.

Tokar, B. (1987) *The Green Alternative: Creating an Ecological Future*, San Pedro, Calif.: R. and E. Miles.

Tönnies, F. (1887) *Community and Association*, London: Harper and Row, 1963 edition.

Tuan, Yi Fu(1968) "Discrepancies between environmental attitudes and behaviour", *Canadian Geographer*, 12(3), 176—191.

Tuan, Yi Fu(1970) "Our treatment of the environment in ideal and actuality", *American Scientist*, 58(3), 244, 247—249.

Tuan, Yi Fu(1971) *Man and Nature*, Resource Paper No. 10, Washington DC: Association of American Geographers.

Tuan, Yi Fu(1972) "Structuralism, existentialism and environmental perception", *Environment and Behaviour*, 4(3), 319—331.

Tuan, Yi Fu(1974) *Topophilia: A Study of Environmental Perception, Attitudes and Values*, Englewood Cliffs, NJ: Prentice-Hall.

Tucker, M. E. and Grim, J. A. (eds) (1993) *Worldviews and Ecology*, Lewisburg, Pa.: Bucknell University Press.

UN (1987) World Commission on Environment and Development, *Our Common Future* (The Brundtland Report), Oxford: Oxford University Press.

Vincent, A.(1993) "The character of ecology", *Environmental Politics*, 2(2), 248—276.

Vogel, S.(1988) "Marx and alienation from nature", *Social Theory and Practice* 14(3), 367—388.

von Bertalanffy, L.(1968) *General System Theory: Foundations, Development, Applications*, revised edition, New York: George Braziller.

von Hildebrand, M.(1988) "An Amazonian tribe's view of cosmology", in Bunyard, P. and Goldsmith, E. (eds) *Gaia, the Thesis, the Mechanisms and the Implications*, Wadebridge, Cornwall: Wadebridge Ecological Centre, 186—200.

Wall, D.(1989) "The Green Shirt effect", *Searchlight*, 168.

Wall, D.(1990) *Getting There: Steps to a Green Society*, London: Green Print.

Wall, D.(1994) *Green History: A Reader in Environmental Literature, Philosophy and Politics*, London: Routledge.

Wallerstein, I. (1974) *The Modern World-System: Capitalist Agriculture and the Origins of the European World-economy in the Sixteenth Century*, New York: Academic Press.

Warnock, M.(1970) *Existentialism*, Oxford: Oxford University Press.

Warren, K.(1990) "The power and the promise of ecological feminism", *Environmental Ethics*, 12, 125—146.

Warren, M. A.(1983) "The rights of the nonhuman world", in Elliot, R. and Gare, A.(eds), *Environmental Philosophy*, Milton Keynes: Open University Press, 109—134.

Watson, L.(1980) *Lifetide: The Biology of Consciousness*, New York: Simon and Schuster.

Watson, R.(1983) "A critique of non-anthropocentric biocentrism", *Environmental Ethics*, 3, 245—256.

Watts, A.(1968) *The Wisdom of Insecurity*, New York: Random.

Watts, A. and Huang C. A. (1975) *Tao: The Watercourse Way*, Harmondsworth: Penguin.

Weber, M.(1976) *The Protestant Ethic and the Spirit of Capitalism*, London: George Allen and Unwin.

Webster, F. and Robbins, K.(1986) *Information Technology: A Luddite Analysis*, New Jersey: Ablex.

Weston, A.(1985) "Beyond intrinsic value: pragmatism in environmental ethics", *Environmental Ethics*, 7, 321—339.

Weston, J.(1989) *The FoE Experience: The Development of an Environmental Pressure Group*, Oxford: Oxford Polytechnic School of Planning Working Paper No.116.

White, L. (1967) "The historical roots of our ecologic crisis", *Science*, 155, 1203—1207.

Whitehead, A.N.(1926) *Science and the Modern World*, Cambridge: Cambridge University Press. London: Free Association Books edition 1985 edited by Robert Young.

Wiener, M.J.(1981) *English Culture and the Decline of the Industrial Spirit 1850—1980*, Cambridge: Cambridge University Press.

Wignaraja, P.(1992) "People's participation: reconciling growth with equity", in Ekins, P. and Max-Neef, M. (eds) *Real Life Economics: Understanding Wealth Creation*, London: Routledge, 392—399.

Wilding, N.(1991) "Green money that makes the world go round", *Green Line*, 90, 15—16.

Williams, M.(1993) "International trade and the environment: issues, perspectives and challenges", *Environmental Politics* 2(4), 80—97.

Williams, R.(1975) *The Country and the City*, St Albans: Paladin.

Williams, R.(1983) *Keywords: A Vocabulary of Culture and Society*, London: Flamingo.

Winner, L. (1986) *The Whale and the Reactor*, Chicago, Ill.: University of Chicago Press.

Woodcock, G.(1975) *Anarchism*, Harmondsworth: Penguin.

Wooldridge, S.W. and Ewing, C. (1935) "The Eocene and Pliocene deposits of Lane End, Bucks", *Quarterly Journal of the Geological Society*, London, 91, 293—317.

Worster, D.(1985) *Nature's Economy: A History of Ecological Ideas*, Cambridge: Cambridge University Press.

Worster, D. (ed.) (1988) *The Ends of The Earth: Perspectives on Modern Environmental History*, Cambridge: Cambridge University Press, Introduction: "The Vulnerable Earth", 1—20.

Wright, P.(1985) *On Living in an Old Country*, London: Verso.

Wynne, B.(1982) *Rationality and Ritual: The Windscale Inquiry and Nuclear*

Decisions in Britain, Chalfont St Giles, Bucks: British Society for the History of Science.

Wynne, B. (1989) "Sheepfarming after Chernobyl: a case study in communicating scientific information", *Environment*, 31, 11—39.

Yearley, S. (1989) "Bog standards: science and conservation at a public enquiry", *Social Studies of Science*, 19, 421—438.

Yearley, S. (1991) *The Green Case: A Sociology of Environmental Issues, Arguments and Politics*, London: Harper Collins.

Young, J. (1990) *Post-Environmentalism*, London: Belhaven.

Zaring, J. (1977) "The romantic face of Wales", *Annals of the Association of American Geographers*, 67(3), 397—418.

Zimmerman, M. E. (1983) "Toward a Heideggerean *ethos* for radical environmentalism", *Environmental Ethics*, 5, 99—131.

Zohar, D. and Marshall, I. (1993) *The Quantum Society: Mind, Physics and a New Social Vision*, London: Bloomsbury.

Zukav, G. (1980) *The Dancing Wu Li Masters: An Overview of the New Physics*, London: Fontana.

图书在版编目(CIP)数据

现代环境主义导论/(英)戴维·佩珀著；宋玉波，
朱丹琼译.—上海：格致出版社：上海人民出版社，
2020.1
(环境哲学译丛)
ISBN 978 - 7 - 5432 - 3076 - 7

Ⅰ.①现⋯　Ⅱ.①戴⋯ ②宋⋯ ③朱⋯　Ⅲ.①环境科
学-哲学-研究　Ⅳ.①X-02

中国版本图书馆 CIP 数据核字(2019)第 300191 号

责任编辑　张苗凤
装帧设计　陈　楠

环境哲学译丛

现代环境主义导论
[英]戴维·佩珀 著
宋玉波　朱丹琼 译

出　　版　格致出版社
　　　　　上海人人出版社
　　　　　(200001　上海福建中路 193 号)
发　　行　上海人民出版社发行中心
印　　刷　常熟市新骅印刷有限公司
开　　本　635×965　1/16
印　　张　30.75
插　　页　2
字　　数　392,000
版　　次　2020 年 1 月第 1 版
印　　次　2020 年 1 月第 1 次印刷
ISBN 978 - 7 - 5432 - 3076 - 7/B·42
定　　价　98.00 元